■ 全球水安全研究译丛

Climate Change Impacts on Freshwater Ecosystems

气候变化对淡水生态系统的影响

[英]Martin Kernan　Richard W. Battarbee　Brian Moss／主编

李青云　郭伟杰　周跃峰／译

长江出版社

图书在版编目(CIP)数据

气候变化对淡水生态系统的影响 / (英) 马丁 · 柯南, (英) 理查德 · W.巴塔比, (英) 布赖恩 · 莫斯主编 ; 李青云, 郭伟杰, 周跃峰译. —武汉 : 长江出版社, 2017.1

ISBN 978-7-5492-4825-4

Ⅰ. ①气… Ⅱ. ①马… ②理… ③布… ④李… ⑤郭… ⑥周… Ⅲ. ①气候变化—影响—淡水—生态系—研究 Ⅳ. ①TV211.1

中国版本图书馆 CIP 数据核字(2017)第 007823 号

气候变化对淡水生态系统的影响

责任编辑:高婕妤

装帧设计:刘斯佳

出版发行:长江出版社

地　　址:武汉市解放大道 1863 号　　邮　　编:430010

网　　址:http://www.cjpress.com.cn

电　　话:(027)82926557(总编室)

(027)82926806(市场营销部)

经　　销:各地新华书店

印　　刷:武汉精一佳印刷有限公司

规　　格:787mm×1092mm　　1/16　　18.25 印张　　387 千字

版　　次:2017 年 1 月第 1 版　　2018 年 8 月第 1 次印刷

ISBN 978-7-5492-4825-4

定　　价:90.00 元

▪ 全球水安全研究译丛 ▪

译丛序言

水安全是指一个国家或地区可以保质保量、及时持续、稳定可靠、经济合理地获取所需的水资源、水资源性产品及维护良好生态环境的状态或能力。水安全是水资源、水环境、水生态、水工程和供水安全五个方面的综合效应。

在全球气候变化的背景下，水安全问题已成为当今世界的主要问题之一。国际社会持续对水资源及高耗水产品的分配等问题展开研究和讨论，以免因水战争、水恐怖主义及其他诸如此类的问题而威胁到世界稳定。

据联合国统计，全球有43个国家的近7亿人口经常面临“用水压力”和水资源短缺，约1/6的人无清洁饮用水，1/3的人生活用水困难，全球缺水地区每年有超过2000万的人口被迫远离家园。在不久的将来，水资源可能会成为国家生死存亡的战略资源，因争夺水资源爆发战争和冲突的可能性不断增大。

中国水资源总量2.8万亿m^3，居世界第6位，但人均水资源占有量只有2300m^3左右，约为世界人均水量的1/4，在世界排名100位以外，被联合国列为13个贫水国家之一；多年来，中国水资源品质不断下降，水环境持续恶化，大范围地表水、地下水被污染，直接影响了饮用水源水质；洪灾水患问题和工程性缺水仍然存在；人类活动影响自然水系的完整性和连通性、水库遭受过度养殖、河湖生态需水严重不足；涉水事件、水事纠纷增多；这些水安全问题严重威胁了人民的生命健康，也影响区域稳定。

党和政府高度重视水安全问题。2014年4月，习近平总书记发表了关于保障水安全的重要讲话，讲话站在党和国家事业发展全局的战略高度，深刻分析了当前我国水安全新老问题交织的严峻形势，系统阐释了保障国家水安全的总体要求，明确提出了新时期治水思路，为我国强化水治理、保障水安全指明了方向。

他山之石，可以攻玉。欧美发达国家在水安全管理、保障饮用水安全上积累了丰富的经验，对突发性饮用水污染事件有相对成熟的应对机制，值得我国借鉴与学习。为学习和推广全球在水安全方面的研究成果和先进理念，长江水利委员会长江科学院与长江出版社组织翻译编辑出版《全球水安全研究译丛》，本套丛书选取全球关于水安全研究的最前沿学术著作和国际学术组织研究成果汇编等翻译而成，共10册，分别为：①水与人类的未来：重新审视水安全；②水安全：水—食物—能源—气候的关系；③与水共生：动态世界中的水质目标；④变化世界中的水资源；⑤水资源：共享共责；⑥工程师、规划者与管理者饮用水安全读本；⑦全球地下水概况；⑧环境流：新千年拯救河流的新手段；⑨植物修复：水生植物在环境净化中的作用；⑩气候变化对淡水生态系统的影响。丛书力求从多角度解析目前存在的水安全问题以及解决之道，从而为推动我国水安全的研究提供有益借鉴。

本套丛书的译者主要为相关专业领域的研究人员，分别来自长江科学院流域水环境研究所、长江科学院生态修复技术中心、长江科学院土工研究所、长江勘测规划设计研究院以及深圳市环境科学研究院国家环境保护饮用水水源地管理技术重点实验室。

本套丛书入选了“十三五”国家重点出版物出版规划，丛书的出版得到了湖北省学术著作出版专项资金资助，在此特致谢忱。

该套丛书可供水利、环境等行业管理部门、研究单位、设计单位以及高等院校参考。

由于时间仓促，译者水平有限，文中谬误之处在所难免，敬请读者不吝指正。

《全球水安全研究译丛》编委会

2017年10月22日

译者序

全球范围内的污染和土地利用变化已经对淡水生态系统产生了深刻的影响。但在未来，气候变化将成为淡水生态系统最主要的威胁。本书系统阐述了过去、现在及未来的气候变化对淡水生态系统的影响；采用古湖沼学、时序分析、时空替代法、室内实验、现场试验以及建模等研究方法和手段，探讨了气候变化和其他变化因素之间的相互作用及其对淡水生态系统产生的影响，这些因素包括水文地貌学、营养负荷、酸沉降和毒性物质造成的污染等；探讨了气候变化在不同空间尺度上(流域、河段、栖息地等)对淡水生态系统的影响；分析了极端气候事件和气候要素的季节变化对淡水生态系统的影响，跟踪评价了近十年来已采取的缓解策略和生态系统恢复措施的效果。

本书第一作者 Martin Kernan 是一名环境学家，就职于伦敦大学学院(University College London)环境变化研究中心，他曾对欧洲的高原湖泊和河流有广泛的研究，目前的研究课题包括大气污染和气候变化对淡水生态系统的影响；第二作者 Richard W. Battarbee 是伦敦大学学院环境变化专业的荣誉退休教授，研究方向是硅藻分析以及古湖泊学在湖泊生态系统多样性研究中的应用，他是英国皇家学会的会员和挪威科学院的外籍成员；第三作者 Brian Moss 自 1989 年起就是利物浦大学的植物学教授，也是一名淡水生态学家，他曾在非洲马拉维、美国和英国任职，在六大洲执教或者做研究超过 45 年，目前研究方向包括水体富营养化、湖泊恢复和气候变化。

本书的主要基础是 Euro-limpacs 项目，该项目是由欧盟资助的在整个欧洲大陆实施的研究项目，其目的是进一步了解气候变化对淡水系统的潜在影响。本书汇总了“Euro-limpacs”项目的关键研究成果，编写结构也和项目设计框架相同，即首先评估气候变化可能产生的影响，再考虑管理策略问题。

本书共分12章,重点内容如下。第1章“前言”:阐述了气候变化对于生物圈的综合影响,强调了淡水系统通过水文循环和生物圈维系在一起,是生物圈中最易受损的部分。第2章“从古生态视角看水生生态系统的变异性与气候变化的关系”:研究了来自古生态记录的水生生态系统变化证据,总结了淡水生态系统从几千年到季节性的不同时间尺度上对气候变化响应的古生态证据。第3章“气候变化对淡水生态系统的直接影响”:阐述了气候变化在全球范围内和在欧洲的变化情况,基于最近的研究成果概述了气候变化下淡水生态系统主要的物理和化学响应。第4章“气候变化与淡水生态系统的水文学及形态学特征”:探讨了气候–水文地貌之间的相互作用对未来淡水生态系统的可能影响。包括分析预计的气候变化、土地利用变化及其在流域尺度、河段尺度和栖息地尺度上的影响,讨论了气候变化对溪流和河流生态系统修复措施及效果的影响。第5章“监测淡水生态系统对气候变化的响应”:提出了气候变化对湖泊、河流以及湿地生态系统的影响指标及其变化路径的方向、相对重要性和变幅,并在两个案例研究中分析了被选定的生物种对气候变化影响的灵敏度。第6章“气候变化与富营养化的相互作用”:阐述水体富营养化和全球变暖相互作用的新结果,讨论了基于不同方法得出的结论。第7章“气候变化和酸沉降的相互作用”:阐述了气候变化是如何延缓已被酸化和破坏的水生生态系统的修复过程的,基于长期数据资料(超过30年)的分析,研究了酸沉降变化和气候对水化学和水生生物学的影响。第8章“变化气候条件下淡水生态系统中持久性有机物和汞的分布”:详细阐述了挥发性重金属和持久性有机污染物对水质可能造成的影响和后果。第9章“气候变化–定义参照条件和修复淡水生态系统”:重点阐述建立参照条件的不同方法,以及气候变化是如何影响当前基准条件或恢复目标的。第10章“流域尺度气候变化响应模拟”:概述了这种方法在Euro-limpacs项目中的使用情况，介绍了建模方法在一系列的研究案例中的应用。第11章“更好的决策工具：从科学到政策的桥梁”：介绍了相关工具和决策方法，用以帮助政策制定者和流域管理者制定更稳健的策略。第12章“展望未来”：预测了淡水系统及其对人类社会影响可能会发生的变化。

本书由李青云、郭伟杰和周跃峰共同翻译。李青云现任长江科学院流域水环境研究所所长，教授级高级工程师，工学博士，主要研究方向是流域水环境演变，负责翻译本书的序、第1章、第2章和第4章，并负责全书统稿和校核；郭伟杰是长江科学院流域水环境研究所水生态研究室的高级工程师，理学博士(后)，主要研究方向是水生态修复，负责翻译第3章、第5章、第6章、第8章和第9章；周跃峰是长江科学院土工研究所高级工程师，工学博士，主要研究方向是环境岩土工程，负责翻译第7章、第10章、第11章和第12章。本书部分章节承蒙长江科学院董耀华教授级高级工程师和中国科学院水生生物研究所王洪铸研究员进行了专业审校，译者深表感谢。本书的出版还得到2012年度中国清洁发展机制基金赠款项目“全球气候变化下长江流域水资源开发利用保护研究与宣传”(项目编号2012044)资助，在此表示感谢。

本书内容丰富，数据详实，可供相关领域的科研究人员、工程师和管理人员参考，也适合相关专业的研究生和高年级本科学生阅读学习。

限于译者水平，错漏之处在所难免，敬请读者批评指正。

译者
2017年10月

序言

一段时间以来，有充分的证据表明由化石燃料燃烧引起的温室气体排放是气候变化的主要诱因，即便仍存在不确定性,但威胁是真实存在的。当前的研究不仅要关注气候系统本身，而且更要关注气候系统自身的变化在未来是如何影响其他自然生态系统功能的。

在本书中，我们重点关注气候变化如何影响淡水生态系统。本书中的理念和案例多来源于欧盟资助的“全球变化对欧洲淡水生态系统影响”计划中的一个重要基金项目：Euro-limpacs 项目。本项目不仅评价气候变化对整个欧洲的湖泊、河流以及湿地的直接影响,同时还对气候变化和其他诸如水文地貌学、营养负荷、酸沉降和有毒物质暴露等因素的交互作用对淡水生态系统潜在的、间接的影响进行了评价。在本项目研究中采用了多种方法,通过分析湖泊沉积物和长期监测数据来识别气候变化业已造成的影响，通过实验、时空替代法(space-for-time substitution)以及建模模拟手段来评估未来不同气候情景对水生生态系统将会产生何种影响。同时,本项目也重点关注了未来气候变化对欧洲淡水生态系统的管理会产生什么样的潜在影响，尤其是在预估的未来气候变化情况下，目前为改善淡水生态系统状况所采用的政策和措施需要进行何种程度的修订和完善。

本书汇总了“Euro-limpacs”项目的关键研究成果,编写结构也和项目设计框架相同，即首先评估气候变化可能产生的影响,再考虑管理问题。

Richard W. Battarbee

致谢

我们十分感谢 Gene Likens 和 Curtis Richardson 对于撰写此书给予的鼓励，感谢欧盟第六框架项目为 Euro-limpacs 项目提供基金支持（欧盟基金号:GOCE-CT-2003-505540),感谢欧盟项目管理人员 Christos Fragakis 对本项目实施五年以来的支持。我们衷心感谢本项目的众多参与者，他们为本书提供了大量的数据和结果分析。感谢来自伦敦大学学院的 Cath D'Alton 对本书中图表绘制作出的努力以及 Catherine Rose 和 Katy Wilson 对本书手稿编辑整理提供的重要帮助。同时也要感谢同行专家对本书各章所做的匿名评论。另外,本书也汇编了很多参与 Euro-limpacs 项目科学家的研究成果,虽然他们未被列入作者之列，但他们对 Euro-limpacs 项目作出了重要贡献。

目录

Contents

第1章

前言

Brian Moss, Richard W. Battarbee and Martin Kernan

1.1 变化的气候和变化的地球

2008 年 6 月，我们在英国西北部坎布里亚的 AsbyScar 附近的丘陵地上，偶遇一个牧羊者正在修理他那五英尺高的石灰石墙壁。我们不可避免地以天气为主题客套了几句，这毕竟是在英国。那天天气明亮而温暖，但我说道"这里的冬天很冷"。牧羊人则回答，"过去十五年已经不是那么冷了"，"以前墙壁后边有残雪，但是近年来这种现象已没有了"。这件趣事，也成为政府间气候变化专门委员会（IPCC，2007）收集的关于全球变暖现象巨量证据中的一个小插曲。

IPCC（政府间气候变化专门委员会，下同）的第四次报告总结了到目前为止的一些变化（图 1.1），从图中可以看出，工业革命（加速了化石燃料的使用并至今未见缓解）以来，北半球的平均气温有近 1℃的增幅。这一变化过程呈现的相关性使我们有理由相信气温的上升主要是人类活动造成的。与此相关的变化是降雨分配的改变，总体上，在冬天或潮湿季节有更多的降水，在夏天以及干燥季节降水量减少。海平面上升了大约 20 cm，主要是由于巨量的海洋水体热膨胀造成，雪山和极地冰川的融化也是原因之一。而且极端天气事件如飓风、干旱和洪水等发生的频率也在不断增加。相应地，观测到大量关于物种物候学的变化（Sparks & Carey，1995；Roy & Sparks，2000；Parmesan & Yohe，2003；Hays 等，2005；Adrian 等，2006）和一系列易迁徙物种持续稳定向极地迁移的现象（Walther 等，2002；Root 等，2003）。

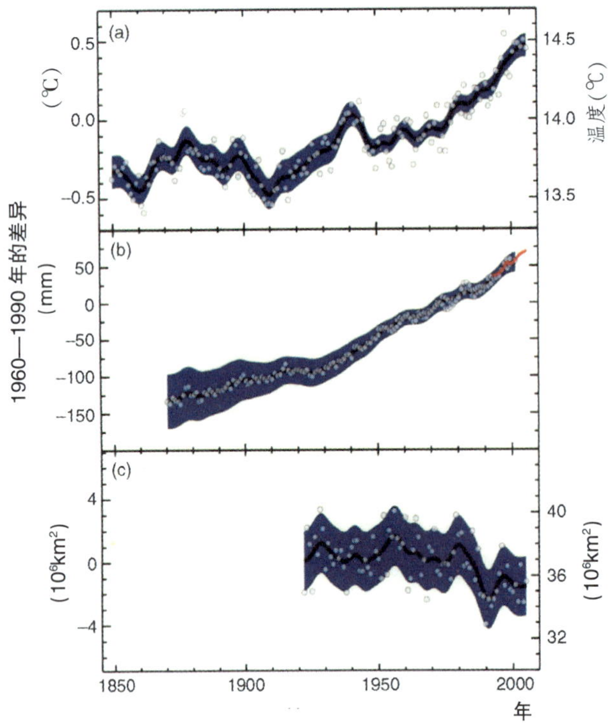

图 1.1　迄今为止的气候和海平面变化数据汇总

(a)全球平均温度;(b)全球平均海平面高度;(c)北半球冰雪层面积。

数据来源:《气候变化 2007:物理科学基础》政府间气候变化专门委员会(IPCC)第四次评估报告工作小组 I(S. Solomon, M. Manning, Z. Chen 等编著,剑桥大学出版社)。

气候是一个主变量,地球上的所有活动最终都依赖于它。它决定着自然界生物群落的整体结构,包括沙漠、草地和落叶或常绿的森林。它驱动了生物的进化过程、食物链的变化和平衡演化。它操纵着海洋循环、浮游生物群落营养物的获得性、雨季的开始和农作物的成熟、南北两极的辐射反射率。它在日常天气中以及人们(不仅仅是英国人)关注的事务中展示着自己。它在很大程度上决定着休闲旅游的质量:可以提供令人心旷神怡的温暖夏天,令人刺激的滑雪道以及春天新雨天气,而极端的天气变化也可以成为人们悲惨遭遇主因。气候方面的重大变化是一个非常值得重视的问题。

1.2　有关地球功能的观念变化

生态学家很早就试图解释自然系统的巨大差异:陆地上与气候和土壤相关的细节构成的图景,以及水域方面适合气候带宏观格局的物理和化学细节。G.E.Hutchinson(1965)

(图 1.2)将生物进化的方式,包括宏观及本地模式的变化,和他的"生态(或环境)剧院"与进化剧目的比喻联系起来。在 20 世纪 60 年代,他是"演员"适应"自然剧场"后再彼此适应这一观点的主张者之一。当时普遍接受的范式是:物理化学环境、地质条件和气候决定了生物体的生物学和生态学特征。20 年后,通过对地球及其姊妹行星大气化学成分的光谱检测和对地球上海洋的研究,詹姆斯·拉夫洛克(James Lovelock,1988)开始推翻这种观点。据他计算,地球的化学状态远不是现有元素的简单化学平衡所预期的那样,他由此推断,地球的化学状态是由生物体本身的活动而不是生物体对物理化学影响的响应来决定和维持的。此外,这种状态的调节也处在我们特定的生化系统可以持续存在的界限之内。虽然对调控的基本机制仍有争议,但对该机制的存在广为认同。这种范式上的变化对我们理解本书所述的气候和生物体之间的相互作用发挥着关键作用。因为造成了大气的改变,我们对整个生物圈系统构成了挑战,虽然我们可以预测一些近期的物理效应,但我们却对最终的生物学后果知之甚少。

图 1.2 (a)G.E. 哈钦森(G.E. Hutchinson);(b)詹姆斯·拉夫洛克(James Lovelock)

基于人类社会对最初经历的气候变化响应的一系列假设,IPCC 对气候会如何影响地球的不同地区作了一系列预测。然而,这些预测中存在一个问题是,他们采用的是先前的模型,即基于生命系统对施加条件的响应,这些模型仅仅是简单的物理化学控制模型,未考虑生态上正向反馈的可能性;温度影响着很多生物学过程,但不是以简单的线性方式影响的,更常见的是某种指数模型,即随着温度线性增长,生物过程加速或减速至终点。控制大气中二氧化碳含量的关键过程是碳储存,碳以有机物形式存储在土壤和泥炭沉积物中,或以方解石的形式存储在浮游球石藻碎屑或珊瑚母岩碎屑形成的海洋沉积物中(Lovelock,1988)。如果气温的变化使存储在土壤和沉积物中的有机物的呼吸作用增加,或抑制了海洋生物细胞壁中方解石的形成,导致空气中释放的二氧化碳或甲烷数量增加,将对温度进一步上升形成一个正向反馈,进一步加剧温室效应。因此,人们有可能低估了未来的气温变化情况,气候模型研究者正试图对此进行修正。

生物圈是维持地球不均衡稳定状态的系统。为方便起见,生物圈分为大气圈、水圈和岩石圈,分别由空气、大海和陆地构成。依据其与生物群系的联系,岩石圈分为:冻土带(苔原)、针叶林、落叶林、热带森林、灌木林、草原和沙漠。相应地,它们被划分为生态系统的组成部分,Arthur Tansley(1935)将其定义为能够或多或少自给自足的系统,该系统包括生物体及其在物理化学环境、生物过程中产生的碎屑;事实上,这一概念主要是依据对不列颠群岛景观细分的结果,在那里,数千年的人类活动已经完全分割了景观。我们的高地牧羊者和他的墙壁在某种意义上影响了我们对生态和气候的看法。为方便起见,我们仍然讨论森林、荒漠、盐沼、河流和湖泊生态系统。但是原始的生物圈最终是一个连续体,并通过相互间多尺度的不断调整来应对变化的气候和地质条件,特别是在考虑淡水系统时,最好的理解来自把它们当作与陆地和大气紧密相连的整体。然而,在解释变化的过程中,把它们视为各个组成部分而非整体,则会更方便些。

2005 年,权威性堪比 IPCC 的《千年生态系统评估报告 2005》出版,与气候变化相比,它引起的公众关注度较少,因为天气的影响对世界各地的人们是显而易见的,而远洋、苔原和大草原的影响就不太明显,除非你是一个深海水手、因纽特猎人或马塞族牧人。但是,由于气候变化以及其他取决于全球经济的运作方式和人口增长需求的独立驱动力影响,大多数自然生态系统上已经发生了重要的变化(图 1.3),而且正在继续扩展。预计到 2050 年,由于农业和开发活动,我们将会损失超过一半的陆地生态系统。都市人可能觉察不到这些,但是后果会很严重,因为正是这些自然生态系统控制着生物圈的性质。这些自然系统究竟能被破坏到什么程度而不至于严重影响人类的生存,我们对此一无所知。我们只知道,这样的系统经过了残酷自然选择机制的千锤百炼,对我们来讲是至关重要的,其重要性超过当地的食品杂货商、加油站或医院。生物圈化学是我们生存的必要条件。被损坏的生态系统,包括被损坏的所有农业生态系统,就不能存储原完整系统所能储存的那么多的碳。James Lovelock 的贡献就是指出了这一点。

生态系统受到的损坏在不断增加,我们对此的反应却颇为奇怪,我们试图用古典经济学术语去评价我们从生态系统中得到的商品与服务并论证它们的重要性(Costanza 等,1997;Balmford 等,2002)。这种做法把注意力吸引到生态系统的表观价值上,当然也有助于经济学者和政客沟通。但是,也许我们完全误解了生态系统。它们不是任由我们随心所欲使用、滥用、修复、忽视或交易的物件。它们就根本不在现有经济系统讨论的范畴之内。

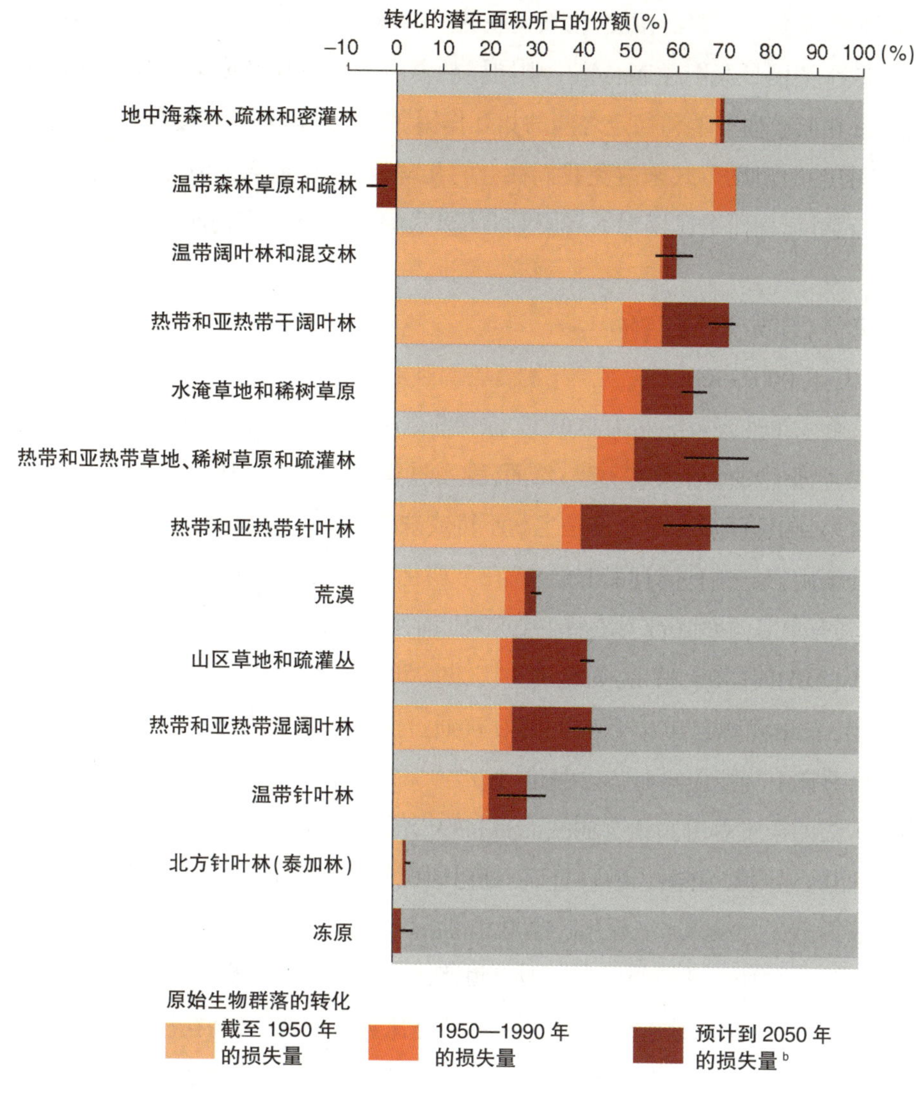

图1.3 主要生态系统和生物群落[a]的损失预测

（引自《千年生态系统评估报告2005》）

[a] 在全球尺度之下，生物群落是最大的且容易辨认的生态分类单元，例如温带阔叶林或山区草地。由于生物群落是一种常用的分类单位，文献报道中相当多的生态数据资料和模型模拟都采用了这种分类方式，因而这次报告中的部分信息只能在生物群落基础上进行评估。然而，在可能的情况下，MA的信息报告还使用了10种社会生态系统，如森林、耕地、海滨及海洋系统，一方面是因为它们与不同政府部门的管理责任区域相对应，另一方面是它们已经被《生物多样性公约》所使用。

[b] 根据MA的四个情景预测1990—2050年，图中表示的是四个情景预测的平均值，误差条(黑线)标识不同情境下的偏差范围。

它们为包括我们在内的生物维持地球稳定状态方面所起的作用是无价的。不能想象的是，如同莎士比亚(1623)作品《威尼斯商人》中波西亚的精彩演讲，把血液仅作为身体构成中的组成部分去评价其价值，这正是以“要素代替评价”。然而我们损坏生物圈的行为如同我们随手丢弃垃圾那样地不经意，我们在考虑迄今为止的气候变化的结果时，没有认识到生态系统的损坏和气候变化是相辅相成、相互关联的。的确，我们在评估气候变化的损坏时(Stern，2006)，顺手使用了我们经典经济学中同样的方法来评估我们损失的商品与服务。我们没有意识到气候、生态学和稳定之间的相互作用。我们在减轻气候变化中的所有尝试，如果仅是以孤注一掷的方式来避免我们社会的瓦解，那将注定会失败，除非我们在看问题时开始注重整体，而不是仅仅为了方便而将其作为现金经济学中构成要素进行分析。

1.3 水和淡水生物群落

虽然气候变化效果的终极驱动力是温度，但当前的主导者却是淡水的可获得性。淡水系统通过水文循环将生物圈维系在一起；然而，维系过程有可能完不成，而且地表淡水成分也许是水圈最易受到损坏的。液态水是生物不可或缺的，液态水的存在是一个星球能支撑以碳化合物为基础的生命系统存在的根本。在早期化学平衡过程中，地球上可能热到仅能存在气态水，后来具备了液态水存在条件，这成为生物圈的终极胜利。而且，人类的历史，归根到底就是水的使用(饮用、灌溉和卫生)历史。可以预见，在下一个世纪，甚至在接下来的几十年里，人类活动造成的气候变化效应(通过洪水和干旱来体现)将会是人类进化过程中前所未有的。

对于本书关注的淡水系统和生物而言，温和的气候变化对它们的具体影响既可能表现为灾难性的，也可能表现为局部正面的。以绝对温度的尺度度量，水的沸点和凝固点都非常接近地球表面的平均温度。水通过其蒸发和凝结作用，成为“地球冰箱”的冷凝剂。于是，在淡水生物的进化史中，它们的栖息地相当频繁地在冻结土壤或蒸发形成的泥滩或岩床之间转换。从进化的角度来看，淡水动物和植物都是比较年轻的，因为在漫长的冰河期、火山爆发破坏或大的干旱时期，它们被迫不断地从海洋和陆地上迁徙、栖息在新构成的淡水环境中。它们是被不断干扰而造就的生物(Milner，1996)。

这一观点的一些佐证是：许多水生昆虫的成虫和开花期的维管束植物还保留有陆地上的特征；与海洋生物相比，淡水生物的多样性要低得多，例如，缺乏完整的类群；淡水生物可能拥有特别高的进化率，孢子和卵，通过休眠来渡过不利条件是常见的(Pennak，1985)。相反，由于海洋生物的生存介质(海洋)虽有形状和深度的变化，但作为完整水体持续了近40亿年未变，因而海洋生物普遍缺乏休眠期。某些情况下，淡水存在时间可能只有几周，成虫的飞行能力可确保其在不能通过休眠卵维持生存时进行迁移，除了鱼类，几乎所有的淡水脊椎动物在陆地上都具有较强的迁移能力。鱼是脆弱的，尽管它们善于通过河流系统进行迁移，甚至在某些情况下，作为生活史的一部分，通过海洋进行迁移，但是很少能够生存在干旱季节。然而一些甲壳类可以本能地对热应力作出快速响应

(van Doorslaer 等,2007)。

随着气候发生变化，海洋生物群落会以调整栖息地的连续性来适应分布上的重大变化,尽管对于附着性生物,如珊瑚,变化的速度可能会造成严重困难。相比之下,陆地生物群落遭受着更频繁的干旱,并且没有水作缓冲介质,因其高比热性,将更容易受到极端温度的伤害。但淡水生物因其对干扰有预适应性,对气候变化适应性调整可能会更容易。然而,对于它们来说,还有进一步的并发症。因不断增长的人口带来的日益增长的资源需求、废弃物增加,以及因人类科技手段提升了其改变能力,淡水系统最迅速而直观地反映了人类对其无以复加的滥用。淡水系统反映了所在流域内被施加的所有活动,包括整个流域地表的化学和农业废弃物,不管是溶解的还是悬浮的,直接倾倒或者通过雨水冲到流域水体内。河流一直被当作输送城市废弃物的廉价通道。河漫滩湿地已被筑堤并被疏干,以便在肥沃的土壤上耕种。鱼类作为很多民族的动物蛋白的主要来源,已被严重过度捕捞。淡水生物群落的这种适应能力,导致持续引进诸多物种,这些外来物种有时会在群落中占主导

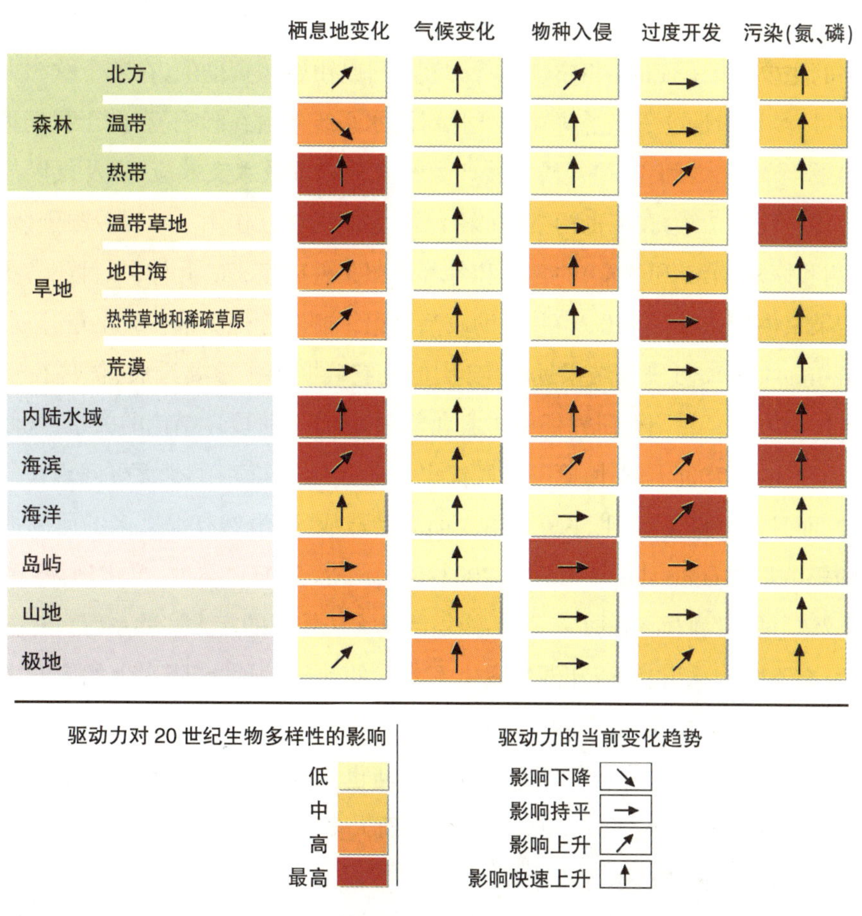

图1.4 重要生物群落主要驱动力影响汇总

(引自《千年生态系统评估报告2005》)

地位并使它们入侵的群落单一化。毫不奇怪,千年生态系统评估报告中把淡水系统视为一个最脆弱的生态系统考虑(图 1.4)。淡水生物栖息地究竟会如何变化?淡水生物群落会作何种调整?对特定地区和某一物种而言,这些调整带来的具体结果是什么?因气候变化已不是唯一威胁它们的因素,在这种情况下作好预测变得更加困难。目前的努力在很大程度上取决于专家的意见(Mooij 等,2005)。这本书的一个作用是对预测的事实基础进行补充。

1.4 Euro-limpacs 项目、欧洲淡水系统和调查方法

欧洲地区拥有巨大的内陆水域面积,从格陵兰、冰岛的高山冰川到西班牙干旱地区的河流及湖泊,从亚速尔群岛的小火山湖泊,到巨大的拉多加湖、梅拉伦湖和马焦雷湖,从山区小的源头溪流到巨川如莱茵河和多瑙河。当然,其他大陆也有相似或更大的水系,但欧洲还拥有复杂生物屏障来阻止地中海、阿尔卑斯山、波罗的海和北海中动物和植物的迁徙,以及有长期和更富有成效的淡水生态研究传统并聚集了众多的淡水系统科学家。

本书的主要基础是 Euro-limpacs 项目,该项目是由欧盟资助的,在整个欧洲大陆实施的研究项目,其目的是进一步了解气候变化对淡水系统的潜在影响。有助于我们理解过去(第 2 章)及当前(第 3 和 4 章)气候变暖产生的直接物理及水文效应,以及气候与营养盐(第 6 章)、酸度(第 7 章)和有毒污染物(第 7 章)之间的相互作用。项目着眼于《水框架指令》下监测和恢复(第 5 和 9 章)的含义和各种参照条件的定义。此外,项目还力图利用这些研究结果来模拟未来(第 10 章)并帮助政治性组织制定管理决策(第 11 章)。

Euro-limpacss 项目研究结果远非定论,但是它确实有了重要进展,优势在于它采用了各种各样的方法。在调查研究任何普遍现象时,均存在阶段性结论的关系,气候变化对淡水系统的影响研究也不例外。第一阶段仅仅是确认其真实存在。毫无疑问现在气候变化正在发生,而且几乎毫无疑问,主要是由人类活动造成的,虽然有那么多的研究揭示了气候变化的影响后果(Carvalho & Kirika,2003;Berger 等,2007),不过,严格地说,严谨的后果证明仍然罕见。我们面对的是一个不能复制且无法控制的宏大实验系统。

然而,在不同的冰川、河流和湖泊发生了变化的地区,温度或降水也相应发生了变化(Gerten & Adrian,2000;Straile,2002;Winder & Schindler,2004),人们相信它们之间存在一定的相关性;但是,对这种相关性进行直接推断也是困难的,因为在气候变化的同一时期内,在淡水系统中也发生了许多其他的变化,而大多数变化是由过去近 200 年中人类社会规模增大、需求增长和技术进步造成的。

分析湖泊和湿地沉积物可以重建久远的历史情景,进而对近代历史的相关性作分析。沉积物中的记录是不完整的且存在选择性,相关解释也通常缺乏实验验证,但是,在过去

几十年中对沉积物和直接记录比较结果表明，它们之间往往存在密切关系(Haworth, 1980)，一些先进的统计方法(Birks,1998;Battarbee,2000)也一直被用于量化古生态记录。

在过去几十年，或个别情况下，在过去的两个世纪内才存在着日记和书面证据，在此之前，沉积物记录是唯一的记录，我们必须尽可能有效地使用它。那些现在可以用作计算和校准现代观测值和沉积物的化学和生物遗存范围很广。通过生物复活技术，它们可以被更精细化阐述，比如，孵化那些休眠期无脊椎动物，并在一段时间的环境变化过程中追踪其变化特征和基因组(Mergeay 等,2004)。

另一种与古生态学研究平行的分析法是时空替代调查法，可供考察现有气候梯度下的不同的系统。从格陵兰岛到希腊，所存在的梯度提供了多种不同的系统，在这些系统内可以对进程和食物网进行比照，用以预测它们将如何随着气温上升而改变 (Moss 等, 2004;Meerhof 等,2007)。和所有的方法一样，这种很具吸引力的方法也存在很多问题。不仅气候随着梯度变化，地形、地质和人类活动的强度也在随之变化。良好的现场观测方案设计可通过分层随机抽样法对这些因素修正来实现，但是对于一种重大的误差来源——历史突发事件，则不能采用此办法进行修正。对于冰川作用和生物地理学上呈现的细微差别只能进行判断。在芬兰的一个曾经冻结的湖泊里，存在着一个冰期损失殆尽但又重新定殖的生物群，该湖泊对气温上升的响应就不同于一个历时已久的地中海湖泊，后者也受到2万年前冰期的影响但未被毁灭，尽管该芬兰的湖泊最终变得和现在的地中海湖泊一样温暖。

调查研究的下一阶段是通过实验来重现所声称的效果。由于变化的驱动因素可控，可以通过实验揭示相关机制，而且借助实验设计以及适当的重复实验可以对同期的几个驱动因素进行研究。因而，这样的实验要比那些对比观测实验具有更强大功能。它们促使实验者在整个实验过程中深入思考并产生机械论假说。不过，在生态学研究中，实验尺度是非常重要的。全系统实验(森林河流系统中未受扰动的子流域与全砍伐的子流域、湖泊围隔系统、人工河道)(Carpenter 等,2001)是理想的，但因实验费用昂贵，研究对象个性化太强，一般一次只能处理一个系统，容易造成伪重复。相比之下，微观实验室实验(Petchey 等,1999)可以广泛复制，但其真实性存在欠缺。仅对理论家而言，采用微生物群落来模拟大尺度系统成为一种有吸引力的趋势(Benton 等,2007)。

折中的办法是使用实际群落的子系统：湖泊中的围隔系统、人工河道或湿地样块，或足够容纳一个系统的所有或接近所有的结构和食物网水平的中型实验系统 (McKee 等, 2000,2002,2003;Liboriussen 等,2005)。通常情况之下“接近所有”的描述是贴切的，因为一个鱼类群落的顶端捕食者需要的空间要比可复制的中型实验系统所提供的空间大得多，而一个自然系统的复杂性超乎想象，比如说在河流中，可能包括大型陆地哺乳动物与数以吨计的枯木之间的相互作用(Terborgh,1988;Ripple & Beschta,2004),这些都超出了实验的考虑范围。

另一个折中方法是利用电脑技术进行系统模拟或进行模型实验。这当然也是联合国政府间气候变化专门委员会(IPCC)在模拟未来气候变化时采用的方法。这本身是相对便宜的,但模型仅反映了针对输入数据的结果。如果涉及未知的因素,是不能包括的,而且模型的输出结果好坏依赖于操作者的理解。观测技术和实地实验也是如此。因为在变量或最初的实验条件确定时存在选择性,据此得出的结论在一定程度上是预定的。尽管如此,在模拟实际的模型研究和实验研究中,即使失败了也是有价值的,至少能够指明设计中的缺陷。如果不是重复性的大型实验,那么在制作模型时填补这样的空缺费用不会很高,整个河流系统、地区和植物圈的行为最终是模型应用的唯一领域。

在 Euro-limpacs 项目组织过程中,所采用的一系列方法就反映出了这些优点和不确定性。对大部分研究而言,方法必须建立在现有经验和现状设施上,即便把所有的方法用在单一生境与气候变化的某个方面,也不能获得理想的结果,即使这样的唯一性存在。尽管如此,获得的理解还是在增加,虽然运行体系不可避免受基金资助的现实要求和个人倾向性所困扰。最后,提出的观点将取决于专家基于所有证据的判断,准确预测只能在简单系统中实现,对于主要由生物尤其是人类支撑的地球系统科学而言,远非那么简单。

1.5 《水框架指令》及其应用

Euro-limpacs 项目包括了大量有关新兴科学的应用内容。目前在欧洲,水管理的焦点集中于《水框架指令》(2000/60 / EC)。该指令改变了欧洲先前水域监测的方法,通过强调整个流域的方法和要求对生态环境质量进行监测和恢复,而不是简单考虑水的化学成分。这必须在考虑参照系统的情况下完成,在水框架指令中,参照系统被定义为那些未改变的或受人类活动影响轻微且可忽略的系统。在欧洲,由于受庞大的人类密度影响了几个世纪,这种系统即使存在,也非常稀少。所以用确定的方案来确定生态质量是有问题的。尽管如此,评估浮游植物、水生植物、大型无脊椎动物和鱼类状态的工具正在开发(UKTAG,2007),通常使用特定的指示“物种”或者“科”。气候变化将不可避免地破坏这些计划,主要是因为有些物种的灭绝或者新物种迁移到更寒冷的生境中。

同时存在潜在的问题是,由于目前的气候受到人类活动的强烈影响,参照系统中原始标准的建立在概念上已经成为不可能的事(Moss,2007,2008),这些问题将在第 9 章讨论。《水框架指令》还要求恢复水生系统使其达到良好生态状况,该状态被定义为仅与参照系统中高标准的生态状态略有差异。在这个阶段,不确定性变得如此之大,需要提出方案以帮助机构和政府评估可用的科学信息,这一问题将在第 11 章考虑。

一些报告已经指出气候变化的经济后果。《斯特恩报告》(2006)认为,如果现在采取行动,以较大的但能承受的代价就可使气候变化缓减;如果行动迟缓,则代价会更大。政府也一直试图实施包括新的能源机制代替燃烧化石燃料,鼓励采用节能的机械,支付碳使用费以补偿树木种植费用。总的来说,这些措施的实施尚未减少化石燃料的消耗(Monbiot 2007),而且,气温可能在 21 世纪后期上升几度。与当前大气二氧化碳浓度 380 ppm 相比,导致气温上升 2℃的温室气体浓度相当于大气二氧化碳浓度 480 ppm。然而,似乎更有可能,浓度将上升到至少 550 ppm,相应地意味着 3~ 4℃的温升,这将带来许多问题(图 1.5)。当然,在这些指标中,尚未考虑生物反馈机制的可能影响。

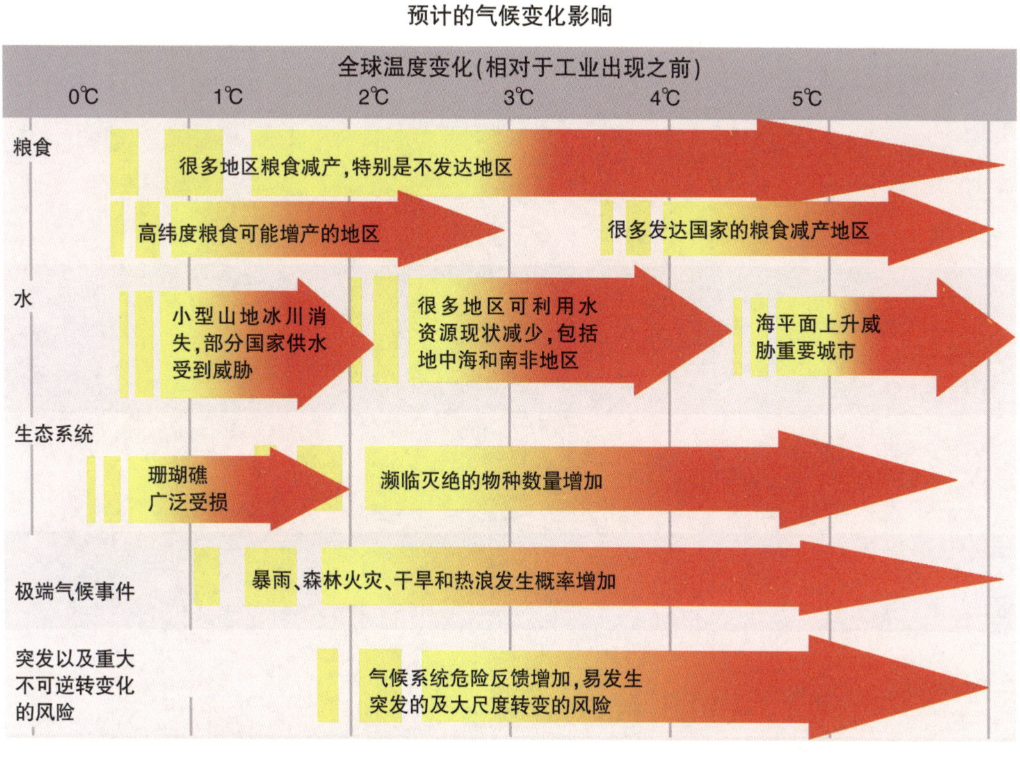

预计的气候变化影响

全球温度变化(相对于工业出现之前)
0℃
1℃
2℃
3℃
4℃
5℃
粮食
很多地区粮食减产,特别是不发达地区
高纬度粮食可能增产的地区
很多发达国家的粮食减产地区
水
小型山地冰川消失,部分国家供水受到威胁
很多地区可利用水资源现状减少,包括地中海和南非地区
海平面上升威胁重要城市
生态系统
珊瑚礁广泛受损
濒临灭绝的物种数量增加
极端气候事件
暴雨、森林火灾、干旱和热浪发生概率增加
突发以及重大不可逆转变化的风险
气候系统危险反馈增加,易发生突发的及大尺度转变的风险

图 1.5 温度上升对自然和人类系统产生的影响预测(Stern,2006)

浏览任何新闻日报你都会看到几页关于商业和体育新闻的深度报道,虽然报道的具体细节有所变化,但大体内容相同;尽管其他新闻的报道范围也在扩大,与商业和体育报道一贯性相比,变化更大,但其中涉及环境问题的新闻很少。我们可以预见这一模式将会改变。体育新闻无疑将继续保留其霸主地位,但是揭露资源消耗、废弃物积累、生态系统破坏、人口增长和气候变化所带来影响的新闻终将取代多页面详细报道股票、高管薪酬和公

司兴衰的新闻。是时候把一种新经济放在合适的位置了,不然我们会陷入人类自身造成的困境。但就目前而言,这本书基本上还是从物理学到社会学中提取新的证据,结合专家判断,去评估“气候变化大戏”下的淡水系统和人类社会的相互作用,这场大戏的序幕刚过,剧情正在逐渐展开。由于剧场本身发生了不祥变化,因而它汇集了 Hutchinson、Lovelock 和 Tansley 关于“进化剧目”中所扮演的各种关键角色。

第 2 章

从古生态视角看水生生态系统的变异性与气候变化的关系

Richard W. Battarbee

2.1 引言

在过去的十年里，人类活动对全球变暖的显著贡献已成为日益清晰的事实(IPCC, 2007)。南极冰芯记录(Petit 等,1999;EPICA,2004)表明,当今大气中温室气体浓度已经超过以往 750000 年里的任何时期，北半球的平均气温现在可能高于前 1000 年（Mann 等, 1998),即使把温室气体因素纳入目前的气候模型并作为一种驱动机制考虑,气候模型也只能较准确模拟过去 150 年里的气温(Stott 等,2001)。

不断积累的证据也表明,那些正在发生的自然系统的变化显然是由气温升高引起的。特别是,世界各地的大多数山地冰川正在消退(Oerlemans,2005),有证据表明,全新世内南极冰架的坍塌规模和速度是前所未有的(Domack 等,2005),而且在遥远的北极湖泊里正在发生的生态变化也似乎超出了自然变化的范围(Douglas 等,1994)。

人类对气候系统的影响是如此显著,以至于 Crutzen 提出建议,应该给自 18 世纪末期以及大气中二氧化碳显著增加(已由南极冰芯揭示,Petit 等,1999)以来的这一段时期的地球历史赋予一个新的地质时代名称:人类世(Crutzen & Stoermer,2000)。Ruddiman (2003)认为,事实上,人类活动影响大气温室气体浓度可能更早一些,在 5000—8000 年前的全新世早期到中期，与早期农业活动有关的森林砍伐和土地覆盖变化等就对大气温室气体浓度产生了影响。

然而,不管人类活动引发气候变化的证据如何明显,仍然存在气候变化怀疑论者,他们认为自然变化的作用被低估了,确实也存在这样的问题。本书中描述的水生生态系统变化包括长期记录的气候变化(如在过去两个世纪内湖泊冰盖损失)(Magnuson 等,2000)和近几十年来观察到的河流和湖泊温度的增加(Hari 等,2006),如果以百年时间尺度观察的话,它们仍在气候系统的自然变化范围内。不论这些数据的质量如何,仅仅数十年的“长期数据集”覆盖的时间跨度确实太短，难以排除最近的全球变暖是自然变化引起的。

本章研究了来自古生态记录的水生生态系统变化证据，旨在界定水生生态系统的自然变化，并将其作为衡量目前及预测将来气候变化影响的基准，还研究了过去气候较暖时期的气候对地表水温的影响，这有助于判断未来可能发生什么，但是一旦全球平均温度增幅超过+2℃，历史上没有类似情况可供参考，因为在过去至少 100000 年中，全球平均温度增幅从未超过+2℃。

本章将先简要阐述全新世时期的气候是如何变化的，然后再总结淡水生态系统，主要是湖泊生态系统，从几千年到季节性的不同时间尺度上对气候变化响应的古生态证据。气候变化的两类主要影响可描述为：受温度变化驱动和受有效降水量（降水量减去蒸发量）变化驱动，并分别考虑了它们在高纬度和低纬度环境下的响应。最后，对比了温室气体驱动的气候变化和导致的生态变化的其他因素，特别是那些与人类活动有关的因素。但是请注意，这里给出的关于过去气候变化对淡水生态系统影响的证据完全属于推论性的，就像所有古生态方面的诠释一样，不可避免要采用推论的方法。此外，在某些情况下，由于沉积物记录揭示的湖泊生物历史的变化通是常用来重建过去气候变化的，而不是用于湖泊生态系统对气候变化的响应，因此很难避免循环论证的问题。

2.2 全新世以来的气候

谈到过去气候变化及其影响，我们应该追溯到多少年以前？尽管大多数位于高纬度地区的湖泊是在 15000—10000 年前形成，但是那些不是冰川期范围内形成的湖泊，大部分（但不完全）地处低纬度地区，在经历过从冰期到间冰期的不断循环往复后成功地幸存了下来，其包含的沉积物有几十万年的时间跨度。一些湖泊（比如：贝加尔湖）跨越了整个更新世时期，作为罕见的环境变化记录者可与深海领域和原地演化中心媲美，因而引起了古气候学家和古生态学家的极大兴趣。这里，把研究的时间跨度限制在全新世时期，即大约 11500 年前至今。在全新世时期初期，气温快速上升，陆冰急速融化，这一特征在欧洲地区极为明显，北欧大多数湖泊沉淀物从黏土到有机湖泥转变就是清晰的佐证。“地球系统”在冰期后变暖是一个更为缓慢的转换过程：全球覆冰量缩减，以前被冰川重压之下的地表面开始抬升，全球冰层融解造成海平面上升，大洋环流形成一种新的平衡，新形成的土壤和从冰期避难所返回的动植物将占领那些与先前间冰期所占陆地相似的区域（Roberts，1998）。大约 8000 年前，自然界形成了新的“边界条件”，与如今的边界条件无明显区别（图 2.1）。

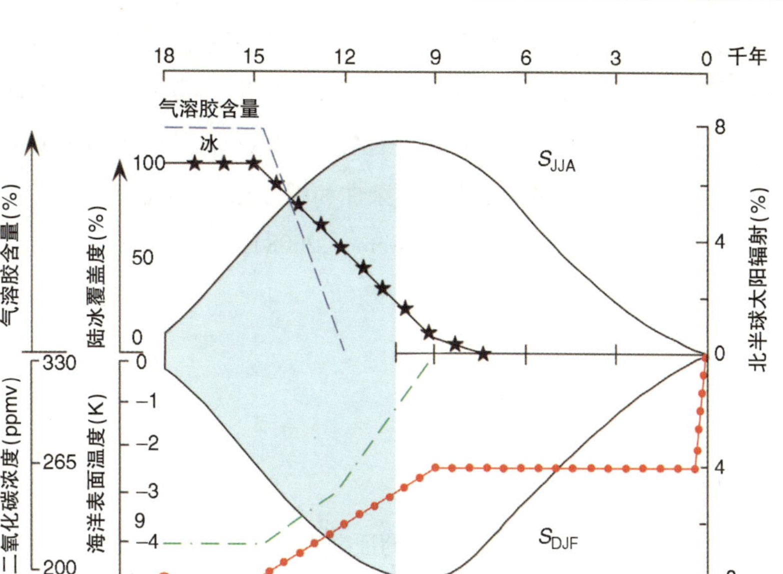

图 2.1 气候模拟所采用的外部驱动力[太阳辐射(S)]及内部边界条件[陆冰、海洋表面温度(SST)、大气二氧化碳浓度及过量的冰川气溶胶]从 1.8 万年前到现在的主要变化示意图

(根据 Kutzbach 及 Street-Perrott,1985 修改)

总体来说,与之前的寒冷期(或冰期)相比,全新世是一个温暖的时期,它在很多方面与温暖期(或间冰期)之前的时期相似,后者在欧洲被称为埃姆(Eemian)间冰期,时间是 130000—105000 年前(Drysdale 等,2005)。因此,全新世被认为是另一个间冰期,但它不同于以往的间冰期,主要是因为在全新世人类开始农业生产(导致陆地覆盖度变化)以及工业活动(造成污染),在过去的大约 5000 年以来,这两种作用一起,强烈改变了陆生生态系统和水生生态系统。现在也完全有这样的可能性,人类活动已经改变或正在改变气候系统本身,甚至达到这种程度:在十年前被认为是不可避免的返回冰期的条件在一定程度上可能被当前和预计的温室气体浓度的持续上升所阻止(Crucifix,2008)。

虽然全新世是温暖期,平均气温比最后一个冰期的平均气温高出 7~8℃(Lowe & Walker,1997),但是,受一系列不同自然营力的驱动,这一时期气候在不同的时间尺度上也有显著的变化,影响了并将继续影响着世界范围内的温度和降水模式。主要外部营力包括:①轨道变化,主要是地球在围绕太阳旋转过程中地轴的岁差变化;②太阳可变性,随着时间的推移太阳活动的周期性变化;③火山活动,与平流层的火山灰浓度变化引起的入射辐射相关的散射和吸收。作为气候系统本身内动力变化的响应,气候也在不同时间尺度范围内以准周期方式变化着。最著名的重要内部变化响应模式是南方涛动(厄尔尼诺现象 ENSO),虽然在北半球的高纬度地区,北极振荡(AO)和相关的北大西洋涛动(NAO)同样重要或更为重要。这些模式也会发生变化,也会受外部营力变化影响(Shindell 等,2004)。除了这些自然营力外,现在有很好的证据(IPCC,2007)表明,人类因素产生的温室气体在气候系统改变中扮演着重要的角色,并且在引起全球变暖,可能比迄今为止由自然因素造成的气温更高。然而,基于气候系统本身的复杂性和可变性,不能将自然生态系统的变化仅仅归咎于温室气体浓度增加(Battarbee & Binney,2008)。

2.3 千年尺度上的变化

2.3.1 中纬度地区

对海洋表面温度进行古气候重建所获得的证据表明,在全新世早期,北半球的气候比现在更温暖(Jansen 等,2008)。在早期气候变暖之后逐步变冷直到现在,它与预期的北半球日照因地球绕太阳轨道的岁差变化而减少密切相关。目前近日点(当地球的轨道到达它离太阳最近的位置)出现在 1 月,而在 11000 年前则出现在 7 月。尽管气象资料的记录各有不同,但从中纬度到高纬度地区所经历的气候变冷表明,全新世年平均温度出现了约 2℃的降幅(Seppa 等,2005),这足以造成动植物的北界显著向南迁移,包括北森林线的下移(Birks & Birks,2003)。然而,要证明水生生物对于这种长期变冷的响应是不容易的,部分是因为人类活动的因素,自新石器时代开始的森林砍伐和农业开发活动掩盖了气候变化的影响,还有部分原因是记录在湖泊沉积物中植物和动物的变化,特别是浅水湖泊沉积物,也受到自然发生的水文系列演变的影响。

例如,在全新世期间,喜温的浮叶型水生植物——菱角生长区的北部边界在收缩,这被认为是全新世变冷的结果,同时也为全新世变冷提供充分的证据(Alhonen,1964)。不过,Korhola & Tikkanen(1997)依据一项对芬兰浅水湖泊沉积物的详细研究结果,认为菱角的减少可能是湖泊生境的变化造成的,即湖泊因逐渐淤积而变成了泥炭地。其他水生植物,如克拉莎(Conway,1942)丰度的下降原因也存在类似的争论。有一种水生物化石记录清晰地表明了欧洲对全新世变冷的一系列响应,那就是欧洲池龟(图 2.2)。目前,该物种的繁殖范围集中在地中海,其北部边界与 20℃等温线非常一致,相比之下,来自全新世中期的欧洲池龟的化石记录显示其曾经分布在欧洲,包括英格兰东部、丹麦和瑞典南部,这些地区现在的 7 月平均气温接近 18℃(Stuart,1979),这为气候模型提出的过去 5000 年来温度下降 2℃的潜在影响提供了良好的证据。

图 2.2 欧洲池龟(图片来自 Biopix.dk.)

2.3.2 低纬度地区

在中纬度到低纬度地区，日射量变化的长期影响更多地体现在湿度而不是温度上。在受热带辐合带(ITCZ)位置移动影响的地区，这些变化表现得尤其显著。随着热带辐合带迁移到南方，季风降雨的强度下降，在全新世早期，整个撒哈拉、阿拉伯、印度西北部和中国西部形成的大型淡水湖泊和河流逐步萎缩和干枯(Gasse，2002)，形成的残留物主要是盐、小型湖泊和广袤的干涸湖床(图 2.3)。

图 2.3 乍得北部的博德里洼地干枯的全新世中期湖床上裸露的硅藻土

(摄影：J. Giles，《自然》杂志授权使用)

北非地区的文献证据也许是最充分的，萨赫勒和撒哈拉地区裸露的淡水硅藻土和其他湖泊沉积物的数量及范围，证明在全新世早期和中期那里曾经遍布淡水湖(Gasse，2000;Hoelzmann 等,2004)。在提贝斯提山区发现的画有长颈鹿、羊和牛的岩画表明,这些存在于全新世的淡水湖泊和河流不仅供养了水生植物和水生动物群落，而且为当地牧民提供了淡水资源(Lhote,1959)。

在全新世中期,6000—5000 年前，这些淡水系统的消失是近代地球历史中最引人注目的事件之一。古气候学家和气候模型研究者已经付出相当大的努力来判定事件的发生时间并理解其原因及后果(Hoelzmann 等,2004)。与当今气候变化及其影响争论相关的证据是，在全新世中期的气候急剧变干期，仅仅日射量的微小变化能否导致如此强烈的响应。了解气候系统的响应机制是非常重要的。在这种情况下,只有当模型经改进后能包括土地覆盖和气候之间的反馈,以使地表的蒸腾损失能足以维持一个正向的大气水分平衡,气候模拟与观测结果才能相一致(Claussen 等,1999)。

Kropelin 等(2008)关于东撒哈拉的约阿湖的研究为上述观点提供了最有力的例证，证明了全新世中期干燥对北非水质和水生生物多样性的影响。约阿湖是该地区中全新世中期都保留有死水的极少数湖泊之一。对约阿湖中沉积物芯样的详细分析表明,古地下水补给使得该湖泊在全新世中期干燥过程中得以保留。然而在距今 4200—3900 年,淡水环境急速转换成盐碱环境,水的电导率上升到 2000ms/cm 以上,导致湖泊生产力下降,以耐盐的半翅目小仰蝽属和盐湖蝇为优势种的盐湖大型无脊椎动物群落得以形成。虽然导致这些事件的原因是否就是气候变化还没有确认(Holmes,2008),但是这个地区的历史清楚地说明了气候变化能迫使淡水系统跨越关键的生态阈值,导致生态系统机制全面改变,并对人类社会造成负面影响。

2.4　百年尺度到千年尺度上的变化

极长时期内的大部分气候变化可以用轨道驱动的变化来解释,古环境记录表明,全新纪时期的气候在短时间尺度内也会有所变化，对这些时期的自然变率进行解释要比对在数千年的时间尺度上解释自然变率更加困难,因为尚不清楚它们的机制。有些气候变化是由于气候系统内的随机脉动,有些则是由于海洋大气耦合系统的内部行为,特别是由于太阳活动的变化。太阳活动是按照众所周知的太阳黑子 11 年周期和 22 年周期变化的,现在卫星辐射线(Frohlich & Lean,1998)将其精确地测量到 87 年周期、210 年周期和 2200 年周期。更长周期的证据可以通过测量全新纪时期的 ^{14}C 来获得,因为自 1610 年以来,太阳活动就被天文望远镜观测记录下来了，这些太阳活动的记录与同期树木年轮记录下来的

^{14}C 变化比较一致(Stuiver & Braziunas,1993)。另外,冰芯记录下来的 ^{10}Be(Beer 等,1990)也随太阳活动变化而变化,因此,这两种同位素测定可以提供整个全新世期间太阳活动变化指标。

气候科学研究遇到的问题在于如何理解太阳输出的细小变化(在 11 年的 Schwabe 周期内约 0.1%输出)却能导致重大的气候波动。然而,这种变异性强烈依赖波长,且波动值超过光谱中紫外线部分的 100%(Beer & van Geel,2008)。此外,模型研究表明,大气存在潜在的放大过程,通过太阳光谱辐照度的改变,造成对流层环流系统发生改变,而此变化可能会引起气候系统对其做出重大的响应(Haigh & Blackburn,2006)。

一般而言,分析湖泊沉积记录可揭示出在太阳活动周期内沉积物发生的周期性变化,但由于湖泊沉积年代测定的相对不准确性,使得在此两者间建立明确关系的努力受阻(Petterson 等,2010)。但不管是何种原因,有充足的证据显示湖泊生态系统已在上述周期内发生了变化且变化非常显著。在湖泊沉积记录中包含了影响湖泊水位的湿度发生多次变化的证据、影响湖泊生产力的温度发生周期变化的证据以及长达百年的气候波动的证据,但目前人们对上述变化的机制尚未完全了解。

2.4.1 有效湿度变异性与湖水位变化

Digerfeldt(1988)和 Magny(1992,2004)都曾研究了全新世时期欧洲和北美洲温带地区湖泊水位的显著变化。Digerfeldt 在瑞典南部的工作重点是对从湖边到深水区横断面上沉积物芯样内的水生植物巨体化石进行分析。他用横断面上芯样之间巨体化石记录的地层差异重新构建湖边芦苇沼泽地位置的变化情况,推测其与湖泊水位变化之间的联系,以及与气候变化的关系。而另一方面,Magny 则是以侏罗山、法国前阿尔卑斯山脉和瑞士高原的硬水湖泊为研究对象。除了用碳酸盐结核代替水生植物巨体化石作为水位变化指标外,他采用的方法基本上与 Digerfeldt 相同。Magny 的研究表明(图 2.4,Magny,2004),重新构建的水位变化模式在很大程度上与其他气候变化方面的古老记录是同步的,包括代表气候变化的格陵兰冰芯记录(Mayewski 等,1997)以及北大西洋海底芯样的冰渍碎屑(IRD)记录(Bond 等,2001)。由于这些波动与大气残留 ^{14}C 变化量(太阳变异度的指标)也是同步的,Magny 得出结论:在欧洲的这些区域内,湖泊水位与太阳活动引起的有效湿度变化是一致的。他认为,太阳变异度的影响范围很广,不只是湖泊水位,人们的生活也会受到影响。如果一段时间内太阳辐照度较低,则可能会导致年降水量增加,并使生长季节缩短。Beer & van Geel(2008)也曾指出太阳活动与降水量之间的联系。公元前 850 年左右的一次突发事件可以证明这一观点,世界各地的大自然档案都有相关记录(van Geel & Berglund,2000)。他们提出,当时在荷兰,气候转向阴冷多雨,引起洪水泛滥,土地撂荒,导致荷兰的人口迁移。但是在同一时期,西伯利亚中南部地区人口膨胀,游牧斯基泰人则从环境恶劣的半沙漠地区迁徙至物产丰饶的草原地区,从比较潮湿的环境条件中获益。虽然学者们很少提及该事件与淡水河流和湖泊水位变化之间的联系，但是我们仍然可以认为水生植物和动物群落,尤其是那些滨海栖息地的水生植物和动物群落,都曾受到过很大的影响。

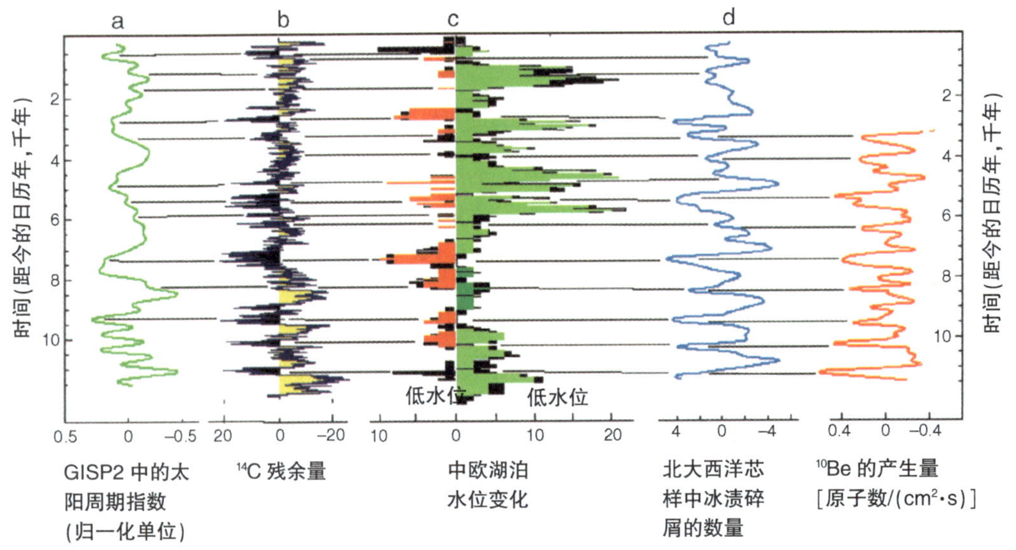

图 2.4 中欧湖泊水位变化(c)与(a)、(b)、(d)、(e)的对照图

(根据 Beer & van Geel,2008;Magny,2004 修订)

(a)GISP2 下太阳周期指数(PCI)(Mayewski 等,1997);
(b)与标准值相比,大气中 $^{14}C/^{12}C$ 比值的离差趋势,表征太阳活动指数;
(d)沉积物芯样中冰渍碎屑的数量,衡量北大西洋冰川南移距离(Bond 等,2001);
(e)在 GRIP 冰芯中提取的 ^{10}Be,反映太阳调节功能(Beer & van Geel,2008)。

在低纬度地区，全新世期间湖水位在百年至千年时间尺度上的变化要比中高纬度地区更为显著。与上述数千年时间尺度上的轨道改变叠加之后,在全新世的低纬度地区,曾多次出现过持续时间相对较短但较极端的百年水位偏差值，湖沼学证据表明在全新世早期（距今 8400—8000 年）和中期（距今 4200—4000 年)(Street-Perrott & Perrott,1991;Gasse,2000)湖水水位至少经历了两次大幅上升和大幅下降,幅度为几十米。这些变化可能都与季风系统减弱显著相关,但迄今为止主要原因仍然不清楚。这些气候波动的影响是深远的。距今 4200—4000 年的干旱与古代社会的衰亡一致,例如,埃及旧王国(deMenocal,2001)、美索不达米亚阿卡德帝国(Weiss,2000)、印度河流域文明(Staubwasser 等,2003)和中国中原新石器文化(Wu & Liu,2004)。

如前所述,在非洲,发生在全新世中期的几千年内干旱化可能受到了百年尺度的变异性显著影响。虽然日射率的变化是渐进的,但受气候不稳定性的影响,气候的响应在时间上、区域上的表现则十分多样。模拟实验表明,在此期间,随机波动相对较小的降雨可能引发不同气候系统平衡态之间的转换(Claussen,2008)。另外的证据分别由 Street-Perrott 等(2000)和 Jung 等(2004)提供,前者利用萨赫勒的曼加草地上湖泊沉积物岩性和孢粉学记录数据,揭示了逐步向干旱环境发展的过程;后者使用阿拉伯海海相沉积物记录,论证了从潮湿到干燥条件的逐步过渡。

虽然在全新世晚期,撒哈拉沙漠-萨赫勒地区由于受到沙漠或半干旱环境的影响气候比较干燥,而且水域分布特点与当今大致一样,在过去 3000—5000 年,以百年周期来计算,整个区域的湖水位一直在不断变化(Gasse,1977;Holmes 等,1997)。由于湖泊沉积记录数量和质量有限而导致证据不足,想要详细分析其完整变化是非常难的。例如,在全新世晚期,撒哈拉沙漠-萨赫勒地区的湖泊沉积层序受到干旱环境的影响缩短了,之前的沉积物经常受风力剥蚀(Kropelin 等,2008)。而所在地区的长芯样记录,由于其含有裂隙间隔造成的缺漏则难以追溯和阐释。然而,也存在一些保存特别好的完整连续记录,可以让我们深入了解这个区域的故事。这些记录, 比如 Edward 湖 (Russell & Johnson,2005) 和 Naivasha 湖(Verschuren 等,2000)的记录表明,百年和十年尺度的干旱,以湖水位的强烈变化为特征,在整个非洲东部曾定期发生过。虽然也有证据说明其中有些干旱的发生与太阳引力作用影响有关(Verschuren & Charman,2008),但沉积物记录的湖水位变化与预计太阳活动变化能引起的营力作用不成比例, 而且有些人推断湖水位变化和太阳活动记录之间没有可比性(Verschuren & Charman,2008)。

尽管机制仍然不确定,但是古记录清楚地表明,在这个敏感地区,降水量相对较小的变化可以在如此短时间内以及更长时间尺度上引起水化学特性和水生生物多样性的明显而快速的响应。特别是,有效湿度的少量减少就可能导致盐渍化和/或完全干燥。这些变化并不局限于非洲北部和东部。在世界上很多半湿润和半干旱地区的湖泊,都能找到高水位和低水位交替变化的类似证据。最好的记录来自北美大平原北部的许多湖泊,在整个全新世时期,从数十年和百年时间尺度上看,那里有很多湖泊的水流排泄状况经常在封闭和开放两种状态之间切换(Fritz 等,2000)。然而,在一定区域内,具体的湖泊对同样气候营力的响应有所不同,这与当地地下水影响的模式、湖泊在水系中的位置以及集水区和湖泊形态差异有关(Fritz,2008)。虽然湿度平衡的小幅下降可以明显快速触发淡水和盐水条件的阈值开关,水位会迅速降低,甚至使相对较深的湖泊变得完全干枯,进一步加大人口稠密地区抽取地表水和地下水进行灌溉和供水的依赖性。但是,预测具体湖泊对未来气候变化的响应并不容易。

2.4.2 温度

长期的仪器记录以及文献和古气候数据的证据也表明,在整个全新世中,温度在百年时间尺度上(Mackay 等,2003)发生了持续的变化。然而,相比低纬度区的湿度变化,温度变化幅度相对较小,很可能低于 1~2℃,显著低于根据气候模型所预计的未来 100 年的温度增长幅度。全新世的温度变化对湖泊生态系统的影响很容易被流域和湖泊演化过程中的其他独立变化所掩盖(Anderson 等,2008)。因此,很难确定古湖泊沉积物记录的重要事件或变化就是因为温度的变化而导致的。最有力的证据来自偏远地区,在这些地区人类活动的交叉影响降到了最低。在这些地区,沉积物记录了有机物浓度的周期性变化,这种周期性变化是温度驱动的湖泊生产力的变化造成的 (Willemse & Tornqvist,1999;Battarbee 等,2001)。Willemse 和 Tornqvist 研究了格陵兰岛康克鲁斯瓦格地区(远离西格陵兰岛冰盖边缘的一个横断面)6 个湖泊的烧失量(LOI)记录。结果(图 2.5)表明,不同地点之间具有显著的同步变化,说明其变化并非受到局部因素的控制,而是受到区域性驱动机制的控制,这一机制与来自附近 GRIP 和 GISP 冰芯的基于 $\delta^{18}O$ 的温度记录相一致。他们认为有机物浓度准周期性的变化,体现了受温度控制的冰盖时期的长度变化、透光度的增加以及更长的生长期内生产力的提升, 烧失量和保存在沉积物中的轮藻茎的丰度的一致性也巩固了这一观点。但这种生产力的增加很可能被流域土壤升温导致外源营养物负荷的变化而放大了。

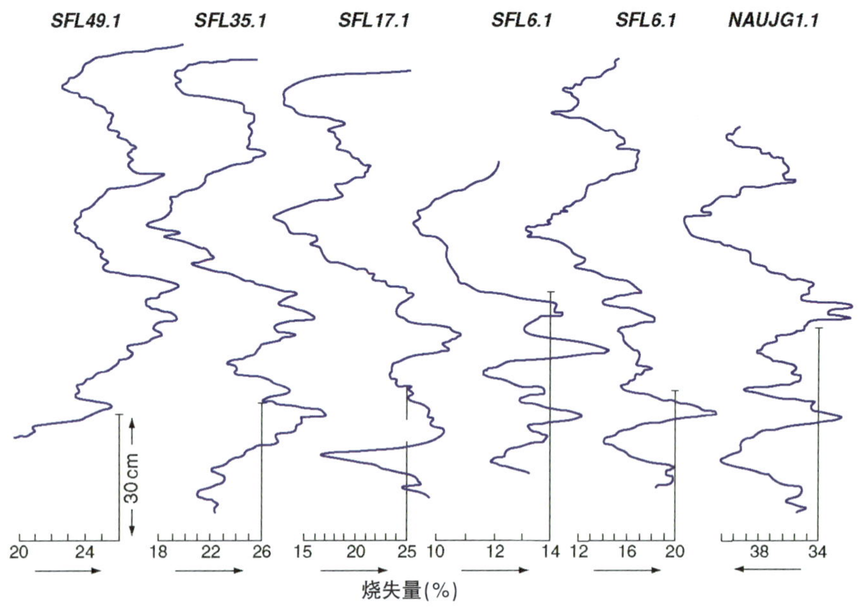

图 2.5　西格陵兰岛六个湖泊中表层沉积物(50~100cm)的烧失量平滑曲线与芯样的地层关系,注意:NAUJG1.1 的坐标是反着的　(根据 Willemse&Tornqvist,1999 重新绘制)

Battarbee 等(2001)在一篇关于苏格兰 Cairngorm 山脉中一个偏远山地湖泊的研究报道中,介绍了类似的湖泊泥沙和有机质的周期性变化。由于一个周期大约是 200 年,非常接近 Suess 太阳活动周期(如前所述),因此,在 Willemse & Tornqvist(1999)之后,作者们得出这样的结论:有机质的变化是受湖泊生产力中温度的变化驱动的。他们还观察到有机质的周期性竟然和芯样中摇蚊头壳的密度周期性极为相似,这也就印证了他们得出的结论(Battarbee 等,2001)。但是,即使这种解释是正确的,烧失量(LOI)记录中的变幅明显远大于气温变幅,这说明影响湖泊系统中有机质产生和保存的反馈机制也起了作用。Battarbee 等(2001)推断,如果藻类生产力的提高和层化能力增强能引起下层滞水带氧气的浓度降低、沉积物的营养循环加快以及有机质保存条件改善,则气温的小幅变化有可能会导致沉积物中有机质浓度发生明显变化。

2.5 季节性、年际间以及十年时间尺度上的变化

大多数湖泊沉积物积累速度太慢,或者易受扰动,即使很好地采集了湖泊沉积物芯样,也难以用来揭示湖泊行为在季节尺度到年际时间尺度上的变化,但通常可以用来鉴别十年时间尺度上的变化。也有例外,如果沉积物是按年分层的,就可以用于分析年际时间尺度上的变化。不过,在绝大多数地区,这样的湖泊是稀少的,如果存在的话,它们就可以用来相对准确地了解过去的变化。

在北方气候带相对较深的湖泊中,会发现一些最好的年纹层沉积物,这些湖泊在冬季被冰覆盖而在夏季分层分明。尤其是在下层滞水带氧浓度低的生产性湖泊中,底泥分层的可能性很大,因为在缺氧环境下,底栖无脊椎动物对底泥的混合作用通常大大减弱。在此类地点提取芯样过程中要极其小心以避免干扰到纹层,并且通常需要专业技术来分析沉积物上记载的特性。通常来说更倾向冰冻式芯样取样,接着是纹层计算,例如摄影(形貌)和薄层(薄片)分析(Zolitschka,2003)或者图像分析(Petterson 等,1999)。在富含硅藻的沉淀物中,通过使用光镜检查薄片(Card,2008)或者料带(Simola,1977)来鉴别浮游硅藻季节性演替中的变化和年际变化是可行的,这些变化也可能与天气模式的变化相关,这种分析方法尤其合适于那些有长期仪器记录的地区。

年纹层沉积物有利于保存微体化石,不过这种沉积物的最重要特征在于其准确和精确的年代确定,因为借此可以最有把握地与从其他资料得出的数据进行地层对比。在对瑞典北部 Kassjön 的年纹层沉积物进行的一项新颖研究中,Simpson & Anderson(2009)将该湖泊的沉积物记录与瑞典北部同一地区的基于树木年轮的温度记录在年代上进行了成功的匹配。他们对公元前 200 年到公元后 200 年这 400 年之间的记录进行了对比,这个时期

出现过气候变化,其后该地区才引进了农业。研究目的是了解硅藻记录的变化在多大程度上是由自然温度变化引起的。因为气候表征指标(年轮)和生物响应(硅藻)都是以固定时间间隔样本为基础的,所以分析时可以采用经典的时间序列统计方法。尽管相关性的原因尚不清楚,但是结果表明,气候变化与观察到的硅藻组合变幅在一系列时间尺度内存在着明显的相关性。

2.6 近期变化

2.6.1 偏远地区

鉴于气候系统自然变化的复杂性以及生态系统在不同时间尺度上对气候变化响应的复杂性,利用当前的观测数据来区分水生生态系统的运行趋势是受自然气候营力的影响还受人为气候变化的影响并非易事。此外,对于那些近几十年甚至几个世纪以来一直受到人类活动多方面严重影响的水生生态系统而言,气候对其的影响则更加难以确定。人类活动的这种影响,主要是来自土地利用的变化以及污染,而且远比气候变化影响强烈。不过,古湖泊记录为弄清这些不同的影响提供了足够长的时间跨度,但是只有地球上最为偏远而远离污染的地区才可作为合适的研究地点,在这些地区才可能获得近代的湖泊变化归因于气候变化的确凿证据。但是,即使在这些地区,依然无法轻易剔除远距离迁移的污染物,尤其是营养物的混杂影响(Wolfe 等,2001)。

然而,近些年许多古湖泊学家的研究重点转向了位于森林线以上或之外的高寒区域的湖泊沉积记录,这些区域受全球变暖的预期影响也最大(Smol & Douglas,2007)。在欧洲,研究学者对高山湖泊特别感兴趣。在一项囊括了所有主要高山湖泊的大规模研究中,研究者将近期的湖泊沉积记录与仪器测量的气温数据进行了比较,以评估这些记录的变异性多大程度上是过去两百年的气温变化造成的(Battarbee 等,2002)。通过运用直减率偏差和阴影效应校正法,把基于气象站数据构建的分布均匀的仪器测量温度记录调整至每一个高山站点(Agusti-Panareda & Thompson,2002),同时对每个站点的沉积物芯样进行了一套完整的物理、地球化学和微化石分析。

尽管在沉积物放射测龄日期与气象记录日历日期之间,按时间顺序相匹配方面存在着不确定性,但该研究显示了温度上升和沉积物有机物含量,温度上升和硅藻成分变化之间均显示出很好的相关性,这就表明,藻类成分和整体湖泊生产力的变化是过去几十年来温度上升的结果,并且很好地支持了上述有机物和温度之间存在联系的早期推断。

在欧洲众多山地区域中,最令人惊讶的发现之一便是浮游硅藻丰度升高,特别是小环藻属的种类（Ruhland 等,2008）。也许最好的例子就是西班牙比利牛斯山脉的 Redo 湖(Catalan 等,2002)。对该湖泊的沉积物芯样分析表明,有两种浮游硅藻属——脆杆藻属和假具星小环藻，在 19 世纪末 20 世纪初出现在该湖泊中，并在过去的几十年变得更为丰富。对当前湖泊中浮游植物季节性分布进行的研究表明,这两种浮游硅藻在盛夏初秋最多,一直持续到夏末的分层期,并分别以 9 月和 10 月的丰度最高。而在芯样分析记录中,该物种的增长与 10 月气温密切相关(图 2.6),这也意味着秋季水温升高,直接或间接地成为这一变化的主要原因。

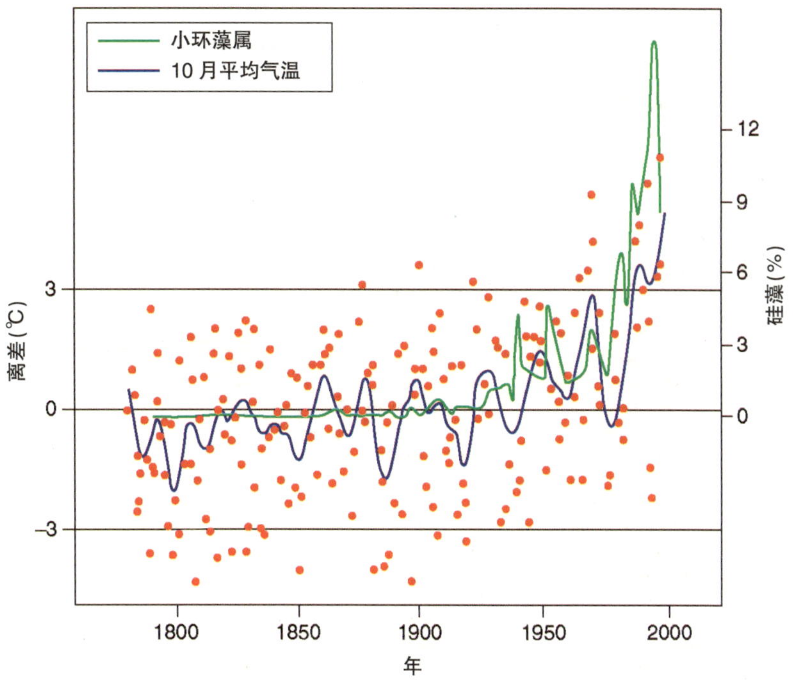

图 2.6　西班牙比利朱斯雷多湖的小环藻属百分比与 10 月气温的关系(Catalan 等，2002)

在其他偏远的高海拔、高纬度地区的湖泊沉积物中也发现类似浮游硅藻增加的例子(Sovari & Korhola,1998;Koinig 等,2002;Sovari 等,2002;Ruhland & Smol,2005;Smol 等,2005;Solovieva 等,2005,2008)。

把偏远地区湖泊的这些变化归因于温度上升,尽管依据是可信的,但是在一些例子中还不能排除远距离传输过来的营养物污染所带来的潜在单独或叠加影响。例如,Wolfe 等(2001)研究表明,在落基山脉中有两个偏远的山地湖泊最上层沉积物中的星杆藻明显增加,与芯样中铅浓度的上升和稳定性同位素 ^{15}N 值减少的规律吻合,这表明浮游生物增加更有可能是由空气污染而不是全球变暖导致的。有关欧洲和北美偏远湖泊当前养分动态的研究也在很大程度上证实了大气无机氮沉降是这些湖泊很重要的营养物来源,因此,对于一些区域的样点来说,在把生产力的上升全部归因为气候变化的直接影响时需要谨慎。

营养物质沉积和气候变暖是两个不同而又相互作用的因素，要想分辨它们的影响是困难的,因为二者均可以造成富营养化特征并以完全相同的方式记录在沉积物中,均表现为有机物质的增加和浮游硅藻相对丰度的变化。

虽然 Wolfe 等(2001)方法通过氮沉降来识别样点有助于减少不确定性,我们还将采用一种更加明确的方法来寻找气温升高的分析性证据,以证明气温升高取决于全球变暖的其他影响如冰层减少而非营养物质。Douglas 等(1994)在加拿大北极高地埃尔斯米尔岛的工作就是一个很好的案例。在这个案例中,由于夏季冰层覆盖长度减小,出现了较为广阔的滨海栖息地,水生苔藓植物增加,为硅藻附生植物如羽纹硅藻属提供了栖息地(图 2.7),进而造成表层泥沙中的硅藻发生变化。

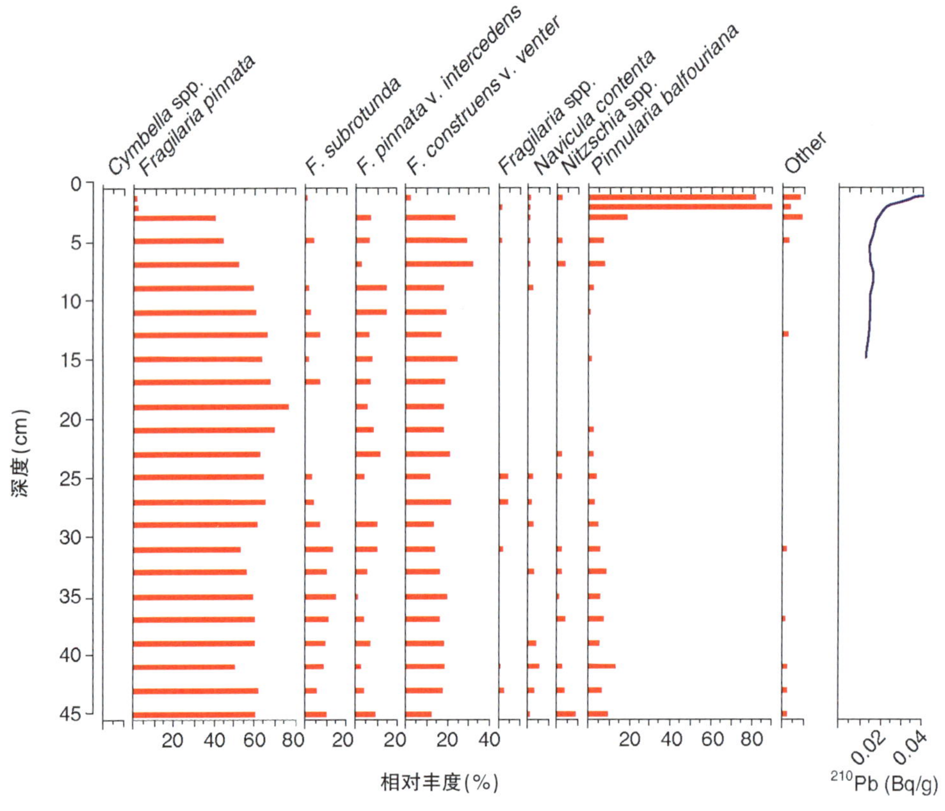

图 2.7　CapeHerschel 埃里森湖芯样沉积物中的硅藻组成以及 ^{210}Pb 浓度变化。^{210}Pb 浓度增加表明,表层 5cm 沉积物覆盖时间跨度近 100 年

(引自 Douglas 等,1994,美国科学促进会 AAAS 授权复制)

2.6.2　区分受污染区域样点气候变化与污染的影响

在人口密集居住区域,绝大多数(如果不是全部的话)湖泊遭受着人类活动的严重影

响,区分出气候变化的影响是困难的,主要是因为气候变化尚未成为主要的驱动力以及气候变化的效果为污染影响所掩盖(Anderson 等,1996)。要想解决这一问题,尤其是关于酸化以及富营养化问题,关键在于同时对长期观测数据(Straile 2000;Jepessen 等,2005;George 等,2007;Ferguson 等,2008)以及古湖沼学记录进行分析。

在酸化方面,气候变化对湖泊酸度状态的影响主要来自温度变化对生物地球化学过程的影响(Koinig 等,1998),以及不断变化的降水模式对流域水文的影响(Monteith 等,2001)。能够提供最明显的古湖沼学证据的地点要么是远离酸沉降影响的地区,要么是具有相对较高酸中和能力的地区。Sommaruga-Wograth 等(1997)在奥地利蒂 Tyrol 找到了一个这样的地区,其中按硅藻推断沉积物芯样的 pH 值与近几十年来仪器的温度记录之间有极高的相关性。Larsen 等在挪威的两个湖泊中也发现了类似的响应。Curtis 等(2009)对来自欧洲高山湖泊的硅藻记录进行了典范对应分析(Canonical Correspondence Analysis, CCA),其分析结果表明,在不考虑酸沉降的情况下,从 19 世纪初到现在的沉积物硅藻组合的变化在很大程度上可以通过空气湿度来加以解释。同时 Simpson & Anderson(2009)通过加法模型(AM)也证明了温度变化是造成苏格兰西北部一个湖泊沉积物芯样中硅藻组合随时间变化的主要原因。

这些观察结果表明,随着大气硫沉降的持续减少,温度变化可能成为很多观测站点湖泊酸度的关键驱动因素;那些未受污染的观察站点的湖泊 pH 值可能达到只有在温暖的全新世早期才能达到的水平(Larsen 等,2006)。结果还表明,近几十年来发生的碱度增加(Monteith & Evans,2005)可能归因于温度上升和酸沉降的减少。然而,对于一些地区,如欧洲西北部,气候变化可能导致降水的增加,更高的排泄量和风暴条件下,海盐的沉积能降低碱度,使得这种影响可能会被抵销。虽然到目前为止还没有古湖沼学证据支持这种效应,但是,对来自英国的长期监测数据的分析则支持这一假说(D. T. Monteith)。

同样,对遭受富营养化的湖泊而言,想从湖泊沉积物记录中分辨出气候变化所起的作用也是困难的。位于农业流域或者人口密集区的所有湖泊,不同程度地遭受了营养盐的污染,而且由于水温的增加往往会产生与富营养化相同的症状,表现在藻类生产力、下层滞水带氧压力、营养物质循环等指标上,古湖沼学记录很难区分出不同的胁迫因素,至少使用标准技术是如此。目前的古生态研究正试图用统计学方法,从拥有长期仪器观测的气候数据和营养浓度数据的监测站点着手,去辨析这些胁迫因素。对苏格兰低地的大型浅水湖泊——利文湖的沉积物记录进行分析表明,富营养化作为十年到百年的时间尺度上硅藻群落的控制因素,其作用超过气候变化的任何因素。然而,在年际时间尺度上,近期发现的化石记录的物种组成变化可能是由气候变异引起的。尤其是 *Aulacoseira ambigua*、*A. granulata* 和它的变种 *angustissima* 在 2003 年 4 月、1998 年 9 月和 1986 年 7 月出现了峰值,这可能与多雨、多风和凉爽的夏季气候有关(H. Bennion 等)。在意大利北部一个深水高山湖——Lago Maggiore 湖中,从底泥记录中获取的枝角目数据和同一时期的浮游动物及鱼类数据,加深了人们对湖泊营养动态和气候相互作用变化的理解(Manca 等,2007),这也为近期浮游动物种群的不稳定性随着极端气象事件发生和鱼类捕食压力变化而增强提供了证据,后者可能是由于全球气温升高引起的。

2.7 结论

古湖沼学记录表明,主要受地球围绕太阳运转轨道的变异性、太阳辐照度以及火山爆发尘埃的影响,气候在不同的时间尺度内一直在自然地变化着。仪器观测记录也表明,气候系统是自然动态变化的,并且具有自身内部的变异模式,导致了在年际及十年时间尺度上气候模式呈现明显的波动。尽管这方面的知识尚不完整,气候学家已着手探究,在过去不同的时间尺度上,气候变化的幅度及发生时间的变化规律以及它们与不同营力之间的响应机制。

现在的中心目标是,了解气候变化在过去是如何对生态系统造成影响的,以及对此的了解在多大程度上有助于洞悉未来气候变化对淡水生态系统可能的影响方式和程度。古生态学为此提供了强有力的手段,尽管也需要适度谨慎,因为化石记录具有残缺性,而且被视为给生态系统对气候变化的响应提供了证据的水体沉积物的变化,也同时常被用作重新构建过去气候变化的替代信息源。古生态学的解释和论点很容易暴露于循环论证的过程中。尽管存在这些注意事项,但还是可以得出一些重要结论。

首先,古证据表明,无论是气候营力中的湿度还是温度,它们的微小变化均可以引起生态系统响应的重大变化。在全新世中期,日射量相对小的变化造成了低纬度地区的干旱化,对于某些地区,导致了广泛的干燥化和盐碱化,使湖泊接近正、负水分平衡的阈值。古证据表明水文因素很小的变化都可以导致湖泊在淡水和盐水状态之间的转变。同样,在温度方面,中高纬度湖泊沉积物中有机物含量的大幅波动表明,温度的极其微小变化可能会通过湖泊内部营养物质、氧气浓度和有机质保存之间的反馈作用被放大。

其次,处于中高纬度北半球的淡水在 7000—8000 年前,其 7 月的温度比今天约高 2℃。自那时起,降温造成喜温类群在北界限内收缩,但变化程度足够慢,使生物体和生态系统可以适应而没有灭绝。与此相反,将来温度会增加,全球变暖预计在 20 年内比 1960—1990 年的基线增高 2℃,并且至 21 世纪末变暖的速率和幅度将前所未有。这很可能导致局部和区域性的物种灭绝以及淡水生态系统功能的重大再调整,气候预测和相关生态系统反应显然远远超出了古证据中自然变化的范围。

第三，尽管未来很可能发生前所未有的变化，但仍难以将观测到的近十年淡水生态系统的变化明确地归因于温室气体导致的升温。这是因为很难区分温室气体作用和自然变化的作用，而且对已受到污染以及人类活动影响的淡水生态系统来说，很难确定气候是如何影响它们的。古生态记录显示，在数十年至百年的时间尺度上，湖泊行为不断进行着周期性变化，这可能与太阳辐射波动和气候变化相关，而当代发生的变化尚未显著大于预期的自然变异。

唯有高纬度及高海拔地区的湖泊例外，日益显著的证据表明，在这些地区发生了前所未有变化，如冰层融化、生产力提高。湖泊沉积记录表明，对于人口密集区的多数淡水资源来说，区域性的富营养化、酸沉降、取水活动以及人类活动造成的影响一直是其主要的压力因素，并掩盖了气候变化所带来的影响。和人类活动一样，气候变化让水体发生改变(如驱动营养盐动态变化、控制碱性生成、改善水文状况)，故而很难与其他胁迫因素区分开来。

然而在欧洲等地区，污染负荷降低，湖泊、河流生态环境逐渐得到恢复，气候变化将成为影响淡水生态系统结构和功能的重要因素，可能使生态恢复过程偏离未受污染前的参照状态，进而转变为一个新的未知状态。在未来，古生态学记录不仅能够揭示淡水生态系统在过去如何随着气候变化而变化，还有助于判断在未来全球变暖下不同的淡水生态系统将会发生怎样的变化。

第 3 章

气候变化对淡水生态系统的直接影响

Ulrike Nickus, Kevin Bishop, Martin Erlandsson, Chris D. Evans, Martin Forsius, Hjalmar Laudon, David M. Livingstone, Don Monteith and Hansjörg Thies

3.1 引言

20 世纪 90 年代以前，大多数环境科学家认为气候（尽管其具有可变性）对淡水生态系统的影响是相对稳定的。然而，近年来，人们越来越清楚地认识到，气候变化对地表水产生了额外的压力，并与其他影响因素，如水文地貌的改变（第 4 章）、水体富营养化（第 6 章）、酸沉降（第 7 章）、有毒物质污染（第 8 章）等相互作用。气候变化对淡水生态系统的主要影响来自气温、降水和风场等的变化。淡水系统对气候变化的响应主要表现在湖泊水体的分层和混合机制、流域水文或冰覆盖等物理特性的变化，这些变化反过来也可能会引起水生态环境的化学变化，如改变氧浓度、养分循环以及引起水的色度变化。生物响应包括大多数生物群体的物候期和物种分布的变化。气候变化和淡水生态系统响应之间的联系已经见诸报端，并且这种相互作用在未来气候的影响下仍将持续。然而，由于非线性因素的潜在影响，两者动态关系的数值模拟是复杂的，这种响应可能被超过阈值后的突变打断。

本章的重点是气候变化对淡水系统的直接影响，这些不包括如土地利用变化、营养物富集、酸沉降和有毒物质的输入等人为驱动因素。本章首先简要描述了在过去的几十年中，全球及欧洲气候发生了怎样的变化，然后使用选定的全球和区域气候模型演示了在不同的排放情景下未来气候将如何变化，最后列出了一些近期研究已经揭示的关于淡水生态系统对气候变化物理和化学响应的主要成果。

3.1.1 气候变化

根据 IPCC 第四次评估报告（2007），近几年（1995—2006 年，1996 年除外）的全球气温处于自 1850 以来的 12 次最高温度范围内。1906—2005 年，全球平均气温上升超过

0.7℃,在过去的50年中,平均每10年增幅为0.13℃(图3.1),且陆地上空的气候变暖强度比海洋更为剧烈。自1979以来,陆地上空气温以平均0.27℃/10年的速度不断上升(相比之下,海洋上空气温增速为0.13℃/10年)。气候变暖在高纬度的北部地区表现得最为强烈,在过去的100年中,伴随着强烈的年际波动,北极冬季和春季平均气温的涨幅约为全球平均水平的两倍。在大阿尔卑斯地区(Auer等,2007)(4°~19°E和43°~49°N地区)也发现了类似趋势,自19世纪后期以来,该地区所有海拔高度的气温比全球或北半球气温的平均值高了两倍。

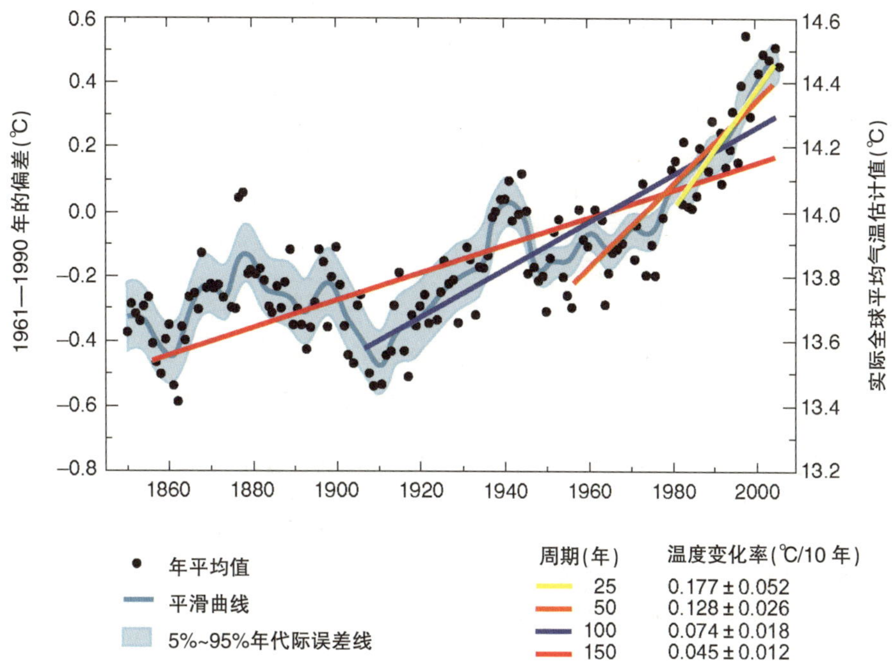

图3.1 基于对1850年以来全球年平均地表温度的统计分析,展示了过去25年间(黄)、50年间(橙色线)、100年间(蓝色线)和150年间(红色线)温度的线性变化趋势

[引自《气候变化2007:自然科学基础》,政府间气候变化专门委员会(IPCC)工作小组I的第四次评估报告,S. Solomon,D. Qin,M. Manning等,剑桥大学出版社]

尽管降水量具有空间和时间上的变异性,但在过去的100年里全球许多地方的降雨量、强度、频率和类型均发生了显著变化。欧洲北部地区平均降水量有所增加,而地中海地区降水有所减少(IPCC,2007)。这些趋势可能与北大西洋涛动(NAO)的变化有关,即跨大西洋海平面压力的南北偶极(Hurrell等,2003),并且NAO信号在冬季最为强劲。1970—1990年,正向的冬季NAO的流行反映出跨北大西洋西风气流的增强,冬天温暖潮湿的空气越过欧洲的大部分地区,造成了欧洲北部的潮湿和南部的干燥。然而,地形会在更精细的空间尺度上影响气候,因此观测到的气温和降水的变化可能不同于图中所示的平均变化。

IPCC 第四次评估报告(2007)指出,自 20 世纪中期以来,气温的增加很可能(大于90%的概率)是由于人类活动导致温室气体浓度升高引起的。因此,只有将温室气体这一影响因素纳入气候模型中才能更为准确地模拟这些观测到的变化(图 3.2)。

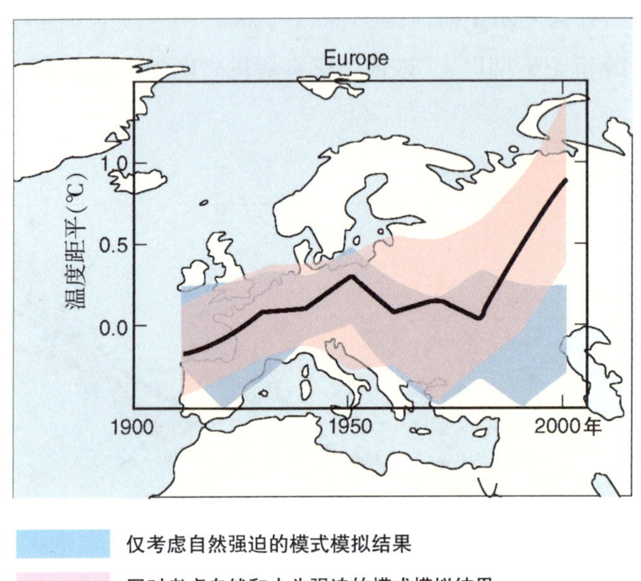

图 3.2 观测到的大陆与全球尺度地表温度与使用自然和人为强迫的气候模式模拟结果的对比

相对于 1901—1950 年相应的平均值,1906—2005 年观测到的年代平均值用黑线绘于年代中心,代表观测值,彩色阴影表示模拟实验结果 90%的覆盖区间。[修改自《气候变化 2007:自然科学基础》,政府间气候变化专门委员会(IPCC)工作小组 I 的第四次评估报告,S. Solomon,D. Qin,M. Manning 等,剑桥大学出版社]

我们可以对未来气候作出什么预测?大气环流模型(General Circulation Models,GCMs)给出的预测是:在一系列的排放场景(IPCC,2007)下,温度在未来 20 年中每 10 年增加约 0.2℃。如果继续按照当前或者高于当前的排放速率排放温室气体,未来气候将进一步变暖。21 世纪气候系统的预期变化很可能比在 20 世纪观测到的变化更为剧烈。以 1980—1999 年到 2090—2099 年的温度变化对全球平均地表变暖趋势进行最大限度的评估,结果表明,预计范围将从低排放场景 B1 下的 1.8℃升高到高排放场景 A1F1 下的 4.0℃。假设辐射效应恒定,且温室气体和气溶胶保持在 2000 年时的水平不变,模型给出的预测结果为到 21 世纪末温度将升高 0.6℃。

对欧洲来说,气候变暖程度将高于全球平均水平。在 PRUDENCE 项目(http://prudence. dmi.dk)资助下进行的区域气候模型模拟表明,气候变暖在北欧地区的冬季和在地中海地区的夏季可能表现得更为强烈(大于 66%的可能性)。同样,冬季最低气温的增加幅度可能高于欧洲北部的平均水平，夏季最高气温的增幅可能高于欧洲南部和中部(Raisanen 等,2004;Christensen 等,2007a,b)(图 3.3a)。

年际降水量地域格局的变化和过去几十年里已经观测到的变化特征相似，即欧洲北部大部分地区降雨量增加,而地中海地区降雨量很可能会减少。在中欧,冬季降雨量可能会增加,而夏季会减少(图 3.3b)。然而,降水量的变化在局部范围内的差异较大,尤其在地形复杂的地区,如阿尔卑斯山,该地区有很强的地形效应,使得对未来降雨量的预测具有相当大的不确定性。

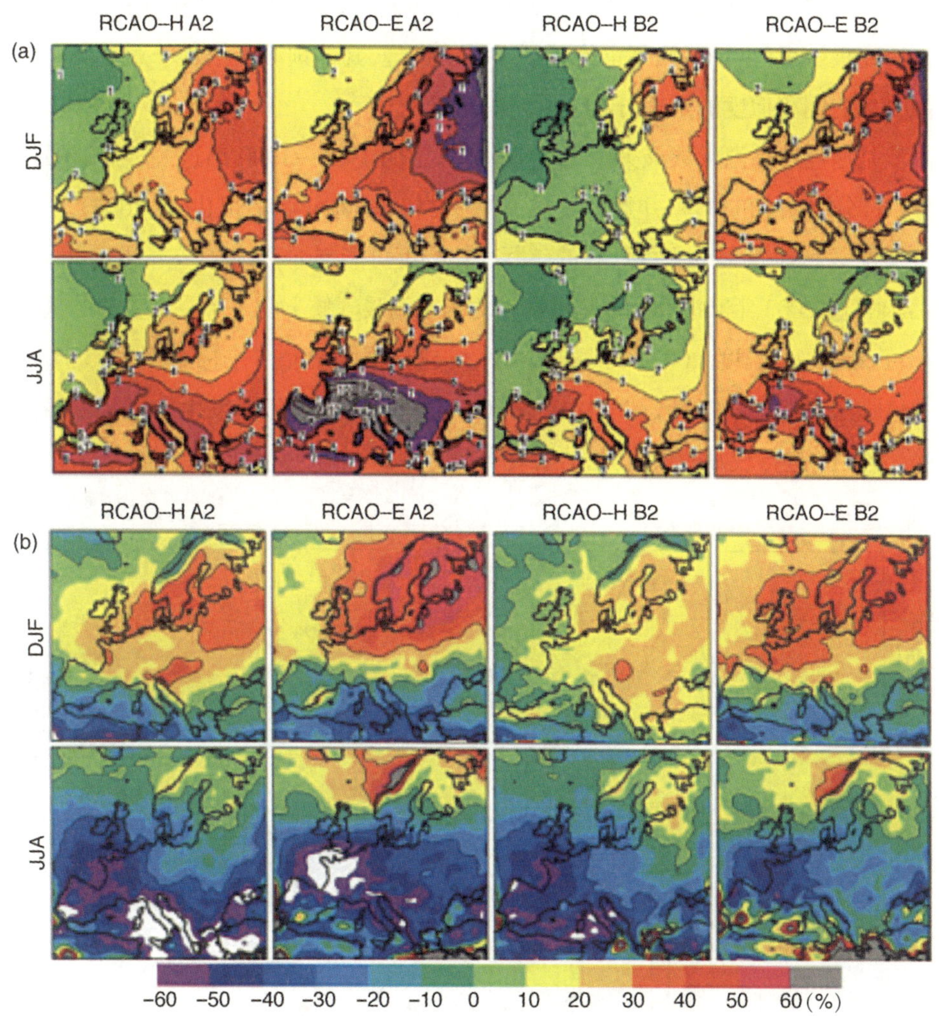

图 3.3　(a)基于 RCAO 模拟(减控时期情景)的冬季(12 月至次年 2 月)和夏季(6—8 月)地表气温变化。轮廓和阴影的间隔代表 1℃。(b)冬季和夏季平均降水量的变化(不同于减控期的百分比)

RCAO~H 表示 RCAO 由 HadAM3 全球气候模型驱动 (Hadley Centre, 英国),RCAO−E 表示 RCAO 由 ECHAM/OPYC3 全球气候模型驱动(Max Planck Institute,德国);A2 和 B2 为以模拟为基础的排放情景。

(Raisanen 等,2003)

气候变化常常是通过发生极端事件而被人们所感知到的，尽管在气候未变化的大部分地区也将会发生极端天气事件。极端是指发生频率不高的处于随机变量概率分布曲线低端和高端的事件。假设发生概率值的形状呈高斯分布(或钟形曲线)，平均值或分布曲线中值位置的微小变化也将会相应的改变极端事件的发生概率。例如，在温暖气候条件下，炎热天气高频率发生的同时可能伴随着寒冷或霜冻事件的减少(图 3.4a)。极端概率的变化可能不只是变量平均值的变化造成的，也可能是其方差的改变造成的，而且最有可能是均值和方差两者变化的相互作用引起的(图 3.4 b 和 c)。IPCC 第四次评估报告(2007 年)指出，尽管很多模型、集成算法和统计技术被用于模拟和预测极端事件，但关于气候变暖会如何改变极端事件，一些预测仍依赖于简单的推理，其他预测则依赖于对观测到的变化和模拟变化之间相似度的定性分析。

热浪是指连续高温天数最大值超过 IPCC 指定的 1961—1990 年这一参照时段内温度日常分布百分之九十的事件，并且其频率、强度和持续时间均会增加(IPCC 2007)。根据全球和区域气候模型预测，夏季平均气温的年际变化幅度可能增加，特别是在中欧(Schar，2004；Vidale，2007)。2003 年欧洲的夏季热浪可作为未来温暖气候下的一个更为普遍的例子。例如，瑞士的夏季平均温度(2003 年 6—8 月)超过长期平均气温值 5 个标准差(图 3.5)。Schar 等(2004)研究表明，GCM 和区域气候模型(RCM)可以对 21 世纪末发生的这些极端异常事件(在统计学上)进行较好的预测，且结果表明平均温度和温度变率均会增加(图 3.4c)。

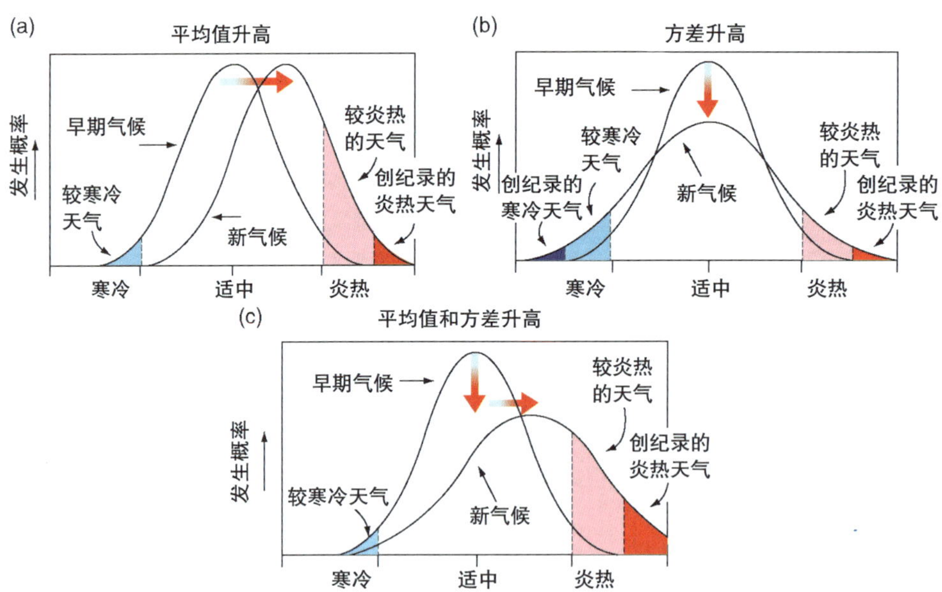

图 3.4　平均温度增幅(a)、方差增幅(b)和温度正态分布曲线中均值和方差增幅(c)对极端温度的影响示意图

(引自《气候变化 2001：科学基础》，IPCC 工作小组 I 的第三次评估报告，J.T. Houghton，Y. Ding，D.J. Griggs 等，剑桥大学出版社)

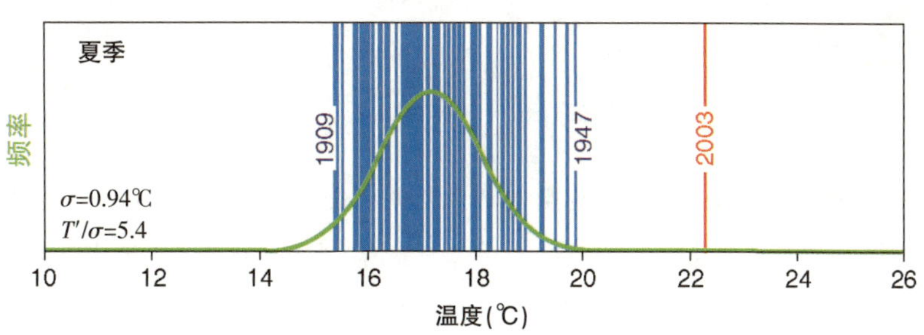

图 3.5　1864—2003 年瑞士夏季(6—8 月)温度的分布状况

(引自《气候变化 2007:物理科学基础》。IPCC 工作小组 I 的第四次评估报告,S. Solomon, D. Qin,M. Manning 等,剑桥大学出版社)

在冬季,欧洲北部地区的极端日降水事件的强度和频率都呈增加趋势,并且降水频率比降雨强度的变化幅度更大(Raisanen,2005)。同样,在夏季,尽管平均降水量偏少,极端日降水事件预计将会增加,而预计的降雨强度的变化在很大程度上依赖于所采用的气候模式。

3.1.2　未来气候变化情景和 Euro-limpacs 项目

全球环流模型(GCM),作为气候系统的数学表现形式,是基于既定的物理原理及大气、冰冻圈、海洋和地表等观测数据建立的,可对未来气候变化(尤其是在较大尺度上的变化)提供可靠的定量评估(Raisanen,2007;IPCC,2007)。对当下气候的实测和模拟对比研究表明,多数基本变量的吻合度较好;因此,即使个别模型可能与其模拟结果存在差异,但在一定程度上提高了通过气候模型来预测未来气候变化的可信度。气候预测模型的运行依赖于对未来温室气体排放的假设。标准方法是使用基于“直到 21 世纪末世界将如何发展”这一发展情节建立的 SRES(排放情景特别报告)排放情景,包括 A1、A2、B1 和 B2 等情景,即温室气体排放、人口增长和经济发展等不同的潜在未来情景(Nakic′enovic′等,2000)(专栏 3.1)。

3.2　物理影响

地表水的长期监测数据已表现出一些与气候变暖有关的变化。气温不断升高对水体造成的影响表现在湖泊和溪流表层水温的升高、更高的湖泊热稳定性、湖泊出现长时间的无冰期,以及水体在秋季或冬季结冰较早而在春季或夏季融化较早等方面。湖泊中下层滞水带温度的升高可能使深水层水体缺氧的风险增加。风场类型的变化可能会改变湖泊混合能量的输入,并因此影响湖泊系统的整体热平衡和内部的热量分配。风场和气温变化的

专栏 3.1　SRES 中的排放情景

A1 情景：介绍了这样一个未来世界，即经济快速增长，全球人口在 21 世纪中叶达到最高值，随后下降，新的和更有效的技术被快速引入。其主要的潜在主题是地区之间的融合、能力建设和增强文化和社会的相互作用，并伴随着人均收入地区差异的大幅降低。在能源系统中，A1 情景发展成为三组描述技术方向交替变化的三个方面。三个 A1 情景组按技术重点进行区分：化石能源密集型(A1FI)、非化石能源(A1T)或所有来源的平衡(A1B)(这里的平衡指的是不过度依赖于一个特定的能量源，并假设类似的改善率适用于所有的能源供应和终端使用技术)。

A2 情景：描述了一种多元化的世界，其基本主题是自力更生和保留局部特性。地域间的生产力类型交互融合十分缓慢，并导致人口的持续增加，经济发展主要以区域为导向，与其他假设的情景相比，人均经济增长和技术变化更加分散和缓慢。

B1 情景：描述了一种高度集约化的世界，如 A1 一样，全球人口在 21 世纪中叶达到最高值，随后下降，但伴随着经济结构朝着服务和信息经济方向的快速发展，材料强度和清洁高效的资源技术的引入比例下降。

B2 情景：描述的是一种可持续的世界，其重点在于强调经济、社会和环境的可持续性。具体来说，是这样一个世界——全球人口不断增长，但增长率低于 A2 情景，经济发展处于中间水平，与 A1 和 B1 所述情景相比，技术转变速度较低但更加多样化。虽然这种情景也是以环境保护和社会公平为发展方向，但它更侧重于局部和区域级别的变化。

这里分别为 A1B、A1FI、A1T、A2、B1 和 B2 六个情景组分别选择了一个经过认真筛选和考虑的例证。

SRES 情景并不包括其他的气候提议，即不包括《联合国气候变化框架公约》或《京都议定书》中要明确实现的内容。

(引自《气候变化 2007：物理科学基础》。IPCC 工作小组 I 的第四次评估报告，S. Solomon, D. Qin, M. Manning 等，剑桥大学出版社)

影响将反映在湖泊物理学特征的变化方面，物理特征的变化可能与表层水体化学和生物学特征的变化密切相关。诸如总降雨量、季节性分配或强度等降水模式的变化，可能会改变包括河流径流在内的水文循环模式。湿地可能特别易受洪水变化的影响，洪水的幅度、频率以及持续时间的变化可能会影响其生物地球化学过程、植物营养动态和植物群落。

区域气候变化往往与周期性的大气环流模式，如北大西洋涛动(NAO)、北方环形模式或厄尔尼诺南方涛动等有关。正如上面所指出的，NAO 是欧洲地区最突出的大气变化模式。NAO 和西风的变化相符，并且 NAO 指数可以衡量冰岛低压和亚尔速高压之间的南欧海平面气压梯度，其会对西欧和北欧广大地区的温度和降雨量产生潜在影响，并且已有研究表明，淡水生态系统对NAO的变化是十分敏感的。

目前关于气候变化引起的淡水系统变化以及未来潜在变化趋势已有很多证据，以下我们提出了一系列基于长期数据序列分析的、现场实验的和物理模型的实例和案例。

3.2.1　湖泊和河流的热体制

水体的热体制主要取决于当地的气候。空气–水界面的有效热交换来源于辐射、潜热通量和显热通量等能量流通的总和（Edinger等，1968；Imboden & Wuest，1995）。气温、辐射、云覆盖、风力或湿度等气候变量的变化会影响这些热通量，从而改变湖泊和河流的热量平衡。模型研究预测表明，湖水温度，尤其是变温层的温度会随着气温增加而增加，因此水体的温度剖面、热稳定性和混合模式将随着气候变化而发生改变（Hondzo & Stefan，1993；Stefan等，1998）。

对长时期的数据系列进行分析表明，在最近几十年上述变化已经发生。其中一项关于水体升温的研究是Schindler等（1990）在安大略（加拿大）西北部实验湖区的北方软水湖泊中进行的。研究表明，这些湖泊的水温在1969—1988年增加了0.2℃，且高于正常水平的蒸发量和低于平均水平的降雨量，导致水体的更新率降低。在美国西南部的太浩湖，湖水加权温度在1970—2002年每10年上升0.15℃，并伴随着湖泊热稳定性的增加（Coats等，2006）。在过去的60年里，世界上最大的湖泊——深度为1600m的贝加尔湖，其表层水体温度以0.2℃/10年的速度在升高（Hampton等，2008）。贝加尔湖湖泊容量巨大，理应对气候变化有相当强的耐受能力，但即便如此，水温的增加和较长的无冰季节仍持续影响着营养物质的循环和食物网结构。康斯坦斯湖是一个中欧温暖的单循环湖泊，自20世纪60年代起，年平均水温以0.17℃/10年的速度在升高（Straile等，2003）。这种变暖现象与冬季气温增加极为相关，并且已经对冬季湖水混合的持续时间和程度、湖泊的热容量以及氧气和营养盐的垂直分布产生了影响。冬季寒冷天气持续天数的减少将有利于小温度梯度的持续，并可能导致湖泊水体的不完全混合。

湖泊表层水温的波动会通过垂直混合作用向下传输，当热分层很弱时，这种波动可以达到深水区。尤其是对于深水湖泊下层滞水带的水体温度，其变化由冬季气象条件以及发生湖泊热分层前到达深水层的总热量决定，因此扮演着“气候记忆”的角色。正如Ambrosetti & Barbanti（1999）在意大利北部湖泊所发现的现象一样，气温增加会导致深水层水温的进一步增加。

Dokulil等（2006）报道了横跨欧洲的12个深水湖泊均温层水体温度的一系列变化。在过去的20—50年，尽管湖泊之间及年际之间存在差异，湖泊下层滞水带的年平均温度以 0.1~0.2℃/10 年的速度在增加。大多数湖泊下层滞水带的温度变化可以反映北大西洋涛动(NAO)的波动,冬季至春季的 NAO 指数可以解释深水层 20%~60%的年内温度变异。特别地，在春季对流期，当高于平均温度的表层水体向下输送时，冬季至春季较高的正 NAO 指数值和高下层滞水带温度密切相关,而气候信号的强度和持久性与时间和温度的关系则由湖泊的地理位置、地形地貌、混合条件和湖泊形态等因素决定。

3.2.2 苏黎世湖的热体制

苏黎世湖是一个位于瑞士的深 136m 的高山湖泊，研究者自 20 世纪 40 年代以来对其剖面水温进行了每月 1 次的监测，该湖泊由此成为欧洲具有最长温度数据系列的湖泊(Livingstone,1993),为开展温带深水湖泊对长期气温变化的响应研究提供了一个很好的案例。该湖泊所有深度的水体都经历了长期的变暖。然而,表层水体温度的升高速度远远高于深层水体,进而导致其所有季节的热稳定性都在增加,并且从 20 世纪 50 年代到 90 年代,水体的夏季分层期延长了 2~3 周(Livingstone,2003)。

在冬季(12 月至次年 2 月),所有深度水体的温度均呈现出明显升高的趋势[Mann-Kendall 检验(MK),$p<0.001$)],但冬季长期变暖率的最高值(0.15℃/10 年)发生在水体最上层(0~10m)(图 3.6a) 。10~80m 的水体,长期升温率随深度的增加而降低,但从 80m 到水体底部则无进一步的变化发生,升温速率保持在 0.06℃/10 年。夏季水体长期变暖的最高速率(0.42℃/10 年;MK,$p<0.01$)发生在 10m 水深处(图 3.6b),而自 20 世纪 50 年代开始,湖泊表层水体的升温率相对较低(0.07℃/10 年;MK,$p<0.01$)。表层水体温度大致反映了该区域夏季的气温动态,并揭示了 1945—1970 年气温急剧降低(1℃/10 年),而随后的 1970—2006 年又急剧升高(0.5℃/10 年)的气温变化过程。在深水层(低于 20m),夏季温度表现出较温和的长期变暖趋势,即 0.03~0.06℃/10 年,然而即使在 $p<0.1$ 的水平,这一趋势也无统计学意义(图 3.6c)。

和大多数深水温带湖泊一样，苏黎世湖上层 10~20m 的水体温度在任何季节都受天气的直接影响,而深水层的水温则表现为在冬春季节对天气变化的响应最为强烈。从物理特征来看，苏黎世湖似乎对气候变化十分敏感，它可以是一个双季对流混合湖（双循环湖)、单循环湖或寡循环湖(无对流湖),相应地,水体每年混合两次、一次或根本不混合。在过去的几十年中,频繁的双循环(在冰川融化后和秋季)减少了,而随着冬季气候变得越来越温暖,出现不完全混合年的频率却在不断增加(Livingstone,1997;Peeters 等,2002)。

在中欧,2003 年的夏天格外炎热,气温和预测的 21 世纪后期平均夏季温度相差无几(Schar 等,2004)。在那年夏天,苏黎世湖的表层水温经历了有史以来的最高值,超过了长期观测平均值(1856—2002 年)近 3 个标准差(图 3.7)。与之相比,下层水体温度略低于平

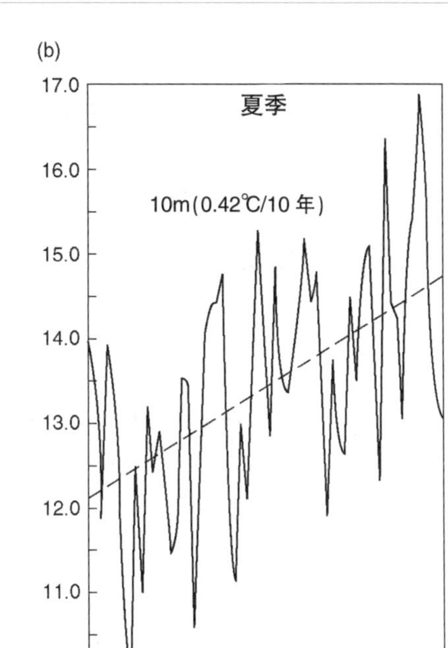

图 3.6 苏黎世湖(瑞士)的变暖趋势的线性回归线及其梯度

(a)冬季(12 月、1 月、2 月)10m 和 100m 深度处;(b)夏季(6 月、7 月、8 月)10m 深度处;(c)夏季 100m 深度处。.

均水平。水柱中的高热稳定性导致下层水体溶解氧消耗量超过其长期观测平均值 7 个以上的标准差。这会导致发生潜在的生态后果,如沉积物中磷的释放,最终可能导致水华藻类的大量繁殖，可能会因此抵销曾经为减轻人为引起的水体富营养化在管理和修复方面所作出的努力。

3.2.3 全湖水体热含量混合试验

由于平均风速的增加可能会提高湖泊混合能量的输入，因此为北欧地区预设了由于地面气温较高以及气旋北移导致地转风增加的情景。

在 Halsjarvi 湖(芬兰南部的一个小型腐殖质湖)中,通过模拟增加混合动力的输入及其对分层周期的影响和湖水的热平衡,开展了全湖的人工操纵实验(M. Forsius 未出版数据,2009)。与参照年和附近的参照湖泊 Valkea-Kotinen 湖相比,水下螺旋桨的混合作用导致 2005 年和 2006 年夏季温跃层的深度增加了约 2m(图 3.8)。

在 Halsjarvi 湖中观测到的温跃层的增加与 A2 SRES 排放情景对湖泊热动态影响的模型预测结果一致。基于 MyLake 模型(多年湖泊模拟模型;Saloranta & Andersen,2007)的模拟表明,水体平均热含量增加了 9.5MJ/m³,和 1961—1990 年相比,相当于夏季和初秋

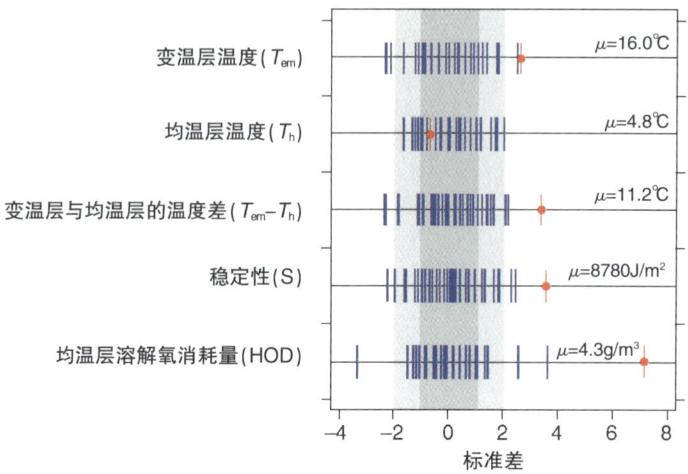

图 3.7 苏黎世湖(瑞士)的水温标准值、Schmidt 稳定性
(在不增减热量的前提下,将湖泊混合成为一致的垂直密度体所做的功)和均温层溶解氧消耗量

数据是以 1956—2002 年长期温度平均值的标准差表示。2003 夏天的值以红色表示,修改自 Jankowski 等(2006),经美国海洋与湖沼学会准许后转载。

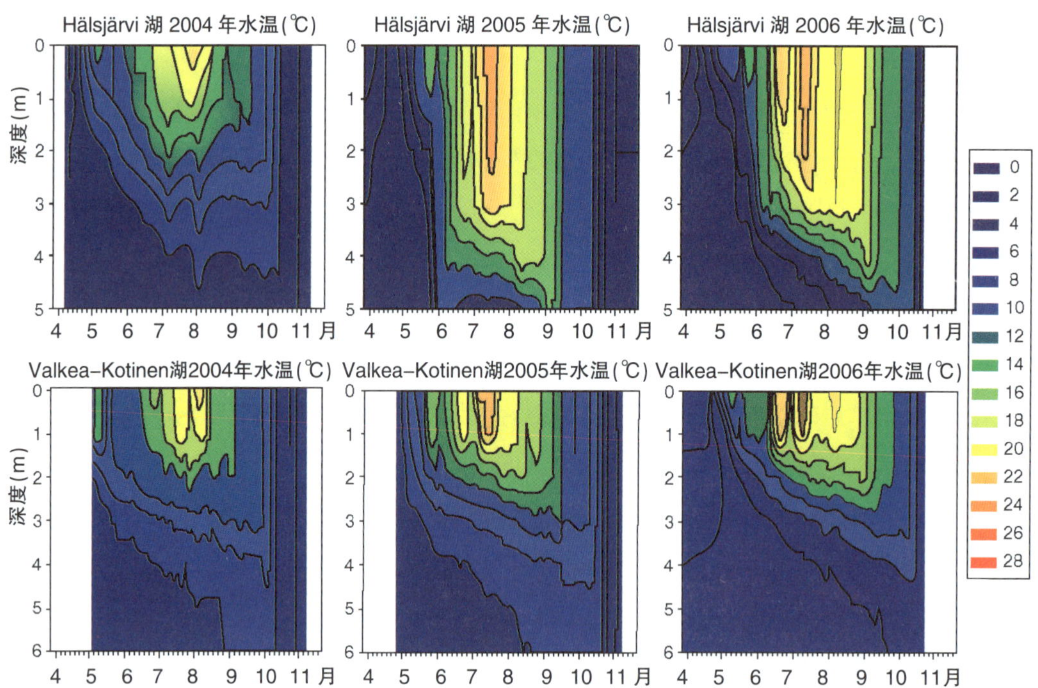

图 3.8 实验湖泊 Halsjarvi 湖(上图)和参照湖泊 Valkea-Kotinen 湖(下图)在参照年(2004 年)和两个实验年(2005 年和 2006 年)温度插值的季节变化趋势

(M. Forsius 未出版数据,2009)

的平均水温增加了2.3℃(Saloranta等,2009)。在同期的操纵实验中,湖水平均热含量增加了约11MJ/m³(相当于水体温度增加了2.6℃),这表明湖水操纵实验较好地反映了对夏季和秋季水体热含量平均增加值的模拟。Hälsjärvi湖温跃层深度的减小导致2005年和2006年夏季水体氧气分层发生了变化。在2004年,湖泊的最低含氧层只有1m,而在2005年和2006年的实验中,混合作用使其深度增加到了3.5m。在Hälsjärvi湖中进行的操纵实验也影响了水体营养盐的水平,导致总氮和氨出现了统计学意义上的显著下降(M. Forsius未出版数据,2009)。湖泊的水体温度、氧分布和营养盐水平的变化也对浮游植物产生了影响(L.Arvola未出版数据,2009)。硅藻和无鞭毛绿藻的生物量和浮游植物群落的变化率都在增加,而浮游动物和鱼类群落则保持稳定。

另一个全湖操纵实验是在Breisjon湖(一个位于挪威的深水贫营养清水湖泊)中开展的,在其热容量最大时增加温跃层深度(从6m到20m)和平均温度(从10.7℃到17.4℃),同时延迟冻结时间到大约20天(Lydersen等,2008)。在实验操作过程中,只有水化学、营养物质和水体透明度等参数发生了小幅变化,绿藻门浮游植物和硅藻的生物量下降,混合营养型甲藻的生物量增加,固着生物的生物量增加。湖泊操纵对浮游动物的生物多样性和鱼类的种群(如鲈鱼和棕鲑鱼的个体大小、丰满度和种群密度)均无影响。

3.2.4 瑞士河流和溪流的水温

在过去的几十年里,河流和溪流水体温度升高了,并且在未来更温暖的气候中水温预计将会进一步增加(Stefan & Sinokrot,1993;Webb,1996)。许多研究使用了溪流温度与空气温度之间的线性回归模型来解释水温的差异(Mohensi & Stefan,1999)。然而,除了气候因素,河流和溪流的能量收支平衡和热容量也可能会受到人类活动的严重影响,如发电厂排出的被加热的冷却水输入量的增加。

在Euro-limpacs项目中,Hari等(2006)研究了整个瑞士河流和溪流的水温变化,研究范围覆盖海拔超过4000m的所有区域。研究发现,在所有的海拔高度,均有类似的变暖现象发生,这也反映了在过去40年里区域气温的变化(图3.9)。在瑞士高原和阿尔卑斯山的丘陵地带,河流和溪流的区域一致性(即同一地区的不同时间序列之间的空间关系)较高,但这种一致性随着海拔高度增加而降低。在有冰川或水电站的流域中,这种变暖现象的发生率大幅降低,这可能是由于冰川融水和水库深层水体的汇入所致。

气候变暖对棕鲑鱼等冷水性鱼类种群数量的影响在其栖息地上限水温附近是有害的,而在其下限水温附近则是有益的。在瑞士高原,棕鲑鱼栖息在它们能够忍受的温度范围的上限区域。由于水温的增加,该区域中向上游迁徙的鱼类常常受到自然和人造物理障碍物的阻碍,加之气候驱动下上游栖息地的变化,增加了鱼类种群数量减少的风险。Hari

等(2006)发现在瑞士的高山河流和溪流中,这种和气候相关的棕鲑鱼的种群数量已经在减少,而且与温度相关的增生性肾脏疾病发生率的升高促使种群数量进一步减少。

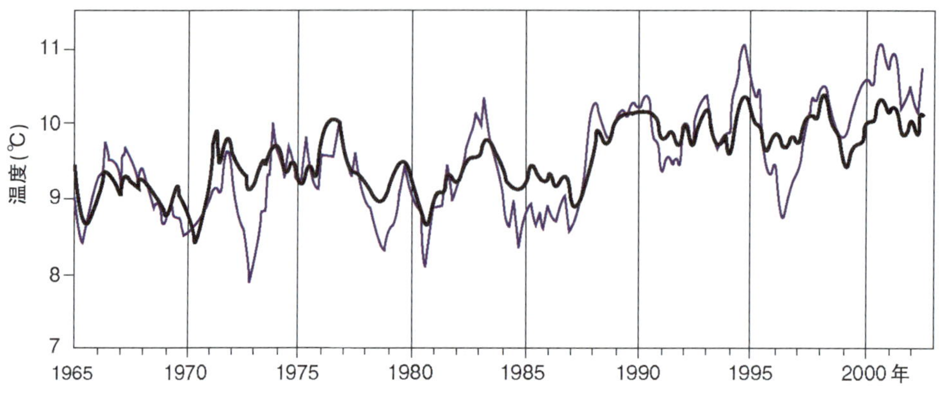

图 3.9 瑞士 25 个站点河流和溪流平均水温的监测数据(黑实线)以及巴塞尔和苏黎世的平均气温(细蓝实线)

[该数据阐释了平均值的年际波动(Hari 等,2006)]

3.2.5 冰覆盖

湖泊和河流的季节性冰覆盖在淡水系统中扮演着重要角色,冰层厚度和持续时间的变化具有重要的生态学意义,且对人类活动具有一定影响。根据 IPCC(2007),冰冻在概念上被定义为一个连续的和固定的冰覆盖形式,而破裂一般是指湖泊中开阔水面广泛形成的时期,或者当冰层开始向河流下游移动时所处的时期。影响湖泊和河流覆冰持续时间和厚度的主要变量是气温、风、雪的深度、水体热容量和汇入水体的比例和温度。研究表明,冰冻和冰破裂的日期是在局部尺度和区域尺度上反映气候变化的良好指标,同时可作为对大尺度大气营力的一种响应(Walsh,1995;Livingstone,1999,2000;Yoo & D'Odorico,2002;Blenckner 等,2004)。因此,由于气候变化,气温(尤其是在冬季)有增加的趋势,这些变化可以从冰层覆盖的变化中反映出来。此外,一些研究者将冰覆盖日期和气温的相关性转换为冰冻期和破裂期,进而来评估气温的变化(Palecki & Barry,1986;Robertson 等,1992;Assel & Robertson,1995;Magnuson 等,2000)。对中纬度地区的湖泊而言,秋季或春季平均温度每变化 1℃,其平均冰冻期或冰裂期的典型值便会出现 4~5 天的偏移。在更寒冷的气候下以及冰冻期这种相关关系更为显著(Walsh,1995)。

总体而言,从亚欧大陆和北美的湖泊和河流中得到的冰物候学时间序列数据为季节性的冰冻期推迟和破裂期提前提供了证据。例如,北半球 26 个被选定的湖泊和河流的长期冰层覆盖记录显示,1884—1995 年,平均冰冻日期和冰裂日期每 100 年大约提前了 6 天(Magnuson 等,2000)。将无冰季节的延长量转换为气温则每 100 年提高 1.2℃。自 20 世纪50年代以来,上述选定河流和湖泊的冰物候学年际间的变异性增加了。在贝加尔湖,无冰季节每 100 年延长约 16 天,并与冰冻期延迟的趋势更为一致。冰裂期提前的趋势主要发生在 1920 年之前(Livingstone,1999;Magnuson 等,2000;Todd & Mackay,2003),反映出融化与 4 月平均气温存在密切关系,相比冬季的其他月份,自 20 世纪 20 年代以来,未呈现出这样的趋势。在过去的几十年,加拿大多数湖泊经历了较早的冰裂期和较长的无冰季节(Futter,2003;Duguay 等,2006)。湖泊冰覆盖的变化趋势为自 20 世纪下半个世纪以来所观测到的北美春季变暖提供了进一步的证据。曼德特湖(美国威斯康星州)是北美具有最长不间断冰记录的湖泊，其冰物候学数据可以追溯到 1855 年。数据显示，该湖泊在 1890—1979 年三个气候时期的冰情相对稳定,但在该时期前后,由于冬季或早春气温的升高,冰覆盖持续时间有减少的趋势(Robertson 等,1992)。

芬诺斯坎底亚(芬兰、挪威、瑞典、丹麦的总称)的长序列湖泊冰数据是可以获取的。Korhonen(2006)分析了芬兰近 90 个湖泊自 19 世纪早期以来的冰冻和破裂记录,以及大约 30 个湖泊自 20 世纪 10 年代以来的冰厚度记录。结果表明,除芬兰的最北地区外,较早的冰裂期以及较晚的结冰期存在显著变化，并导致了冰覆盖期的缩短。Palecki & Barry(1986)对芬兰湖泊的冰物候学数据与气温之间的关系进行了统计研究,结果表明,冰冻日期的相同变化意味着芬兰北部秋季气温变幅比南部更大。冰物候学日期与纬度显著相关,波罗的海的海上影响力引起了近海岸地区平均冻结和融化日期等值线向北偏转。Blenckner 等(2004)对 50 个芬诺斯坎底亚的湖泊进行了研究,发现冰物候学对纬度具有类似的依赖关系。用区域环流指数表示的秋季和春季纬向或经向风的盛行,常被用来解释冰冻期和破裂期的时间和区域变异性。

对瑞典 54 个湖泊的分析结果（Weyhenmeyer 等,2005）证实了在 IPCC 参照时段(1961—1990 年)内存在定时融冰这一趋势,但同时也显示这些趋势都依赖于纬度。融冰期提前这一趋势在瑞士温暖的南方比在寒冷的北部地区更为显著。冰裂期对纬度的非线性依赖可以依据瑞士 196 个湖泊特定的年平均气温(1961—2002 年)的反余弦函数(Weyhenmeyer 等,2004)进行阐释。因此,与北部地区相比,在瑞典温暖的南部地区,预计气温的增加会对冰融化的日期产生更大的影响。研究表明,1991—2002 年，瑞士的年均温度增加了 0.8℃(与 1961—1990 年的参照时段相比)，这造成了瑞士南部(即 60°N 以南的地区)湖泊冰破裂的出现时间提前了大约 17 天,但在该国的北部地区只提前了 4 天。

研究人员在波兰和斯洛伐克的塔特拉山上进行了一项关于冰物候学海拔梯度的研究(Sporka 等,2006)。在 19 个形态不同的湖泊中,用带有数据记录器的迷你热阻器进行水面温度测量,覆盖的海拔范围约为 600m(海拔 1580~2157m)。从实用性角度考虑,可以将冰冻日期定义为湖泊水面温度下降到0℃时的日期，而将融化日期定义为在同一天温度由低到高上升到0℃以上的日期。冰冻期持续了52天，但对海拔并没有表现出依赖性，而发生在5月初至6月底的冰裂期却显著依赖于海拔。融化时间的平均斜率为9天/100m，并且可以解释超过60%的变异性。冰覆盖持续时间从136天到232天不等，并且和海拔具有显著的线性相关关系，其变化率约为10天/100m。虽然冰裂期与海拔高度具有强烈的相关性(作为气温的代用指标)，而湖水冻结似乎不仅受气温的控制，而且在很大程度受当地湖泊形态、光辐射暴露以及风或水体流入量等因素控制，这些因素在秋季和初冬季节都会对湖泊表层水体的温度产生影响。

3.3 化学影响

气候不仅影响地表水的物理特性，而且还是一个主导生态化学过程的变量。这里，我们讨论气候直接或间接影响地表水化学过程的两个例子：第一个是关于溶解性有机碳(Dissolve Dorganic Carbon，下文简称DOC)的浓度变化，第二个是与高山地区岩石冰川中主要离子和重金属释放量增加相关的例子。

3.3.1 地表水中的溶解性有机碳

DOC是许多天然水体的重要组成部分，它是有机质部分分解所产生的，其在被转运至地表水中之前储存在土壤中，而且被储存的时间长短不等。由于有机物分解所产生的腐殖质吸收了可见光，这些化合物赋予了水体特有的棕色。因此，DOC不仅影响光在地表水体中的透射性，而且影响水体的酸度、营养盐的可利用性以及重金属迁移和毒性。在过去的20年中，整个不列颠群岛(图3.10)、芬诺斯堪底亚的大部分地区、欧洲中部的部分地区以及美国东北部地区水体中的DOC浓度都在不断升高（Freeman等，2001；Evans等，

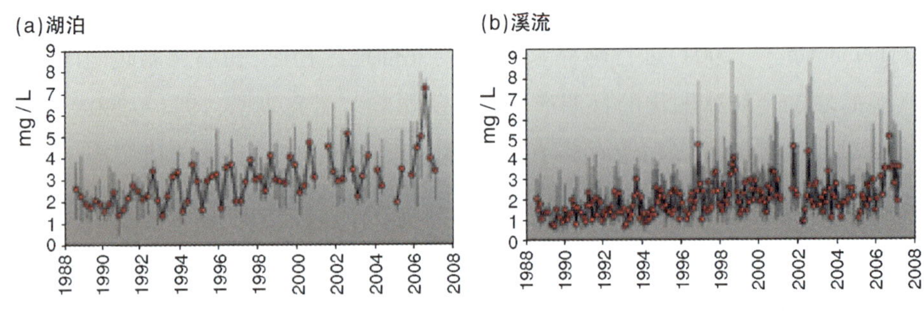

图3.10　英国酸性水体监测网络中1988—2007年地表水体中DOC浓度的中值

样条表示每个采样间隔DOC浓度的第25和75百分位。

2005,2006;Vuorenmaa 等,2006;Monteith 等,2007)。该现象首次被发现时,曾被广泛认为是由于气候变化引起的气温上升和夏季干旱的频率和严重程度增加导致陆地碳库发生变化的证据(Freeman 等,2001;Hejzlar 等,2003;Worrall 等,2004)。降雨量增加也可能会导致DOC 浓度升高,原因有二:首先,来源于矿化土壤上层有机质层富含 DOC 的水体比例增加;其次,湖泊水体的水力停留时间减少,进而对 DOC 的去除量减少(Hongve 等,2004)。大气层 CO_2 浓度的升高会影响植物生长和凋落物的质量,因此也可用来解释 DOC 产率的增加(Freeman 等,2004)。

Erlandsson 等(2008)研究表明,在 1970—2004 年这 35 年内,斯堪的纳维亚的 28 条大型河流的流域水体中溶解性有机质(OM)浓度的大部分年际变化可由流量和硫酸盐的浓度变化来解释,其中流量是更为重要的驱动因子。尽管不同流域在气候、规模和土地使用等方面存在异质性,但化学需氧量(Chemical Oxygen Demand,简写为 COD,常作为 OM代用指标)在整个地区却具有高度的一致性。基于流量和硫酸盐浓度的多元回归模型对COD 年际变化的解释度高达 78%,而气温和水体中氯离子的浓度这两个候选因子对年际变化的解释贡献率却很低(图 3.11)。

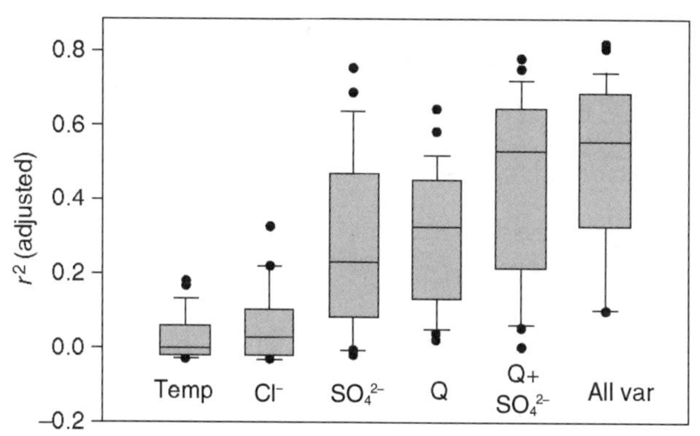

图 3.11 由不同潜在因子解释的溶解性有机质(OM)的变化

注:以温度、Cl^-、SO_4^{2-}作为解释变量,28 条河流的线性回归模型中 COD 的 r^2 值的(10、25、50、75 和 90 百分位数标记)箱线图。这些参数间的组合通过多元线性回归实现(Erlandsson 等,2008)。

显然,在 1990—2004 年,欧洲和北美东部水体中 DOC 浓度增加主要是由大气硫沉降减少引起的,这一结果是自 1980 年代以来国际立法对污染物排放进行监管所导致的(Evans 等,2006;Vuorenmaa 等,2006;Monteith 等,2007)。由于硫沉降量下降,酸度和离子强度降低,更多的 DOC 持留在土壤水中,并被进一步淋溶到地表水中,导致水体中 DOC 浓度升高。

欧洲硫排放自 1980 年出现峰值后便开始大幅下降（下降约四分之三）(Vestreng 等，2007 年)，未来可能还会进一步减少，而且不可能再达到过去的排放规模。另一方面，未来气候变化将会持续下去，甚至更为剧烈。此外，实验室研究已经证实，由于微生物活动，特别是在遭遇干燥气候时，DOC 本身的生成量会随温度升高而增加(Evans 等，2005)。

实验研究表明，在更高的温度条件下，土壤中 DOC 生成量将会增加，同时也是对饱和土壤从厌氧条件变成有氧条件的响应(Clark 等，2009)。Tipping 等(1999)的研究也表明，气候变暖可能会增加可溶性有机物的产量。另一方面，旱季严重的干燥气候可能会对 DOC 浸出产生相反的影响；在威尔士(见下文)石楠丛生的灰壤化土体中进行的现场操纵实验表明，作为对实验性干旱的响应，土壤中的微生物活性和 DOC 浓度降低，而土壤的重新湿润又使 DOC 浓度升高(Toberman 等，2008)。Evans 等(2006)认为，自 20 世纪 80 年代以来，英国地表水体变暖(约 0.6℃)的部分原因可能是由于观测到的水体中 DOC 浓度增加所导致，但发生变化的主要原因是酸沉降的减少。对 Storgama、Birkenes 和 Langtjern(挪威）长期数据记录的统计分析表明，气候变量可以解释 DOC 浓度的大部分季节变化(de Wit 等，2008)，而长期 TOC 的增加与酸沉积减少有关，大部分季节性变化明显与气温和降水有关。

在沿海地区，气候也会通过海盐离子沉积的十年尺度上的变化来影响水体 DOC 的含量(Evans 等，2001)。与高风速以及北大西洋涛动正位相有关的高浓度的海盐沉积，可能会通过一种类似于硫沉降影响的机制对 DOC 溶解度产生影响，即通过产生短暂的酸化期和增加离子强度来抑制 DOC 的释放，这种机制似乎也导致了某些地区水体中 DOC 的增加(Monteith 等，2007)。

上述这些发现表明，如果硫酸盐沉降浓度回升到背景浓度(即工业化前)水平，那么如降雨、温度等气候因素就可能成为引起 DOC 变化的主要驱动因子。

(1)土壤冻结和积雪对地表水中 DOC 的影响——瑞士北部的人工操纵实验

北部地区的积雪是年度降水总量的主要组成部分，它在调节北部森林冬季土壤生物地球化学循环中起着根本性的作用(Groffman 等，2001)。在未来较温暖的气候条件下，积雪出现的时间、程度和持续时间的变化可能会导致冻融事件数量的增加或更长的冬季无雪期(Stieglitz 等，2003；Mellander 等，2007)。在一些溪流中，由于水体 DOC 浓度主要由河岸带土壤间隙水的化学性质所控制，当春季洪水达到年径流量一半时，可能会改变邻近溪流中 DOC 的输入量和生物可利用性，在瑞典北部小溪流和河流融雪期间，可能会发生 DOC 的淋溶(Agren 等，2007)。此外，在冰雪融化期，由于陆地系统 DOC 排出量的短暂增加，很多北方地表水体出现了 pH 的下降，下降幅度为 1~2 个 pH 单位(Buffam 等，2007)。

2002 年，在瑞典北部 Svartberget 研究站进行的多年现场操纵实验，旨在研究冬季温度改变对河岸带土壤 DOC 的影响。土壤冻结实验操作过程如下:设置隔离层以防止地表以下土壤结冻(浅层冻结实验区),推迟积雪覆盖以增加土壤冻深(深层冻结实验区),并与自然条件(控制实验区)进行对照(图 3.12)。

(a)深层冰冻区

(b)浅层冻土区

图 3.12　不同的实验设计

(照片由 Peder Blomkvist 提供)

将冬季积雪推迟 3 个月,同时也使土壤回暖延迟到 7 月。结果表明,与未冻结的参照区域相比,之前冻土层的 DOC 浓度明显增加,在春末夏初,霜冻诱导的最上层土壤的 DOC 含量成倍增加(图 3.13)。土壤冻结似乎也影响了 DOC 的特性,其特性变化可通过吸收光谱的总体形状变化测得,该现象是由冻结后有机质的生物可利用性提高引起的(Berggren 等,2007)。

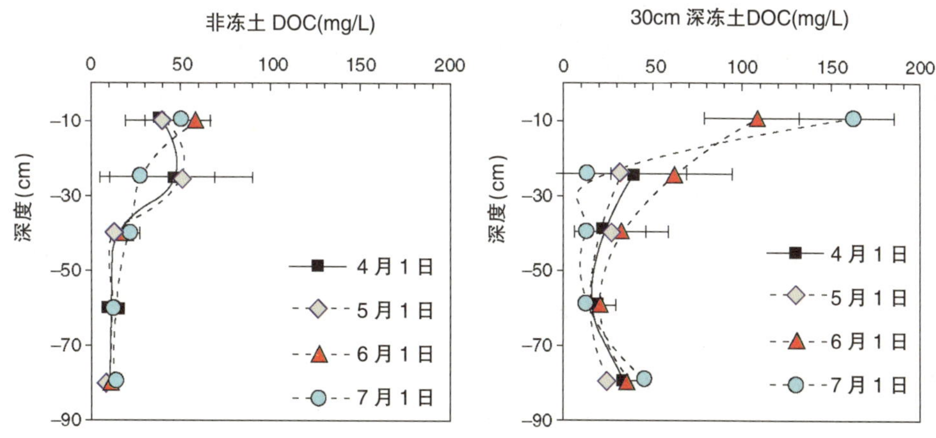

图 3.13　冬季、春季和初夏(4—7 月)五个深度的土壤 DOC 浓度剖面:有无深层冻土的比较

在冬季土壤实验中,DOC 的质量和数量可能被细胞结构裂解和受限的土壤微生物活性所控制。冻结过程被认为是土壤水中 DOC 浓度低于冰冻扩展期浓度的主要控制因素,细胞裂解则可以释放大量低分子量和低 C∶N 比的具有生物可利用性的有机化合物

(Stepanauskas 等,2000)。气温低于冰点对异养微生物活性不利,这可能导致未分解的有机材料在随后解冻条件下分解。因此,土壤霜冻实验表明,土壤生态系统中的热体制会对土壤有机物分解速率和二氧化碳的生成量造成影响(Oquist & Laudon,2008)。

(2)夏季干旱对土壤溶解 DOC 的影响——Clocaenog 实验(英国)

在欧洲的许多地区,气候变化将导致夏季干旱频率和严重程度的增加。自 1999 年以来,在英国北威尔士欧石楠丛生的 Clocaenog 地区每年重复进行夏季干旱诱导实验,该项研究最初是作为 CLIMOOR (Climate Driven Changes in the Functioning of Heath and Moorland Ecosystems) 和 VULCAN (Vulnerability assessment of shrubland ecosystems in Europe under climatic changes)项目的一部分。该项实验是在多组面积为 20m^2 的平行地块上进行的, 利用一个可伸缩的透明屋顶系统将夏季降水量减少 60%左右 (Beier 等,2004)。

由于生物活性受水分限制,干旱会降低土壤的呼吸率。对土壤溶液中的 DOC 进行测定表明(图 3.14),DOC 产生量同样也受到了影响;在控制实验区,夏季 DOC 浓度不断增加,但是在干旱实验区,其浓度可能会降到更低的水平。在某些年份(如 2004 年),干旱导致 DOC 浓度降低后,在重新湿润后其浓度随即出现升高,但并不是所有年份都会出现此现象。在已有的关于几个泥炭地土壤溶液和地表水的研究中也发现了这一规律,即干旱时 DOC 浓度降低,重新湿润后浓度出现升高(Watts 等,2001;Clark 等,2005)。在 Clocaenog 开展的现场研究表明,夏季 DOC 损失量的减少与酚氧化酶活性下降相关,其对凋落物的分解和 DOC 的产生具有十分重要的作用(Toberman 等,2008)。另一方面,Clocaenog 的矿质土溶液中 DOC 的季节性周期变化并不明显;相反,反复干旱却导致了全年DOC 的缓慢增加(图 3.14)。

对上述现象一个可能的解释是——处理组土壤水分的持续减少可能会改变土壤结构(Sowerby 等,2008), 减小矿物质土壤对来自土壤有机层中淋溶而来的 DOC 的保留能力。Clocaenog 实验的结果表明, 夏季干旱可能会显著改变 DOC 淋溶到地表水体中的时期和/或生成量,这可能将对淡水生态系统产生重要影响。

3.3.2 高山湖泊中的溶质

对整个山区来说,偏远的高山湖泊是环境和气候变化的优质传感器。在过去 20 年中,位于欧洲阿尔卑斯山脉变质基岩(片麻岩、云母片岩)流域的两个偏远高山湖泊的溶质浓度大幅上升(Thies 等,2007)。在 Rasass See(海拔 2682m,意大利),一个位于阿尔卑斯山主分水岭南部的高海拔湖泊,其水体电导率在过去 20 年中增加了 18 倍(图 3.15),镁、硫酸盐和钙等水体中最为丰富离子的浓度分别增加了 68 倍、26 倍和 18 倍。

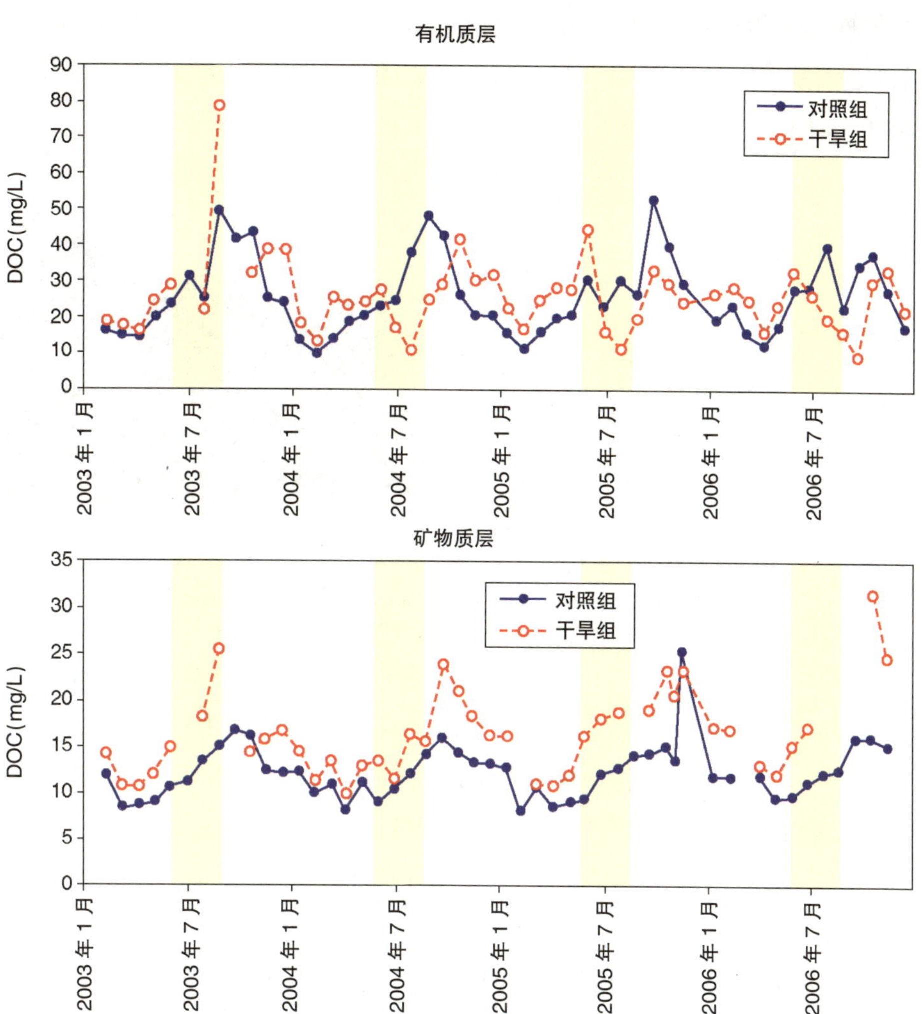

图 3.14 在英国北威尔士 Clocaenog 地区的一处欧石楠丛生的荒原进行的夏季干旱诱导实验中连续四年的 DOC 浓度变化

(阴影区表示实验的干旱期)

在阿尔比斯山主分水岭北部的一个高山湖泊——Schwarzsee ob Sölden 湖(2796m,奥地利),其溶质浓度的增加并不明显。与 1985 年相比,该湖泊水体电导率与同期相比增加了 3 倍(图 3.15),镁、钙、和硫酸盐等离子浓度增加了 6 倍。

这些水体溶质高浓度现象并不能通过(Sommaruga-Wograth 等,1997) 变质基岩风化作用(前文在阿尔卑斯山高山湖泊水域所假设的)进行解释。无论是当前的大气沉降水平还是近期直接的人为影响都无法解释溶质的增加。这和 Rasass See 地区 243mg/L 的镍浓度尤为相关,该浓度高于饮用水限值 20 多倍。这一高浓度现象只能解释为湖泊流域中活性岩石冰川溶质迁移性增强以及释放量增加,并通过冰雪融水进入湖泊水体中,这与在该地区观测到的近几十年平均气温的升高有关 (Auer 等,2007)。Krainer 和 Mostler

(2002,2006)对奥地利阿尔卑斯山溪流的研究(2002,2006)支持了这一观点,这些溪流源自活跃的岩石和冰川融水。在一个源自美国洛矶山脉岩石冰川的高海拔溪流中,也发现了这一现象,即水体电导率值成量级的增加。

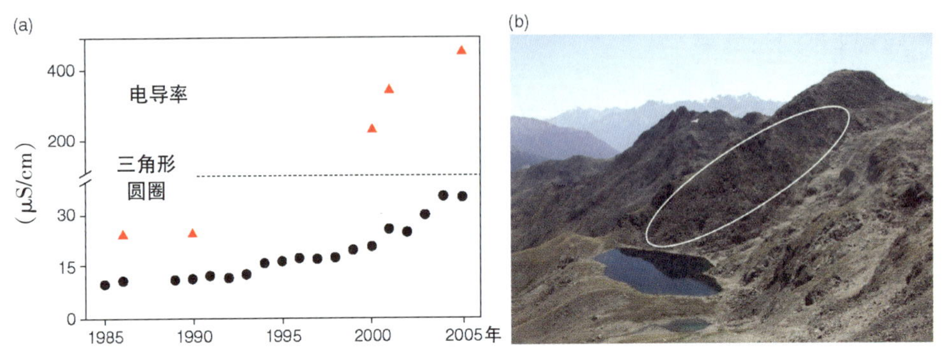

图 3.15 (a)Rasass See 湖(三角形)和 Schwarzsee ob Sölden 湖(圆圈)两个高山湖泊在 1985—2005 年水体电导率的变化。水平虚线表示 y 轴的打断(Thies 等,2007)。
(b) Rasass See 湖和其流域的主要部分。虚线椭圆表示活跃的岩石冰川的位置

(照片由 V. Mair 提供)

一个重要的问题是:尽管 Rasass See 和 Schwarzsee 两个流域相距仅 45km,且具有相同的地质条件,但二者对于水体中溶质增加的反应为什么会如此不同?其原因可能是两个流域中湖泊大小和体积不同,活跃的岩石冰川规模存在差异。在 Rasass See,岩石冰川占据约 20%的流域面积,约相当于湖泊面积的 200%,而在 Schwarzee,岩石冰川只占据约 5%的流域面积,大约相当于湖泊面积的 30%,而且 Rasass See 的体积仅为 Schwarzee 的四五分之一。此外,Rasass See 所处位置的海拔比 Schwarzee 低 100m。虽然这些因素可被用来解释湖泊之间存在的差异,但从融化的岩石冰川中释放到相邻地表水体中的重金属的具体来源及路径仍是未知的。

3.4 结论

气候变化已经对淡水生态系统的物理、化学和生物学特性产生了影响:既有气温和降水变化的直接影响,也有与其他因子相互作用产生的间接影响。未来,如果污染负荷减少,那么非气候因素的影响作用将会减弱,并且地表水体生态系统将逐步恢复。即使温室气体和气溶胶浓度保持在 2000 年的水平不变,全球变暖很可能仍将持续,预计到 21 世纪末平均气温至少将会增加 0.6℃(IPCC,2007)。上述淡水生态系统相关的特征变化可能会持续,并且随着温室气体排放量上升,生态系统跨临界阈值造成的非线性系统变化将会变得更加明显。

第 4 章

气候变化与淡水生态系统的水文学及形态学特征

Piet F.M. Verdonschot, Daniel Hering, John Murphy, Sonja C. Jahnig, Neil L. Rose, Wolfram Graf, Karel Brabec and Leonard Sandin

4.1 引言

本章根据现有的知识、新的数据以及相关假设,重点探讨气候-水文地貌之间的相互作用对未来淡水生态系统的可能影响,包括预计的气候变化、土地利用变化及其在流域尺度、河段尺度以及栖息地尺度上的影响。本章讨论的重点是溪流和河流,不过在某些方面也考虑了湖泊的水文地貌特征。我们重点关注溪流和河流主要是因为,相对于湖泊而言,目前在小尺度气候变化对溪流和河流的水文学及形态学的影响, 以及最终的生物效应方面已有更多的认识。最后,我们讨论了气候变化对溪流和河流生态系统恢复措施及效果的可能影响。

气候对淡水生态系统的影响包括：通过温度和降水而产生的直接影响以及通过社会和经济制度(如土地管理之类)而产生的间接影响。在很多情形下,气候变化是人类活动影响之上叠加的另一个压力源。比如说,目前的淡水生物多样性受到了自然资源过度开发、水污染、水流改变、生境退化以及外来物种入侵(Dudgeon 等,2006)等的影响。而在将来,预计气候变化的影响会更加突出, 尤其是当气候变化的量级和速度达到预期范围的上限时(Solomon 等,2007;欧洲环境署,2008),从目前的证据来看,这是很有可能发生的。在第 3 章中阐述了欧洲地区可能会发生的主要变化。对于溪流和河流而言,降水和径流的变化与温度的变化同样重要。已有证据表明,东欧河流的年径流量在增加,而南欧的在减少;未来南欧和东南欧的年径流量预计会骤降,而北欧和东北欧却会增加。预计还会存在季节性的变化,大多数气候模型表明夏季的总降水量会降低,秋冬季的总降水量会增加。此外,极端的日降水事件(尤其是夏季的暴风雨)会越来越频繁(Raisanen 等,2003),同时流量变化会更为频繁且更为剧烈(更大的洪水、更长的旱季),年径流量也会变得越来越难以预测

(Arnell,1999)。

一个关键问题是,它是如何影响河流和湖泊的形态形貌、水文过程、栖息地和物种多样性的?在欧洲的大部分地区,河道渠化矫直、堤堰和大坝建设,河流和洪泛平原的阻隔以及河岸带植被的改变已经严重降低了溪流和河流的生态质量 (Kristensen & Hansen,1994;Armitage & Pardo,1995;Hansen 等,1998)。对湖泊而言,水位的消落波动,导致光线入射、沉积物及波浪形态改变而影响湖滨带生境(Wantzen 等,2008),湖岸线的调整影响了大型植物(Radomski & Goeman,2001;Elias & Meyer,2003)、大型无脊椎动物群落、湖滨鱼类群落和整体生物多样性(Jennings 等,2003;Scheuerell & Schindler,2004)。

4.2 预测的土地利用变化

溪流水文过程也受到土地利用变化的影响(Poff 等,1997),主要通过:①入渗、蒸发、径流和下泄流量的变化(Knox,1987);②河岸植被和河道形态变化;③沉积物(Reid & Page,2003;Wissmar & Craig,2004)、有机物(Allan 等,1997)、营养物质、农药和其他污染物输入的变化。有关土地利用变化对河流影响的研究大多数是在大空间尺度上进行的(Feld,2004;Townsend 等,2004),但是局部范围的土地利用变化也很重要,例如,河岸植被的去除可能增加侵蚀和泥沙淤积。此外,土地利用可以加强或缓冲气候变化的影响。例如,如果土地处于干燥裸露状态,降水的增加将导致更大的径流,结果形成更大的洪峰水位。相比之下,森林可以滞留雨水进而减小降水量增大对径流的影响。

预计在未来几十年里,欧洲土地利用将发生显著变化(Busch,2006),表现在农业用地减少,森林和城市用地增加(Schroter 等,2005;Verburg 等,2008),尽管世界其他地方农业用地也在流失, 世界人口的日益增加以及对粮食和生物燃料需求的不断上升可能会扭转这些预期的变化。这种土地利用变化已经并将继续强烈影响溪流和河流水文学和形态学(Sandin,2009)。例如,通过对同一地点进行长期观测,记录荷兰的 Vecht 河支流形态变化。从 19 世纪末到现在,该地气候几乎没有改变。相比之下,在 1895—1905 年,1925—1935 年和 1955—1965 年,该区域的土地利用状况和河流形态(渠化)发生了重大变化。原本被石楠和沼泽覆盖的区域,随着农业、城市和人类开发利用的增加而急剧减少(图 4.1)。

在过去的 100 年里,Vecht 河流域中的溪流表现出结构上的退化。溪流总长度缩短 20%;回水区的连通率损失了 40%;在 20 世纪 30 年代,主河道裁弯取直使牛轭湖数量增加,但随后下降,目前只剩下 38%的牛轭湖。在过去的 100 年里,观测到的温度和降水均在增加,但最近的 30 年里,年均流量并没有显著变化。总体来看,在 20 世纪 00 年代,大多数溪流是曲折的,在 20 世纪 30—60 年代部分溪流仍然是蜿蜒曲折的,但目前大多数是顺直河道。

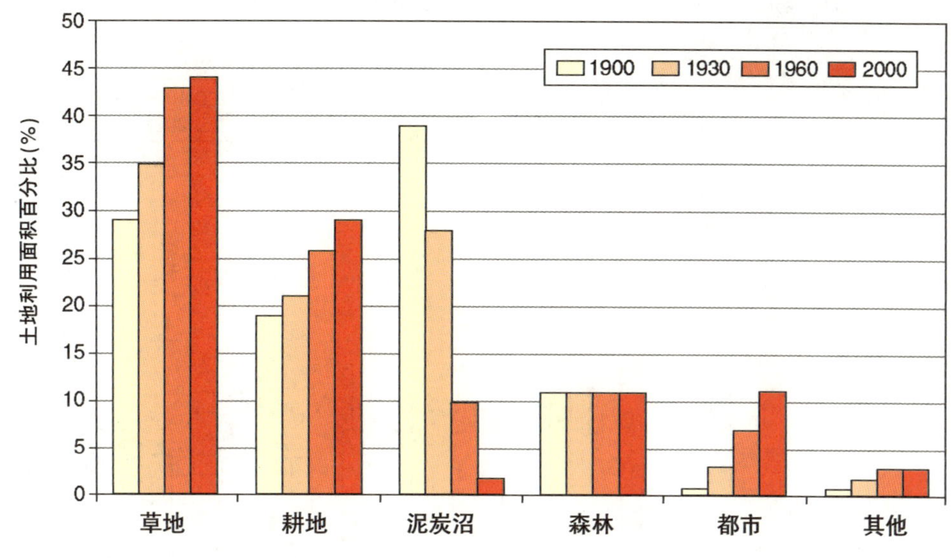

图 4.1 气候变化相对较小时期荷兰 Vecht 河流域土地利用变化情况

4.3 流域尺度上的气候变化影响

4.3.1 气候对河流水文的直接影响

关于气候变化对溪流水文特征的影响,英格兰南部 Lambourn 河的径流的预期变化为此提供了很好的例证(图 4.2)。Lambourn 流域(265km²)因其下伏为多孔白垩纪地层而河网结构有限,流域内以耕地和改良牧场为主。基于 RCAO HadAM3H 模型在 B2 情景下的输出结果(见第 3 章)和流域尺度降雨-径流模型(Littlewood,2002),预测了 2071—2100 年的月平均流量,并对比了目前流量和预测流量时间序列特征,包括大小、频率和极端流量事件的时间。

对 21 世纪末 Lambourn 河的流量变化特征也进行了预测。现在和那时的最大区别是冬季流量峰值的大小。1974—1995 年,45%的年度峰值流量超过 3m³/s,而 2071—2100 年,83%的年度峰值流量将超过这个水平。由于在 1976 年、1991 年和 1992 年缺乏足够的冬季补给,分别造成在 1974—1995 年的两个长期干旱事件。模拟的 2071—2100 年流量数据预测则表明,类似的冬季干旱事件不再可能发生。即使在预计时段内,发生了与当前正常流量水平相比最差的冬天流量也是如此。夏季和秋季的低流量的中值和范围变化预计不会像在冬天和春天那样严重。然而,仲夏流量通常可能略有增加,冬季流量补给可能会延迟约1个月,将从11月延迟至12月。这些预测的流量大小、频率和时间的变化可能会影响Lambourn河的物理结构及其沿岸区所支撑的植物群落和动物群落。

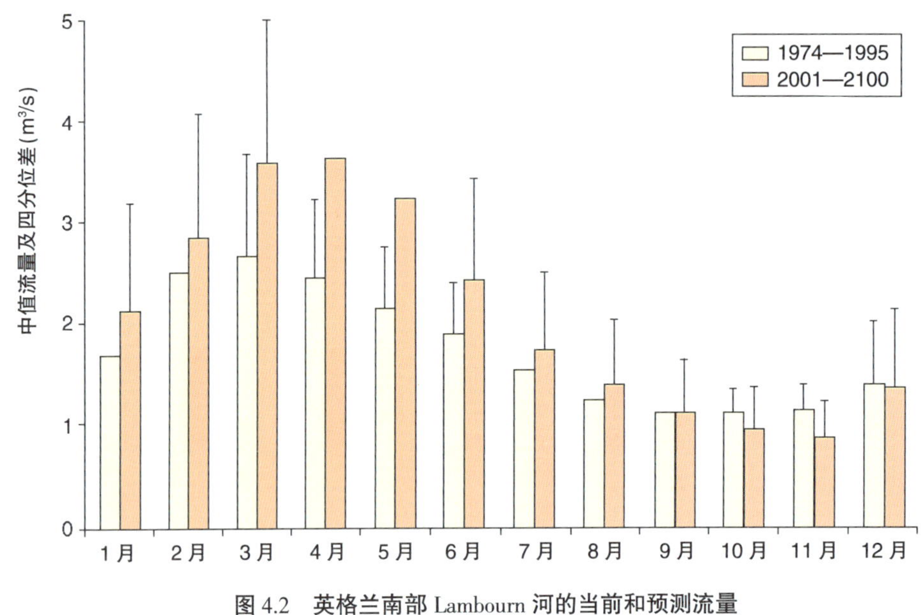

图4.2 英格兰南部Lambourn河的当前和预测流量

气候变化将改变降水的主要模式,进而改变径流和流量特征,包括在溪流和河流内的旱涝。旱涝是产生溪流斑块性的主要驱动力。因此气候变化对当前河流生态系统的结构和功能提出了一个挑战(Meyer等,1999;Wright等,2004)。在洪水期,栖息地可能破坏;在低流量期它们会淤塞,在基流条件下,栖息地将再生(Lake,2000)。这种生境条件的波动性在未来将变得更大,溪流生物群落也将会有更多波动(Milne,1991)。资源的可预见性会减少,物种要么适应,要么局部灭绝。

几项研究都集中在资源可预测性降低的生物学意义上 (Palmer等,1995;Palmer & Poff,1997;Townsend等,1997), 许多研究阐述生态系统是如何受流量的直接影响的(Death & Winterbourn,1995;Gasith & Resh,1999;Poff,2002;Bond & Downes,2003;Fritz & Dodds,2004)。大流量和洪水冲刷了沉积物和碎屑, 重新分配河床物质和河道内有机物,改变河道形态和形成新的侵蚀区(顺流和浅滩)和沉积区(边滩、中央航道心滩、深潭、泥砂堆积体)。大流量和洪水也可能扰动河道内物质,侵蚀河岸植被,促进河道和邻近水体水化学成分均匀化,增加了对生物的剪切力。相比之下,低流量和干旱造成细粒矿物质和有机质的淤积,降低了氧气浓度,增加了那些营养物质和矿物质含量。它们促进溪流底部有机物质的矿化,岸边物质的干化;它们降低了河岸稳定性,使大部分或全部溪流河床裸露,给很多生物带来生存压力。流量的变异性和发生时刻也很重要,导致侵蚀-沉积过程不可预知,使河道形态和栖息地有效性频繁变化,破坏了流量过程和生物生命周期阶段性

(例如产卵、生长和蛹化的同步性)。

4.3.2　气候变化对湖泊水文的直接影响

气候变化通过影响水体的停滞时间、水位以及通过溪流受体和来源来影响湖泊水文学动态特征。短暂停滞时间意味着污染物(比如来自点源的过剩营养物质)流出湖泊生态系统,相反,若降水减少和停滞时间延长,它们会持续积累,还可能伴随着浮游植物群落(Schindler 等,1990,1996;Hillbricht-Ilkowska,2002)和食物网组成及结构的变化。水流在湖泊内长时间滞留,内部过程可能会变得更加重要。例如,在更高的温度下,由于营养物质获得性增加,浮游植物产量可能增加,富营养化问题可能因此变得更严重(Mooij 等,2005)。降水减少导致的水位下降可能使湖泊营养状态和酸度发生变化,并降低湖泊的缓冲能力(Carvalho & Moss,1999)。

水位变化也直接影响湖泊浮游植物的繁殖。举例来说,已观测到北大西洋涛动(NAO)对爱沙尼亚 Vortsjarv 湖的水位有显著影响(Noges 等,2007),而水位变化直接影响了湖内浮游植物的种类组成和生物量,它们与水体的营养负荷无关。此外,不太寒冷的冬季冰雪减少,进而导致更低的湖泊水位以及接下来的夏季中湖泊系统发生变化(Croley,1990)。较长的无冰期可能延长了藻类和大型水生植物的生长期。高温可能会增加流域土壤中有机质的矿化速率,释放碳、磷和氮,同时,流域内土壤侵蚀增加也可能导致颗粒磷输入增加。营养负荷增加,再加上水温的增加,进而可增加湖泊自身的生产力,并提高内源生物质对沉积物的贡献。

如果考虑季节性模式,气候对湖泊水文的影响可能会变得更加明显。例如,冬天气温升高将改变降水输入的平衡,将会有更多的冬季降雨,更少的降雪,这种效果在高地湖泊最为明显。由于融雪减少,导致春汛“洪水”的峰值较小,因此也减少春汛的冲刷(Jenkins & Boulton,2007)。此外,湖泊冰盖减少和冬季暴风雪增加将导致冬季湖水减少分层,进而导致湖泊生物地球化学发生变化。相比之下,夏季气温和水温的增加,会增大潜在蒸发量,加上较少的夏季降雨量,导致流量减少,这将会影响湖泊水位和下游河流的生物群落。一些事件,如暴风雨(雪)增加,无论发生在哪个季节,均会导致更大的冲刷和径流。一些更频繁或更严重的事件将会影响湖泊以及流出水体的化学成分,例如,酸化事件可能会更加频繁。冬季径流增大也会导致悬浮泥沙增加,进一步导致湖泊沉积物淤积速率增加(SAR)。

沉积物淤积速率(SAR)是影响湖泊生态系统功能最重要的物理变量之一。它影响湖泊形态、物理和化学分层、湖泊生境的特征,进而影响水生动植物群落的分布,尤其是沿岸区的生物。在较浅的湖泊,快速积累可使沉积表面抬升进入再悬浮的区域,从而影响光线入射和植物生长,最终导致完全陆地化。已观测到,在过去的 100 年里,许多湖泊的 SAR

值在增加(Rose 等,2010),原因包括土地利用和土地管理的变化导致流域土壤侵蚀加剧,以及富营养化产生的生源物质沉积增加。气候变化会影响这两个过程,并在未来可能会发挥更重要的作用。

降雨增大和极端事件(夏季干旱和冬季暴风雪)的发生频率增加可能会加剧流域水土流失,导致更多的外源物质进入湖泊沉积物中。侵蚀性取决于土壤类型、植被和土地利用状况,但高地泥炭土壤更易遭受迅速侵蚀,且会因持续气候变化而进一步加剧。气候变化可通过流域内植被变化和土地利用变化间接影响侵蚀率,同时易侵蚀性也受土壤温度和水分状况、pH 值、基岩饱和度及微生物活动的影响(Helliwell 等,2007)。内源输入和外源输入的增加会使所有湖泊的沉积物淤积速率(SAR)增加,但浅水湖泊、富营养化湖泊受加速淤积过程影响而发生改变可能性最大。随着湖泊的淤积,岸坡平均坡度降低,沉积物堆积区扩大,沉积物分布发生变化(Blais & Kalff,1995),这可能导致芦苇沼泽地的快速形成和更快的淤积。

4.4 河段尺度上的气候变化影响

河段水流模式和流速的变化对河道纵向和横向形态、食物网结构、物种多样性以及生态过程有重要影响(Jowett & Duncan,1990;Poff 等,1997)。通常认为,每月或每日的平均值容易获得且足以描述流态(Clausen & Biggs,2000;Olden & Poff,2003)。然而,即使单个事件也可以造成物理栖息地的重大变化并影响其生态功能 (Schlosser,1995;Arndt 等,2002)。Gore 等(2001)列出了影响河流生物群落分布和生态连续性的五个主要水力条件:悬移质、推移质运动、水柱效应如湍流、流速剖面分布和基流的交互作用(近床水力学)。然而,溪流生物能适应的流量变化范围较宽(Allan,1995;Petts 等,2000)且能适应大的变化。

在 Lambourn 河进行的一项研究中,评估了河段水力学变化对大型底栖动物群落组成的影响。结果表明,溪流中的底栖动物群落对流量特征的变化有相当强的适应力。对五个主要的中尺度栖息地覆盖的变化(天山泽芹属、毛茛属、水马齿属植物群落、砾石和淤泥)(图 4.3) 进行了 9 年以上的观测记录。对每个中尺度栖息地中的相关大型底栖动物群落进行了采样(Wright 等,2003)。以天山泽芹属和毛茛属植物为代表的栖息地中,经历冬季的高流量后,动物群落在初夏时最丰富;而在砾石栖息地,低流量的冬天过后动物群落更为丰富。在被植物和矿物覆盖的中尺度栖息地内,底栖动物群落是彼此不同的,石蛾类的舌石蛾科和瘤石蛾科在砾石栖息地中相对较为丰富,双壳类的珠蚬科更喜欢淤泥栖息地,蜉蝣类的小蜉科和细蜉科更喜欢植物栖息地。然而,生物种并不是与某一类特定性的中尺度栖息地密切相关。在两个或两个以上的中尺度栖息地上,生物种往往表现出相同的丰富度。也许是因为生物种与特定的中尺度栖息地之间缺乏很强的专性关系，大部分生物种在初夏时的密度与上年冬季的流量特征不相关。但是，大型底栖动物群落在一系列可利用的栖息地上均有分布，这就表明，只要没有极端洪水引起的强水流发生，大型底栖动物群落可缓冲流量特征年际变化的影响。极端洪水会增加剪应力(Layzer 等，1989)，导致动物群落(特别是小动物)灾难性地向下游漂移(De Jalon 等，1994)。

图 4.3　英格兰南部 Lambourn 河的生境

极端流量(洪水和干旱)增加，以及由于气候变化带来的流量可预见性降低，可能会增加非生物参数，如水力条件和物理生境特征，对塑造未来溪流群落方面的影响 (Poff & Ward，1989)。一些生物可能迁移或被迁移到受扰动较少的栖息地[如溪流边缘、潜流区(Boulton 等，1998) 或其不受高流量影响的地带] 来寻求避难所 (Townsend & Hildrew，1994；Fritz & Dodds，2004)。其他则可能会保留在不受剪应力影响的相对稳定的生境中。多数种类会因适应能力较差而被冲刷到下游(Blanch 等，2000；Imbert 等，2005)。

各个物种会分散风险，比如在不同时间孵卵(Lytle & Poff，2004)。当洪水、干旱等单个事件以及不稳定基质等情况发生时，动物的行为适应性使其能感知这些危险因素并直接转移至避难所 (Lytle & Poff，2004)。干旱和低流量导致一些策略，如增加生理抗性(Smith & Pearson，1985)、调整生命周期、允许成熟个体早熟和成虫迁徙、提前休眠(Ladle

& Bass,1981;Williams,1987;Bunn,1988)，或者是增加生物寻找剩余高流量栖息地的机动性(Harrison,1966;Olsson & Soderstrom,1978;Delucchi,1989)。气候变化可能间接造成生物体的死亡,如泥沙伤害或掩埋、下游漂浮物增加、泥沙颗粒附着鳃丝上以及冬季细粒有机物的沉积造成的水中含氧量过低导致的呼吸等生理问题等 (Stazner & Holm,1982;Strommer & Smock,1989;Hart & Finelli,1999;Holomuzki & Biggs,2003;Gordon 等,2004);也可能因食物来源(有机物和附着生物)被沉积的泥沙掩埋或被水流冲刷而造成食物短缺,或者水中悬浮的泥沙浓度增加(必然会影响滤食性动物)或食肉动物潜在猎物减少(由于漂移、掩埋造成的个体损失)等。

水流形态、河床组成以及沉积物输移之间存在着密切关系(Gordon 等,2004)。流量增加往往导致河床沉积物输移增加、更多的底部沉积物再悬浮以及岸坡土壤的侵蚀(Wood & Armitage,1997)。侵蚀、输移和沉积将导致河床发生局部变化。虽然在扰动中存在着短期平衡,但是洪水泛滥,尤其是人类活动(河道渠化、流域内的农业活动),将改变河道坡降、平均流速、沉积物粒度组成、输沙量和溪流平面形态(如裁弯取直)。气候变化引发的极端洪水将重塑河道总体形态,维持这种形态及其小尺度特征(如基质类型),可更好地适应频繁但不极端的流量事件。高流量对河道形态的影响取决于河床和河岸稳定性。例如,河岸有高密度的植物根系可减少侵蚀。通常认为满槽流量(下泄水体充满河道)控制着溪流的河道形态(Allan,1995;Gordon 等,2004)。

在溪流河段,沿着蜿蜒河道、围绕植物残体等障碍物以及在深潭-浅滩序列中的流速是不同的;洪水则侵蚀、建立或维持着这些结构。溪流生物体对水流极值、底质的组成和稳定性的变化的响应各异。水生植物的斑块分布与流量变化和外来生物入侵定殖的成功性及生长速率导致的扰动频率和强度的变化相关(Sand-Jensen & Madsen,1992)。气候变化会引起大型植物丰度变化,丰度可能因夏季的低流量而增加(Rorslett 等,1989;Walker 等,1994)。多变的下泄流量模式可能会减少河床中大型无脊椎动物物种丰度和现存量(Layzer 等,1989;Munn & Brusven,1991)，但是会使植物种类的多样性增加。Cobb 等(1992)研究表明,流速的进一步变化会导致底质不稳定,进而降低大型无脊椎动物的多样性。

鱼类通常是能适应一定程度的水文变异性的(Poff & Allan,1995),但是变异性的变化可能会对鱼类种群产生负面影响(Ficke 等,2007)。当水力学条件从可预见变化为不可预知时(Poff & Allan,1995),鱼类群落将倾向于从环境专化种转变为仅有广布种的群落,也就是那些能够利用各种资源和适应不断变化环境条件的物种组成的群落 (Fausch & Bestgen,1997)。同样,如果气候变化导致夏季水体流速降低甚至零流速(更类似湖泊状态)并伴随了植物的生长,那么此后,害虫物种如蚊子,便可能成为丰富度极高的优势物种

(De Moor,1986)。在这种情况下,耐受性好的鱼类可能会占统治地位(Pusey 等,1993)。

4.5　栖息地尺度上的气候变化影响

在栖息地尺度上,近河床的流速、底部粗糙度、颗粒大小和分布的微小变化综合影响着特定植物和动物物种的分布和丰度。溪流中大型无脊椎动物的基本需求是与水流有关的,因为水流提供了氧气、颗粒食物并塑造栖息地和传输废弃物。顺直溪流的横剖面流速分布大体上是呈抛物线形状。在剖面中部的近表层流速最大,由于摩擦作用,靠近两岸和底部方向的流速降低。在顺直沟渠,这种模式长距离保持不变,栖息地也很少变化。自然溪流不是顺直沟渠,河道形状不规则,造成复杂的流速剖面。湍流模式是自然溪流的特征,不断变化的流量导致湍流模式也在不断变化。这些过程,在空间上和时间上发生着变化,决定了底质的成分和稳定性,在栖息地尺度上产生了一个非均质的环境。对不同空间尺度上土地利用、水文地貌、河流生物群落之间关系的 7 个研究案例总结分析表明,与流域特征参数相比,溪流内部变量(Pedersen & Friberg,2009)或水力学要素(Syrovatka 等,2009)和动植物之间存在更强的相关性(Wiberg-Larsen 等,2000;Merigoux & Doledec,2004)。

研究者在捷克共和国贝奇瓦河, 考察了大型底栖无脊椎动物与周围水文要素之间的关系。经冬季的强烈扰动之后,在春季,河流中各段的动物分布比秋季更加相似,而夏季河水平缓,使得栖息地之间出现差异。1997 年 7 月,发生了一次河水暴涨,改变了大部分已整治河道的结构。2004—2005 年的春季和秋季,研究者在五条新形成的河段上,观察了栖息地模式与大型底栖无脊椎动物之间的相互影响(图 4.4)。在秋季,水流平稳缓慢,从支汊到主河道形成了一个栖息地梯度(图 4.4 右下部)。春季的样本更加统一和集中,但因为冬季河水暴涨造成扰动,支汊的样本出现一些例外(图 4.4 左上部)。

溪流和河流的物种适应了水体的单向流动,同时也在为湍流所改变。生物在形态上和行为上的适应性可以分为几类:与生物体的位置相关的特征,如运动、附着体和身体形状(如扁平状、隐蔽性、灵活性),与饲养或营养摄入相关的特征(如功能摄食类群、生长方式),与生理学相关的特征(如呼吸、体温)以及与繁殖有关特征。这些特征是与栖息地相关的,已有相当多的资料揭示了生活在不同底质上(如岩石上、流沙里、木头上和叶子包上)的生物组合之间存在着差异。

随着少数更极端的降水事件发生,加之土地利用状况的变化,泥沙淤积将成为溪流和河流生态系统的一个更为严重的问题。淤积降低了栖息地多样性,对溪流生物群落造成普遍而消极的影响。以奥地利州北部的 Waldaist 河为例,研究了与淤积相关的栖息地宜居性和质量对于所选毛翅目昆虫不同生活史的重要性(图 4.5)。它们通常有五个幼虫龄期和一

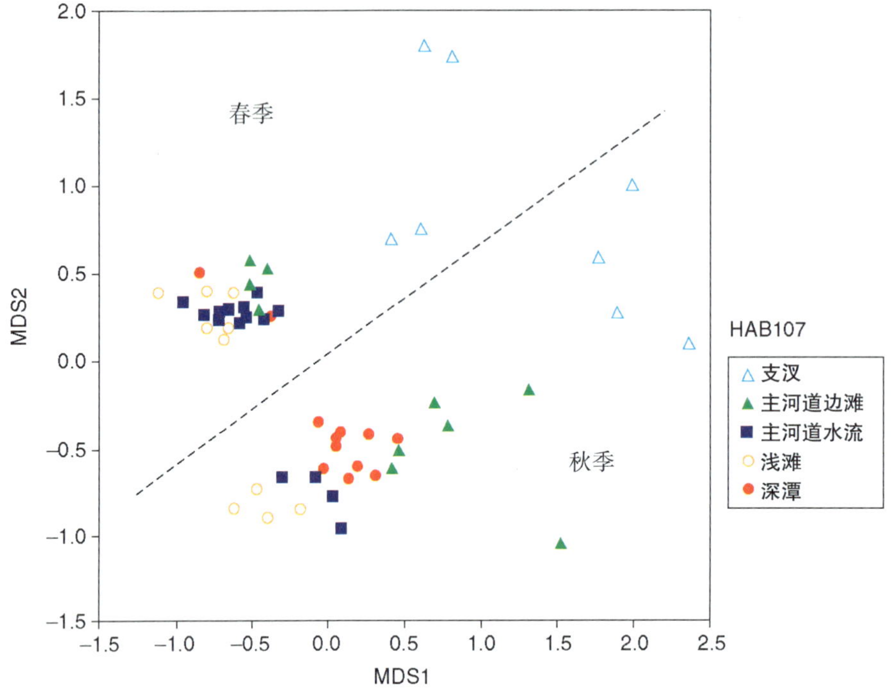

图 4.4　Eecav 河不同类型生境中大型底栖动物群落比较(用多元尺度分析)

个蛹龄期(发育阶段),大多龄期取决于不同类型的栖息地。此外,生物体在隐蔽、休息、交配和产卵时需要不同的场所,这使得溪流栖息地多样性更加重要。这项调查还包括了一个未淤积的参照地和一个退化的淤泥样地。在未淤积的参照地,有大量舌石蛾科舌石蛾属昆虫、刮食藻类和附着稳定基质的微生物,但在退化的淤泥样地则稀少。只在未淤积的参照地发现了蛹,这表明退化的淤泥样地的条件妨碍了这种幼虫发育为成虫。*Lype phaeopa* 只生在木质碎片上,其在未淤积的参照地的密度比退化的淤泥样地高 8 倍。*Brachycentrus montanus* 需要稳定的基质固定其身体,以便伸展其带刺的腿对水流进行过滤。在退化的淤泥样地发现了不同龄期三种幼虫的密度很高,但同样没有蛹,而在未淤积的参照地,所有的幼虫龄期和大量蛹均有发现。另一个例子是 *Lasiocephala basalis*(*Lepidostoma basale*),主要生活于木质碎片,以细菌和真菌为食。两个场地密度相当,但同样,化蛹只发生在未淤积的参照地(图 4.5)。

4.6　气候变化对溪流和河流生态恢复成败的影响

为了满足农业、工业及居民生活的需要,人类对溪流和河流及其流域进行了长期改造。现在,人们愈来愈认识到这些改造所带来的巨大负面影响。在荷兰,仅有 4%的溪流仍

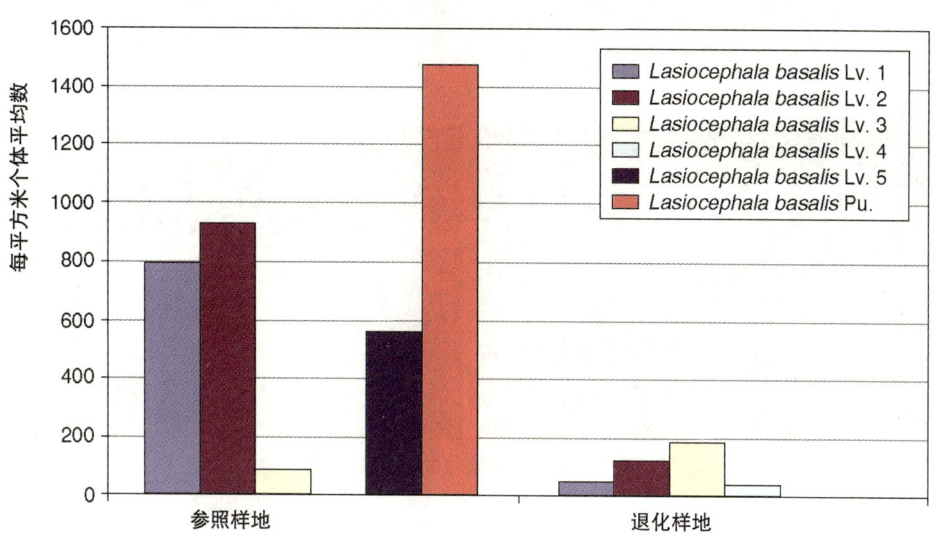

图 4.5　澳大利亚 Waldaist 河退化样地和参照样地上毛翅目 *Lasiocephala basalis* 的生活史状况

然具有自然形态和(或多或少的)自然水文特征。在丹麦,仅有 2%的河流或多或少的保留自然形态(Brookes,1987),而在德国,这一数字是 2%~5%。人们的环境意识和对于与生物多样性密切相关的溪流及其滩涂栖息地的丧失所引发的关注,已经促使欧洲地区实施了多个溪流修复及恢复工程,尤其是物理性的溪流恢复。例如,荷兰在 1991 年实施了 70 项恢复工程,1993 年为 170 项,1998 年则超过 200 项,截至 2006 年总花费估计为 13 亿欧元(Verdonschot & Nijboer,2002)。

对溪流进行物理恢复的手段很多,比如,洪泛平原的恢复、河道重新蜿蜒化、大坝和河岸构筑物的拆除等。新的手段包括河道中增加粗木质残体(Gippel & Stewardson,1996;Gerhard & Reich,2000),清除河漫滩的沉积物(Kern,1994)以及各种抵御溪流河道下切冲刷的方法。

有效的溪流恢复,需要理解物理参数、栖息地多样性及生物多样性之间的复杂关系。对一条溪流进行物理性恢复时,其成功性主要以生物多样性增加来度量,与土著(指示性)物种的重新定殖程度相关。这就是栖息地的恢复"梦地"假说,即"只要我们修建了物种所需的栖息地,它们就自然会迁徙而至"。

然而,这绝不是能打包票的结果(Palmer 等,1997)。土著物种是否能够重新定殖到恢复的河道中,不仅取决于栖息地恢复的质量,而且取决于诸如物种的传播能力、种源群和恢复区之间是否存在迁移障碍等因素(Hughes,2007)。

侵入性或非本地物种的建立也可能阻碍土著物种的重新定殖,而且,生物多样性通常受到入侵种取代原生种的威胁。正像在德国中部高地的一项研究中所阐明的那样,七条河流中再造多汊河道与七条河流渠化河道中的底栖大型无脊椎动物的生物多样性对比(图4.6),表明土著物种重新定殖的成功率要比期望的小。

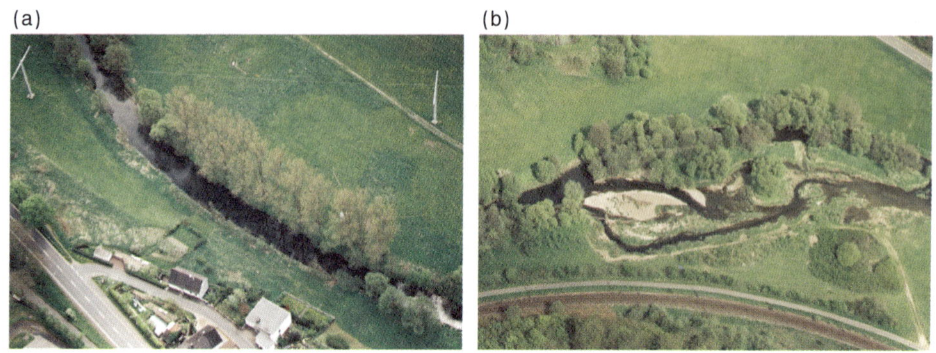

图 4.6　(a)单汊河道和(b)恢复的自然多汊河道的兰恩河

(S. Jahnig,A. Lorenz 拍摄)

多汊河道剖面的水文形态多样性接近预期的参照条件。栖息地的多样性增加了,并观测到泥沙动力活动增加。然而,单汊河道和多汊河道剖面底质中的大型底栖动物群落仍然具有相似的组成,而且特定底质生物群落的 α-多样性并未改变。然而,不同的底质中的大型底栖动物群落组成种类多样,所以在恢复的河道中,因底质类型更为多样,β-多样性增加。对单汊河道和多汊河道剖面中的代表群落进行了比较,结果表明具有很高的 Bray-Curtis 相似性(69%~77%)。平均相似率分析(使用 MEANSIM)表明,单汊河道内的大型底栖动物群落组合类型相似性要比河道间的大型底栖动物群落组成低(单汊河道之间相似性 0.61,多汊河道之间的相似性 0.63,河道间的群体间的相似性 0.66)。

成对的溪流剖面之间的差异可能主要归因于单个类群,它们只发生在单汊或多汊河道的剖面。这些独特类群主要生活在有机基质上,诸如陆生植物的活体部分、大木头、粗颗粒有机物和泥浆。这种现象的发生是否与特定底质相关,或者就是巧合,仍有待研究。单汊河道或多汊河道剖面中大型底栖动物群落的整体高相似性可能归咎于在大尺度流域中的生存压力、小尺度河道恢复或缺乏潜在的重新定殖能力的物种。由于这些原因,河流恢复计划的结局大多令人失望。

河流恢复最重要的一点是了解物理、化学和生物成分之间的复杂联系,在流域尺度上进行了解尤为重要。对河流进行恢复时通常只关注局部河段,而在很大程度上忽略了连通性的重要性,如河道变动中陆生-水生生物的联系(如河流与洪泛平原区间的交流)和生物扩散(Verdonschot & Nijboer,2002)。流域尺度的物理过程在很大程度上决定了河流和洪泛平原区的结构和功能。因此,恢复的规模需调整到与占主导地位的河流塑造形成过程的规模相适应。溪流生态的核心主题涉及四个方面(Ward,1989):物理组织等级结构(Frissell 等,1986)、适应性、物种响应和人为干扰。流域尺度的恢复方法应包括所有这些主题。

气候变化及其引起的水文形态变化,在最高层次水平上影响河流,这意味着在变化的气候条件下,为满足恢复目标,要么增强恢复措施,要么降低恢复目标。

4.7 结论

气候变化将改变欧洲湖泊、溪流和河流的水文地貌条件。与人类土地利用的影响相比,目前气候引发的变化程度仍然相对较小,但在未来,气候变化可能导致水文条件发生重大改变,与此同时,也会导致流域内土地利用的变化。对于溪流而言,其水文变化可通过水体动力学变化来表征,尤其是与干旱及洪涝的发生频率增加相关的指标。对于湖泊而言,水文变化可由水位涨落特性以及整体水位的变化及其对湖泊水体富营养化的影响等术语来表述(第 6 章)。对于河流而言,气候变化也可能增加流量变异性进而导致更高的冲刷和淤积率,以及河流流入湖泊处沉积物可能会增加,导致沉积物淤积速率加大。在某种程度上。溪流生物群落能适应栖息地尺度上的条件变化,也会忍受类似的动力学变化。然而,生物在不同生活史阶段对外界环境条件的要求是不同的,融雪、高流量等不同时机下的干扰可导致原有生物种丧失。更剧烈的变化和本地生物种的丧失将会为非本地物种进入生态系统提供更多机会。全球化的传输系统和大河流域间的水文联系将进一步强化这一过程。

溪流和河流的恢复计划是由《水框架指令》和其他法令(例如《欧洲栖息地指令》《欧盟洪水管理指令》、“自然 2000”)所提出的。然而,溪流和河流恢复的成功率低于预期。失败的原因主要是,在许多实例中,河流恢复规模太小,而且缺乏一种生态系统的方法,以及对主导生物扩散和定殖率的关键生物过程和屏障作用等缺乏理解。未来气候变化可能会进一步减少河流恢复成功的机会。

第5章

监测淡水生态系统对气候变化的响应

Daniel Hering, Alexandra Haidekker, Astrid Schmidt-Kloiber, Tom Barker, Laetitia Buisson, Wolfram Graf, Ga¨el Grenouillet, Armin Lorenz, Leonard Sandin and Sonja Stendera

5.1 引言

1970 年以来，淡水生物多样性的下降幅度要高于海洋或陆地生物多样性（Loh & Wackernagel, 2004），这是多种复杂外在压力和影响相互作用的结果(Stanner & Bordeau, 1995; Malmquist& Rundle, 2002)。其主要影响因素包括渔业、航运和取水、营养物质富集、有机和有毒污染物、酸化和生境退化等。气候变化带来了新的压力因子(温度升高、水文特征变化），并与现有的压力因子发生复杂的相互作用（Travis, 2003; Wrona 等, 2006; Durance & Ormerod, 2007; Huber 等, 2008)。

气候变化和其他压力因子共同作用产生了复杂的因果链，二者之间的联系来自很多相互影响的环境因子，并受到温度和降雨量直接或间接的影响。因此，与化学或水文学变量的响应不同，生态系统对气候变化的响应较难预测。另一方面，如物种丰富度、群落结构或生物多样性等一些生物参数，可综合反映多种压力因子对淡水生态系统的复杂影响，也包括那些直接或间接与气候有关的因子。这就是《水框架指令》中规定使用生物群落(如植物、无脊椎动物或鱼类）来监测欧洲地表水体生态完整性的原因所在（Heiskanen 等, 2004)。然而，最近在欧洲确立的监测方案的主要目标在于：探究如富营养化、有机物污染、酸化或河道水文地貌改变等压力因子的影响，这些因子在过去一直占据着主导地位。尽管未来气候变化可能对欧洲水生生态系统产生更大的影响，但是《水框架指令》并没有对其进行专门研究。

气候变化对湖泊、河流以及湿地生物群落的直接和间接影响取决于生态区域、生态系统类型和其他影响水体的压力因子。由于地表水体的自然变动及其他因素的影响，气候变化和生物响应之间不是简单的剂量反应关系，因此，必须采用全面的、复杂的思维模式才能理解气候变化和生物多样性类型之间的联系。

本章目的在于提出气候变化对湖泊、河流以及湿地生态系统的影响指示因子及其变化路径的方向、相对重要性和变幅。这里所说的“指标”是广义的,也就是复杂过程的一个简单表征,可作为生态系统变化的早期预警。该“指标”可以是化学的、水文学的、形态学的、生物学的或功能学参数,能够反映生态系统受气候变化影响的关键过程,且相对容易监测。本章关注那些已经在《水框架指令》监测项目中使用的参数,同时也会考虑其他指标(如水文参数)。

我们通过查阅文献资料(截止到 2007 年的文献)来选择指标。首先我们对气候变化对湖泊、河流和湿地潜在的直接或间接影响进行归类和描述,并借此筛选出最能清楚地反映气候变化对湖泊、河流以及湿地影响的参数。通过两个案例研究,分析了被选定的分类群对气候变化影响的敏感程度。

5.2　气候变化对湖泊生物群落的影响

5.2.1　监测和评估压力因子对湖泊的影响

近年来,欧洲对湖泊生态系统的监测有了很大变化。之前最普遍的方法是使用生物化学和选定的生物变量(如叶绿素)进行监测,而当前《水框架指令》将重点放在了生物指标上,即必须对多种生物类群(如植物、大型水生植物、底栖无脊椎动物和鱼类)进行监测,并将水文地貌和物理化学监测作为补充。

在《水框架指令》中应用的多数生物评估系统的目标在于反映未受干扰参照状态下受测群体的偏差,由此可为水生态环境质量提供综合评估。现有评估系统反映的是多种多样压力的影响,在评估系统中很少考虑气候变化的影响,而且如上所述,《水框架指令》也未对其进行特别说明。然而,几乎所有用于监测欧洲湖泊生态状况的指标都会受到气候变化的影响。

气候变化未来将成为一种影响淡水生态系统的最重要的压力因子,并将触发一系列复杂且难以分类的过程。判断这些环节的发展程度需要一些简单指标,而且需要判断哪些指标可被纳入现有的评估系统中。考虑存在冷、温、暖生态区域等不同的影响类型,进行评估时可能需要不同的指标集。关于指标选择的理论背景在下文及前面章节中有所描述,而对于寒冷、中温、温暖生态区域的湖泊水体,可能需要用到另一套指标集(表 5.1)。大多数指标可以很容易地被纳入常规监测项目中,例如增加可以反映温度升高对植物影响的指标,该指标已经被《水框架指令》所采纳。由于易于操作,在多数情况下进行简单的理化测量是非常合适的，因此，这些指标常常被包含在日常的监测项目中，而且其位于因果链的始端，可以为随之而来的变化提供环境。

5.2.2 水文学和物理化学

冰覆盖的形成时间由冬季和春季的温度直接决定，因此可作为寒带和温带湖泊中反映气候变化的早期指标之一，而且也是决定夏季水温分层特性和持续时间的指标，这在第三章和第四章中已有阐述。同样，对很多随之发生的水体化学特性的改变也进行了讨论，为我们提供了优质的初始指标。

5.2.3 初级生产

水体的物理化学和水文学特性对气候变化十分敏感，是湖泊中初级生产产物的主要决定因素。受冬季和春季温度变化的影响，水体中浮游植物的群落组成可能发生改变，而冬春季节水体温度的变化又依赖于湖泊的类型和地理位置（Anneville 等，2002；Christoffersen 等，2006；Elliott 等，2006）。在浅水型冷水生态系统中，浮游植物群落对温度的变化尤为敏感(Schindler 等，1990；Findlay 等，2001)。

一般认为，在温暖水域中，浮游植物群落组成向蓝藻成为优势种转变可能预示着水质发生了变化，并可能会导致浮游植物多样性的逐渐降低(第 6 章)。模拟结果表明，若水温升高，营养物质富集，蓝藻种群将会占据绝对优势。水体中营养物质含量较低时，水温变化对蓝藻含量的影响将会显著变弱(Anneville 等，2004；Elliott 等，2005，2006)。

一般来说，若春季水温上升或水化学性质发生变化(如营养物增加)，浮游植物的繁殖率和生物量将会增加(Schindler 等，1996；Straile & Geller，1998；Findlay 等，2001)，但对于早期分层和深层变温层水体可能会有相反的影响，并且光照状况的改善也会影响浮游植物的生物量。在温暖的冬季，冰覆盖期变短，降雪减少，较好的光照条件会促进浮游植物增长，叶绿素水平甚至会增加几倍(Pettersson 等，2003)。

表 5.1　气候变化对湖泊的直接和间接影响

分类		响应	指标	指标辨析	c	t	w
水文	冰覆盖期	较高的气温和水温导致冰覆盖时间缩短。气温和湖泊破冰时刻的关系呈反余弦函数。这种非线性关系导致温暖区和寒冷区破冰时刻对气温的响应出现明显差异	冰覆盖时段、破冰时刻、冰厚度	冰覆盖的监测很简单，如通过遥感的手段	x	(x)	
	分层	高温导致夏季分层现象提前出现且时间延长，结果导致混合过程改变，同时系统可能从两季混合变为暖单季。冬季水温分层的不完全转变可能导致深水区域长期存在温跃层	通过水温反映的夏季分层	水温反映湖泊分层状况	x	x	(x)

续表

分类		响应	指标	指标辨析	c	t	w
水文	水位	气温升高、降雨减少及高强度利用使水资源量减少。这将导致水位失衡,甚至导致整个水体消失	湖面大小	容易通过遥感监测	(x)	(x)	x
物理化学	氧气消耗	高温刺激浮游植物的生长，并导致深水层氧气的消耗	夏季底层水体氧气浓度	这个参数很容易记录,常被纳入常规水质监测中	(x)	(x)	x
	硫酸盐浓度	在厄尔尼诺年份，降雨量减少并引起干旱,缺氧区(湿地)中储存的还原态硫在干旱条件下被氧化，随之硫酸盐输出率提高，导致湖泊中硫酸盐的浓度提高	硫酸盐浓度	直接反映响应参数,常被纳入常规水质监测中	x	(x)	
	溶解性有机碳(DOC)	温度升高伴随着酸沉降减少进而导致DOC 浓度升高	DOC	被纳入日常水质监测中	x	(x)	
	酸化对浮游植物群落的影响	干旱(厄尔尼诺)期间发生酸化脉冲。酸化脉冲将引起浮游植物丰富度和生物量的变化	pH 值;生物酸化指标	pH 值容易记录并且常被纳入日常水质监测中。pH 值在不同季节以及每天都在变化,生物指数则更稳定	x		
	盐度	温暖的冬天会引起极端暴雨和大量海盐沉积，这可能会影响水体的化学性质	酸化物质	这些参数容易记录并且经常被纳入常规水质监测中	x		
	TOC 径流模式	温暖的冬天，导致径流中 TOC 的释放量升高,水体中的 TOC 浓度随之升高	TOC 浓度和/或吸光度(水体色度)	水体 TOC 浓度反映径流和外源物质输入的变化	x		
初级生产	水温对浮游植物群落的影响	水温升高会导致浮游植物群落由硅藻门和隐藻门向蓝藻门转变。较高的水温促进蓝藻细菌（尤其是大型的丝状藻种类）和绿藻细菌生长，当水温>20℃时,这种影响更为显著	浮游植物生物量和蓝藻水华的群落组成	群落组成的变化可为生物对湖泊特性变化的响应提供信息，如水温的变化。按照《水框架指令》对浮游植物群落进行例行监测		x	(x)
	水温对水生植被的影响	水温的年际波动导致水生植物的定殖深度增加，湿生物量增加以及全湖生物量升高	水温	这些参数容易记录并且经常被纳入日常水质监测中	x		
次级生产	水温对浮游动物的影响	温度升高导致浮游动物群落结构组成发生变化,由于春季水温升高,导致水溞群落的生长率升高和发生时间变早,初夏生长率降低。因此,高生物量的水溞对浮游植物产生早期抑制作用，大型个体种类对小型个体种类的优势被削弱	浮游动物生物量、组成及个体大小	由于温度升高,浮游动物可能是反映湖泊食物网动态响应的良好指示生物	(x)	x	(x)

续表

分类		响应	指标	指标辨析	c	t	w
次级生产	水温对冷水鱼类的影响	水温升高(尤其是在变温层)导致适宜冷水性鱼类生存的栖息地范围逐渐减少,如湖红点鲑。因此,在春季和夏季,位于沿海地区的冷水性种类将会灭绝,而且水温升高会降低冷水性鱼类的生殖成功率,增加鱼卵、幼体的寄生和捕食压力	夏季水温或气温	水温易于测定,可以反映混合层水体温度的升高	x	x	
	外来物种的入侵	高温通常有利于外来鱼类、水生植物以及大型无脊椎动物等种类的生存	群落中外来物种的比例	这一参数可以从《水框架指令》的常规监测中推断出来	(x)	x	x
食物网	水温对食物网的影响	水温升高会导致食物网发生重要变化。由于高温有利于食浮游生物的鲤科鱼类的生存和繁殖,大型浮游动物种群受到抑制,其捕食强度降低	食浮游生物鱼类和肉食性鱼类的比例;大型和小型浮游动物种类的比例	这两个参数可以很好地反映食物网结构。大型浮游动物种类的比例决定了其对浮游植物的影响,肉食性鱼类的比例决定了其对浮游动物的影响	x	x	x

分类:直接或间接受气候变化影响的生态系统成分;响应:描述在所述压力因子下变量如何变化;指标:选择最能清晰反映气候变化的变量。c,t,w:寒冷(c)、中温(t)或温暖(w)生态区的相关变量。

春季随着水温升高及可利用光的不断充足,浮游植物开始生长繁殖的时期可能提前(Chen & Folt,1996;Muller-Navarra 等,1997;Elliott 等,2006;Adrian 等,2006)。春季浮游植物生长峰值也可能更高(Chen & Folt,1996;Muller-Navarra 等,1997;Straile,2000),夏季的营养限制也可能会更早发生。例如,由于春季水温上升,蓝藻大量繁殖导致水体营养盐不足,进而夏季蓝藻的生长峰值会出现提前下降。由于水温升高,冰层形成之前光照限制延迟,秋冬季节蓝藻会大量繁殖(Bleckner 等,2002)。

温度升高可能导致大型植物的生物量增加或是大型植物的群落结构发生改变(Rooney & Kalff,2000;McKee 等,2002;Feuchtmayr 等,2007)。

5.2.4 次级生产

即使在相当短的时间内,如 10—15 年,浮游生物的群落组成和平均温度的变化趋势有时也会呈现出显著的相关性(Burgmer 等,2007)。浮游生物某些方面的变化可能和水温升高有关,如从较大个体转变为较小个体,对不可食用的蓝藻摄食可利用性的转变以及对藻毒素更加敏感(Moore 等,1996)。一些类群生长的起始温度和最高温度的差异十分显著,这是由物种特异性决定而非功能群特异性决定的。研究发现,随着春季温度的升高,浮游动物的优势种群由大体积的盔形溞转变为小体积的僧帽溞(Adrian & Deneke,

1996)。生长缓慢的夏季浮游动物有着更加复杂的生命周期,其对季节性的水温变暖表现出一些特定反应,而这取决于变暖时刻(Adrian 等,2006)。湖泊水体的垂直温度变化可能会影响浮游动物的垂向迁移。在温暖的月份,浮游动物多栖息于水体的表层(Helland 等,2007)。然而,捕食作用对浮游动物的强烈影响将会掩盖气候变化对其造成的直接影响。

湖泊中鱼类的群落结构和物种丰富度与气温密切相关。在三级流域区进行的一项研究表明,61 种鱼类中有 33 种的出现与否与温度及地理因素有关(Minns & Moore,1995)。很多学者对不同种鱼类和温度之间的关系进行了长期的研究，例如欧白鲑——一种秋季产卵的鱼类,由于其孵化时间与春季浮游动物生长时间不吻合,加之掠食性鱼类的捕食率增加,使得其极易受到春季水温升高的影响(Nyberg 等,2001)。对于该种鱼类的另外一个威胁是,在夏季其需要栖息在寒冷、富氧的下层滞水环境中,而具备这种环境条件的水域正在普遍减少(George 等,2006)。总之,水温上升能促进温水性鱼类的生长和繁殖,但超过其最佳耐受温度则会抑制其生长和繁殖 (DeStasio 等,1996;Petchey 等,1999;Mackenzie-Grieve & Post,2006)。

与温度变化不同,降雨量对鱼类群体可能有相反的影响作用。在挪威,冬季高强度的降雪导致 4 月积雪过多,这对棕鲑鱼幼鱼群体数量的补充不利,而在温暖的夏季,其幼鱼的补充量则会增多，这些变化可能导致鱼类数量过剩或者使棕鲑鱼在更高的海拔建立种群(Borgstrom & Museth,2005)。当超过对水温耐受的临界值时,湖泊中鱼类的生存可能受到限制,如在温暖的水体中,大量鱼类死于缺氧或生理胁迫(DeStasio 等,1996)。另一方面,在浅水富营养化湖泊中,由于冬季冰层下水体低溶氧引起的鱼类死亡现象会减少或消失(Fang & Stefan,2000)。下层滞水带水温升高可能导致那些在夏季需要低温水体作为避难所的幼鱼数量的减少。因此,气候变化会导致那些分布在温度耐受范围边界的鱼类种群的消失(Gunn,2002)。Stefan 等(1996)基于冷水性、温水性和暖水性鱼类对温度和最小需氧量的要求,模拟了不同纬度气候变化对鱼类生长的影响。目前,几种鲑科鱼类面临的问题(DeStasio 等,1996;Jansen & Hesslein,2004)是其生物地理学边界可能发生了显著的北移(Carpenter 等,1992;Petchey 等,1999),而在适度变暖的情况下,耐受温度生境范围的增加对河鲈科和鲤科鱼类有益(Jansen & Hesslein,2004)。水文特征及温度的变化对入侵物种可能更为有利,并将威胁到本地物种的生存(Rogers & McCarty,2000)。

由于湖泊中的鱼类群落通过上述多种途径与温度之间有着密切的联系，因此，水温(或气温)成为反映鱼类群落特征变化的一个指标,群落组成测量法可为其提供支持,如测定该鱼类群体中外来物种的比例。

5.2.5 食物网

全球变暖导致湖泊中的食物网发生了变化，主要的改变可能是浮游动物捕食强度的降低，而这又引起了水体富营养化的发生(见第 6 章中的详细讨论)。其中的原因多种多样：如以浮游生物为食的鲤科鱼类密度增加(Jansen & Hesslein,2004)，肉食性鱼类密度降低，这对大型浮游动物种类可能产生强烈的下行控制效应(Jeppesen 等,2005)。由于浮游动物和浮游植物对水温升高的敏感度不同，春季水温升高可能会扰乱二者食物网之间的联系。随着春季温度升高，水温分层进度和春季硅藻生长速度均会加快。因此，水溞(常见的关键草食性生物）数量的长期下降可能与春季硅藻水华暴发时间的不匹配程度扩大有关(Winder & Schindler,2004)。浮游植物生物量达到峰值和水溞丰富度达到峰值的时期若不匹配，可能会导致湖泊水体失去清水状态(De Senerpont Domis 等,2007)，而这种状态是很多湖泊晚春时期的特征。在某个关键季节，即使出现短期的小幅变暖（低于 2℃)，都有可能导致整个湖泊的食物网发生变化，从而改变整个生态系统（Strecker 等，2004；Hampton 等,2006；Wagner & Benndorf,2007)。

5.3 气候变化对河流生物群落的影响

5.3.1 监测和评估胁迫因子对河流的影响

自从引进了《水框架指令》，欧洲湖泊、河流的监测便发生了变化。先前，运用最普遍的是物理化学指标以及筛选的水文和生物指标，且主要是大型底栖无脊椎动物，例如 ASPT (Average Score per Taxon)或腐生生物指数。然而，现在很多生物群体都被列入了监测行列之中(大型河流中的浮游植物、底栖藻类、大型水生植物、底栖无脊椎动物和鱼类)，并将水文地貌学和物理化学变量作为补充。

《水框架指令》中的生物评估系统反映的是相对于不受干扰的参照状态，所观测群体在受干扰状态下产生的偏差。在河流中，造成这些偏差的主要来源为有机物污染、水文地貌的退化、富营养化和酸化。其中，有机物污染是以前最为普遍的胁迫因子，而水文地貌的退化是当前的主要问题，尤其是在中欧地区表现得更为明显。尽管水体富营养化对欧洲河流的低地区域造成了普遍影响，但是酸化仍然集中在欧洲西北部一些阿尔卑斯山脉区域以及其他高地区域。表格 5.2 给出了经筛选的反映气候变化对欧洲寒冷、温和以及温暖生态区域中的小型河流影响的潜在指标。对于湖泊而言，大多数生物指标可以被纳入日常监测项目中，例如，增加能够反映气候变化对底栖无脊椎动物影响的指标(这些指标已经用于《水框架指令》的监测中）。物理化学的变化仍然最适合用来作为早期预警指标。

5.3.2 水文学

关于水文学的变化参见第 3 章、第 4 章。

5.3.3 初级生产

改变径流量和水温会引起河岸带植物发生变化（Hauer 等，1997；Primack，2000），并可能促进大型植物和藻类生长。降低水位和增加营养物质的可利用性将导致洪泛平原上陆生植物种比例的增加（Hudon，2004）。在芬诺斯堪底亚，大型植物种类丰富度随着纬度和海拔的降低而降低，这主要是由于 7 月温度降低引起的。因此，可以预见大型植物的生物多样性将会对气候变化作出强烈响应（Heino，2002）。

5.3.4 次级生产

水温、流态、河道形态和泥沙淤积均受气候变化的影响，同时也是河流无脊椎动物和鱼类的决定性因素。其中，夏季温度和最高温度是关键变量。

5.3.5 无脊椎动物

对全欧洲无脊椎动物研究发现，无脊椎动物的群落结构随着溪流最高温度（即 7 月的平均温度）以及纬度、海拔的降低而改变（Lake 等，2000；Heino，2002；Xenopoulos & Lodge，2006）。温度通过影响特有种类的发育率和整个群落的物候学特征以及排除不能忍受某种温度范围的生物类群来影响无脊椎动物的群落结构（Hawkins 等，1997；Haidekker & Hering，2008）。夏季的高水温和低流量导致上游冷水性无脊椎动物类群被下游喜温的无脊椎动物类群逐渐替代（Daufresne 等，2004）。由于水温和水流动态的变化、泥沙沉降增加、河道地貌形态的改变以及由此引起的生境可利用性的降低，将会使底栖无脊椎动物（特别是蜉蝣目、襀翅目和毛翅目）的丰富度和多样性降低（Lake 等，2000）。水流动态是影响无脊椎动物群落结构的另外一个关键因素，从一组与水流相关的水文学变量数据可以看出，其与英格兰、威尔士地区的大型无脊椎动物群落指标有着密切联系（Monk 等，2006）。凋落物（小型河流中无脊椎动物的主要食物来源）的质量和总量也对气候变化有所响应，即粗颗粒有机质的可利用性随着洪水频率升高而降低。Buzby 和 Perry（2000）研究表明，输入凋落物总量的 50%会流失，只剩下极少量的叶凋落物可供无脊椎动物利用。很多上述变化可以在无脊椎动物群落变化中体现出来，例如食物类型构成和生活史特征（表 5.2）。

表 5.2　　气候变化对湖泊的直接和间接影响

分类		响应	指标	指标辨析	c	t	w
水文	减少冰覆盖时间	较高的温度会减少冰覆盖的时间	冰覆盖时间	冰覆盖时间是北方水生生态系统生产力的关键指标,并且容易监测	x	(x)	
	增加干旱频率和干旱持续时间	欧洲中部、东部和南部一些区域夏季降雨量减少，并且气温升高,将溪流的一些特征指标从永久的变为暂时的	干旱时间	虽然大多数小型溪流源头都没有设置水文测量站，但在旱季可到现场调查,数据容易获取	x	x	
	长期流动到间歇性流动的转变	由于降雨量少、用水需求量大、高温以及蒸发量大,很多小型河流在夏季变成了间歇性流动河流,并具有很长的干旱期	干旱时间	虽然大多数小型溪流源头都没有设置水文测量站，但在旱季可到现场调查,数据容易获取	(x)	x	
形貌学	细颗粒沉积物输入量增加	极端降雨事件会增加地表径流,并导致进入河道内的细颗粒沉积物输入量增加,沉积物积累并阻塞河道底部间隙	不寻常季节(由水文站记录）降雨事件的数量和流量	极端降雨事件将细颗粒沉积物从农田或其他土地类型中冲刷出来,可由水体流量反映	(x)	x	(x)
物理化学	富营养化物质浓度增加	厄尔尼诺年份中降雨量减少并引起干旱,缺氧地区(湿地)储存的还原态硫在干旱环境中被氧化,随之硫输出率提高。结果导致湖泊中硫酸盐的浓度升高	硝酸盐、总氮、磷酸盐	大多数欧洲国家都进行营养盐常规监测	x	x	x
物理化学	水体质量下降	水温升高导致水体中有机物的分解强度和生成量提高,进而增加氧气消耗,且在夜间尤为严重	腐生生物指数	腐生生物指数反映溪流的有机负荷和最终的氧含量；喜高溶氧的种类(低腐生生物指数代表)将消失，耐低溶氧的种类（高腐生生物指数代表)将受益	(x)	x	x
	Potamalization 对水体营养盐的影响	水温升高会导致有机质（树叶、木头)的快速矿化,并导致富营养化。结果,小型溪流特征将改变,趋近于大型河流	水温（最大月观测值）	生物群落的响应主要由极端条件决定；次生效应(如夜间氧消耗)在夏季表现得最为明显	(x)	x	(x)
	酸化	沉积量增加导致北方原始森林的酸径流量增加,进而对水生生物产生级联的酸化作用	pH 值,酸指示性无脊椎动物	随着酸沉降的升高 pH 值降低。由于这些事件周期短，酸指示性生物群落可以较好地反映水体酸化度	x		
初级生产	提高水生植物和藻类的生长率	较高的温度和较低的流量可以提高水生植被和藻类的生长率。并且，高温会加快矿化过程,给和水生植被输送更多的营养	水温（月平均温度)、水生植被覆盖率	月平均温度表明温度整体升高，水生植被覆盖率易于记录，并且和生物量具有较好的相关性	x	(x)	
次级生产和食物网	增加呼吸率	随着温度的升高,细菌和真菌的代谢率以及腐食性种类的代谢率将增加,初级生产和呼吸作用的比例增加	收集者在无脊椎动物群落中所占的比例	收集者摄食有机质。如果食物来源增加，收集者所占的比例将升高大约 40%	x	x	(x)

续表

分类		响应	指标	指标辨析	c	t	w
次级生产和食物网	叶片可利用性降低	叶片和木质残体的矿化率随着温度升高而升高，冬季洪水导致输入叶量的50%流失，仅留下极少部分供无脊椎动物利用	无脊椎动物中碎食者所占的比例	大多数欧洲河流都开展了底栖动物的监测。如果叶的可利用性降低，碎食者的比例就会下降。在小型源头河流中，碎食者占整个底栖动物群落的 30%~40%	x	x	(x)
	冷水性种类的替代(鱼类、底栖动物)	寒冷地区的很多鱼类和底栖动物对低水温有高度的适应性(狭温种)，温度升高便会消失	水温(最大月平均值)	生物的生理学障碍主要由极端条件决定。对于冷水性种类，温暖的气候是他们生活史中至关重要的阶段	x	x	(x)
	生物种类的增加或减少	对于大多数物种，低温对于其迁移和生理学是一种障碍。在寒冷生态区，温度升高会致使一些物种会进入河流系统。相反，在中温和温暖区域，温度升高会导致一些冷狭温性种类消失	物种数(例如鱼类和选定的底栖动物功能组)	简单的丰富度指数可以很好地评价物种的增加，从常规监测的结果中很容易推算出物种数	x	x	x
	r–选择物种数量的增加	异常洪水事件对 r–选择物种是有益的，例如，在夏季，很多底栖动物在洪水事件中消失，有利于其他物种在自由竞争区域快速定殖	异常季节洪水事件的数量和流量(由水文站记录)	突发的水文事件，如夏季洪水，会导致底栖动物和 r–选择物种发生灾难性的漂变	(x)	x	x
	生活策略的变化	如果小型河流变得间断、不连续，其中具有二化性和半化性生活史的物种将无法生存，生物群落将变成以具有较早上浮期的一化性物种为主	干旱期	虽然大多数小型溪流源头都没有设置水文测量站，但在旱季很容易到现场调查，获取数据		(x)	x
	Potamalization 对底栖动物的影响	温度升高导致适应寒冷水温和高溶氧的物种消失，例如一些石蝇属种类(襀翅目)，并被早期定殖在下游河段的暖温性种类代替。因此，小溪(一般指溪流上游，水流较急)中典型底栖动物种类将被典型大河流（一般指溪流中下游，水流较缓)物种所取代	喜栖于鳟鱼区生境中的底栖动物种类的比例	大多数欧洲河流都开展了底栖动物的监测。底栖动物对温度升高的响应由其纵向带状分布的喜好情况决定。不同生态区之间，未受干扰小型河流中 metarhithral 类群所占比例不同，但是通常约为 50%	(x)	x	(x)
	鲑鱼被鲤科鱼类代替	水温升高会减少鲑鱼种类的生殖成功率，并且增加鱼卵和幼体的寄生和捕食压力。喜温的鲤科鱼类将入侵冷水区域	水温(最大和最小月平均值)；鱼类种类组成	鲑科鱼类受精卵的卵发育需要较高浓度水体溶解氧，水温升高导致氧浓度下降，而且高水温有利于寄生生物和真菌的生长	x	x	(x)

续表

分类		响应	指标	指标辨析	c	t	w
次级生产和食物网	冷水性鱼类的现存量	溪红点鲑数量要么得益于其在春秋季节的高增长率，要么经受生境萎缩以及夏季增长率的降低，这取决于温度变化的量级和食物的可利用性	溪红点鲑的丰富度和生物量	溪红点鲑是大多数欧洲国家河流中的关键物种	x	x	(x)
	外来物种的传播	一般来讲,高水温对外来物种有利,并有利于其在小型溪流中定殖，包括鱼类、水生植物和底栖动物等外来物种	水温(最大和最小月平均值);外来物种在群落中的比例	温带生态区中一些外来物种的生存和繁殖常由最低温度控制。第二个参数通常可由水框架指令中的常规监测项目推算而来	(x)	x	x

分类:直接或间接受气候变化影响的生态系统成分;响应:描述在所述压力因子下变量如何变化;指标:选择最能清晰表示气候变化的变量。c,t,w:寒冷(c)、中温(t)或温暖(w)生态区的相关变量。

淡水生物对气候变化直接或间接影响的脆弱性都可以通过物种的生态偏好来预测。物种可参照如下分类:①分布区域受限的物种(特有物种)的特点是:有限的生态位和传播能力,与广泛分布的物种相比,其更容易受到气候变化的影响(Malcolm 等,2006;Brown 等,2007)。②栖息于水温相对较高的大型河流中的物种特点是：普遍在生理上具有适应性,并可能通过迁移到上游水域来应对全球变暖;而栖息于泉水中的物种则无法迁移到距离更远的上游水域,因此更容易受到气候变化的威胁(Fossa 等,2004)。③适应低水温的物种(冷狭温的物种)比广温性的物种更容易受到气候变化的威胁(Schindler,2001)。

受气候变化威胁的昆虫种类在欧洲分布不均衡,各目昆虫间也存在差别。我们用三个目的昆虫作为上述分类的一个研究案例。根据欧洲淡水中蜉蝣类(蜉蝣目)、石蝇类(襀翅目)和石蚕蛾(毛翅目)的分布和生态偏好得到的数据(www.freshwaterecology.info),我们来计算上述每个群组中物种的分数。该数据是基于大量文献调研而来的，涵盖了包括毛翅目、襀翅目(Graf 等,2009)和蜉蝣目(Buffagni 等,2009)等在内被选定的整个欧洲的生物群落(Graf 等,2008)。

在上述三个目的昆虫中，分布在地中海生态区域和高山区域的大部分物种极易受到气候变化的影响(图 5.1),而大部分中欧和北欧物种的分布范围广泛,且不易受到气候变化的影响。

在这三个目的昆虫中,特有种的分布模式类似。分布在 Iberic-Macaronesian 区域的物种中,高达 45%为特有种,同时高比例的特有种也出现在意大利、巴尔干生态区和高山生态区,如阿尔卑斯山和科尔巴阡山脉。分布在泉水(即泉水补给的溪流源头区域)中的物种通常为毛翅目和襀翅目种类,很少出现蜉蝣目种类。大部分的泉水专化种出现在地中海和高地区域,很少出现在北欧。毛翅目和襀翅目的冷狭温种主要分布在高山区域,在斯勘的纳维亚半岛分布的种类则相对较少。这与蜉蝣目不同，蜉蝣目主要分布在北欧，且很少有冷狭温种。

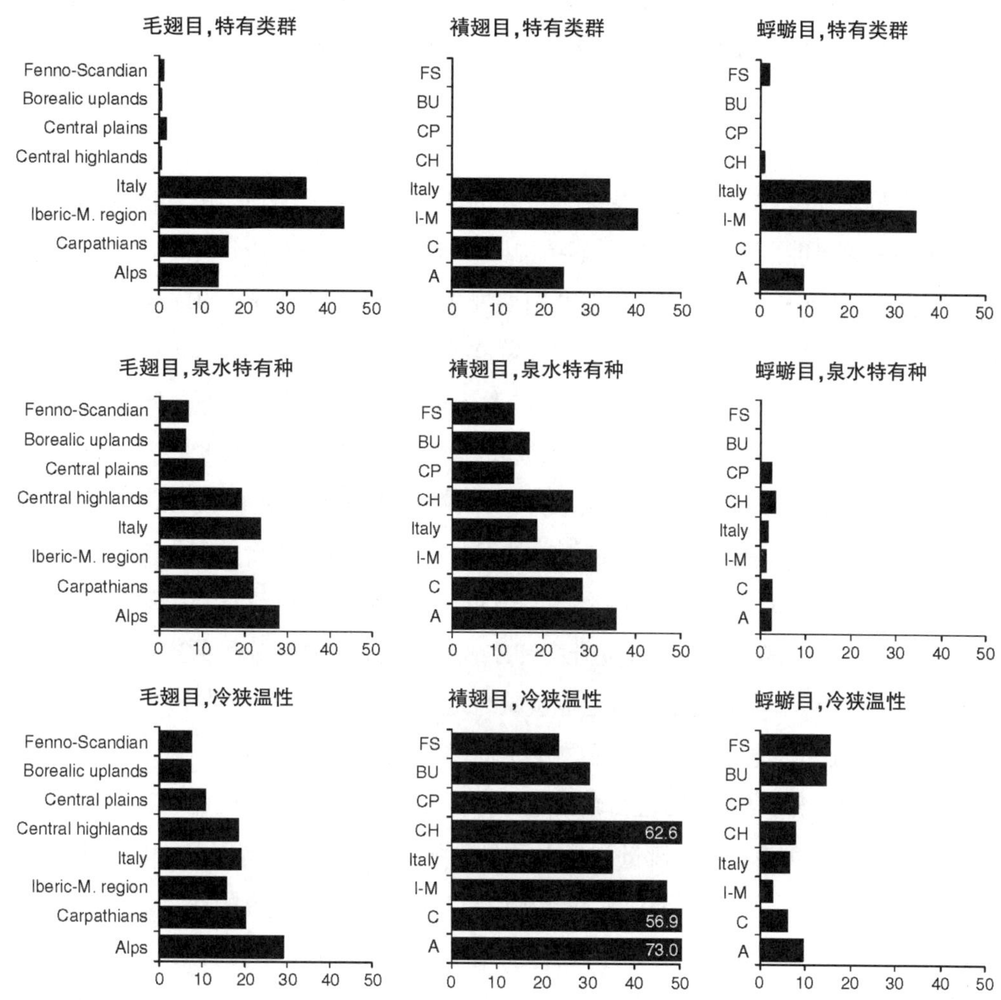

图 5.1　在选定的欧洲生态区，受气候变化潜在威胁的三个水生昆虫类群，即石蚕蛾（毛翅目）、石蝇（襀翅目）、蜉蝣（蜉蝣目）

生态区根据 Illies(1978)，即两个北欧生态区、两个中欧生态区、两个地中海生态区和两个高地区进行划分。数据来自 1134 个毛翅目、563 个翅目和 344 个蜉蝣目的分类单元。

一般而言，水生昆虫的物种丰富度由南向北呈梯度分布。特有种、泉水专化种和冷狭温种（后两者梯度分布性不强）也具有相似的分布形态。这些分布形态主要是更新世陆地冰川覆盖波动所致，进而引起了一些物种分布区域的扩张和萎缩(Malicky,2000;Pauls 等,2006)。尽管冰川覆盖了北欧大部分地区，物种还是撤退到了欧洲南部或无冰的高山区域。这种隔离导致很多新物种的出现，并提高了该地区的物种多样性。大部分分布在北欧的水生昆虫也可以在中欧或南欧生存。广布种和传播能力较强的物种在上一个冰河时期之后再度定殖到北欧,然而对于专化种和传播能力较弱的物种,其分布区域的扩展则十分有限。因此,分布在北欧的大部分物种对气候变化可能具有一定的忍耐性,因为它们多为广布种或者具有可以快速拓殖到其他区域的能力。

5.3.6 鱼类

对鱼类群落而言,温度和水文特征是主要的环境决定因子,因此,由气候变化造成的环境因子的变化可能会改变鱼类的群落结构(Poff & Allan,1995;Heino,2002)。改变河道流量会导致鱼类群落丰富度下降和生命周期发生变化 (Schindler,2001;Xenopoulos 等,2005)。水温升高可能会威胁冷狭温性鱼类,导致冷狭温性鱼类的栖息地减少,并迫使它们迁移到生存空间有限的上游水域 (Eaton & Scheller,1996;Hauer 等,1997;Schindler,2001)。因此,鱼类群体可能迁移至冷水区域和温水区域(冷水区越来越少,温水区越来越多),同时迁移至北方区域和南方区域(北方区域较少,南方区域较多)。相对于无脊椎动物, 鱼类对水温升高的响应具有更高的物种特异性, 而且取决于个体对温度耐受的临界值。例如,大西洋鲑鱼(安大略鲑)的个体大小和春季气温、水温、流量和降雨量呈负相关关系(Swansburg 等,2002)。冬季温度升高和冰破裂可能会对越冬物种的生存造成显著影响,特别是北方地区鱼类的数量。假定能量缺乏是导致冬季鱼类死亡的重要原因,那么可以预见,温度变化对能量平衡将产生强烈的负面影响(Finstad 等,2004)。

在法国的罗纳河,对长期的鱼类数据进行分析表明,其丰富度的变化与其繁殖期(4—6 月)的水流量及温度有关。低流量和高水温会带来较高的鱼类丰富度。和温度升高的情况一致, 南方的喜温性鱼类 (如白鲑和触须白鱼) 逐渐替代了北方的冷水鱼类, 如鲦鱼(Daufresne 等,2004)。在瑞士,由于水温升高,增殖性肾病的发生率有所上升,棕鲑的数量也降低了 66%(Hari 等,2006)。高温可能引起鱼类在其耐热极限范围内向上游迁移,如棕鲑(Heggenes & Dokk,2001;Hari 等,2006)、红点鲑和大马哈鱼(Carpenter 等,1992),或者导致迁移行为发生变化, 从而增加了温度较低支流中热期避难所的使用率(如奇努克鲑,Cole 等,1991)。迁移时间和产卵时间也和热力状况密切相关 (Salinger & Anderson,2006)。若水温升高,冰雪融化较早,成年大马哈鱼和大肚鲱鱼会提前洄游,棕鲑的迁移和产卵时间也可能会受到影响(Huntington 等,2003),一些与鱼类及其关键种群落组成相关的参数就很适合作为对这些变化响应的指标(表 5.2)。

一项针对气候变化和鱼类多样性的研究(该研究以广泛的文献调研为基础),列举了欧洲 152 个河流流域中出现的鱼类,该鱼类数据库共包含 306 种鱼类,并对其中 21 种鱼类的个体生态学特征进行了研究。鱼类的特征各种各样, 但我们重点关注繁殖 (如繁殖力)、摄食(如营养类群)和形态学(如身体长度)特征等几个方面。每个特征均按照形态不同进行分类和编号,共计 72 个特征形态。基于 FAME(Fish-based Assessment Method for the Ecological status of European rivers)数据库(Schmutz 等,2007)以及目前发表的和未正式发表的文献,对数据库中 306 种鱼类的这些特性进行评估,并由专家判断完成。因此,这些鱼类群体的特征组成适用于 152 个流域中的每个流域。首先,我们选定了描述纬度梯度的 9 个生态区(Illies,1978),只有那些位于单一生态区的河流才可以保留下来,然后对不同生态区内的鱼类特征构成进行了对比(图 5.2)。结果发现,鱼类的体长和一些与繁殖相关的特征呈现出从北至南的梯度变化规律, 但是栖息地和摄食特征未出现这种变化规律。在南方生态区,鱼类的特征表现为个体小、早熟、鱼卵小且孵化期短,同时缺少鱼卵保护策略。这些特征在生物学上是一致的,并且有悖于对繁殖的高投入,而这也是很多北方冷水性鱼类的主要特征。

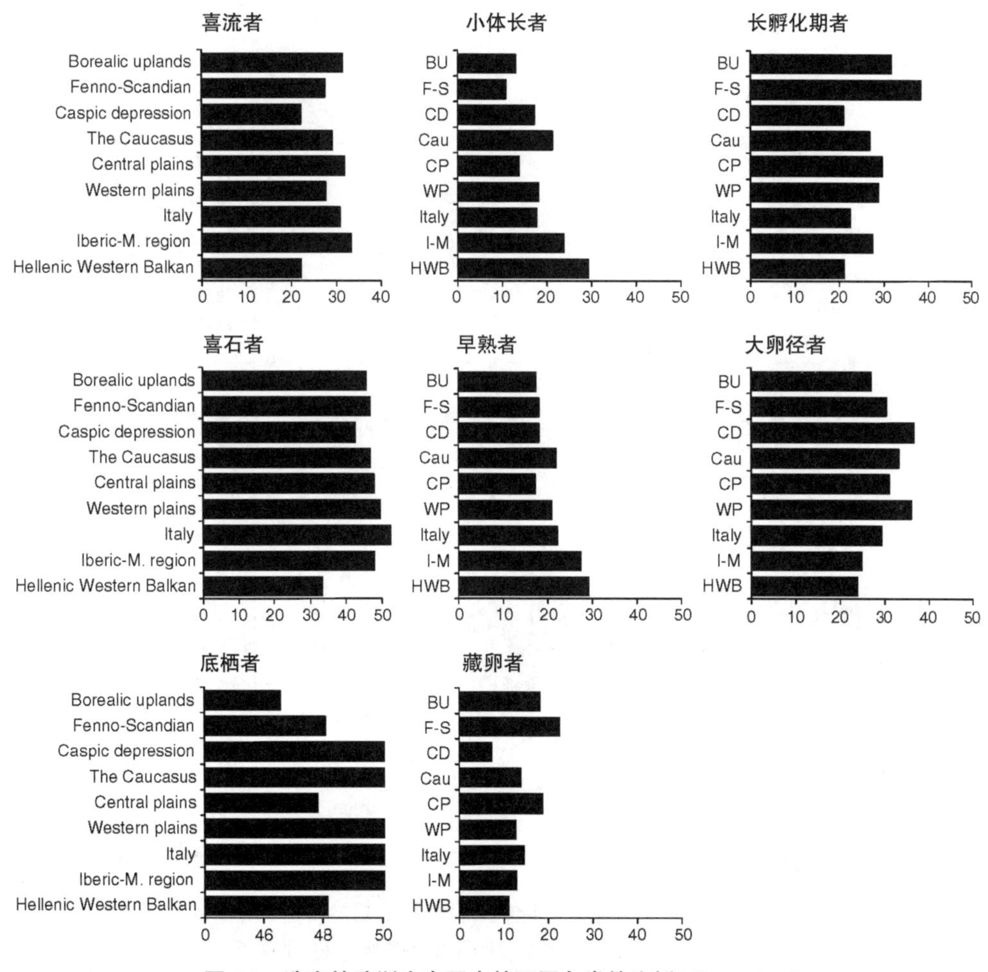

图 5.2　选定的欧洲生态区中的不同鱼类的比例(Illies,1978)

(数据源于 306 种鱼类)

随着纬度梯度的改变，鱼类的特征构成表现得非常多变。为了更准确地了解这一纬度结构，需要将鱼类特征结构与环境变化联系起来，而环境变化能很好地反映纬度梯度的变化。从0.5°×0.5°的网格数据(CIESIN，2005)和Atlas生物圈(SAGE，2002)中提取这些环境数据，同时获得河流流域尺度的环境数据。

运用广义加法模型(GAMs)可建立气候数据(温度和降雨量)和鱼群形态间的相关关系。在62种最常见的特征形态中，第44种和第48种形态分别和年度平均温度和降雨量存在显著的相关性(p<0.05)(图5.3)。例如，若温度升高，底栖生物食性鱼类的种类所占比例将会提高，但是那些产大型卵和孵化周期长的物种比例会降低。若降雨量增加，则会出现更多的急流性物种，这些物种比较早熟且很少有亲子抚育行为。在62种特征形态中，只有5种不受这两种气候变化中至少一种的影响。这些关系阐明了不同生态区域中鱼类特性的构成不同，而且表明未来气候变化对南欧和北欧鱼类产生的影响不同。

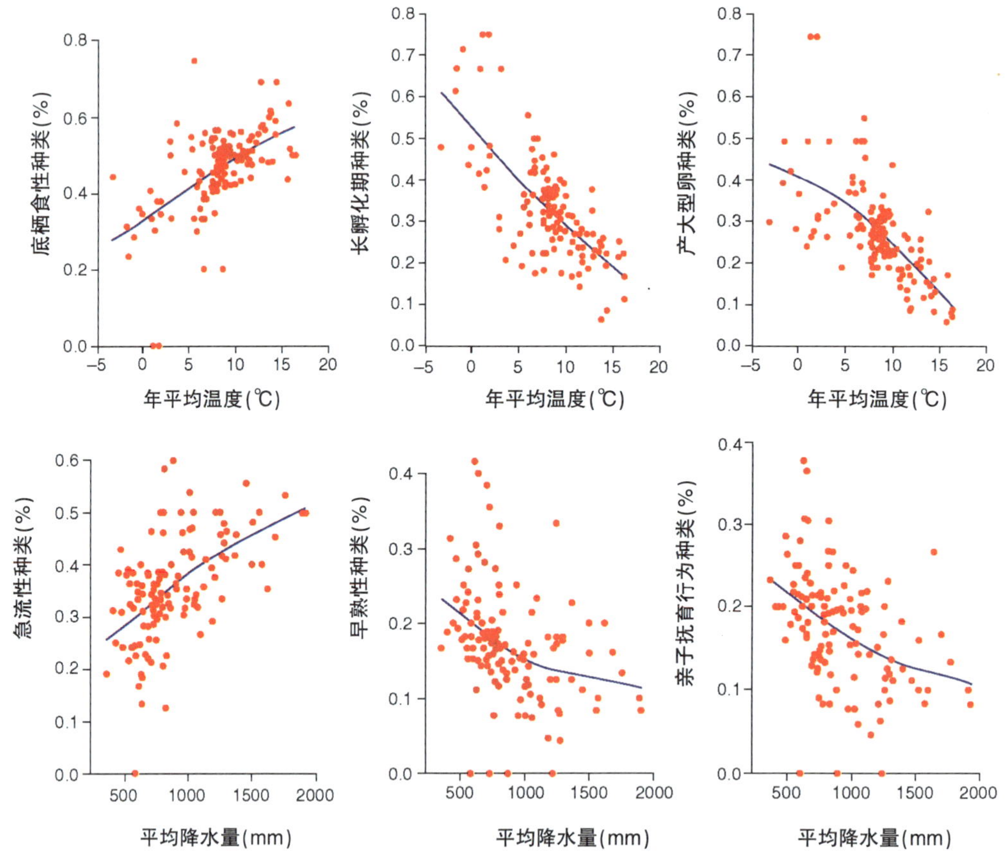

图5.3 欧洲152个河流流域中鱼群形态结构(形态特征百分比)和两个气候变量(年度平均温度和年度平均降雨量)的关系

[图中使用广义加性模型(GAM)进行拟合]

5.4　气候变化对湿地生物群落的影响

5.4.1　监测和评估气候变化对湿地的影响

《水框架指令》中没有包含湿地，但要想合理解释洪泛型河流的原始自然特性就必须将其作为关键组分。对于湿地生态系统，多数区域评估系统的使用受到限制，而 Europe-wide 法使用得更少。一些变量可以反映气候变化对湿地生态系统的影响，特别是对生态系统过程和功能的影响。表 5.3 列举了一些适用于反映气候变化对湿地影响的指标。

5.4.2 水文学

湿地水文状况面临着土地利用和气候的双重影响。环境温度升高将会导致取水量增加，同时，干旱频发，灌溉的需求也会增多。土地利用的改变可能需要建造水坝，这可能会产生水文阻隔效应，这将对湿地的面积和空间分布产生影响(Brinson & Malvarez，2002；Pyke，2004；Perotti 等，2005)。另外，高强度农作物种植、生长季节延长、城市化和工业化将会导致土地利用情况发生变化，而这可能会进一步导致营养盐过剩和污染(van Breemen 等，1998；Hudon，2004)。降雨、蒸发和温度的变化决定了水位高度，而这些都将影响湿地的覆盖周期、临时性湿地和永久性湿地之间的转换以及水化学变量 (Johnson 等，2004；Lischeid 等，2007)。在很多湿地类型中，水位高度能反映气候变化的影响。

表 5.3　　**气候变化对湿地直接和间接的影响**

分类		响应	指标	指标说明
水文	冰覆盖期	气温升高导致融化延后	冰开裂日期	指示温度的直接影响 影响季节的长度
	洪水滞留量	温度升高引起蒸发率提高	水位高度	如果水位较低，洪水滞留量就会增加，相反会降低
	地下水的补给	地下蓄水层的补给能力受到干旱的影响	水位高度	如果水位升高，地下水的补给率会增加
	泥沙沉积物保留量	极端天气事件导致的沉积物冲刷	暴雨的频率和强度	暴雨加上山洪暴发和洪水可能会冲走沉淀物和碎石，减少它们的保留量
物理化学	碳的获取 I	温暖和潮湿的条件下，碳的获取量会增加	温度和降雨量	反映总碳动态变化
	碳的获取 II	融雪过早加上温暖潮湿的条件导致碳的获取量增加(通过光合作用)	雪融化的日期、温度和降雨量	春季提前加上潮湿温暖的气候促进植物的生长。光合作用可以固定碳源，但呼吸率的年际变化相对稳定。因此，在这种情况下，碳会不断积累

续表

分类		响应	指标	指标说明
初级生产	有机碳的输出	在流动性水体中，为下游生态系统提供的有机碳	水位高度	流动性水体中，有机碳以溶解有机碳(DOC)的形式被释放出来
	CH_4释放	水位降低会引起CH_4排放量减少	水位高度	水位高低和温室气体排放有直接联系
	碳的持留	如果水量充足且气候温暖，初级生产量会增加，从而使得含碳物质持留量增加；如果水流冲刷频繁发生，含碳物质的持留量将减少	初级生产率	初级生产率增加导致植物和碎屑(植物残体)中碳的保留量增加
	矿化作用	低水位提高酶活性，从而导致矿化作用增强	酶活性	代表泥炭中损失的碳
	营养物质的输出	初级生产率增加导致有机碎屑的供应量增加，而后输出到下游水域	有机质残体量	植物碎屑产量升高，营养物的输出量会增加
	营养物质的持留	季节变长和温度升高导致初级生产量增加	初级生产率	初级生产量越高，营养物的持留量越高
	树木残体	洪水发生频率的增加将导致生态系统向森林沼泽型演变	水位高度	树木残体量和水位高低密切相关
	植物群落	水位升高导致沼泽中苔藓类植物种类增加，而灌木种类减少，但沼泽中禾本科草本植物和非禾本科草本植物增加。水位降低导致双子叶植物种类的比例增加	水位高度、植物群落	水位高低和植物群落组成直接相关
	植被类型	低水位导致植被类型由苔藓类（出现在原始环境中）和禾本类植物向森林类植物演替	水位高度，大型植物种类的出现	水位高度和植物群落直接相关
次级生产	昆虫种类	温和的冬季和炎热的夏季是影响温度敏感物种生存的重要因素。这可能改变一些物种的耐受范围，包括一些有害种类，并可能引起外来物种入侵	分类组成和昆虫物种丰度，特别是蝴蝶类昆虫和水生昆虫	对生境完整性的影响
	鸟类迁移	天气变暖导致鸟类春季迁徙提前，这对于季节性迁徙鸟类更为明显，陆地和湿地鸟类比水鸟的迁徙更早	春季迁徙的开始时间	
食物网	生态系统支持	如果由于极端洪水和径流事件引起碎屑流失和物种丧失，以及干旱程度超过物种的忍耐极限，生态系统可能遭到破坏	暴雨的频率和强度	由于冲刷导致生物量和种类减少
	食物网的支持	干旱和洪水都有助于矿化作用和有机质中营养物质释放。可增加沉积物中植物可利用营养盐的积累，这些营养物质很容易随水流进入水道和湿地中	暴雨的频率和强度	富营养化程度的提高可能是由极端径流事件引起的

分类：直接或间接地受到气候变化影响的生态系统组分。响应：描述了不同变量在选定的胁迫因子作用下是如何改变的。指标：选择那些能最清楚反映气候变化的变量。与湖泊、河流相比，湿地的可利用数据较少，我们不再对不同的气候区域的湿地进行区分。

5.4.3 物理化学

水文特征和温度决定了营养物质的矿化作用和释放。湿度和温度影响微生物的酶活性和分解速率。干燥温暖的环境可增强营养物质的矿化作用,并提高营养物质从沉积物向径流水体中的释放量(Freeman 等,1996;Fenner 等,2005)。不同类型的湿地中,碳、氮、磷的矿化作用差别很大。在藓类泥炭沼泽中,氮的矿化作用和 CO_2 含量可能会随着周围环境温度的升高和水位的降低而降低。但是,在草本泥炭沼泽中,水位升高可能导致氮矿化作用降低和甲烷生产率提高(Keller 等,2004)。然而,这些发现是否具有普遍性仍存在质疑。在干旱时期,湿地缺氧区中储存的还原性硫发生氧化,随后流入溪流和湖泊中,由此导致干旱之后水体中硫酸盐的浓度和酸性增加(Dillon 等,1997;Aherne 等,2004)。在温暖潮湿的环境中，碳的可获得量会增加，但是在温暖干燥的年份，湿地会出现严重的碳损失(Carroll & Crill,1997;Griffis & Rouse,2001)。气候变化预计会引起湿地中净碳损失率的成倍流失(Clair 等,2001)。土壤最高温度和 CH_4 的最高释放量有关,而水位的降低会抑制 CH_4 的释放。因此，长期的气候变化，加上降雨量减少以及水位降低可能会导致湿地中 CH_4 的释放减少(Moore 等,1998;Gedney & Cox,2003;Werner 等,2003)。尽管如此,由气候变化引起的水位下降可能导致自然泥炭地土壤中 N_2O 通量的增加 (Regina 等,1999)。在极端干旱情况下,N_2O 释放量会随着水位的线性下降而呈指数式增加(Dowrick 等,1999)。

5.4.4 初级生产

水文状况改变是引起湿地植物群落结构改变的关键驱动因素之一。在北方湿地中,干旱导致本地物种成比例地消失和外来物种入侵，以及植物群落朝着双子叶植物种类演变(Hogenbirk & Wein,1991)。在藓类泥炭沼泽中,温度升高加上实验性的水位降低导致灌木覆盖率增长了 50%,而禾草类植物覆盖率减少了 50%(Weltzin 等,2003)。干旱频发导致湿地植物木质化程度升高,耐旱性增强。相比较,塘-草地型湿地中的生物多样性可能更高,尤其是非湿地物种(Hudon,2004;Mulhouse 等,2005)。

土壤温度升高导致植物群落繁殖力发生转变,例如禾草类植物繁殖力提高,非禾本类植物(草本开花植物)繁殖力降低。在沼泽泥炭样地中,水位升高导致苔藓类植物繁殖力提高,而非禾本类草本植物的繁殖力降低(Weltzin 等,2000)。河岸带植被类型(草本植物和树木)、生物量以及繁殖力的变化会对腐生生物造成影响，并导致分解率降低(Carpenter 等,1992)。河岸带湿地的分解力高度依赖于降雨量,但是气候变化或河道流量管理会破坏洪泛平原的营养动态,如有机质持留、分解、矿化和释放的周期性过程(Andersen & Nelson,2006)。物种对气候变化的敏感度依赖于植物的特征和生态位特征(Thuiller 等,2005)。除了水位高度能在某种程度上反映很多这方面的变化之外,某些物种和植物群落的出现也可作为反映气候变化影响植物群落的指标(表 5.3)。

5.4.5 次级生产

水位降低、温度升高和干旱频发导致关键湿地物种失去栖息地。无脊椎动物受水位变化和温度变化直接影响的同时,也间接受到营养盐可利用性改变的影响。外来植物种和腐殖质营养状况的变化会对腐生生物造成影响(Carpenter 等,1992;Andersen & Nelson,2006)。另外,鱼类、两栖动物、水禽和麝鼠等类群也会受到如干旱加剧、春季水体流量减少和洪水泛滥的影响(Schindler,2001;Diamond 等,2002)。

气候变化导致鸟类的迁徙时间提前(Zalakevicius & Zalakeviciute,2001),也改变了冬季涉禽类鸟类的分布(Gillings 等,2006)。另外,全球气候变化也改变着拥有不同繁殖方式鸟类的分布范围和种群动态及数量。全球变暖对陆地和湿地鸟类的影响比对水禽的影响更为明显(Zalakevicius & Zalakeviciute,2001)。由于天敌对鸟卵和雏鸟的捕食,湿地降雨量的变化会影响湿地鸟类的种群和群落动态,并与湿地水位呈负相关关系(Fletcher & Koford,2004)。鸟类在春季开始迁徙的时间以及与指示生物类群种类组成相关的维度,可作为反映气候变化的合适指标(表 5.3)。

5.5 结论

气候变化会将导致温度/降雨量和生态系统响应之间产生复杂的因果效应。气候变化将成为影响欧洲和其他地区水生生态系统的一个主要压力因子,因此气候变化的影响应该作为特定项目列入监测项目中,例如在《水框架指令》中进行监测的项目。对于生态区和淡水生态系统类型,某些指标可能具有一定程度的特殊性,可从大量化学参数、功能性参数及生物参数中选取出来。未来需要对驱动因子和指标之间的剂量响应关系进行界定。

第 6 章

气候变化与富营养化的相互作用

Erik Jeppesen, Brian Moss, Helen Bennion, Laurence Carvalho, Luc DeMeester, Heidrun Feuchtmayr, Nikolai Friberg, Mark O. Gessner, Mariet Hefting, Torben L. Lauridsen, Lone Liboriussen, Hilmar J. Malmquist, Linda May, Mariana Meerhoff, Jon S. Olafsson, Merel B. Soons and Jos T.A. Verhoeven

6.1 引言

地球上的大部分土地已转变为农业用地或城市用地，这对营养物质从局部地区向全球范围内流动产生了重大影响。自然生态系统一般可有效地保存营养物质及储存有机物质。在所有的农业系统中，这种储存机制已经变弱，同时，人类的管理活动导致营养物质的输入超过自然水平。这些生态系统特征的变化共同导致大量营养物质流入水体中。人类从食物中汲取营养，然后排出排泄物。在高人口密度地区，即使现代污水处理系统已经得到了应用，仍然会导致营养物质大量汇集到这些区域。水体富营养化已成为一个全球性问题，解决富营养化问题对供水、人类健康、生活舒适度和自然保护的影响所需费用高昂。富营养化改变了生物多样性和营养结构以及生物地球化学循环，进而对水生生态系统产生深刻影响。

生物进程对温度比较敏感。预计未来气候变化会导致温度升高，并可能产生如下影响：①可能改变生物体的生长和呼吸，从而可能导致净初级生产量降低。②氧气消耗量增加（由于温暖水体中溶解氧含量比较低，敏感物种发生氧气消耗问题的风险增加）并导致沉积物中营养物质的释放量增加。③使生物的寿命变短，并使繁殖时间提前。④物候学和营养动态发生变化，这可能会导致消费者的需求和食物可利用性之间的错配。这些温度引起的变化将会与现有的营养物质流通性增加产生强烈的相互作用，给淡水生物带来一些新的问题，或是使现有的问题更加严重（Mooij, 2005; Blenckner, 2006; Jeppesen, 2007a, 2009）。

为适应或减轻气候变化的影响，以及试图应对快速增长的世界人口的温饱问题，所采取的这些措施可能会导致在温带区域大量种植农作物，以及由于水资源短缺导致地中海地区农作物的集中种植量减少(Olesen & Bindi,2002;Alcamo,2007)。由于径流量增加，温带区域的农业集约化经营可能会导致更多的营养物质从土壤中流失到水体中(Olesen & Bindi,2002)。对于这一问题,除非采取附加的营养物质滞留措施,否则人类活动将使 P 和 N 的循环速度大幅加快(Galloway,2008;Smil,2000)。然而,事实证明,控制土壤中营养物质的流失是十分困难的,这不仅因为硝酸盐具有易迁移性,而且耕种不可避免地会导致土壤侵蚀，使含磷土壤颗粒朝下坡向迁移。温度和降雨量的改变会导致农业活动发生变化,包括土壤耕种、施肥率以及施肥时间的改变。这些改变会对营养物质流动产生极大影响(IPCC,2007)。极端降雨事件和周期性干旱(通过风化、矿化作用以及随之而来的矿化营养物质的冲刷)会增加营养物质从集水区流失到淡水水体中的风险。

在温度较高的南欧,降雨量的减少和蒸发量的增加会造成径流量减少,从而可能导致流入淡水水体中的营养物质减少(Jeppesen,2009;Ozen,2010)。但是,这种减少不会抵销水资源短缺所带来的负面影响,水资源短缺将造成点源污染物质浓度升高,并加剧水生生态系统的富营养化(Beklioglu,2007;Beklioglu & Tan,2008;Ozen,2010)。此外,在南欧,干旱和内陆水域入流水量的减少会造成土壤盐碱化(蒸发量的不断增加会加剧盐碱化)和灌溉用水量增加(Zalidis,2002)。例如,研究发现,水力负荷降低导致两个地中海浅水湖泊水体的盐度增加了三倍(Beklioglu & Tan,2008;Beklioglu & Ozen,2008)。水体中千分之几的盐浓度（这在内陆流域并不常见）即会导致物种丰富度降低(Williams,2001;Barker,2008;Brucet,2009)以及群落结构发生变化,并增加水体由清水状态向藻型浑浊状态转变的风险(Jeppesen,2007b)。

关于内陆水域水体富营养化有大量研究文献，很多综述性文章对这些文献进行了总结(Carpenter,1998;Smith,2003;Schindler,2006;Dodds,2007)。全球范围内的氮沉降对生态系统的影响可能是当前淡水生态系统面临的最普遍的问题(Galloway,2008)。同样,全球变暖对淡水生态系统的影响也常被提及和讨论（Firth & Fisher,1992;Mooij,2005;Jeppesen,2009)。在本章中,我们将以已有研究为基础,阐述水体富营养化和气候变化相互作用的新研究结果,这些研究曾是 2004—2008 年实施的 Euro-limpacs 项目的一部分。

Euro-limpacs 项目和其他关于湖泊、溪流和湿地中气候和营养相互作用的研究表明,气候变暖很可能加剧了淡水水体富营养化，但对水体其他特征没有影响。对于湿地和溪流,这个结论主要是基于冰岛的相邻样地比较试验得出的,并以不同气候区系统的时-空替代交叉比较作为补充。针对湖泊,我们使用了多种方法,包括时-空替代比较、试验、古湖沼学及建模等。所提出的主要问题如下:①在现在和未来预计的气候条件下,营养物质会以不同的方式重构生态系统吗？②气候变化和营养物质增加之间的相互作用会改变生态系统的进程吗?③气候变化会加剧富营养化症状吗?④气候变化的影响可以与富营养化的影响区分开来吗? ⑤过去的经验有助于更好地理解未来的问题吗? ⑥我们可以减轻气候变化对水生生态系统日趋严重的富营养化的负面影响吗?

基于使用的不同方法,我们将在下述四个章节对这些问题进行讨论,并在最后一节尝试提出一些一般性的结论。

6.2　营养结构的变化

6.2.1　湖泊大数据集的时空替代分析

过去,大部分人认为富营养化是由于营养物质从集水区流入河流和湖泊引起的,并且依然将营养物质作为评估富营养化影响的重要基础。值得注意的是,营养物质一旦进入流域中,其不同的分配方式可能会导致不同的结果。例如,维管束植物的绝对生物量和相对生物量以及藻类的形成取决于食物网结构(也称作营养结构),再如沉积物中营养物质的循环等内部过程可能会发生变化,有时会加剧外源营养物质增加所造成的影响(Jeppesen 等,2009)。

基于纬度梯度间的对比以及物种朝北自由迁移这一推断, 在未来欧洲气候变暖的情况下,水体营养结构可能会发生重大变化(Jeppesen 等,2007;2010)。鱼类的群落结构将发生变化,食浮游动物鱼类和杂食性鱼类将会占据主导地位,例如耐高温的鲤鱼(Lehtonen, 1996),这意味着对浮游动物的捕食压力会增加,而对浮游植物的捕食压力会减少(下行控制效应减弱),每单位磷的藻类生物量(以及叶绿素 a)会增加。对欧洲 84 个浅水湖泊(从瑞典北部到西班牙)的研究表明,鱼类生物量(以使用多网目刺网的每晚净渔获物量表示)和浮游动物生物量的比值随纬度降低(即朝南方向上)逐渐增大,而浮游动物和浮游植物生物量的比例在同一方向上则呈逐渐降低趋势,且两者的变化幅度均较大(Gyllstrom 等, 2005)。

鱼类种群个体的大小结构也随着纬度的变化而改变, 温暖湖泊中小体型鱼类的比例较高。通常,高纬度下的鱼类不仅体型大、生长缓慢、成熟晚、寿命长,而且相对于低纬度的鱼类,其分配给繁殖的能量更多(Blanck & Lamouroux,2007)。即使在物种内部,随着纬度梯度的变化也会发生类似现象(Blanck & Lamouroux,2007)。

鱼类丰富度及其对浮游动物和底栖生物的捕食量也可能受到冰覆盖持续时间变化的影响(见第 3 章)。在丹麦沿海湖泊和加拿大陆地湖泊(二者夏季水体温度相似,冬季温度相差悬殊)进行的对比研究表明,在加拿大冷水性湖泊中,叶绿素/TP 比率很低,而浮游动物/浮游植物比率较高，这可能是由于冬季冰层下食浮游动物鱼类的存活率较低造成的(Jackson 等,2007)。因此,冬季冰覆盖时间的缩短会增加鱼类的存活率,但这可能会削弱食物网的作用,增强富营养化症状。然而,正如下文所讨论的,温度升高对鱼类生存的影响可能是相互矛盾的。

丹麦的湖泊数据分析结果表明，在较高温度下，鱼类对浮游动物的捕食强度显著增加,这表明水溞类和桡足类的平均个体大小随着温度升高在不断减小(图 6.1,Jeppesen,2009)。浮游动物/浮游植物生物量比率和水溞在大型枝角类中所占比例具有相同的变化趋势,即都在降低。随着大型水溞数量的减少以及浮游动物个体趋于小型化,其对浮游植物的捕食量也可能会降低。

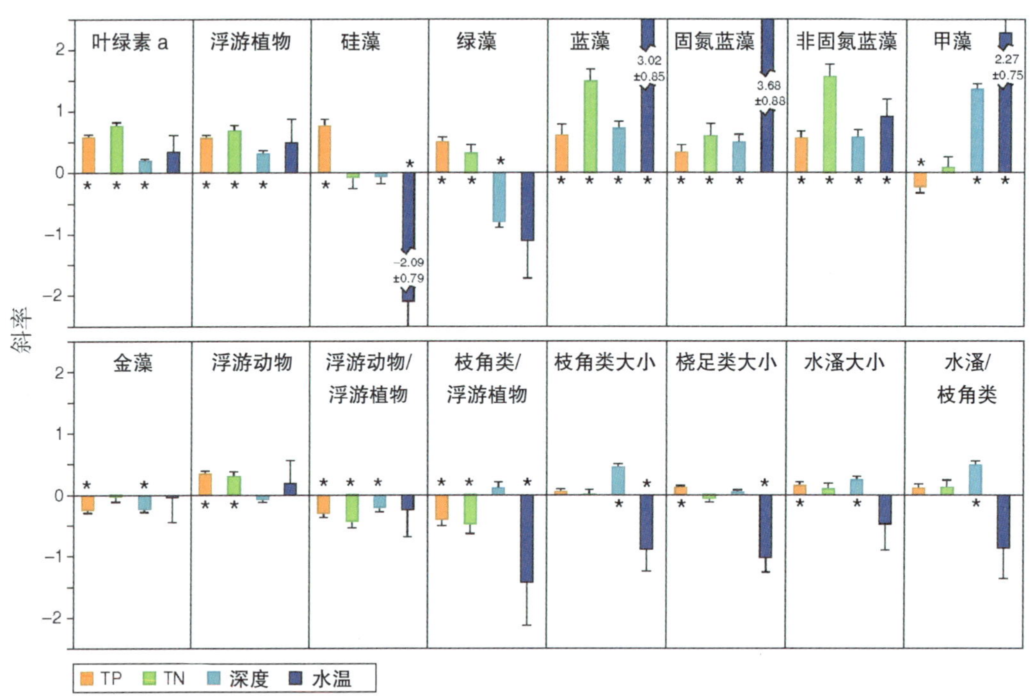

图 6.1 基于丹麦 250 个湖泊和 800 多个湖年 8 月测定的多种浮游植物和浮游动物变量(对数转换)与表层水体的总磷(TP)和总氮(TN)浓度、平均水深和水温(数据全部进行对数转换)多元回归的斜率

针对亚热带湖泊的研究提供了进一步的证据。在该湖泊中,典型的枝角类群落中存在小体型属(Meerhoff 等,2007a;Iglesias 等,2007),且试验研究表明高的鱼类捕食率是决定沿岸带浮游动物群落结构模式的关键因素(Iglesias 等,2008)。如下文所述,在乌拉圭(暖温带到亚热带)和丹麦(温带)湖泊中进行的人造植物对比试验研究提供了进一步的证据,即与其他类似的温带湖泊相比，温暖湖泊中草食性鱼类对藻类的控制强度更低(Meerhoff 等,2007a,b)。

6.2.2　乌拉圭和丹麦的现场试验

为了验证温暖气候条件下的下述假设：①鱼类对沿岸带水体营养结构的影响更为强烈；②营养级联更短；③沉水植物对于维持清水型水体的关键作用受到了不利影响，我们在位于亚热带的乌拉圭(30°~35°S)和温带的丹麦(55°~57 °N)进行了现场试验。该项试验在 10 个浅水湖泊中引入了人工塑料植物床来模拟沉水植物和自由漂浮植物 (图 6.2)，结合与植物床相关的水生生物的群落结构，在尺寸大小、营养物质浓度和水体透明度[Secchi(赛克盘)深度]等方面进行了配对设计。

图 6.2　试验装置(a)沉水植物和(b)自由漂浮植物

在 2005 年夏天，每种类型人工植物床设置 4 个重复，应用于乌拉圭的 10 个湖泊和丹麦的 10 个类似湖泊。

在不考虑其他变量的前提下，两个气候带之间存在着明显的差异，这支持了我们的前两个假设(Meerhoff 等，2007a，b)。亚热带湖泊中的沿岸带食物网更复杂、层级更少(图 6.3)，鱼类群体的多样性、密度(高于一般密度水平 11 倍)和生物量更高、肉食性种类少，杂食性分布更广泛、个体体积更小(90%的鱼类的体长小于 3cm，测量标准以鱼的鼻子位置一直到尾巴分叉处长度为体长)，并且与水体温度相比，上述特征与沉水植物的关系更为密切。在暖温带湖泊中，杂食性的花鳉科鱼类在群落中占据主导地位，但是在温带湖泊中较大的鲤科和鲈科鱼类占据主导地位(Teixeira de Mello 等，2009)。在亚热带湖泊中，鱼类增多的同时，枝角类和沿岸带无脊椎动物种类都在减少，这与温带湖泊中的情况正好相反。

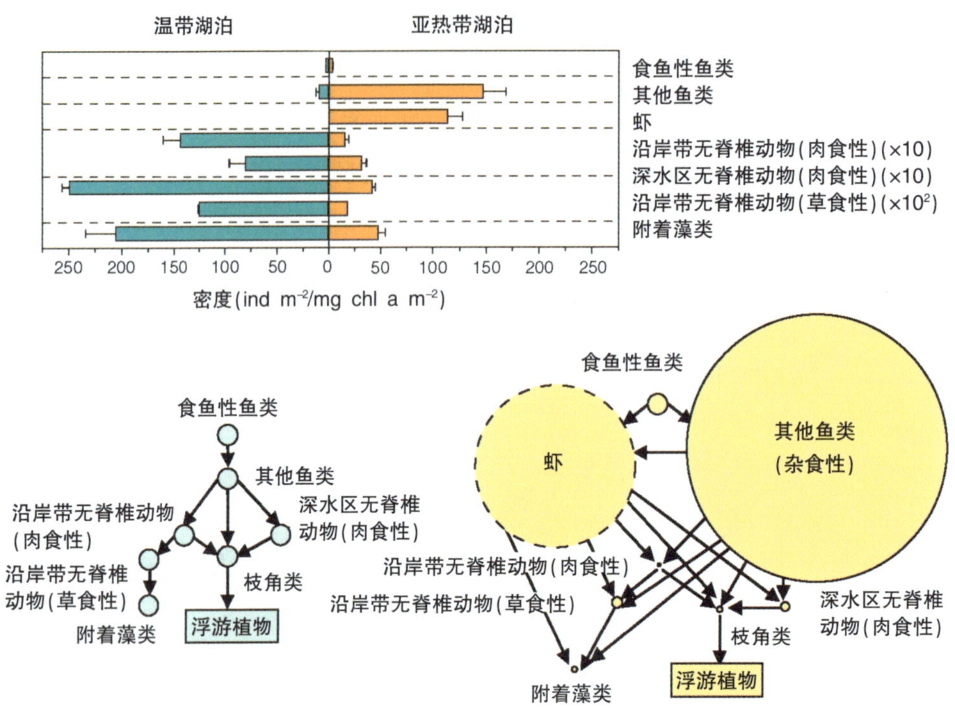

图 6.3　温带(左图为丹麦)和亚热带(右图为乌拉圭)湖泊人工植物床中沿岸带生物群落的结构

上图:食鱼性鱼类密度(个体数/m^2),其他鱼类、虾、沿岸肉食性大型无脊椎动物(×10)、浮游肉食性无脊椎动物(×10)、沿岸草食性大型无脊椎动物(×10^2)、深水区草食性枝角类(×10^3)和附着生物生物量(叶绿素 a)。下图:上述营养类群中营养关系简要的图示,亚热带湖泊相对温带湖泊密度的大小,温带湖泊中没有虾,除鱼之外两个气候带相同分类单元划分为相同的类群。数据是不同气候区 5 个配对湖泊样点的平均值,而配对是根据浮游植物生物量、物理化学和形态计量学特征划分的(±1SE)(Meerhoff 等,2007b)。

在温带湖泊中,沿岸无脊椎动物有着更高的物种丰富度和密度,捕食者的密度随之增加了 8 倍,食草动物增加了 10 倍,收集者增加了 2 倍。温带湖泊中枝角类的物种丰富,密度和体型大。然而,在亚热带湖泊中,与预计的刮食性无脊椎动物的密度较低以及存在对附着藻类生长更有利的环境条件(光照更多、温度更高)不同,附着藻类的生物量比预计的要低得多。在亚热带湖泊中,固着藻类的生物量减少了四倍,这可能是鱼和虾牧食所致。

这些结果有助于解释为什么在温带湖泊中植物提供的缓冲区可以显著缓解不断增加的外源营养负荷,而在暖温带湖泊中这种缓解作用会有所减弱(Romo 等,2005;Blenckner 等,2007;Jeppesen 等,2009)。对丹麦湖泊的研究(北欧大部分的湖泊也是如此)表明,沉水植物对提高水体透明度有着显著的积极影响,但是在佛罗里达州(美国)的浅水湖泊中,不管有无植物覆盖均未发现水体中叶绿素/TP 或透明度/TP 的关系有显著差异(Bachmann 等,2002;Jeppesen 等,2007a,E. Jeppesen 等未出版数据)。之前已经论证过, 由于气温升高，气候变暖会促进大型水生植物生长(Scheffer 等，2001)，在地中海区域，由于水体深度降低，更多光线可以到达水底(Coops 等，2003；Beklioglu 等，2006)，可促进大型水生植物生长。然而，从温带到热带湖泊的数据分析表明，在温暖湖泊中，大型水生植物占据主导地位的可能性较小(Kosten 等，2009)。

此外，在高温条件下，即使大型沉水植物十分丰富，植物对水体透明度的影响并不显著(Jeppesen 等，2007a)，这可能是由于小型杂食鱼类对浮游动物(Jeppesen 等，2007b)的捕食量增加，导致浮游动物对浮游植物捕食量大幅降低所引起的。另外，当湖泊水体温度升高时，底栖鱼类在沉积物中觅食活动的增强可能导致内部营养负荷增加，这可能会加剧水体富营养化，并导致有害藻类(尤其是蓝藻)的数量增多，且占据主导的时间延长。蓝藻，尤其具有固氮能力的蓝藻，对温度升高十分敏感(图 6.1)。同样，在较高温度条件下，甲藻(可能对人类供水造成影响)可能会变得更为重要，而硅藻所占比例会有所降低(Jeppesen 等，2009；图 6.1)。

6.3 围隔试验

针对气候变暖是否会加剧水体富营养化症状这一问题，研究人员运用可控围隔试验进行了相关探讨。这些研究包括英国的试验池系统、丹麦的溢流塘系统和瑞士的湖泊沿岸带芦苇床原位围隔试验(图 6.4)。在这些试验中，将温度控制在高于周围环境的期望值水平，附加的处理手段包括施以不同的营养负荷或改变鱼类群落结构，或两者同时进行。

丹麦

英国

瑞士

图 6.4 为了研究气候变暖和富营养化对淡水生态系统的综合影响，在丹麦、英国和瑞士构建了不同的围隔试验设施

6.3.1 英国的试验池系统

在靠近利物浦(英格兰西北部)地区的 48 个 3m³ 的试验池系统中进行了两项试验。通过泵送热水系统对模拟池塘和浅水湖泊的围隔试验系统进行加热(McKee，2000，图6.2)。

第一个试验在1998—2000年进行,系统中引入了人工种植的大型水生植物(包括软骨草属一种、伊乐藻和浮叶眼子菜等植物),使水体温度比周围温度高出3℃,同时相对于没有添加营养物质的对照区,试验区域设置贫瘠的无机沉积物,且水体营养物质浓度控制在0.5mgN/L和0.05mgP/L水平。结果表明,一半的隔离试验区中出现了三棘鱼,这些围隔试验区为随机区组设计,每组设置4个重复。

在2005—2007年进行了第二个试验,围隔试验区域设置的温度比周围环境高出4℃,并设置有无三棘鱼存在以及三种不同的营养浓度范围的围隔区,与先前试验不同的是该围隔区中沉积物的有机质含量和营养物质浓度较高(烧失重率为7.5%,TN为0.83mg/g,TP为0.2mg/g)。对照组不添加任何营养物质代表第一组营养水平,且较之第一个试验,第二组营养水平较低,浓度设置为0.25mgN/L,第三组营养水平较高,浓度设置为2.5mgN/L,这种营养物质浓度设置与集约型农业区域的水体营养负荷一致。由于围隔系统中沉淀物会释放出磷,水体中磷含量充裕,因此只添加了少量的磷。系统中植物群落由自身所包含的种子和残体决定,并以伊乐藻、金鱼藻以及品藻和紫背浮萍等植物群落占据主导。1999年和2000年夏季的绝对最高环境温度分别为23.7℃ 和24.8℃。夏季周围环境平均温度为16.4℃和15.5℃(McKee等,2003)。第二个试验中,2007年夏季周围环境的最高温度为24.9℃,平均温度为15.5℃。

在第一个试验中,即使伴随着营养物质增加和鱼类的出现,温度升高并没有改变浮游植物的生物量,大型水生植物群体依然占据主导地位。总的植物丰富度仍然相对较高,且不受温度升高的影响,但是一些外来物种(如自南非引入的软骨草属植物)的比例却有所升高。后续试验结果再次表明,温度升高对伊乐藻没有影响。

第二个试验中大型植物仍然占据主导地位(Feuchtmayr等,2009),但是温度升高导致浮游植物生物量降低,这主要是由于漂浮类浮萍的大量生长,特别是在营养水平较高的处理组(图6.5)。第一个试验中温度升高导致试验系统中磷浓度和电导率升高,pH值和氧饱和度降低,并且严重脱氧现象频发。第二个试验中,除了pH值,温度升高的影响作用相同,甚至更为剧烈。

在第一个试验中,营养物质增多和鱼类存在的影响与温度升高无关,但可能会引起大型植物丰富度升高或降低。然而,在第二个试验中,情况并非如此,试验中温度升高和营养物质增加共同引发了浮萍的大量增长,而这种增长在第一个试验中微乎其微。在第二个试验中,不同试验条件对鱼类的影响更加强烈(Moran等,2009)。温度升高使三棘鱼的数量减少了60%,营养物质增加使三棘鱼的数量减少了近80%。温度升高和营养物质增加的联合作用导致三棘鱼完全消失。尽管水族箱试验表明,在氧气充足的情况下,当温度高于17℃时,雄性鱼类的繁殖活动会减少(K. Hopkins, B. Moss & A.B. Gill未出版数据)，但这主要是由温度升高和营养物质增加导致的氧气不足引起的，并不是直接的温度胁迫影响。

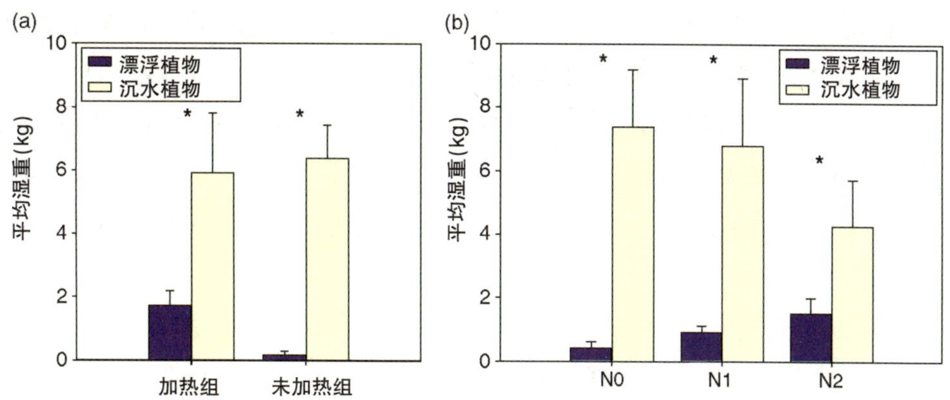

图 6.5　在英国进行的围隔试验中，(a)试验系统温度比周围环境高 4℃以及(b)不同营养物质浓度水平(N0、N1、N2)对沉水植物和自由漂浮植物的影响

数值表示每个围隔区域中以 kg 为单位的植物鲜重。* 表示不同的处理水平和植物生长型之间在 0.05 水平上差异性显著。

上述两个试验表明，温度升高会加剧富营养化，若温度升高 3℃且营养物含量较低，则富营养化程度较小；但如果与目前很多欧洲低地区域水体相比，温度升高 4℃且营养充足，那么富营养化程度则会十分严重。这些现象包括：沉淀物释放的磷含量增加、耗氧作用、鱼类生物量降低、植物多样性和物种丰富度降低、温暖水体中的外来植物(如软骨草属植物)增加以及自由漂浮植物(如浮萍)占据主导等。浮游植物生物量增加作为富营养化的基本表现形式，在试验中并未发生，这可能是浮萍的遮蔽作用造成的。沉水植物的消失，其本身也被认为是富营养化加剧的症状，但也没有出现。随着温度升高，金鱼藻的数量增多，但是品藻的数量却有所减少，这就导致大型水生植物的净损失量很小，这可能是因为金鱼藻对浮萍不断增强的遮蔽作用的耐受力更强。

温度升高或耗氧作用对鱼类群体的影响十分严重，但由于三棘鱼的生态幅较宽，因此相比欧洲大多数鱼类，其对氧气浓度降低更具耐受力。在英国，只有丁鲷、欧洲鲫鱼和普通鲤鱼的耐受力较强。更为重要的是，对 2007 年夏季池系统试验中氧平衡进行分析发现，由于水温升高，物种的新陈代谢加快，相比光合作用率，呼吸率明显升高。这种作用也可能是对营养盐负荷变化的响应，可能意味着温度升高对二氧化碳释放具有正反馈作用(Moss，2010)。

6.3.2　丹麦的池塘试验

在丹麦进行了一个周期更长的试验，其目的在于对比温度升高对两种交替状况的影响。这是浅水湖泊会出现的两种典型状况，一种水质清澈、大型植物占主导、食浮游动物鱼类较少，另一种是水质浑浊、浮游植物占主导、食浮游动物鱼类相对较多。这个试验使用了24个圆柱形室外隔离区域，每个区域的体积是2.8m³(图 6.4)。地下水被抽到了沉积物之上并通过水表面的出水口排出。这些水理论上可以保留2.5个月，用电器对水进行加热并用桨不停地搅拌。该系统注入低浓度和高浓度的营养物质。通过每周加入一次外源N和P的方式，得到高的营养物质浓度，同时根据IPPC气候方案A2和A2+50%，使其温度比外界高3℃，然后降维至25km×25km网格，每组试验设置四个重复。A2方案中8月至次年1月的模拟温差(最高温差为9月的4.4℃)比全年中其他月份温度要高(最低温差为6月的2.5℃)。

在不同的季节，每个试验区域内部和试验区域之间，以及平行区域之间的年际变化都有很大差异。然而，四年的累计数据显示出一个很清晰的模型。正如预计的那样，叶绿素a浓度在高营养的试验区域中总体较高(图 6.6)。但是温度升高带来的影响却不同，在低营养物含量的区域，温度升高对叶绿素a浓度的影响很大，加热区域比控制区域的叶绿素a浓度高了近2.5倍。在营养物质含量较高时，A2情景中的叶绿素a浓度也比控制区域高出50%。但是在A2+50%情景中，尽管叶绿素a浓度比相同温度下低营养含量区域高出2倍，但仍显著低于控制区域的浓度(图 6.6)。

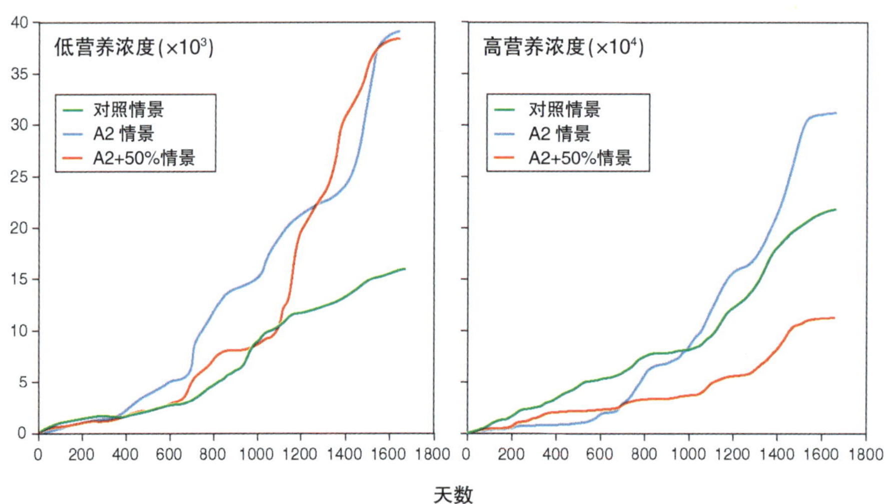

图 6.6　两种营养配置水平(左边低，右边高)下丹麦的隔离试验区域4年中叶绿素a浓度(4个重复区域的平均值)的累计变化

绿色线表示外围环境，蓝色线表示IPCC(2007)中的A2 场景，红色线表示A2+50%场景。

在围隔试验中，水生植物的季节性变化也很明显。在低营养区域，当温度升高时，菹草和伊乐藻逐渐占据了主导地位。在所研究的四个生长季节中，菹草在加热区域开始生长的时间比在对照区域早(图 6.7，并且在加热区域其生长达到峰值的时间更早(T.L. Lauridsen等未出版数据)。盆栽控制生长试验也证实了这一模型。然而，季节变化的影响模式是十分复杂的。对伊乐藻来说,在试验盆中生长既不受春季温度的影响也不受夏季温度的影响。相反,在 A2+情景中,不管在高营养浓度还是低营养浓度的情况下,其在秋天的生长潜力均比控制区域要高。除了在 A2+情景中发现了轻微长势外,在冬天其生长几乎为零。温度升高也使丝状藻在试验池塘中更有可能占据主导地位。最后,研究发现,飞行昆虫的出现期和蜗牛的繁殖期都提前了(T.B. Kristensen 未出版数据)。

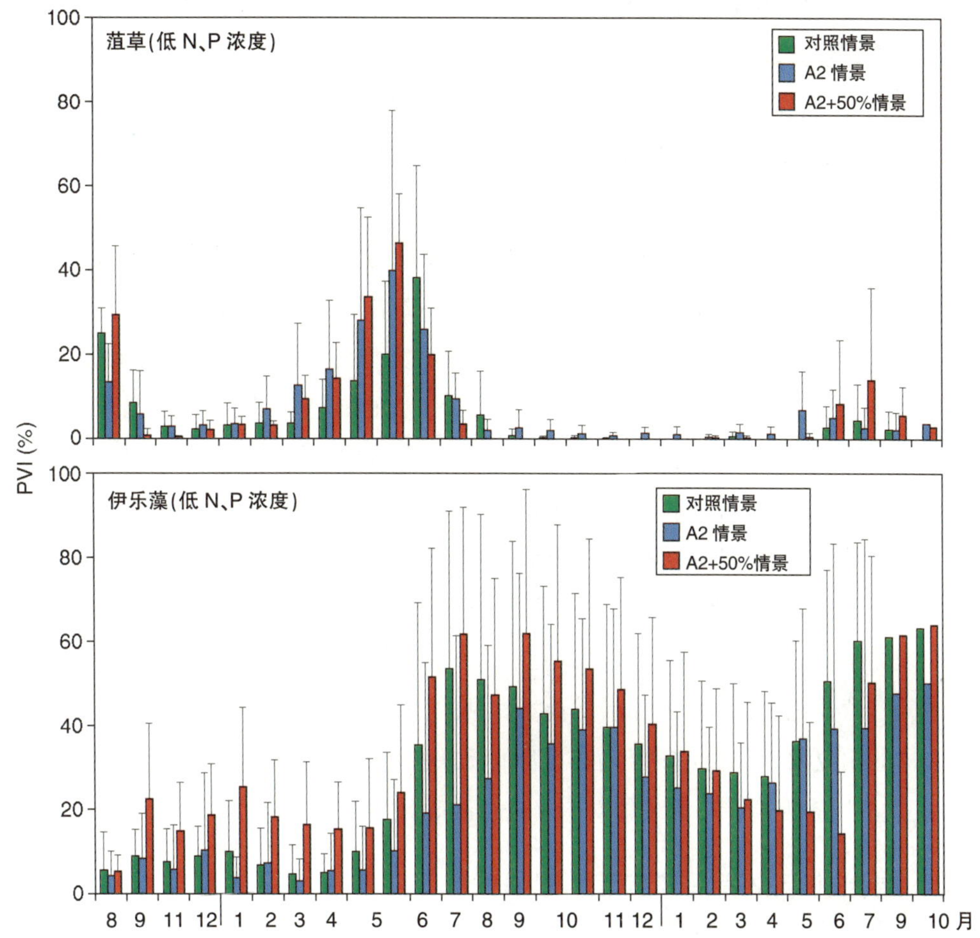

图 6.7 丹麦的隔离试验区域中三种不同温度下,区域内两种主要大型植物处于较低的营养含量水体时每个植物栖居数量(PVI)(平均值±标准差)的季节性变化

研究人员对围隔试验系统中的氧浓度进行了持续监测,由此可以计算 24 小时周期中氧浓度不断变化下总初级生产力(GPP)、净初级生产力(NPP)以及生态系统呼吸作用(ER)量。GPP 和 ER 之间的差值即为净生态系统生产量(NEP)。GPP 的季节性变化和日间 ER 随着光照和温度的变化而变化,其在夏季比冬季约高 10 倍。在室温条件下,增加额外的营养对 GPP 和 ER 的影响很小,且二者的整个季节变动在高营养含量和低营养含量的

情况下是一致的，只有在夏季增加营养才会导致 GPP 和 ER 率升高。营养盐含量对 GPP 和 ER 无显著影响，这在之前的浅水湖泊研究（Vadeboncoeur 等，2003；Liboriussen & Jeppesen，2003）中已经得到证实。在这些浅水湖泊中，随着营养物质含量增加，底层水体的生产量会转移到水体中上层，但是总的初级生产量变化很小。在两种营养水平下，温度升高对 GPP 和日间 ER 的影响不同。在低营养水平下，温度升高在夏季对其无影响，但是在冬天对 GPP 和日间 ER 均有促进作用。当这种变化超过 24 小时，情况又变得不一样。从全年来看，生态系统净产量始终为负值(可能是因为沉积物中有机物的呼吸作用)，在温度升高和营养含量较低的情况下就更容易为负值。但是，在营养物质含量较高的加热池中，NEP 首先从控制值升高到 A2 状况，然后在 A2+50 状况下再次降低到控制水平，而且在一定程度上和叶绿素 a 的变化模式一致。

英国池系统和丹麦的围隔试验研究表明，温度升高会加剧富营养化症状，在这种情况下，不管在低营养水平下还是在营养水平较高的 A2 情景中，浮游植物的生物量都会大幅增加。在营养水平较高的 A2 情景中发现，丝状藻和大型植物逐渐占据了主导地位。然而，在温度升高的情况下，大型植物的生长季节延长了，而在这些区域随着温度升高，水中大型植物的生物量没有减少。事实上，高温给菹草(一种春季优势种)平均生物量增加提供了机会，然而尚未发现高温对水蕴草有明显影响(T.L. Lauridsen 等未出版数据)。对氧平衡的初步试验结果表明，在温暖环境下，日间 GPP 和 ER 值一直处于较高水平，但以 24 小时为周期进行计算的 NEP 值降低，这些变量的长期响应还未得到评估。

有趣的是，尽管在英国和丹麦的试验中都发现气候变暖会显著加剧富营养化，但偶尔还会减轻富营养化症状。相对于天然池塘和湖泊，即使试验池塘的条件控制得很好，仍有多种多样的响应细节。初始条件、动态本身的无秩序性以及营养物质含量和温度升高的相互作用，这些因素混合在一起使得对未来进行准确预测充满了挑战。

6.3.3 瑞士进行的沿岸带芦苇丛围隔试验

瑞士的围隔试验侧重探讨了气候变暖和水体富营养化对淡水沼泽中碳循环异养过程的影响，这是一种对气候具有较强反馈潜力的重要湿地类型(Brix 等，2001)。与丹麦和英国的试验不同，瑞士的试验区域不是隔离的池系统，而是放在了湖泊的沿岸带中，并设置了没有任何隔离措施的对照区(Flury 等，2010)。在瑞士进行的试验的重点是植物凋落物的分解，但也对整个系统的新陈代谢和其他几个变量进行了评估(Flury，2008；Hammrich，2008)。试验区域为随机选定的单一芦苇丛。将其中一半的试验区域加热到高于外围温度 4℃的目标温度(通常是高于 2℃)，和/或周期性地利用 $Ca(NO_3)_2$ 进行施肥，使水体中溶解态的氮浓度高出外界环境浓度(年平均负荷约为 $10gN/m^2$)5 倍(实际为 3~9 倍)。

在上述这些围隔区域开展试验的过程中发现了一些显著的甚至始料未及的现象。正如所预计的一样，温度升高短期内可以促进微生物的呼吸作用，加速落叶分解，而如果以实验室的标准温度来测算，加热区域和控制区域腐叶中微生物的呼吸率并无显著区别(图 6.8)，因此，长期来看，温度升高并没有对微生物的呼吸作用产生显著影响。相反，不管是长期内还是短期内，较高的氮浓度均会导致呼吸率降低，同时在额外添加氮源的试验区域，落叶的质量损失率也出现降低。由于 NO_3^-供应量增加，腐叶分解受到了阻碍，这一现象之前在森林中已经发现，其主要原因为木质素降解酶活性受到了抑制。另一个假设为，氮供应量增加刺激了这一过程而不是促进了落叶分解(例如藻类的生长)，由此导致落叶分解物中一些限制性营养元素(如磷)的流失加快。不考虑其中潜在的机制，NO_3^-含量的增加使异养过程受到抑制，这意味着由持续的高大气氮沉降率引起的氮可利用性增加，可能会减缓未来气候变暖引起的落叶的加速分解作用。

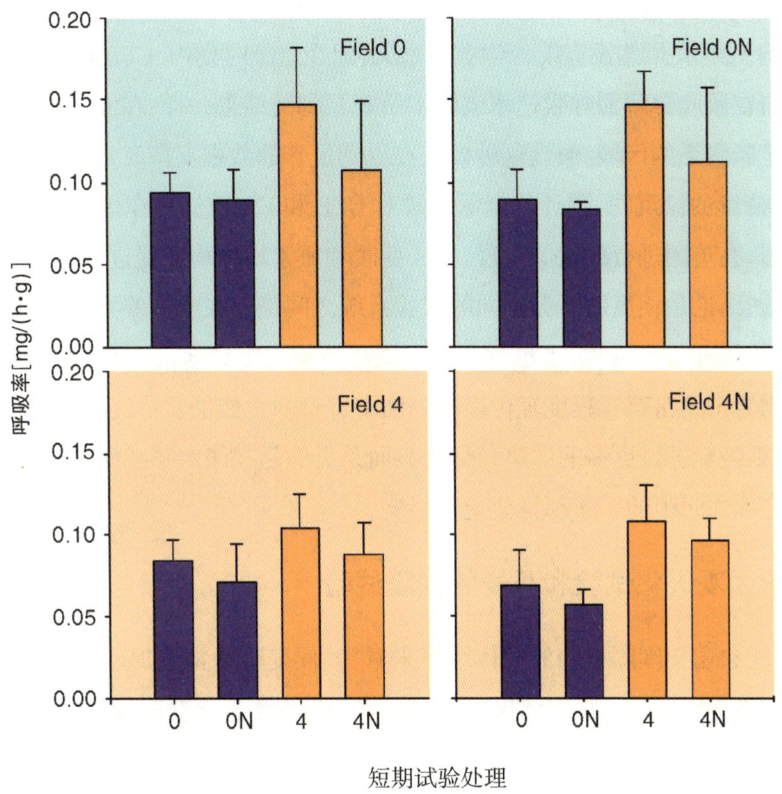

图 6.8　与落叶分解相关的微生物呼吸率对升温和氮富余的响应

分别从对照围隔(0)、加热围隔(4)、高氮围隔(0N)以及高氮含量和加热的围隔(4N)的场地中收集标准落叶样本，然后在实验室中测量这些样品在环境水体温度(0)、加热的温度(4)、增加氮含量的温度(0N)以及同时加温和增加氮含量的温度(4N)条件下的呼吸率。这四个图标中的数据代表现场试验条件，横坐标上的处理代表实验室中的测量条件。

在气候变暖和富营养化条件下，分解速率的变化规律可能会比落叶分解试验显示的结果还要复杂。气候变暖和硝酸盐富集都不会对芦苇茎凋落物的分解造成影响。这可能是由于茎凋落物具有内在的抗降解性，以及(或是)因为除温度和硝酸盐外的其他环境条件是决定茎秆分解率的控制性因素。由于凋落物位于芦苇生长的未设阻隔的对照区域，水体中的氧气作为其中一个影响因素，可以和大湖面水体进行自由交换，因此凋落物的分解速率比任一围隔区都要高。然而，即便在同一个区域，茎秆凋落物的分解模式明显不同于落叶凋落物的分解模式。气候变暖和氮含量增加对凋落物分解的影响可能由于其质量不同而变化，这就使得预测全球气候变化对凋落物分解的影响更加充满挑战。因此，仅仅基于温度-响应关系(如 Q10 模型)作出的预测，其价值有限。

在四种不同情景下两个为期三天的试验时段内，对氧气浓度进行了监测，进而对整个隔离区域的新陈代谢进行了评估，结果表明，GPP、ER 和 NEP 在夏季、秋季和冬季的活性均较低。因此，在这些时期内，不同的处理方式之间没有明显的差异。在春季，NEP 也不受气候变暖的影响。然而，虽然没有统计学上的意义，但在这个时期内，GPP 和 ER 均呈现出升高的趋势。与在落叶分解和呼吸速率试验中所观察到的结果一样，在氮富足的区域，新陈代谢率要低于氮匮乏的区域。假设这种模式在得到更多的数据支持时足够合理，那么这将意味着，由于持续的氮沉积，预计的全球变暖对 GPP 和 ER 的促进作用可能被抵消，至少可以部分抵消。在英国进行的试验发现，气候变暖和氮素增加均能促进异养生物的呼吸作用，而这与上述结论是相反的。但不同的试验系统之间是存在明显差异的，在英国的系统中，水体营养物质非常丰富，沉水植物和自由漂浮植物占主导地位，而瑞士的系统是在一个以挺水植物为主的富营养程度轻得多的湖泊中进行的。如果要将这种结论在全球范围内扩展开来，则需要进行更多的试验。然而，显而易见的是在淡水系统中，碳扣押以及好氧和厌氧分解过程之间中的平衡都将会受到影响。

6.3.4 英国的微观进化试验和丹麦的围隔试验

从英国、丹麦和瑞士围隔试验的总体结果来看，气候变暖通常会加剧富营养化，但试验中也观察到一些有悖常理的响应结果。在试验过程中，生物进化对气候变暖的适应性这一因素应该被考虑进来。我们使用 Euro-limpacs 项目中的两种围隔系统来探讨这种生物适应性在短期内出现的可能性。

当栖息在湖泊或池塘里的本地群落经历温度升高时，强烈的物种选择就会发生，而作为对外界环境变化的响应，生物群落可能会改变其物种结构。例如，在英国的围隔试验中，介形亚纲动物数量会随着气候变暖而显著增加。但是除了物种选择外，每个单一种群可能会通过改变其特征值来响应这种选择压力，以便更好地适应新环境。这些微观进化上的改变使当地物种成功应对气候变化成为了可能，并可能通过减少物种替代的数量来影响群落组成(Urban 等,2008)。

在英国和丹麦进行的围隔试验中,我们研究了各种枝角类对气候变暖的进化适应性。在丹麦进行的围隔试验为该物种对温度增加的微观进化响应提供了有力证据，该试验是通过将从枝角类低额蚤属中分离出来的无性繁殖系个体引入围隔中实现的；这种进化上的响应主要体现在其生存特征和关键生活史特征的变化方面，如繁殖年龄以及后代数量等。物种内水平的改变对物种间水平的改变起到了缓冲作用(Van Doorslaer 等,2007)。

在英国进行的第二个试验中,于 2006 年 3 月在所有的围隔区域进行了大型溞人工接种，这些大型溞由 150 个克隆物组成，且这些克隆物均是从当地群落的休眠卵库孵化而来,具有同样良好的基因特征。直到 2007 年 9 月试验结束,对这些物种的生存、生活特征进行了持续不断的监测。我们对建立在不同处理组中的种群动态进行了研究，运用中性 DNA 标记对其遗传结构进行分类,并在实验室条件进行了生命表绘制实验,即将从围隔中分离出来的无性繁殖个体暴露在不同的温度下进行观察。此外,我们还在池系统中进行了封闭和竞争性试验，以此来量化不同加热围隔区内本地生物群落对新环境的适应程度(Van Doorslaer,2009)。

试验中的一些关键发现包括:在生活史特征方面,暴露在较高温度下的物种与对照区域的物种确实有所不同，而且这种区别在高温情况下又转变成了双方竞争力的差异。其中,最为显著的结果在于:为适应围隔的升温环境,在与分离自法国南部的无性个体的竞争方面,英国基因型个体比对照基因型个体更有优势,其在竞争过程中模仿了南部基因型个体的迁移过程。尽管法国基因型个体在高温中比适应了暖温的英国基因型个体的竞争力更强,但与英国的原始群落间竞争力差异很小。这些结果表明,进化适应可能会使南方基因型个体入侵时的脆弱性迅速降低。然而,一年的进化改变还不足以使英国基因型个体的适应性水平超过南方基因型个体的适应性水平(Van Doorslaer,2009)。

总体而言,试验结果表明快速的进化改变是具有潜在可能性的。这说明,进化动力学和生态学过程之间可能存在着相互作用,包括种群动力学、群落构建和生态系统功能。尽管这些相互作用可能改变我们对生物因人为环境变化（如气候变暖）产生生态响应的看法,但过去对这种相互作用的探究较少(Urban 等,2008)。例如,在英国进行的第一个围隔试验中,温度升高对浮游植物群落的影响不甚明显,在温度升高的情况下,90 多个物种中只有2 种出现了数量减少的情况，之后有 2 个物种数量又出现了大量增加(Moss,2003)，而这些相互作用可对这些现象作出解释。然而,必须要明确的是,藻类和浮游动物在一年内要繁殖多代,对一年繁殖一次或者繁殖频率更低的生物体(比如鱼类)来说,其进化响应可能要慢得多。

6.4 河流和湿地的区域配对试验

在控制围隔区域进行的研究具有很多方面的优势，如温度高低以及营养物质的可利用性可根据试验目的进行控制。而其劣势在于，和自然生态系统相比，试验系统面积相对较小，并只能反映出池塘的状况而不是整个湖泊水体的状况(池塘和其他小型水体占据了世界淡水总面积的大部分，但受到了不合理的破坏)。在小型的独立试验溪流中也存在同样的问题，尽管在该系统中还未尝试过气候变暖试验。由于自然溪流具有单向流动，以及通常与湿地存在广泛联系等开放性的特征，致使人工控制的变温试验非常难以执行，且费用也很昂贵，比如在试验的规模和重复组设置等方面存在实质性的限制 (Hogg & Williams，1996)。对此一般采用折中的方法，即在验证某个假设时，利用自然环境提供试验所需的对照条件。例如，为了开展温度影响试验，地热活动区为采用配对样地的方法进行试验提供了极好的机会。因此，我们在 Euro-limpacs 项目中开展的研究，就利用了冰岛活跃的火山岩景观中邻近溪流和湿地中存在不同的温度模式这一优势。

6.4.1 溪流

关于溪流中大型无脊椎动物和温度之间的关系存在大量的信息可供研究 (Ward & Stanford，1982；Ward，1992)，即温度影响是否直接，是否受到溪流中水文状况改变的调节(见第 4 章)。对最近的长期数据集进行分析发现，温度对无脊椎动物的物种分布和局部群落结构有重要影响(Daufresne 等，2003；Mouton & Daufresne，2006；Burgmer 等，2007)。此外，最近研究发现，作为对全球变暖的响应，出现了来自较低纬度和较低海拔的陆生生物的入侵现象，这些都为预测生物群落应对温度升高的响应提供了支持 (Parmesan 等，1999；Hickling 等，2006)。

位于冰岛亨吉德山的溪流具有相当大的温度梯度，且其不混杂其他环境变量，因此该区域几乎是探究这种野外观测现象产生基础的理想模型系统(Friberg 等，2009)。

冰岛(图 6.9)西南部的亨吉尔地热区域(64°03′N，21°18′W) 是岛上地热分布最广泛的区域之一，其总面积为 110km^2(Saemundsson，1967；Gunnlaugsson & Gislason，2005)。该区域是冰岛降雨量最多的地区之一，其通过多孔的火山岩床渗出，补给了大多数发源于300~500m 山脊的溪流。配对溪流研究在海拔 350~420m 的 MiSdalur 山和 Innstidalur 山的山谷中进行。这些山谷有繁茂的草地、小块湿地和溪流，溪流水体温度为 6~42℃。这些溪流最初是由地下水供给，很少或几乎不受火山气体影响。因此，不同水温的溪流间的 pH 值具有可比性，其他可能对生物量有负面影响的化学变量也是如此。我们对来自不同子流域且夏季温度为 7~23℃ 的 10 条溪流进行了调查研究(图 6.10)。

图 6.9　位于冰岛亨吉尔地区的两条监测溪流

右边的溪流温度较低(2~8℃),左边的溪流由于地热作用温度较高(15~23℃)。两条溪流都是由泉水供给,且与干流汇合前长度不超过 50m。

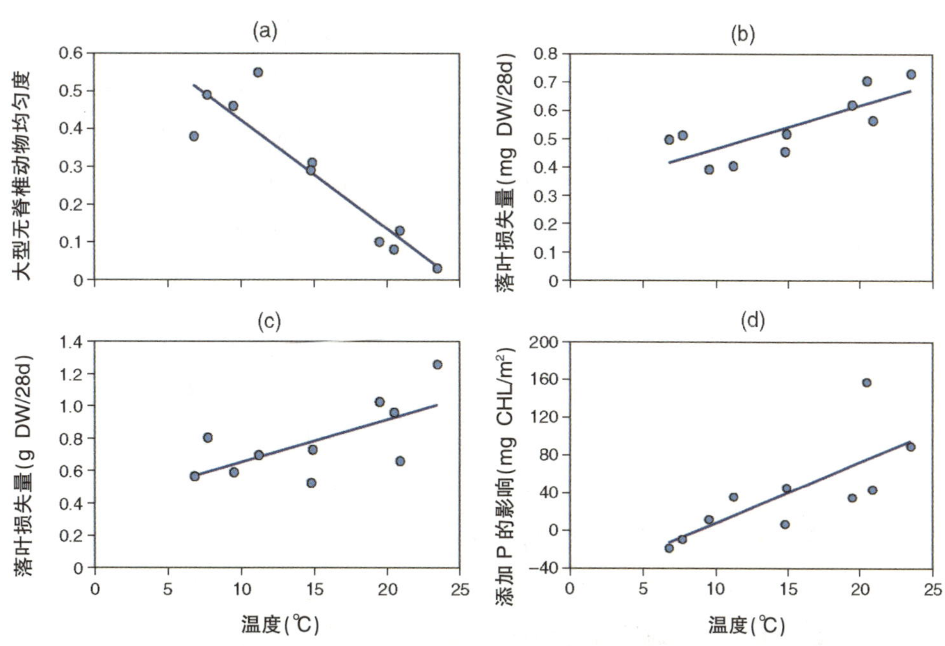

图 6.10　不同溪流温度下,冰岛亨吉尔地区对照溪流生态系统的结构和功能属性

(a) 大型无脊椎动物均匀度;(b)细网格落叶袋中落叶的损失量;(c) 粗网格袋中落叶的损失量;(d) N+P 处理组中 P 对落叶损失量的额外影响(Friberg 等,2009)。

调查发现，溪流中无脊椎动物的群落结构和功能属性对温度变化的响应与其他地方观测到的对营养物质富集梯度变化的响应相似(Pascoal 等,2003;Hering 等,2006)。营养物质含量相同的情况下,温暖溪流中无脊椎动物的群落特征与中度富营养化溪流相似,即少数种类的大型无脊椎动物处于绝对优势地位,且繁殖能力较强。此外,人为控制的营养物质添加试验表明,无脊椎动物对高营养盐负荷的响应(如群落结构变化)随着温度升高而增加,因而使得淡水生态系统更容易受到富营养化的影响,这与之前提到的湖泊中无脊椎动物对温度升高的响应相似。

大型无脊椎动物的密度在 3000~16000ind./m^2,与温度存在正相关关系。调查区域共发现 12~22 种大型无脊椎动物类群,主要以摇蚊科种类为主(35 种生物类群中共发现 16 种摇蚊科种类)。在较冷的溪流中摇蚊科数量较多，其中记录到一种名为 Eukiefferiella minor 摇蚊的个体数达到个体总数的 50% 。调查中发现的蚋科唯一一种带蚋的密度在温暖的溪流中是最高的,而在较冷的溪流中密度很低。而受温度影响更为显著的是椎实螺的分布情况,因为这种螺类一般只分布在温度高于 14℃的溪流中。在进行监测的 6 条溪流中有 5 条都是以该种螺类为优势种,其在总数量中的占比高达 63%。在中等温度范围内,物种丰富度呈单峰状态，且其个体数最多，而其均匀度与温度呈很强的负相关关系（图 6.10)。冰岛无脊椎动物的物种库有限。因此,在具有更高物种丰富度的欧洲大陆溪流中,气候变暖的影响可能会更加强烈,而这可能会进一步加剧富营养化。

北极的一种桦凋落物的分解速率曾被作为评价生态系统功能的一个指示指标。在溪流中放置了 28 天的细网格落叶分解袋(网格尺寸:200μm×200μm)和粗网格落叶分解袋(网格尺寸:1cm×1cm)中,凋落物的分解量与温度呈显著的正相关关系(图 6.10)。两种分解袋之间的叶质量损失(初始质量 2gDW)也显著不同,并且受温度影响非常显著。粗网格中凋落物的损失量为 0.53g(26.5%)~1.26g(64.5%)DW/28d,高于精细网格中的损失量,其损失量为 0.39g(19.5%)~0.71g(35.5%)DW/28d。

为了研究温度升高和营养物质增加的联合效应,在同样的 10 条溪流中设置具有营养物质散布功能的塑料盆(表面面积 20cm^2,覆盖 200μm 尼龙网),设置不同的处理组,即设置含有 2%的琼脂(对照组)或设置含有 N 或 P 的琼脂或 N 和 P 都包含的琼脂。与单独的只添加 N 的处理组相比（平均值为 53mg chl/m^2)，在 N+P 处理组（平均值为 93mg chl/m^2),藻类的生物量明显更高,并且 N 处理组的藻类生物量明显高于 P 处理组和对照组,而 P 处理组的藻类生物量和对照组无明显差别。在不同营养处理组或对照组中,温度和藻类生物量均无明显关系。然而,研究发现,与其他较冷的溪流相比,最冷的溪流中存在着与众不同的结果,即在所有的处理组中,包括在对照区域,藻类的生物量都很高,并且其对 N 和N+P 两种营养物质添加的响应尤为强烈。如果将这条溪流排除在分析行列之外,则存在一个明显的趋势:在 N+P 处理组,随着温度升高藻类的生物量也升高。将 N 处理组的藻类生物量从 N+P 处理组中减去,藻类的生物量也明显受到温度的影响(图 6.10),这表明在 N+P 处理组中添加 P 之后的藻类生物量对温度变化更加敏感。

6.4.2　湿地

湿地可提供多种生态系统服务功能，在景观方面和全球范围内扮演着重要角色(Bobbink 等,2006)。湿地在区域和全球的营养物质流通中也具有至关重要的作用,并且是全球范围内反硝化脱氮最为重要的区域(Zedler & Kercher,2005;Verhoeven 等,2006)。研究者通过亨吉尔溪流附近湿地草甸和苔藓群落配对试验对湿地的上述功能进行了研究。当地的地热活动不仅使溪流水体升温,而且也对土壤起到了加热作用,由此成为天然的加热场地。

在生态系统中，通过反硝化作用进行脱氮（作为 NO_3^-或 NO_2^-），然后以一氧化二氮(N_2O)或氮分子(N_2)的形式释放到空气中。这种机制对全世界范围内由人类控制的景观中高强度的废料使用具有重要作用，因为反硝化作用是景观中过量氮排出的重要机制(Hefting 等,2005)。但是,如果反硝化作用不充分最终没有形成 N_2,一种稳定的温室气体 N_2O 将会释放出来,其对温室效应的贡献要比 CO_2 大 300 倍(Rodhe,1990)。

在冰岛西南部的亨吉尔地区选择六个自然加热场地(8 月 10cm 深的土壤平均温度为 28.7℃)以及六个非常相似的对照场地(未被加热的周边场地)(同样深度土壤平均温度为 16.6℃)(图 6.11)。在开始生长的季节,以 Agroblen 缓慢释放肥料的形式,对每个25cm×

图 6.11　靠近冰岛亨德尔山区域的地热研究地中的一处以苔属植物为优势种的沼泽地试验区

25cm 的子场地进行施肥，使其含量达到 $10gN/m^2$(即 100kg/ha，相当于中度集约农耕地的含量)。在对每个施肥子场地和对照子场地进行气体样本采集之前，以 KNO_3 的形式，对施肥的子场地进行追肥，使其氮含量达到 $12.5gN/m^2$。在 8 月的生长季节末期，用密闭箱在每个场地采集并收集气体，这些箱子(直径 15.2cm)在试验场地中共放置了 16 天。用气相色谱分析法对气体样本中的 N_2O 进行了分析。这种方法的优势为：通过利用自然条件，可以将氮含量和温度的差别放在同一个两因子设计中，而无需对试验土壤进行人为的加热。

土壤中氮含量增加会引起 N_2O 释放量大幅增加，但在不同土壤温度场地之间的差异并不明显(图 6.12)。因为温暖场地的 N_2O 平均释放量比低温场地的释放量高，因此氮富集和温度之间可能存在着微弱的相互作用，但没有明显的统计学意义。在实验室可控实验条件下对冰岛土壤样本中 N_2O 释放量的测试数据证实了这些野外试验结果(图 6.12)。研究者对添加乙炔和不添加乙炔(乙炔可抑制反硝化作用相关酶的产生)的泥浆中 N_2O 释放量进行测定，并根据 Castaldi & Smith(1998)对反硝化作用酶活性(DEA)的测定方法对 N_2O/N_2 的生成率进行了计算。研究者用去离子水或含 $10mgNO_3^-N/g$(湿重)的土壤溶液对采自冰岛土芯的新鲜土壤进行了改良，并在 15℃或 30℃的厌氧条件下对其进行培养。培养 6h 后进行气体样品采集，并使用和上述现场试验同样的测试方法进行分析。结果再次表明，尽管在氮含量和温度均较高的条件下 N_2O 的释放量最高，随着氮含量的升高，N_2O 释放量和 DEA 相应升高，但和温度之间没有显著关系(图 6.12)。对于进行氮改良的加热场地和对照场地，二者的 N_2O/N_2 释放率没有显著差异。

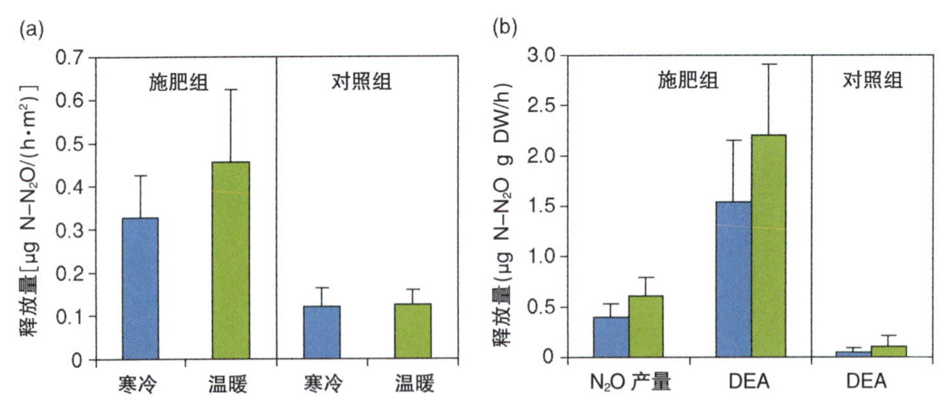

图 6.12　在外围温度和地热系统加热(平均值±SE，N=6)温度下分别施加了氮肥的湿地和控制组场地的 N_2O 释放量(a)以及实验室中控制条件下湿地土壤的 N_2O 释放量(b)

绿色条代表温暖地区下(30℃)培养的土壤，蓝色条代表寒冷地区(15℃)(mean±SE，N=8)培养的土壤。DEA，反硝化酶活性。

总之，无论是在现场试验还是在实验室条件下，氮的富集都显著促进了 N_2O 的生成，但只提高温度对其影响很小。尽管土壤氮富集量的影响试验证实了之前的研究(Velthof, 1996)，但缺少温度的影响这一点并没有预测到，究其原因可能为土壤温度升高对反硝化作用终产物的产率产生了负面影响。研究区域间的温度差异在 12℃左右，是 21 世纪末预计温度升高最大值(最大值为 6.4℃；IPCC，2007)的两倍。这一结果意味着我们仍无法确定全球变暖和湿地中 N_2O 释放量增加之间是否存在正向反馈循环关系。

6.5　古湖沼学和数值模拟

为了进一步理解气候变化对未来水质可能造成的影响，需要更好地了解气候变化在过去引起湖泊生态系统发生了哪些变化。这个信息可以从历史和古湖沼学记录中获取，但是由于多数受气候变化影响的湖泊在过去同一时间内经历了外源营养物质输入的影响，因此获取相关信息的难度较大。在 Euro-limpacs 项目中，采用了多种方法对选定的湖泊区域进行研究，试图理解营养物质富集和气候变化的影响，并评估二者之间的相互作用。采用统计模型对长期监测数据进行分析，以判别季节性记录的变量之间的相互关系及其演变趋势(Ferguson 等，2008)；对于有历史数据的流域和湖泊，采用基于过程模拟的手段进行分析，以提供变量间相互作用的信息(Elliott 等，2005；Elliott & May，2008)；同时，根据湖泊沉积物中保存的生物遗骸，基于古湖沼学手段，对历史环境变化进行重建，并据此提供较长时段内的数据(Marchetto 等，2004；Battarbee 等，2005；Manca 等，2007)。

通过在利文湖中开展的一些研究对上述方法的应用进行阐述，利文湖是大不列颠最大的浅水湖泊，自 1968 年以来每两周监测一次，而且该湖泊在气候和营养物质的可利用性方面都发生过显著变化 (Carvalho & Kirika，2003)。为了应对日益严重的富营养化问题，自 20 世纪 90 年代以来，外源(主要来自毛纺织厂)磷输入有所削减。至 1985 年，总磷(TP)的输入量达到了 20t/年，而到 1995 年，输入量减少到了 8t/年(Bailey-Watts & Kirika，1999)。当发现湖泊系统对气候变化有可监测到的响应时，水体富营养化和恢复已经历了一段时间。冬季的冰覆盖的频度和广度下降，春季气温明显增加，冬季降雨量显著增加(Ferguson，2008)。

在过去 10 年 (1995—2005 年) 中，由于入湖点源营养物质量减少，溶解性活性磷(SRP)的浓度在夏、秋、冬季均显著减少。然而，冬季的硝酸盐含量却有增加的趋势，其部分原因可能是冬季降水量的显著增加。由于近年来气候变暖，春季水体中叶绿素 a 的浓度有所下降，但在其他季节其浓度反而有所增加(Ferguson，2009)。水溞的数量在冬季和春季也有所增加(Ferguson，2007，2009)(图 6.13)。温度升高对浮游生物有着直接的生理影响(如生长率提高)。然而,在春季,利文湖中水体叶绿素 a 和水温之间存在负相关关系,这表明其对春季气温升高存在非直接的响应,而这可能与大型浮游动物的繁殖和摄食有关。

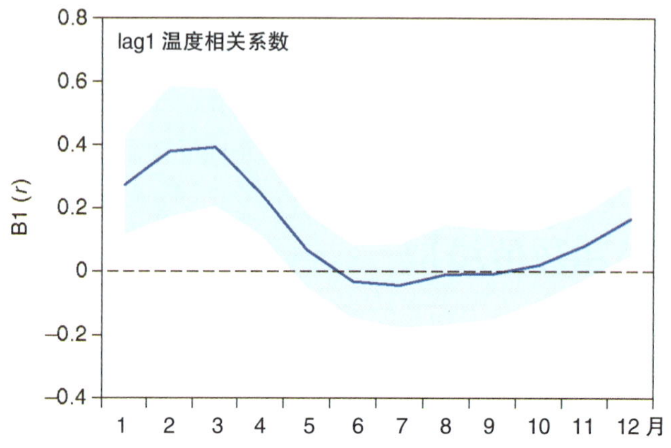

图 6.13　利文湖(英国)一年中水温和水溞种群密度的相关系数

阴影区域代表±2 的标准误差,图中所示冬季和春季的月份中两者之间存在明显的正相关关系,而 5—11 月没有明显的相关性。

浮游植物群落模型 PROTECH (浮游植物应对环境变化;Reynolds,2001) 被用于研究水温变化和营养物质含量对利文湖浮游植物的影响(Elliott & May,2008)。通过控制水温和营养物质的含量范围,来研究这些变量变化对叶绿素 a 浓度、浮游植物的物种多样性和蓝藻丰富度所产生的影响。与营养物质含量的变化相比,水温变化对浮游植物生物量和物种多样性的影响相对较小。然而,浮游植物会根据营养物质负荷改变方式的不同而变化。例如,只增加水体中的磷含量会引起叶绿素 a 总浓度和鱼腥藻(蓝藻)丰富度的大量增加。相反,在较低营养浓度的情况下,同时提高磷酸盐和硝酸盐含量会导致鱼腥藻密度增大。对该发现可能的解释是:当氮含量较低时,鱼腥藻(固氮生物)比其他浮游植物更善于利用磷。

沉积物岩芯为研究湖泊中不同组分长期的各种关系提供了一种替代的方法。对采集自利文湖的代表 1940—2005 年的沉积物芯样进行分析,结果表明硅藻组成和丰富度的变化十分微妙,并且具有较大的可变性(H. Bennion 未出版数据)。

将该芯样中的硅藻与同时期(1969—2005 年)湖泊中物理化学条件下监测到的硅藻进行比较。硅藻群体的部分变化可以归因于气候和营养物质,其中年平均 TP 浓度、年最高气温和年总降雨量分别占 2.2%、3.7%和 5.7%,各种变量之间相互作用的总和不到 2%。受降雨影响,硅藻数据的变化率相对较高,这可能与水流冲刷有关,并且已经证明这将会对湖泊中的浮游生物种群造成影响(Bailey-Watts,1990)。

我们对古记录中 1996—2005 年记录的浮游硅藻组成和浮游植物进行了比较，二者的优势类群有着良好的匹配度(J. Wischnewski & H. Bennion 未出版数据)(图6.14)。尽管两个数据集之间的某些类群存在差异(例如 *Aulacoseira ambigua*)，但所有浮游生物中记录的关键物种都在化石集群中被观察到了，这表明沉积物芯样如实地记录着水体中发生的变化。这两个记录都显示 *Cyclotella radiosa* 和星杆藻数量均有所减少，以及最近记录中发现的 *Aulacoseira subarctica*、*A. granulata* 和 *Diatoma elongatum*，以及与营养化状态相关的类群，如 *Fragilaria crotonensis*、*Stephanodiscus hantzschii* 和 *S. parvus* 的数量有所增加。有证据表明，水体中 TP 年平均浓度从 2000 年的 50μg/L 增加到了2005 年的 70μg/L，水质出现下降。营养物质含量在多大程度上归因于气候变化这一点尚不清楚。然而，水温升高与水体中较高的磷含量存在着关联(Spears 等，2008)。

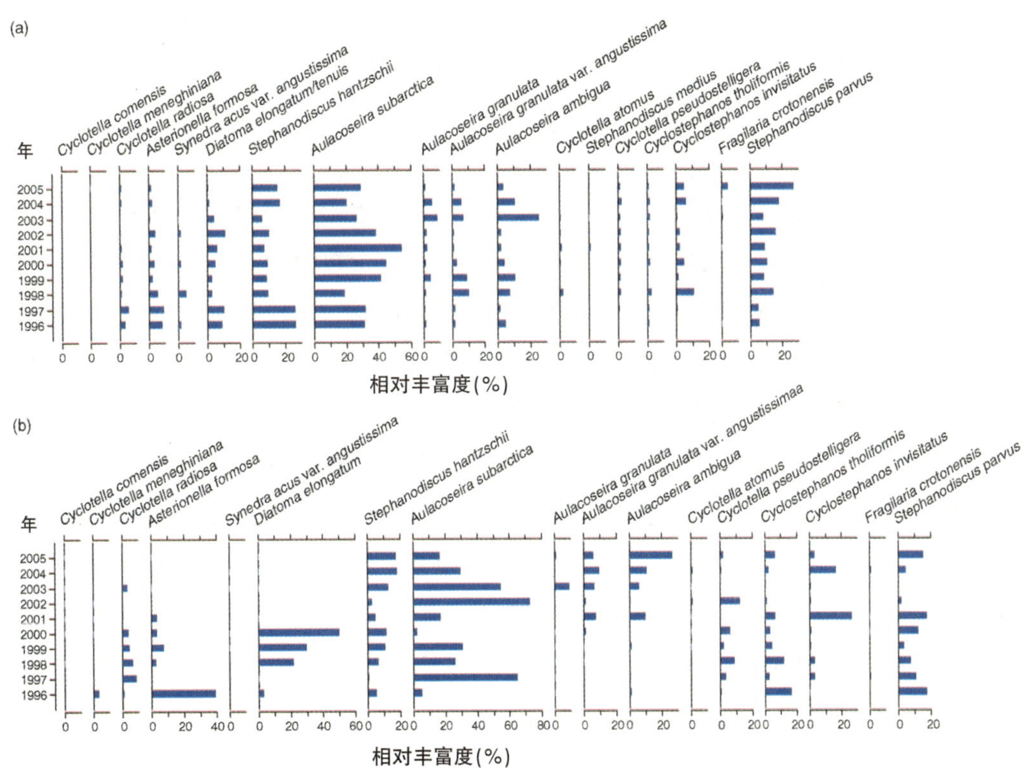

图 6.14　来自沉积物芯样中硅藻化石群落组成(a)和水柱中的浮游植物(b)的浮游硅藻群落组成(以年际平均值表示)

利文湖的最新研究表明，上述每种方法都给湖泊对环境变化的响应提供了不同但互补的观点。利文湖的数据集显示，湖泊从富营养化状态的恢复已经变得缓慢，且温度对湖泊中的浮游生物群落存在各种各样的影响，包括正面影响和负面影响。各种响应(如叶绿素 a 浓度和水溞密度的变化)往往是相互关联的，并且各种变量之间的关系也会随年份而改变。总体而言，尽管分析方法在不断进步，但此项研究在于强调，湖泊系统对水体中营养物质含量和气候变化的反应是复杂的，而且较难阐明各种因素的作用。

6.6 综合分析

本章以一系列气候变暖和富营养化综合影响的问题作为开端，我们试图用大量方法和技术来回答这些问题。虽然这些问题永远不会有一个完整的答案，但是 Euro-limpacs 项目和上述研究中的一些成果至少可以给出部分答案。

6.6.1 在当前和未来气候条件下水体中营养物质会以不同方式重构生态系统吗

沿着气候梯度变化，湖泊的营养结构发生了明显变化，即由寒冷气候下简单的、细长的食物网变成温暖气候下缩短的、杂食性程度较高的食物网。初步研究表明，来自湖泊和溪流的数据可以为该结论提供很好的支撑。

水体中营养物质增加在不同气候区所产生的影响也不尽相同。在温带湖泊中，常发生这样的状态转变，即从具有高比例的肉食性鱼类，少数大型浮游生物-底栖生物食性鱼类，较高丰富度的浮游动物和大型水生植物的清水状态，转变为以小型浮游生物-底栖生物食性鱼类和浮游植物占优势的浑浊状态。虽然这两种状态间的转变与水体营养物质浓度增加有关，但这种转变的发生和状态的维持还需要其他因素来触发。在亚热带，高营养负荷和低营养负荷的湖泊中通常以大量小型的杂食性鱼类为主，杂食性鱼类对浮游动物具有较高的捕食压力。在白天，由于鱼群通常聚集在有水生植物存在的水域，因此给隐匿在该区域的浮游动物留下的空间十分有限。在营养物质浓度较低时，该系统具有清澈的水体，但相对于温带湖泊，由于该系统中鱼类对浮游动物高强度的捕食压力，浮游动物下行效应影响作用较弱，系统很容易受到水体中营养盐浓度增加的影响。

相对于湖泊，在溪流和河流开展的相关研究虽然较少，但研究结论同样适用，即在小型溪流底部的硬质基底表面，底栖丝状藻将会大量生长，而在大型河流中密集的浮游植物群落将会不断发展。关于湿地在应对气候变化和水体富营养化时是如何响应和变化的，目前还是研究空白。由于湿地系统具有较强的陆地系统特征，相关分析多集中在植被本身而不是整个食物网，即使对湿地中的动物群落(特别是鸟类)进行了广泛的研究，但在气候变化和富营养化等的影响下，其营养结构及潜在变化目前仍不清楚。

6.6.2　气候变化和营养物质增加的相互作用是否会改变生态系统进程

气候变化是否会改变营养结构，目前气候变化和营养物质增加的相互作用是否会改变生态系统进程还不确定。有证据显示，脱氧、分解和脱氮过程均受到营养物质增加和气候变暖的影响，但是各种因素之间的相互作用是复杂多变的，而且系统各组分以及整个系统如何受到影响存在差异。在湖泊中，可以预测：①作为对温度升高的响应，内源磷负荷将增加，深水湖的分层时间将延长，由于浮游植物更加丰富且浮游动物的取食强度降低，沉积速率变得更高；②水体中沉水植物消失的可能性更高，浅水湖泊将从底栖生物为主的系统转变为浮游生物为主的系统，同时生物多样性降低（尽管在时空替代研究和围隔试验中出现了不同的结果）；③尽管 NEP 可能保持不变或者有所减少，但是营养物质含量、碳周转以及生产力都将增加。

有证据表明，氮（在淡水系统中，越来越被认为与磷具有同等的重要性）(Elser 等，2007）可以抑制分解，但有时也与温度相互作用来改变水生植物群落的结构，如使自由浮浮植物增加。也有证据表明，温度升高将会伴随着外来物种的迅速扩张，造成如鲤鱼以及其他多数对热敏感的鱼类无法生存。人们认为鲤鱼存在是一个问题，但对于钓鱼爱好者而言，其又是不可或缺的一部分——他们正在贪婪地捕捉。湿地中重要的生态系统进程（如反硝化作用）对水体营养物质增加和温度升高相互作用的响应是复杂的。氮含量增加促进了湿地中的反硝化作用，而气候变暖对反硝化终产物生成率的拮抗效应可以防止N_2O（一种具有极强温室效应的气体）以现有速率增加。这意味着，尽管获得更清晰、准确的结果需要开展更多的试验，但是在水体中高营养物质浓度的条件下，温度升高不一定会对温室气体的产生和排放产生正反馈效应。

6.6.3　气候变化会加剧富营养化症状吗

基于时-空替代法的数据对比、池塘和湖泊可控试验以及冰岛进行的配对样地研究，结果表明，气候变暖将加剧水体富营养化的症状。然而这些影响是复杂的，并且可能随着初始条件和地点的不同而变化。营养结构的转变将导致出现水体富营养化症状的风险升高，如藻类爆发，在大型湖泊中蓝藻成为主导的风险变高以及在较浅湖泊和溪流中丝状藻类占主导的风险提高等。有些症状可能不受影响，例如，迄今没有任何试验证据表明，以水生植物为主的清水状态的湖泊将会转变成浑浊状态。上述围隔试验研究的结果也不支持这一假设，即单单增加水体营养物质含量就会导致以水生植物为优势的清水状态被取代。同时也涉及其他因素，如盐度增加、水位提高、鱼类群落发生变化、水生植物受到机械损伤或由食草性脊椎动物牧食及食草性无脊椎动物的毒素作用或植物本身造成的植物损伤等。在冰岛的湿地中,N_2O 排放量增加这一现象可能会因全球变暖而有所减弱,但要想验证这一发现,需要在更大范围内的湿地系统中开展进一步的研究。

6.6.4 气候变化造成的影响能与富营养化造成的影响区分开来吗

显然,根据长期的记录和古湖泊水体研究,要想把富营养化的影响与气候变化的影响区分开来是十分困难的,因为伴随这两种变化所产生的表现特征很相似,且两者至少在过去的 150 年中总是同时出现。营养结构的转变、生物的物候学和生活史特征(如初次繁殖的年龄和个体大小、寿命、季节性动态)可作为气候变暖的指示指标,通常认为气候变化比水体富营养化的单一影响要大。一些受控试验(在一些相对简单和接近真实状况的系统中进行)的结果可以将两者的影响区分开来,但是在复杂的真实生态系统中,许多因素不仅同时发生而且相互作用。因此,即使在趋势分析中运用了先进的统计方法,想要阐述未来水体中营养物质含量和人为二氧化碳排放量降低的单一效应仍然充满挑战,并且只能给出一般性的答案。

6.6.5 过去的经验有助于更好地理解未来的问题吗

是否能从过去的经验中获取对解决未来问题有用的信息,以及对历史状况的分析和对未来的预测是否有方法可用,我们的答案是肯定的。如果将很长时间内发生的变化考虑在内,我们就可以知道气候变化是生态系统变化的一种重要驱动力,而一些人为影响(如富营养化)就不太明显甚至可以忽略不计(见第 2 章)。因此,历史信息可为分析生态系统的变化提供一个更清晰的视角,而这种变化主要是由气候变化引起的,并且这些信息可以帮助我们从当前的数据集中提取出一种气候信号,而古湖泊学则有助于我们实现这一目标。

虽然在大多数情况下,水体富营养化的信号往往会削弱气候信号,但一些关于湖泊的研究表明,生态系统对营养物质水平变化和气候变化有所响应。例如,有证据表明,在意大利北部的马焦雷湖,浮游动物群落的时间变化随着特殊气象事件和鱼类捕食的变化而改变,部分原因可能是温度上升(Manca 等,2007)。此外,一些数据集表明,气候变化可能会对水体从富营养化状态恢复到正常状态产生影响(Jeppesen 等,2009),这表明,在温暖和潮湿的条件下,湖泊对营养物质减少的响应可能比基于当前气候条件下设想的要慢。

6.6.6 我们能否减轻气候变化对水生生态系统富营养化的负面影响

全球变暖将加剧水体富营养化,应对富营养化有很多措施:①降低敏感水域附近的土地利用强度,以此来减少非点源营养物质的输入;②重新恢复河岸植被以缓冲入河营养物质,改善河岸带结构,增强有机物和营养物质的截留和保存作用;③改善土地管理方法,减少流域中泥沙和营养物质的输出;④优化污水处理工程的设计,以应对洪水事件和受纳水体中低流动性所带来的后果;⑤采取措施,更有效地减少来自点源污染和大气中氮沉降等营养物质的输入。

6.7 结论

总体上,气候变暖可能会加剧水体的很多富营养化症状(虽然不是全部),但是若想回答这里提出的疑问仍存在以下三个关键问题:首先,这些响应是复杂的,而且会根据特定情况而改变。由于研究范围有限(在气候变化发生的时段内上述这些研究很可能是可以实现的),根据一般性原则进行的推理以及在特定情况下采取的特殊措施均具有很大的不确定性。因此,采取预防措施是非常明智的。其次,一些证据暗示了生物反馈机制可能导致呼吸作用产生二氧化碳[如果不是氧化亚氮(N_2O)、甲烷(CH_4)的话]的总量增加。这可能就意味着 IPCC(2007)对气候变化预测基础的纯粹物理模型被严重低估了。最后,由于世界人口增长,粮食种植压力加大,以及同时需要种植作物作为生物燃料,这些问题可能会进一步导致受纳水体中营养物质的输入量增加和富营养化问题加剧。加之人类社会从内心不愿承认气候问题的根源是不顾环境后果的经济扩张行为所致,以及缺乏可持续的替代性经济模式,淡水水体的未来变化变得十分不确定。

第 7 章

气候变化与酸沉降的相互作用

Richard F. Wright, Julian Aherne, Kevin Bishop, Peter J. Dillon, Martin Erlandsson, Chris D. Evans, Martin Forsius, David W.Hardekopf, Rachel C. Helliwell, Jakub Hruška, Mike Hutchins, Фyvind Kaste, Jirˇí Kopácˇek, Pavel Krám, Hjalmar Laudon, Filip Moldan, Michela Rogora, Anne Merete S. Sjøengand Heleen A. de Wit

7.1 引言

气候变化与酸化密切相关,本质上均包括大气中的化学变化。需特别关注的是气候变化是如何延缓已被酸化和破坏的水生生态系统的修复过程的。数据来源于欧洲与北美洲东部的酸化影响地区,并且包括在局部气候变化下的小流域与湖泊中进行的大尺度试验。为将酸沉降和气候变化对水化学和水生生物学的影响联系起来,对长期数据资料(超过30年)进行了分析。同时,采用试验与经验数据对统计和过程模型进行了改进、修正与校准。在酸沉降和气候的未来情景下,这些模型已为预测生态系统的变化提供了工具。

含硫与含氮气体向大气层的长期排放、远程运移和由此引发的硫、氮污染物沉降已引起欧洲和北美洲东部广大区域的淡水酸化。在欧洲,硫的排放在20世纪70年代后期至80年代前期最高,随后显著下降;而氮的排放量下降则缓慢得多(图 7.1)。

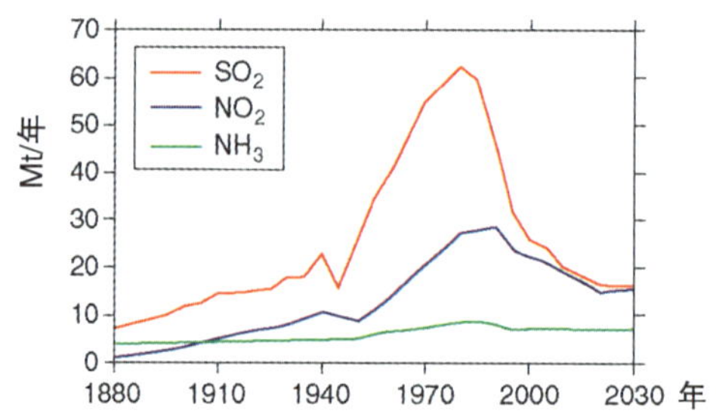

图 7.1 1880—2030 年欧洲硫和氮排放量的增减规律(Schöpp 等,2003)

SO_2(红线),NO_2(蓝线),NH_3(绿线)的单位为 Mt/年。对未来的预测(2000—2030)假设充分执行目前的立法(Cle 情景)。

生态破坏包括数以千计水体中鲑鱼、鳟鱼的数量下降，以及无脊椎动物、水生大型植物和海藻群落的种群组成变化。例如，20 世纪 90 年代在 Scandinavia 开展的一项调查显示，西部 126000 个湖中大约 10%的鱼类受到了酸化影响。挪威的情形更为严峻，该国 30%的湖泊鱼类种群遭受破坏(Hesthagen 等，1999)。加拿大东南部和美国东部已有范围广阔的酸化问题，在欧洲和北美洲东部的其他区域情形也较为相似。这里硫的排放也在 20 世纪 80 年代达到了峰值。无机铝离子与氢离子是主要毒性因子。硫酸盐、硝酸盐和氯化物将这些强酸盐的阳离子带到土壤水溶液中，并带到径流中。因此，空气污染物排放、硫和氮沉降、酸化地表水和水生生物灭绝之间的联系主要取决于硫、氮的归趋，受氯化物的影响较小。

地表水酸化需要两个因素：水必须为酸敏性的，且区域须有足量的酸沉降(Wright & Henriksen，1978)。在世界各地，发育有花岗岩、石英岩及新生弱发育灰壤且富含有机质土壤(Skjelkvåle & Wright，1990)等耐风化基岩的小流域中，均有酸敏性的湖泊和溪流分布。在这些水域中，占主导地位的无机阴离子通常是弱酸根碳酸氢阴离子(HCO_3^-)，其来源是植物根系的呼吸和溶解于土壤中的水分。HCO_3^-一般是和碱性阳离子共存，如钙(Ca^{2+})、镁(Mg^{2+})等，以上三种离子的浓度依赖于通过该土壤矿物风化分解的容易程度。酸敏性水体中这些离子的浓度较低。

第二个因素为酸沉降总量。当雨水 pH 值小于 4.7 时，最敏感的水体即会受到影响，且硫酸盐污染物（SO_4^{2-}）浓度超过 20μeq/L。在酸化水体中，强酸根阴离子 SO_4^{2-}通常取代 HCO_3^-而占主导地位。硫酸根离子浓度高的酸性水体中，pH 值通常低于 5，而且会提高无机铝离子的浓度。酸和无机铝对鱼类和其他水生生物是有毒的。

到了 20 世纪 80 年代，人们清晰地认识到酸雨作为一个国际问题需要一个国际性的解决方案。1979 年，在联合国欧洲经济委员会(UNECE)的主持下，开始了以减少排放空气污染物为主题的磋商，并设立了远距离越境空气污染公约(LRTAP)(http://www.unece.org/env/lrtap)(Bull 等，2001)。根据公约精神各国签署了一系列的协议，一致同意减少硫、氮化合物的大气排放量。1999 年在瑞典哥德堡签署的最新协议要求欧洲参照 1980 年的相对水平，到 2010 年减少约 80%的硫排放和 50%的氮排放。北美洲也达成了类似的协议，加拿大东部和美国东部硫排放均大量减少。

结果是欧洲和北美洲硫排放显著减少（图 7.1）。由于这些协议开始实施，20 世纪 70 年代末/80 年代初，欧洲的酸化气体排放量从峰值水平开始下降。到 2000 年，硫沉降下降了 50%以上，氮沉降下降了约 20%(UNECE，1999)。随着哥德堡协议其他国家立法的实施(称为《当前立法方案-Cle》)，在未来 20 年，污染气体排放量将会进一步降低(图 7.1)。

上述措施已经开始发挥作用。在 20 世纪 90 年代，作为较低水平酸沉降的响应，欧洲地表水显现出了恢复迹象。SO_4^{2-}浓度下降，pH 值和酸中和能力增加(ANC)，Al^{n+}浓度降低(Stoddard 等，1999；Evans 等，2001)。鱼类和其他水生生物生存的水体毒性变低(Monteith 等，2005)，但完全恢复仍有很长的路。

在欧洲的 12 个酸敏感区域的地表水模型研究中，Wright 等(2005)研究发现，尽管许多水体已从 20 世纪 80 年代酸沉降的峰值开始显现出化学恢复，且哥德堡协议得以完全实施，但有些水体在今后数十年仍继续酸化(图 7.2)。

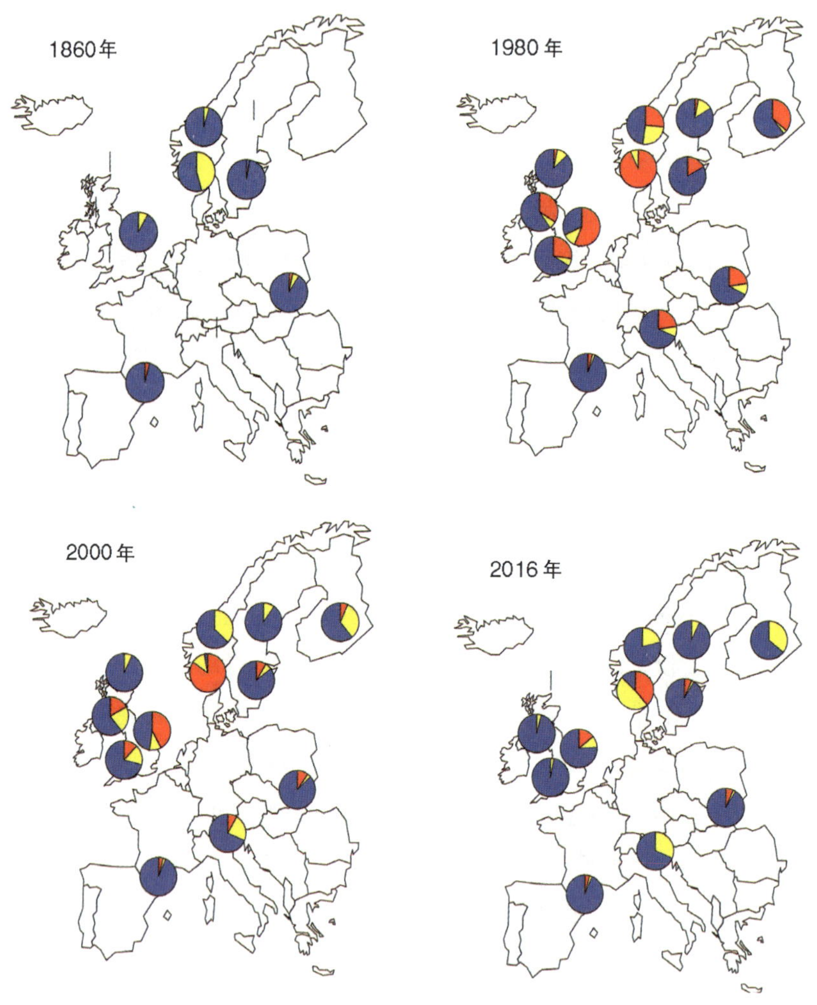

图 7.2 酸化模型 MAGIC(流域地下水酸化模型)及芬兰 SMART(酸化区域的趋势模拟模型)模拟的欧洲 12 个地区地表水中的 ANC 浓度(μeq/L)，考虑哥德堡协议及其他法律的全面实施，但不考虑气候变化的混合影响

这三个 ANC 类涉及褐鳟鱼和其他关键指标有机体存活种群的可能性：红色：ANC<0，鱼量贫瘠；黄色：ANC 为 0~20，数量稀少；蓝色：ANC>20，数量丰富。图示四个关键年份：1860 年，酸化之前(无芬兰的模拟，由于 SMART 模型于 1960 年发布)；1980 年，酸化最大值；2000 年，目前；2016 年，全面落实减排协议(Wright 等，2005)。

气候变化能够影响酸化淡水水体的化学与生物恢复。长期性、季节性和偶发性气候变化均会对流域和地表水体的各种过程产生潜在影响。例如,变暖预计会增加土壤有机质的矿化速率,进而向径流汇水区域释放氮等营养物质。挪威 CLIMEX 试验(气候变化试验)的结果显示,随着全流域气候变暖,径流中的氮通量增加(Wright,1998)。最具生物破坏作用的酸化通常发生在湖泊和溪流的短期酸沉降事件中。这些事件通常与极端气候同时发生,比如干旱、暴雨、融雪、冰冻。在加拿大安大略,已有关于酸随着干旱波动的记录(Dillon 等,1997),随疾风暴雨及海盐的输入这些现象在挪威南部已有报道(Hindar 等,1994)。预计欧洲未来的气候为北部温暖、湿润,南部干燥,在所有区域均伴随着更为频繁的极端气候事件,如暴雨。因此,气候变化可能抵销甚至扭转一些由于硫和氮排放量不断下降带来的持续恢复效果。

目前已采用三种方法来研究酸雨和气候变化对地表水的影响。第一种方法是分析数据以记录空间变化,数据来自一个站点的定期收集或者多个站点的同时记录。第二种方法是试验方法,如开展实验室试验、围隔试验或现场大规模生态系统试验。第三种方法是进行统计或基于过程的模拟,从而评估酸沉降和气候的各种未来情景的影响。这三种方法是相互关联的:由经验数据分析的趋势给出对因果关系的假设,这种因果关系可通过试验进行测试。该结果随后可以用于开发和校准模型。建模可以揭示经验数据的缺点和差距,进而为新的监测和测量奠定基础。

7.2 气候变化对硝态氮淋滤的影响

气候变化条件下,硝酸盐(NO_3^-)在酸化地表水的恢复中所起的作用备受关注。大气沉降中的硫浓度自 20 世纪 80 年代达到峰值以来,已下降了 60%~80%,氮浓度仍然很高。在很多酸敏感地区,陆地生态系统的生成受到氮的限制,大多数的氮沉降被保留在土壤有机质中。如果气候变化引起储存在土壤有机质中氮的活动性增加并释放,河流和湖泊中NO_3^-的水平可能增加并延迟酸化水体的恢复,甚至导致再次酸化。

通过分析气候、氮沉降和溪水中 NO_3^-浓度等长期的数据记录可以揭示气候对 NO_3^-浓度的影响。de Wit 等 (2008) 分析了挪威四个溪流中 NO_3^-的 20 年记录,其中三个(Birkenes,Langtjern,Storgama)高度酸化,pH 值为 4.5~5.5。经验模型解释了 45%和 61%的NO_3^-每周浓度变化,并合理描述了浓度的季节性波动趋势(de Wit 等,2008)。主要因素有雪深、排放量、温度和氮沉降。自从 1990 年暖冬以来,随着时间的推移,所有流域的积雪深度减少,冬季排放量增加。在位于中等氮沉降区的两个内陆流域,这些气候变化似乎引起了冬季和春季 NO_3^-浓度和流量的显著减少。

其中一个场地 Storgama，在 2003—2007 年进行了一系列试验以测试积雪在径流中调节 NO_3^-浓度和流量的作用(Kaste 等，2008)。整个微型流域操控包括两个流域额外的隔离土壤(采用岩质垫层的方式)，以防止冬季的零下温度和除去其他两个流域的积雪以促进土壤结霜(图 7.3)。这项研究的主要结果表明，冬季土壤温度升高导致春季径流中 NH_4^+和 NO_3^-浓度与通量增加(Kaste 等，2008)。试验结果能够支持基于 Storgama 长期记录的统计分析，表明少雪致使土壤更为寒冷和氮的通量更低。

图 7.3 试验流域外观：场地 2 绝缘垫层的布置(Jarle Håvardstun 摄)和除雪过程中的场地 5(Live S. Vestgarden 摄)

(Kaste 等，2008)

de Wit & Wright(2008)随后采用 de Wit 等(2008)的统计分析(Kaste 等,2008),在考虑氮沉降和气候的未来情景前提下,对 Storgama 未来的 NO_3^-浓度和通量进行了预测。两个氮沉降情景,即 Cle 和 MFR(最大降低可能)与四个气候情景、两个采用全球气候模型的温室气体排放情景(A2 和 B2,IPCC 2007)联合使用。气候情景取自 PRUDENCE 工程提供的区域降尺度(http://prudence.dmi.dk)(见第 3 章)。所有情景均表明未来径流中 NO_3^-减少。暖冬意味着冬季少雪、土壤寒冷,在冬、春季径流中土壤 N 和 NO_3^-的流动性降低,即流量降低。然而,因为未来的年平均温度将比 1986—2005 年的 20 年记录的逐年变化范围高很多,预测是基于外部观测的范围回归推断,所以必须谨慎对待预测结果。同样,土壤中所存储的氮的长期归趋尚不清楚。

基于过程的模型提供了另一种工具,通过它可以评估气候变化的影响。在挪威西南部的一个流域,Sjøeng 等用 MAGIC 模型 (流域地下水酸化模型,Cosby 等,1985a,b,2001)来预测 Øygard 溪流中的 NO_3^-浓度。MAGIC 首先按逐月的时步校正了 12 年的数据记录,然后被来自 PRUDENCE 的四个气候情景(由 Hadley 和 MPI 模型得出的 A2,B2)驱动,该气候情景假设两个涉及未来植物过程比率不同。由于考虑了降水和积雪的累积变化,模型校准与逐月观测拟合良好(图 7.4)。

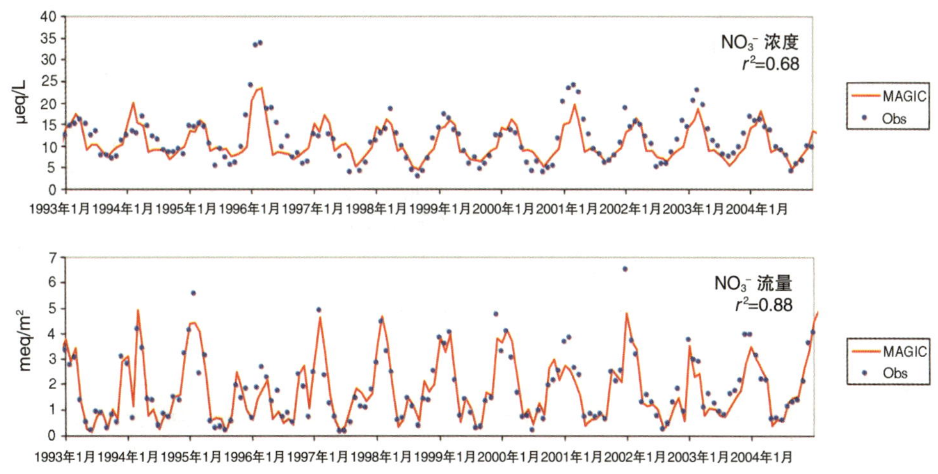

图 7.4　模拟(实线)与观测的 NO_3^-浓度(上图)和流量(下图)

在四个气候变化情景下,校准模型预测未来的 NO_3^-浓度增加,但增长的幅度依赖于针对气候变化对未来植物响应的假设(图 7.5)。情景一假设植物生长不改变;情景二假设植物生长增加(由于温度升高),并导致更多的含碳和氮的凋落物进入土壤。在情景一中,随着土壤温度的升高与土壤有机质分解的增加,土壤碳库随时间减少;在情景二中,含碳的凋落物输入的增加使土壤碳库接近不变(Sjøeng 等,2009b)。

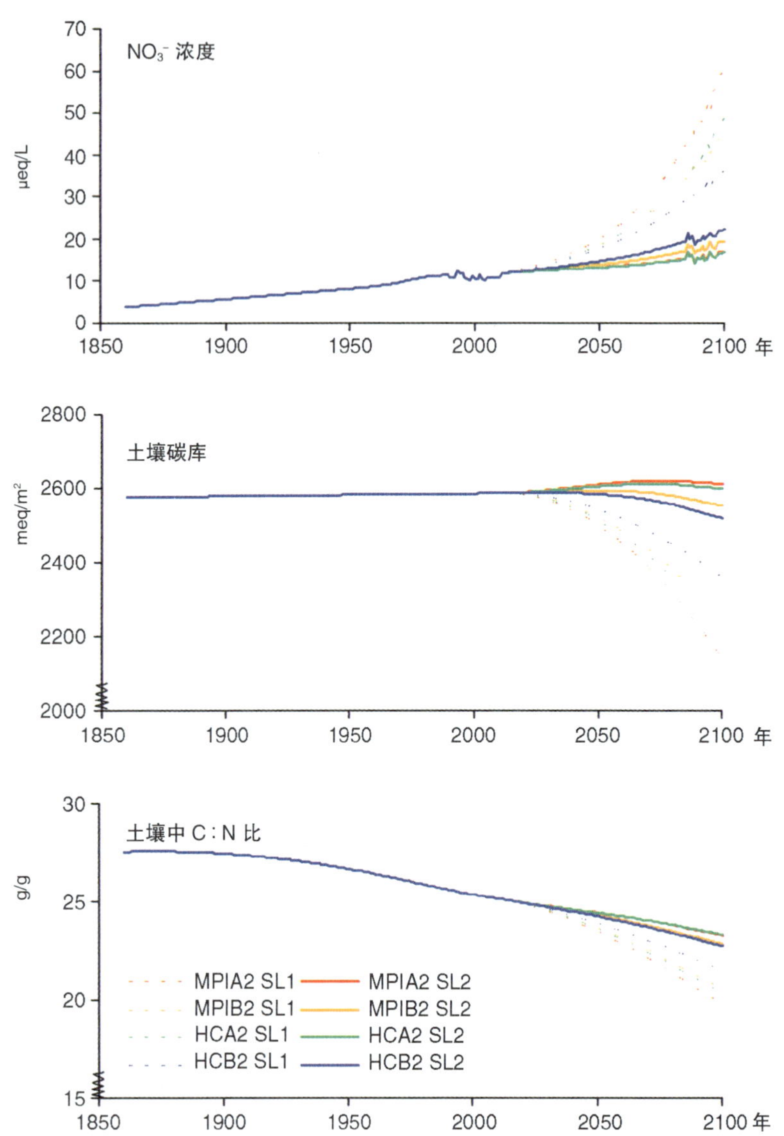

图 7.5 四个气候情景和两个故事情节的植物过程(SL1 和 SL2)下挪威溪水中的预计 NO_3^-浓度

采用 MAGIC 模型(Sjøeng 等,2009b)。

意大利北部是溪流和河流中 NO_3^-浓度增加的一个热点。趋势表明,在阿尔卑斯山南部的小、中型河流流域的氮饱和度的程度越来越大,但气候变化也发挥了显著的作用(Rogora,2007;Rogora & Mosello,2007)。NO_3^-浓度的增加紧随年最高温度模式,这可能反映了较高的氮矿化率和氮向径流中的释放量(Rogora ,2007)(图 7.6)。通常检测到 NO_3^-浓度的峰值出现在持续干旱和温暖时期(Rogora & Mosello,2007)。

气候变化下,所有水化学的未来预测中的主要不确定因素是大气中氮沉降的长期归趋,它每年被保留在接收高水平的氮沉降的陆地生态系统中。无论是固氮过程,还是反硝化过程,大多数流域土壤中氮的保留量并非足够大。土壤中的氮在慢慢积累。生态系统不可能无限期地保持80%或更多的氮的输入,终究会释放大部分输入和存储的氮,最有可能以NO_3^-的形式排出至径流中。“氮饱和”被用来描述这种情况(Aber 等,1989)。然而,欧洲和北美许多网站的长期记录(Wright 等,2001;Kaste 等,2007)并未显示NO_3^-浓度大幅增加。

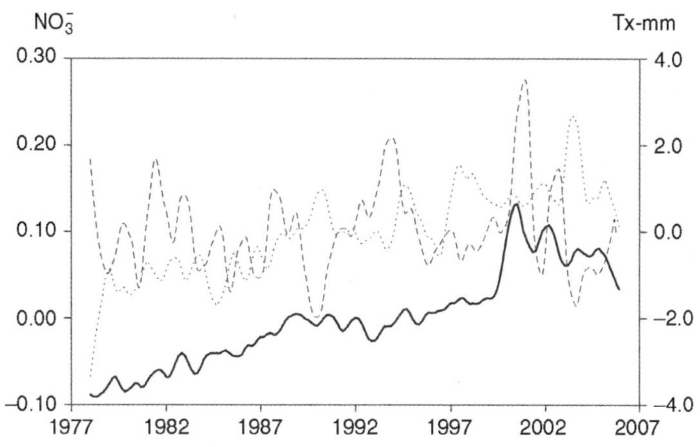

图7.6 八条河流中NO_3^-浓度的共同趋势(实线),最高气温序列(Tx;虚线)和降水量(mm;点划线)

数据首先被去季节化和归一化(均值为0;标准差为1)。数据由于归一化无单位(Rogora,2007)。

相反,一些长期记录显示径流中NO_3^-浓度的降低。例如,在美国新汉西哈巴德布鲁克的W6森林流域,溪水中NO_3^-浓度在1970年代达到了峰值,随后的降低主要是由于气候(Aber 等,2002)。德国兰格博格的长期记录显示,自从1980年代达到峰值后,NO_3^-浓度也有类似降低。在捷克共和国,由于森林生长状况的改善,严重酸化和破坏的山林溪水中NO_3^-浓度也下降了,该地区此前受到空气污染的高度损害(Majer 等,2005;Oulehle 等,2008)。

包括很多遗留着重度酸沉降和氮饱和问题的中欧地区在内,这些先前损毁的森林的恢复,预计将关联到溪流及由溪流补给的湖泊。在捷克共和国的Bohemian森林,大量的NO_3^-淋滤超出了大气中无机氮向Certovo和Plešné湖泊的输入(图7.7)(Majer 等,2003;Kopacek 等,2006a)。在Certovo湖,与输入输出1:1线相比(图7.7),硫的输入–输出预计值表现出明显的滞后效应。在相同的硫沉降水平下目前的淋滤比20世纪初高得多。另一方面,Plešné湖的硝酸盐含量随气候变化发生了大幅改变。在20世纪30年代NO_3^-浓度极低,大约到50年代升高,此时N沉降超过70mmol/(m²·年)[10 kg N/(ha·年)]。氮沉降降低后,NO_3^-淋滤随之降低;但是流域仍保持氮饱和,且在相似的氮沉降速率下,目前NO_3^-淋滤量高于20世纪60年代。在严冬之后的1986年和1996年,极度干热的2003年夏季之后的2004年和流域内由于树皮甲虫侵扰导致的森林顶梢枯死的2005—2007年，氮的输出量极高,超出了氮的沉降量。

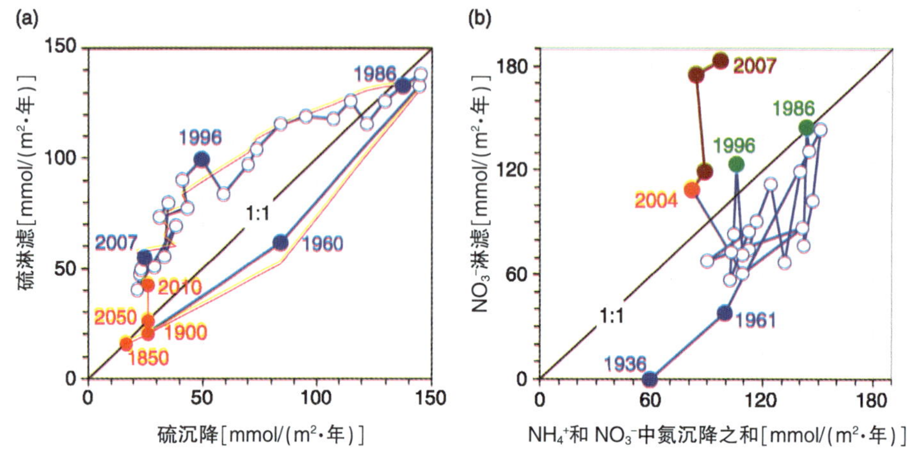

图7.7 波希米亚森林湖泊流域硫和无机氮的输入与输出通量(捷克共和国)

(a)Certovo湖流域硫淋滤与硫沉降的关系。蓝点基于测量数据(Kopáccěk等,2006a),红点和线用MAGIC模拟(Majer等,2003)。(b)Plešné湖流域NO_3^-淋滤与NH_4^+和NO_3^-中氮沉降之和的关系蓝点基于测量数据。其他颜色代表极高的氮输出(超出氮沉降)由于:严冬(绿色,1986和1996);极其干旱和炎热的夏季（红色,2004);树皮甲虫侵扰导致的森林枯死（棕色,2005—2007年）(Kopacek等,2006b)。

随着气候异常和森林枯死(2005—2008年)导致陆地NO_3^-输出增加(2003年干热夏季)与土壤中的Al^{3+}离子淋滤和碱性阳离子的流失有关(图7.8)。硝酸盐已成为占支配地位的强酸性阴离子,它的淋滤控制着土壤溶液和地表水中Al^{3+}离子的毒性,消耗土壤盐基饱和度,并延迟土壤和水的酸化恢复。一个重要的问题是土壤中Al^{3+}离子浓度的升高对细根和菌根的毒性影响到何种程度。减少菌根真菌会留下更多的NH_4^+硝化,并导致NO_3^-淋滤量上升(相应的Al^{3+}上升),从而引起陆地NO_3^-输出的正反馈。

在大气氮输入增加的地区，保留在流域中氮的长期走势仍然是预测淡水生态系统酸化和恢复时不确定性的一个主要来源。流域保留了70%~100%的氮的输入（Dise & Wright,1995;Wright等,2001)。长期监测记录(超过30年)不能说明该保留百分率随时间发生剧烈变化(Wright等,2001)。气候变化影响了流域中氮的保留与流失。然而明确的是,在这个生态系统中,氮不能永远持续积累。问题是,在什么时候和什么情形下,氮会从区域生态系统中淋滤出来导致生态系统发生酸化，以及气候变化会改善还是加剧这一问题?

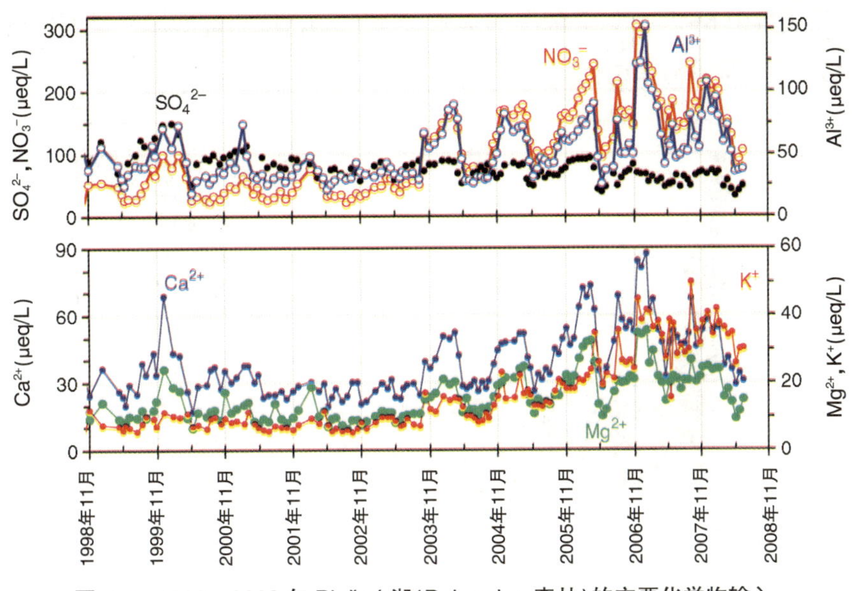

图 7.8　1998—2008 年 Plešné 湖(Bohemian 森林)的主要化学物输入

2003 年干热夏季和 2005—2008 年森林枯死导致地域 NO_3^-输出升高(J. Kopacek 未出版数据)。

7.3　酸沉降事件

在地表水的长期酸化过程中遭遇酸沉降事件会导致 pH 值和 ANC 突然地与暂时性地下降。酸沉降事件可由干旱、洪水、迅速融雪和风携海盐的输入等作用而频繁诱发。酸沉降事件会引起水生生物的急性中毒,例如 1993 年挪威的海盐事件导致的鱼类死亡(Hinda 等,1994)。未来气候变化的情景与极端气候增加的频率和严重性有关。这意味着作为硫和氮沉降下降的响应,可能会延缓生物恢复。

Evans 等(2008)开发了一个程序,基于此,每个酸沉降事件可以被分配给四个主要驱动之一:水文(降雨的直接影响)、夏季干旱、融雪和海盐沉降。该程序涉及碱性阳离子和 SO_4^{2-}, NO_3^-和 Cl^-这三个主要强酸根离子相对量变化的定量化分析,以解释观察到的 ANC 的降低。在威尔士中部的一个小沼泽溪流阿丰戈尔韦,Evans 等(2008)发现在过去 20 年中,由于硫和氮沉降减少,酸沉降的严重程度降低。例如,最近几年高流量事件的 pH 值要远高于 1980 年代初(图 7.9)。

在附近局部绿化的塞文河流域,酸沉降严重程度亦有类似的下降(M. Hutchins 未出版数据)。这里,每周的数据被分成四个时间段,根据排水条件进行分层和总结,然后通过 Evans 等(2008)的方法确定主要驱动因子。ANC 和排水密切相关,二者随时间的关系变化受水体化学恢复影响(图 7.10)。从 1980 年代开始,由 SO_4^{2-}支配的事件转化为由海盐支配。对 Hafren 溪水中主要离子的主成分分析表明,70%的与排水相关的化学变化由海盐引起。由于土壤中 Na^+ 与 H^+、Al^{n+} 的离子交换，海盐的酸沉降引起酸脉冲；结果导致溪水的 Na:Cl 摩尔比值比标准海水中低得多。

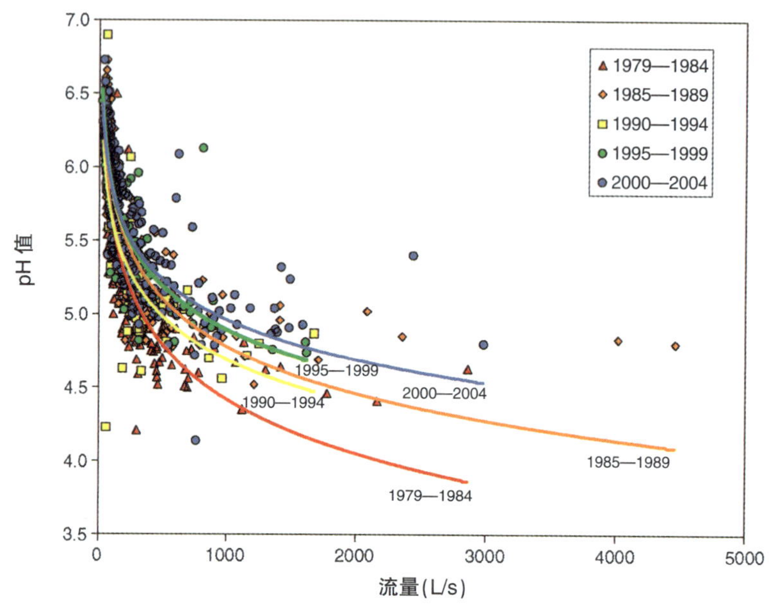

图 7.9 按五个大致相等的时间间隔，取样日的溪流 pH 值与平均流量的关系

实线显示每个时间间隔的 pH 值与流量的对数最小二乘回归拟合(Evans 等，2008)。

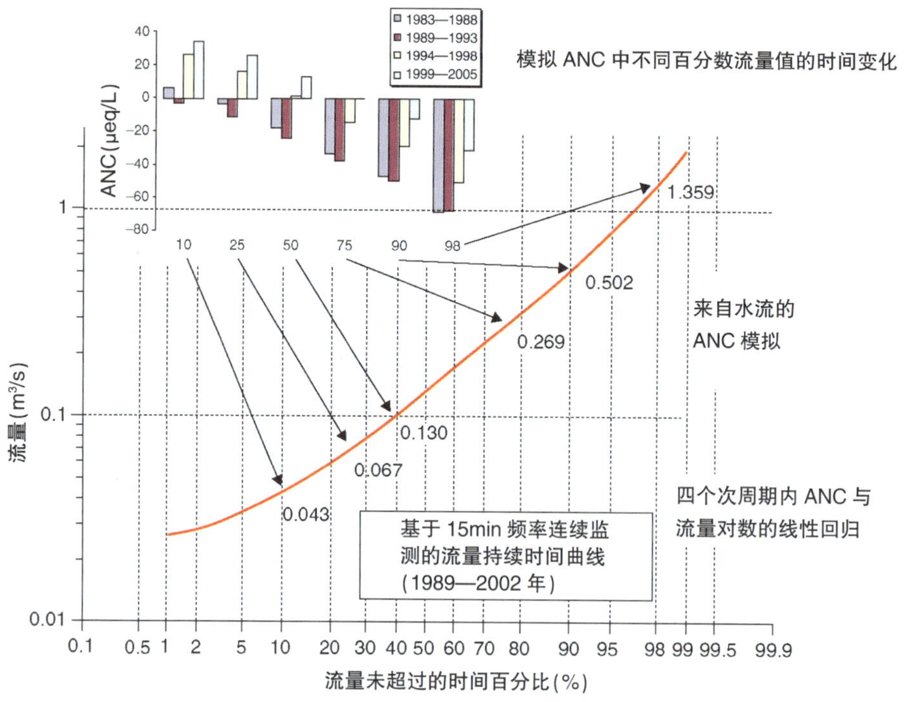

图 7.10 威尔斯阿丰戈尔韦，四个时期 ANC 和排水状况(流量对数)关系

由于溪水已恢复(ANC 随时间增加)，峰值 ANC 随之增加(M. Hutchins 未出版数据)。

Wright 等(2008)采用相同的步骤检验挪威最南部波尔克内斯流域的事件。该区域由于硫和氮沉降的降低,30 年的溪水样品周记录(或更频繁)显示水质逐渐改善,ANC 年平均量从 1980 年代中期的少于-70μeq/L 升高到 2000—2004 年的大于-30μeq/L。在 1993 年之前,ANC 降低到少于-100μeq/L, 而自 2000 年以来 ANC 从未降低至-75μeq/L 以下(图 7.11)。在波尔克内斯,约三分之一的酸沉降事件由海盐输入触发。由于风暴的频率和严重程度预计将随未来的气候变化增加,预期海盐驱动的事件将变得更加频繁。但在波尔克内斯,由于常态酸化水平的改善,酸脉冲的严重性未来可能降低。

融雪期是每年典型的时期,在该时期溪流水体对于鱼类和其他水生生物来说处于 pH 值最低和毒性最高的水平。例如,在瑞典北部,pH 值每年大多数时候都远高于 5,但是每年春天均有几周 pH 值低于 5 且有毒(Laudon & Bishop,1999)。由于硫和氮沉降,近年来融雪导致的酸沉降事件的严重性有所降低。Lysina 流域的 MAGIC 和 pBDM 模型表明,近来在春季融雪洪水期的 pH 值、ANC 和无机单体 Al^{3+}离子的恢复快于年平均化学过程(Laudon 等,2005)。

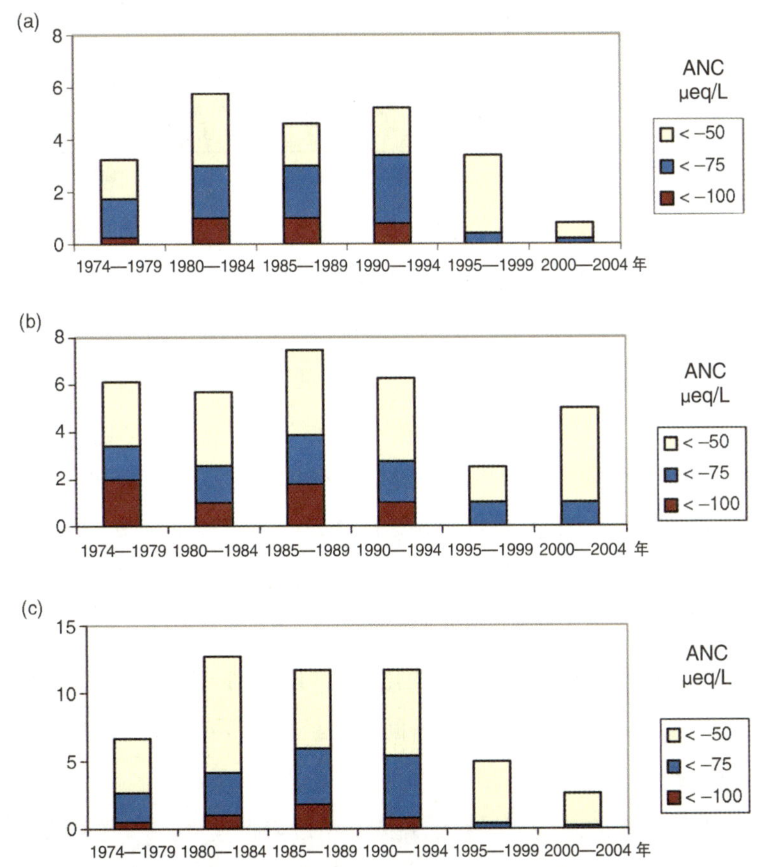

图 7.11　1975—2004 年波尔克内斯从 ANC<-50μeq/L 开始的五年期事件总结

(a)事件平均频率(年);(b)事件平均持续时间(周);(c)低于初始值的年平均周数。(Wright,2008)

酸脉冲可与干旱过后的第一次径流一同到来，由于还原性硫化合物在土壤中的氧化和第一次径流的硫酸盐冲刷,伴随的阴离子通常为 SO_4^{2-}。干旱引起水位降低,将缺氧的土壤和泥炭暴露在氧气中。按照安大略南部的蜜月湖–哈里伯顿区域的湖水和溪水记录,干旱导致的酸沉降作用可被很好地解释(Dillon 等,1997;Eimers 等,2008)(图 7.12)。相似的硫酸盐驱动的酸沉降事件在很多地域都有报道,包括挪威波尔克内斯((Wright ,2008)、瑞典(Laudon & Bishop,2002a)、英国(Hughes 等,1997;Adamson 等,2001)。

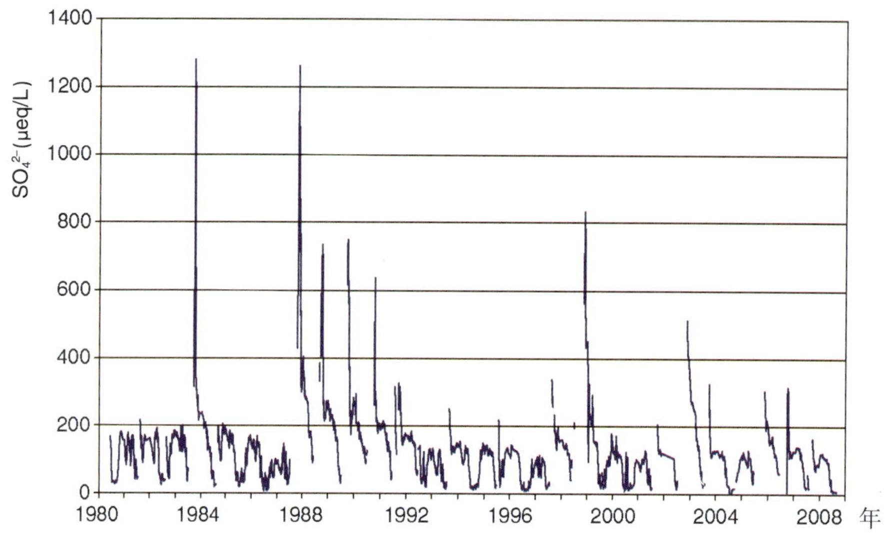

图 7.12 安大略 Plastic 湖溪水中硫酸盐浓度,呈现干旱后的脉动

曲线的间断由干旱导致,这段时间没有溪水流动,因此没有收集水样(Dillon 等,1997 年更新)。

7.4 溶解有机碳(DOC)

地表水体中溶解有机碳(DOC)可产生复合有多种有毒成分的有机酸,从而影响酸化水体对水生生物尤其是鱼类的急、慢性毒性。在北方的湖泊和溪流中,DOC 水平常表现出明显的季节性模式,冬春季节浓度较低,夏秋季节浓度较高。这种模式是气候驱动的,与流域植被和土壤生物活性以及湖内过程 (主要是受紫外线辐射导致) 降解水中 DOC(Gennings 等,2001)相关。因此,预计未来气候变化将影响地表水中 DOC 浓度的年平均水平和季节性模式(Laudon & Buffam,2008)。这一问题已经在第 3 章中提出,本章从酸化过程的角度进行了进一步研究。

研究认为, 由硫沉降的减少而导致的硫酸盐浓度降低使欧洲和北美洲东部酸敏感湖泊和河流中 DOC 浓度增加,可能是由于弱酸性条件下有机物某些成分的溶解性增加引起的(Monteith 等,2007)。Monteith 等(2007)分析了欧洲和北美洲东部的 522 个偏远湖泊和溪流的时间序列，数据结果表明，在 2004—1990 年增加的浓度与大气沉降化学和流域酸度有关。在大气沉降中，每年 DOC 的相对变化与硫酸盐和氯化物浓度呈强的负相关。因此，对于这些生态系统，酸沉降似乎已有部分被有机酸的变化缓和，酸化恢复意味着DOC和有机酸的流动性增加。

Vuorenmaa 等(2006)研究了 1987—2003 年芬兰 13 个森林湖泊总有机碳(TOC)浓度的变化趋势，检查了酸化恢复(降低的硫沉降)和作为这一趋势潜在驱动因子放入长期径流变化，结果表明整个芬兰的 TOC 浓度增加。13 个湖泊中有 10 个显示了 TOC 趋势($p<0.05$)的显著增加，包括清水和腐殖酸湖。TOC 最大的年增加量发生在平均浓度最大的湖泊中。TOC 趋势的幅度与流域泥炭土比例无显著相关性，但流域面积是一个重要的预测因子。由于酸化的恢复作用，土壤中硫沉降的减少和酸-碱状态的改善意味着有机酸和 TOC 移动性的增加。长期 TOC 浓度的增加趋势与长期径流改变相关的证据不多。

在捷克两个用于进行地球化学对比的森林流域，对长期 DOC 增加的分析结果显示其没有明显的气候效应(Hruška 等，2009)。1993—2007 年，两个流域溪水中 DOC 显著增加：在酸性的 Lysina 流域平均年增加量为 0.42mg/(L·年)，在碱性的 Pluhuv Bor 流域为 0.43mg/(L·年)($p<0.001$)，导致的累积增加量分别为 64%和 65%。在两个流域($p<0.001$)，DOC 的长期增加与离子强度(IS)的减小相关，处于大气沉降的降低阶段。只有以花岗岩为基岩的Lysina 流域显著酸化。在蛇纹岩作为基岩的 Pluhuv Bor 流域，由于从大气传入的 SO_4^{2-}由富镁土壤中的交换性阳离子缓冲，溪流 pH 值变化非常小。因此，所观察到的 Pluhuv Bor 的 DOC 增加不是由酸度改变引起。DOC 增加也不可能是气候变化引起的，因为研究期内温度、年降雨量、径流量(年或周)等都没有显著的趋势。

MAGIC 模拟结果表明观察到的 DOC 增加将显著影响 Lysina 流域的酸化恢复（图 7.13)。按照 1993—1994 年测量的 DOC 水平，pH 预测值从测量的最低值(3.88)和 1980 年代后期的预测值上升至接近 4.30。随着测量的 DOC 增加被纳入 MAGIC 模型，预测 pH 值仅上升至 4.20(Hruška 等，2009)。

溪流中 DOC 浓度通常在高径流时期增加。但是，径流中离子强度对 DOC 的作用还不清楚。理论上，由于有机物的溶解度降低，土壤溶液中离子强度的提高将导致 DOC 浓度降低(Evans 等，1988；Tipping & Hurley，1988)。在自然条件下，由于流量变化和水化学变化通常发生在同一时间，辨别水文或化学反应的影响是很难的。为探讨高海盐含量对 DOC 径流浓度的潜在影响，2004 年在瑞典 Gårdsjön 的试验集水区 G1 开展了现场灌水试验(F. Moldan 未出版数据)。试验集水区达到了现场最高持水容量，亦即从喷洒系统加入的水量近似等于排水速率。达到持水容量后，该集水区用蒸馏水浸没 4 天，然后将海盐添加到喷洒溶液中。

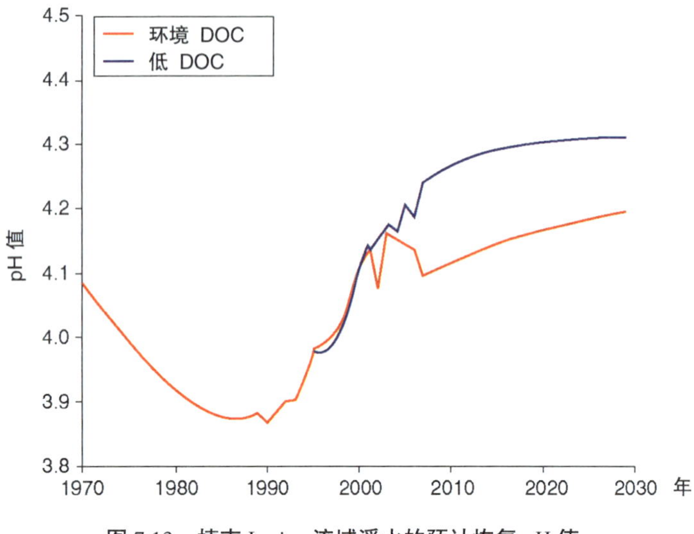

图 7.13　捷克 Lysina 流域溪水的预计恢复 pH 值

MAGIC 模型模拟两个情景：①DOC 假设为在 1993—1994 年的常量水平（"低 DOC"情景）和②1993—2007 年所观察的 DOC 被用在 1994—2007 年的模拟，2006—2007 年的平均水平被用在 2008—2030 年的模拟（"环境 DOC"情景）（Hruška 等，2009）。

首先，在外界净降水量的代表性水平下进行为期两天的海盐添加，然后再在暴雨和强风期的高水平下观察两天。海盐的试验性添加导致溪流中 DOC 的浓度从 12mg/L 迅速降至 8mg/L（图 7.14）。pH 值从 4.4 降至 4.2，无机 Al^{3+}从 3μeq/L 增至 200μeq/L。溪水的离子强度几乎翻倍。以上结果说明 DOC 改变被离子强度或酸度增加驱动。在沿海地区，气候变化时，海盐输入量提高，能够抑制水文事件期间 DOC 的径流浓度。

图 7.14　在洒水 10 天和海盐增加期间，Gårdsjön 实验中的 DOC 降低（圆圈，左轴）增加的水中 Cl^-浓度（点划线，右轴）

（F. Moldan 未出版数据）

7.5　撒哈拉沙尘

北非沙漠中尘埃的输入是中和酸沉降的碱性物质的重要来源。在欧洲南部多山地区的酸敏感流域,大量的尘埃输入,对酸碱平衡发挥了重要作用,如意大利北部阿尔卑斯山区(Rogora 等,2004),西班牙比利牛斯山脉(Rodà 等,1993),甚至远在奥地利的中央阿尔卑斯山脉(Psenner,1999)。

7.6　气候变暖对土壤化学过程的作用

理论上,土壤温度的升高可以提高土壤矿物化学风化的速率。Sommaruga Wögrath 等(1997)提出用该机理来解释奥地利中央阿尔卑斯山脉高海拔湖泊的近期酸度趋势。该机理得到近 200 年来古湖泊学数据的进一步支持, 分析表明 pH 值和平均气温之间存在较强的正相关关系。

此外,降水量减少和温度升高导致积雪程度和持续时间的减少,意味着流域岩石和土壤将进一步出露,风化加剧。对意大利阿尔卑斯山脉中部的高海拔湖泊长期的化学数据分析显示,赋存高可溶性岩石流域的湖泊,在过去几年水体溶质含量增加明显(Rogora 等,2003)。在这些区域,变暖和风化的总体作用将增加 ANC,加速湖水的酸化恢复。对捷克波希米亚森林的土壤和湖泊酸-碱化学研究表明, 气候变暖导致地表水中铝的浓度降低。Vesely 等 (2003) 推测这可能是因为在土壤中的无机铝和次生矿物之间温度依赖性的平衡;较高的温度使平衡向较低的铝浓度偏移。这两个过程的净效应是土壤温度升高条件下的 ANC 增加和径流毒性减小。

7.7　气候变化与酸沉降混合效应的模拟

气候变化与酸沉降联系密切,从经济活动产生的气体和颗粒物向大气的排放,到硫和氮的长距离运输和沉降,再到它们对陆地生态系统的混合效应,最后到它们对水生生态系统的作用。所有这些联系都采用模型评估了未来情景。从使用化石燃料转为使用可再生能源,既能减少温室气体排放,也能减少硫和氮的排放。在 Mayerhofer 等(2001)的研究中,针对气候使用全球环境评估综合模型[IMAGE;挪威环境评估局(PBL)],针对空气污染使用国际应用系统分析研究所(IIASA)的区域空气污染信息和模拟模型(RAINS),来评估欧洲气候变化和区域空气污染之间的联系。其中一个明显的平衡是减少排放量会导致大气中粒子的减少，而这反过来又会增加太阳辐射的输入，从而减少云层的形成。

气候变化也会在区域尺度影响硫和氮的运移和沉降。在欧洲的建模研究中，使用了区域气候模型和化学运输模型，结果表明西北欧降水量的增加预计将促使相应的氮沉降增加(Hole 等，2008；Hole & Enghardt，2008)。

陆地生态系统中的许多过程都会影响径流量和其化学成分。这些过程的综合影响可以用过程导向性的生物地球化学模型进行量化。MAGIC(Cosby 等，1985a，b，2001)就是这样一个模型。它已被用来评估气候变化对土壤和水化学的潜在影响。Wright 等(2006)用 MAGIC 检验了土壤和水酸化恢复的八个主要气候敏感过程的相对灵敏度(表 7.1)。他们发现，几个因素是次要的，几个仅在特定领域是重要的，几个具有广泛重要性。气候变化对有机酸的生产和流失的影响是一个重要的过程，土壤氮素的矿化和流失是另一个重要的过程。

表 7.1 影响土壤和水酸化的气候变化所驱动的相对重要性因素概括

因素	ANC 的潜在作用	重要性	与气候的关系
海盐	减小	仅海边场地	与 NAO 存在实证关系
灰尘	增加	仅南部场地	与 NAO 存在实证关系
径流	增加	中	与 GCMs 中的降雨、温度有关系
风化	增加	低	与 GCMs 中的降雨、温度有关系
有机酸	无变化	高	了解不足
土中 pCO_2	无变化	低	与来自 GCMs 的因素有关系
森林生长	减小	低	与温度、湿度、pCO_2 有复杂关系
有机物质沉降	减小	高	与温度、湿度有复杂关系

(修改自 Wright 等，2006)

这次尝试只是简单地测试了各种过程的相对重要性，并没有涉及预测土壤和水化学的未来响应的实际气候情景。Hardekopf 等（2008）下一步使用可获得的最佳信息在 MAGIC 中设定速率和几个关键的气候驱动过程的参数值，来预测捷克 Litavka 流域的未来酸化和恢复。他们的模拟包括温度依赖性的风化速率、土壤中氮的释放、净土壤氮矿化和森林生长。他们使用来自 GCMs 的几个未来气候情景，缩减到 Litavka 流域。他们的结论是，未来气候变化对该地域的化学恢复影响不大。

Evans(2005)采取了另一种方法，用气候变量和英国威尔士 Afon Gwy 溪流的溪水化学观测的经验统计关系，为未来气候情景的评估设置 MAGIC 中的参数值和速率。Evans 用了三个经验关系：①排水量，作为降雨和温度的函数；②海盐沉降，作为北大西洋涛动指数函数(NAOI)；③溪流 DOC 浓度，作为夏季温度函数和硫沉降的函数，以预测未来土壤和水的酸化。他预测，未来气候变化将意味着 DOC 的增加和海盐沉降的增加，但这些会抵销对土壤和水的酸化作用。土壤DOC溶液的增加会导致土壤中碱性离子的迁移,从而导致土壤酸化程度的升高和水体酸化程度的降低。

其他几个模型研究集中在DOC的作用上。Aherne等(2008a)采用MAGIC和INCA-C耦合模型(碳的流域集成模型)模拟了流域径流中的DOC浓度(Futter等,2007),以预测安大略Plastic湖的小支流酸化后的未来恢复。其中使用了由GCMs推导的气候缩尺模型。在本场地干旱引起的硫酸盐脉冲发挥主导作用。由于INCA-C不能提供土壤溶液中的DOC信息,MAGIC模拟的运行不考虑土壤中DOC的进一步改变。INCA-C模型预测了溪水中由于变暖引起的DOC增加,但不能完全解释温度增加和地表水酸化对DOC的全部作用。Futter等(2007)指出,对地表水中DOC动力学的完整理解需要将DOC过程纳入流域尺度的过程导向模型,如MAGIC。

Aherne等(2008b)和Posch等(2008)扩展了这类情景研究,研究范围覆盖了芬兰的整个湖泊群。他们为针对163个芬兰的森林流域使用了MAGIC模型框架和广泛的土壤、地表水和沉降数据集,以评估水化学反应的酸沉降、气候变化和森林采伐的几种情景。模拟结果表明,在所研究的流域,最大(技术上的)可行水平排放量的减少将导致土壤和地表水的显著恢复,并将水的质量返回至接近酸化前的值。根据目前的过程描述,气候变化的直接影响对现场模型模拟的作用非常小。然而两个探索性的简单DOC经验模型表明,硫沉降或温度的变化可能会影响地表水的恢复,并且由于硫和氮沉降的减少,相应的DOC浓度增加可能会抵销恢复的pH值。

利用森林生物量进行能源生产已成为一个减少温室气体排放的重要缓解策略。为了满足这一新的需求,未来的采伐预计将从树干转移到全树采伐。在生物燃料生产中(全树采伐情景,WTH),森林采伐残留物用量的增加,预计将对碱性阳离子平衡产生显著的负面影响,导致研究流域水体的再次酸化(图7.15)(Aherne等,2008b)。可持续的林业管理政策必须考虑空气污染和采伐方式的综合影响。显然,如果实施这样的政策,需要进一步减少排放以减轻WTH的负面影响。此外,也可能需要增加肥料的使用,如木灰的应用,以保持这些森林生态系统的土壤养分状况和湖泊水质。

7.8　对水生生物群落的影响

酸沉降影响水生生物群落,由于酸沉降使得水体无机铝和氢的浓度过高而产生毒性,进而影响到水生生物群落。气候变化通过影响这些有毒化学成分的浓度实现与酸沉降相互作用。但除此之外,气候变化对水生生物群落有直接影响。鲑鱼迁徙对水温和流量的依赖性就是一个很好的例子。

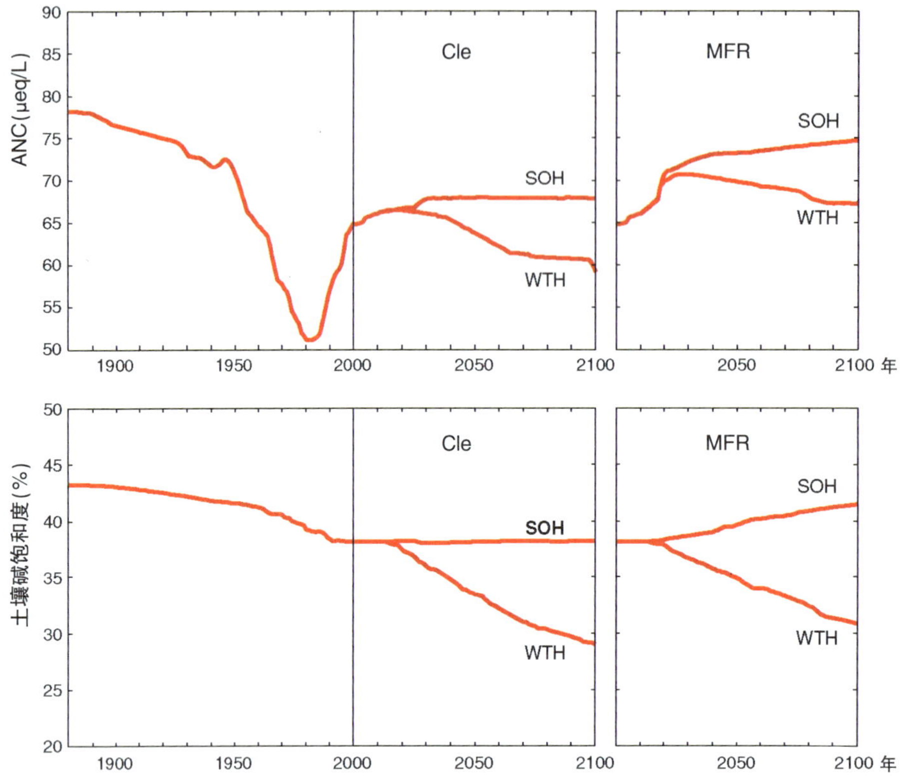

图 7.15 在两个排放情景下的 163 个芬兰研究流域的湖泊水 ANC(上图)和土壤碱饱和度(下图)的时间发展和两个森林采伐(生物体能量)情景(树干采伐 SOH 和全树采伐 WTH)

(Aherne 等,2008b)

Hardekopf 等(2008)已经取得了一些酸沉降和气候变化与水生生物群相互作用的研究成果。他们关于捷克共和国一个流域和水系的模型研究发现,在未来气候变暖的情况下,溪流中底栖无脊椎动物的恢复仍然会受到土壤中持续释放的硫酸盐(和酸)的阻碍。

Gilbert 等(2008)针对干旱对加拿大安大略的一些酸敏感河流底栖无脊椎动物的影响进行了研究。研究发现,如蜉蝣、翅目和毛翅目等健康生物群落的共性显示生物第一年干旱后增加,第二年降低,表现出高抵抗力和低恢复力。另一方面,摇蚊幼虫显示了相反的效果。干旱作为一种干扰机制,简化了底栖生物群落的组合,从而降低了生物多样性。

未来气候变化和酸沉降情景下的研究表明,酸化事件的发生频率和严重程度增加。Kroglund 等(2008)指出,这意味着鲑鱼种群的条件进一步劣化。针对有关英国溪流中无脊椎动物的研究,Kowalik 等(2007)得出了类似的结论。

具有明显临界值的生态系统的结构和功能已表现出明显的改变。冬季湖水不再冰覆盖和热分层,而是进行流通。作为响应温度升高的一个明显阈值,在酸化湖泊中,这可能意味着春天整个范围内的酸性融雪，而不是被限制在 1m 范围内的一层薄冰下。这种酸性层已被证明是吸引鱼类到湖泊产卵的限制因子,如加拿大的湖鳟鱼和挪威的棕鳟鱼(Barlaup 等,1998)。严重的干旱可能会杀死植被,温和的气候可能会促进昆虫发育和疾病扩散，水温升高可能会导致无脊椎动物在一年内完成整个生命周期(Borgstrøm,2001)。

7.9　结论

预测酸沉降和气候变化对淡水生态系统的协同效应,本质上充满了不确定性,这类气候条件的预测是前所未有的。对于许多气候情景,预计在未来的平均温度将远远高于极端年期间的观察值(对大多数生态系统最高 30 年)。生态系统的反应可能是非线性的,因此,应将观察范围扩大。

欧洲、北美东部等敏感地区地表水的广泛酸化和酸沉降是相互关联的。这意味着,减少酸化的措施可以继续集中在削减硫和氮化合物的大气排放方面。虽然对于酸化淡水生态系统水质的恢复,硫和氮化合物排放量的降低已有显著改善,但生物修复已经滞后,在许多领域问题将留至未来几十年。如果目标是恢复所有受影响的生态系统,则需要进一步削减排放量。

气候变化是一个混合因素,它可以加剧或延缓酸化与恢复的速度和程度,二者与化学和生物效应有关。因此,酸沉降降低后没有得到恢复,可能仅仅是气候变化的混合影响的结果。酸沉降恢复的时间尺度在许多方面类似于气候的长期变化,部分原因是因为这两个驱动受到流域土壤中储存的硫、氮、碳和阳离子的影响。但是干旱等极端气候事件导致极端反应,阻碍了生物恢复过程,减缓了趋向于稳定生态系统的恢复进程。相互作用是复杂的和多方面的,因此,生态系统的结果很难预测和推广。

酸沉降和气候变化都是由气体排放到大气中造成的，这很大程度上是由相同类型的人类活动引起的,如化石燃料燃烧和其他工业过程。显然,人们得到了大量的“共同利益”:例如,由使用可再生能源带来的 CO_2 排放量的减少也将导致硫和氮排放量的减少。在政策层面,很多可能需要协调的未来排放控制,现在由联合国欧洲经济委员会(UNECE)长距离跨界空气污染公约(LRTAP)和联合国气候变化框架公约分别处理。

社会将采取措施改善或减轻气候变化的影响。其中一些措施可能会间接影响敏感性淡水水体的酸化。例如,芬兰模型实例(图 7.15)所述的森林生物燃料更密集的使用可能导致现在存储在土壤中的氮以NO_3^-的形式和酸性阳离子向地表水释放。需要对适应和缓解的影响进行更多的研究。

然而,我们对气候效应和酸化效应之间的相互作用机制仍然知之甚少。试验、持续监测、长期数据的分析和建模是互补的方法,这可对相互作用产生新的见解和认识。在这一领域的研究特别具有挑战性,因为目标是对未来气候条件下的情景作出预测,这对许多生态系统来说是前所未有的。可以肯定的是,在可预见的未来,气候变化将会对淡水生态系统产生更多的影响,肯定会有不确定的后果。目前很可能低估了气候变化对淡水的总体影响。

第 8 章

变化气候条件下淡水生态系统中持久性有机污染物和汞的分布

Joan O. Grimalt, Jordi Catalan, Pilar Fernandez,

Benjami Piña and John Munthe

8.1 引言

持久性有机污染物和某些痕量金属(如汞、镉、铅等)是通过一系列的城市活动、工业和农业过程释放到大气中的有毒物质。这些污染物一旦排放到大气中,就会分散开来并沉降到水体中。这些污染物通过生物累积作用进入食物网,进而对陆地生物和水生生物产生毒性作用。气候变化的许多方面(例如:温度的增加、降雨的变化、风场模式和大气降尘)都会影响到淡水系统中有毒物质的分布和迁移。

虽然很多由人类活动引入到环境中的有毒物质已被禁止或限制使用, 但是多数物质在环境中仍然存在,尤其是在土壤和沉积物中,他们要么存留在食物网中,抑或最终会被重新释放,进而被水生生物所吸收。在北极和高山湖泊淡水鱼类的组织中发现重金属(如汞) 和持久性有机污染物富集 [多氯联苯 (PCBs)、DDE](Grimalt 等,2001;Vives 等,2004a),这一现象证实了此类污染物在大气中具有流动性和迁移性(Carrera 等,2002;Fernandez 等,2002,2003;van Drooge 等,2004),在寒冷地区也具有一定的浓度(Fernandez & Grimalt,2003)。这些因素对水质可能产生的影响如下。

8.2 有机卤化物

由于持久性有机污染物(POPs)具有卤素取代基[主要是氯,构成了所谓的有机氯化合物(OCs)],因此具有很高的化学稳定性。70 年前,首次在环境中发现了 OCs,由于其化学稳定性较高,至今仍然存在。多氯联苯作为这些化合物中的一类,其化学性质十分稳定,以至于任何环境过程都无法彻底破坏其结构。因此,这类物质通过生物体的死亡或代谢过程,在环境和生物体之间不断循环。持久性有机污染物的高稳定性使他们能够被远距离传输且不易被氧化和光解,而多数大气化合物,特别是对流层上层的化合物,都受氧化和光解作用支配。

这些化合物中的大多数可以用来合成农药, 包括 DDT、林丹 (γ-六氯环己烷或 γ-hch)、艾氏剂、毒杀芬、氯丹、灭蚁灵、狄氏剂、异狄氏剂等杀虫剂。六氯苯(HCB)被用作杀菌剂,到今天仍然作为多种氯代有机溶剂制造业的副产物在生产。相反,合成的多氯联苯主要用于变压器中的电介质、阻燃剂、高热稳定性油等领域。同时,一些化合物被合成为纯度较高的原料产品,用于生产多氯联苯、六六六和毒杀芬等混合物。因此,大量化合物被引入到环境中。在某些情况下,这些化合物可转化成污染物(如 DDT 转变为 DDE 和 DDD),进一步增加生态系统中有机污染物的数量。目前在欧洲偏远地区的水体中,这些化合物的浓度范围分别为:HCB1~10pg/L、六六六 50~3000pg/L,硫丹 60~500pg/L(表 8.1)、滴滴涕 7~14 pg/L 以及多氯联苯 50~120pg/L(表 8.2)。

表 8.1 偏远地区水体中 OCs 的浓度(平均值±标准差;pg/L)

地理位置	六氯苯	a-六氯己烷	y-六氯己烷	a-硫丹	B-硫丹	硫丹硫酸盐
Ladove Lake(2000 年 9 月)	8.5	68 ± 35	139 ± 89	未检出	未检出	280 ± 65
Lake Redon (2000 年 5 月)	6.0	313 ± 120	1760 ± 606	207 ± 88	157 ± 51	1246 ± 293
Lake Redon(1996—1998 年)	8.4 ±11	410 ± 220	2500 ± 1090	60 ± 38	84 ± 46	1000 ± 540
Lake Gossenkolle (1996—1997 年)	4.0	64 ± 53	930 ± 850	44 ± 28	28 ± 24	92 ± 72
Ovre Neadalsvatn(1998 年)	6.2	110 ± 52	200 ± 76	未检出	未检出	120 ± 16
Amituk Lake(1994 年,Arctic)		630	169			
Sea water(Antarctica)		3.4	0.7			
Arctic Ocean (1990 年、1992—1994 年)	14~18	870~4700	180~700	2.0~7.2	0.35~5.3	
Lake Malawi(1996—1998 年)	4.4	9.8 ± 6.2	14 ± 8.7	3.3 ± 6.2		
Bow Lake(2000 年)	21	210	130	19	23	
Kananaskis(2000 年)	15	160	140	15	17	

(Vilanova 等,2001 a;Fernandez 等,2005)

此处,理应提到二噁英和呋喃。这些产品不是制造出来的,而是由诸如含有氯原子的有机材料燃烧(几乎所有有机物中都含有少量氯)或是在某些类型的纸浆漂白过程中产生的。聚氯苯乙烯(CSs)也是电解厂工业过程中的副产物。此外,在 20 世纪 90 年代,包括用作阻燃剂的多溴联苯醚(PBDEs)以及其他溴和含氟化合物等在内的新一代有机卤素污染物进入环境中。

持久性有机污染物具有脂溶性、半挥发性和有毒性等特点。因此,他们中的大多数目前是禁止使用的。2001 年,欧盟成员国签署了斯德哥尔摩公约,旨在降低氯代 POPs 浓度水平(主要是通过消除使用)和鼓励研究 OCs 对环境及人体健康的潜在影响。在这些化合物生产和使用后的不到 60 年,就必须采取全面的限制措施从生产源头上消除他们。

表 8.2 偏远地区水体中六氯联苯和滴滴涕的浓度(平均值±标准差,pg/L)

地理位置	六氯联苯			DDT	
	总量	颗粒态	溶解态	占悬浮颗粒物百分比	总量
Ladove Lake(2000 年 9 月)	64 ± 30	33 ± 8	31 ± 31	59 ± 19	12 ± 3
Lake Redon(2000 年 11 月)	79	55	26	67	9.6
Lake Redon(2000 年 5 月)	56 ± 11	28 ± 8	29 ± 8		7.1 ± 2.9
Lake Redon(1996—1998 年)	62 ± 44				16 ± 28
Lake Gossenkolle(1996—1997 年)	110 ± 64				14 ± 6.3
Ovre Neadalsvatn(1998 年)	26 ± 5.4				0.59 ± 0.40
Amituk Lake(1994 年,Arctic)	372				27
Arctic Ocean(1990 年、1992—1994 年)					1.0 ± 0.30*
Easthwaite WaterLake(1996—1997 年)	680 ± 190!				
Lakes in southernSweden(1997 年)	8~144#				

*代表只有溶解态;! 代表 61 PCBs 的总和;# 代表 49 PCBs 的总和。

(Vilanova 等,2001 a;Fernandez 等,2005)

研究发现,OCs 类污染物主要集中在 Flix 镇(加泰罗尼亚,西班牙),该处建有位于埃布罗河岸边的氯-碱厂。这家工厂排放大量的 HCB 到大气中, 排放 OCs 和汞到河流中(Grimalt 等,1994)。长期暴露在污染环境下给人类健康带来了各种影响,主要是和甲状腺功能障碍以及癌症等相关的疾病(Grimalt 等,1994;Sala 等,2001)。然而,这些化合物对人类健康的影响并不局限于一个特定的城镇或地区,而是波及全球。这些化合物会对人类构成新的致毒威胁。从在子宫内开始人类便暴露于小剂量的危害下,这种影响将持续一生。因此,必须结合污染物暴露下的长期影响结果进行综合评估。这种暴露在机体的发育阶段对其健康产生危害直至生长后期可能都不会显现出来,例如,结肠癌(Howsam 等,2004)和胰腺外分泌癌患者(Porta,1999)的癌基因突变与其血液中此类致毒化合物的浓度之间存在联系,甚至是在生命的早期阶段,这些化合物都可能会引起健康问题。事实上,已证实认知能力下降与宫内 DDT 暴露相关 (Ribas-Fito 等,2006),6 岁龄儿童的哮喘与产前接触 DDE 有关(Sunyer 等,2005,2006),并且儿童注意缺陷多动障碍症的增加也是由于新生儿期暴露于高剂量的 HCB 下引起的(Ribas-Fito 等,2007)。全球温度升高会导致此类污染物的挥发量增加,随之引起这些化合物在大气中和水生生态系统中的浓度升高,最终在人体内的富集量增加。

表 8.3 偏远地区水体中多环芳烃的浓度(平均值±标准差)

地理位置	颗粒态 PAH (单位 ng/L)	溶解态 PAH (单位 ng/L)	总 PAH (单位 ng/L)
Ladove Lake(2000 年 9 月)	8.5 ± 0.7	3.4 ± 0.4	12 ± 1.0
Lake Redon(2001 年 5 月)	0.18 ±0.03	0.58 ± 0.2	0.77 ± 0.20
Lake Redon(1996—1998 年)	0.41 ± 0.13	0.27 ± 0.19	0.70 ± 0.21
Lake Gossenkolle(1996—1997 年)	0.57 ± 0.34	0.35 ± 0.19	0.86 ± 0.44
Ovre Neadalsvatn(1998 年)	0.50 ± 0.08	0.56 ± 0.06	1.1 ± 0.1
Esthwaite Water Lake		92 ± 32	
Raritan Bay(New Jersey)	7.0~7.1	3.2~7.4	10~15
Hamilton Harbour(Lake Ontario)			45 ± 4
Niagara River			17 ± 5
Danube Estuary	0.13~1.25	0.18~0.21	
Northern Chesapeake Bay			8.7~14
Southern Chesapeake Bay			
Hampton(urban)	2.9	3.2	
York River(semiurban)	5.2	5.2	
Elizabeth River(industrial)	23	43	
Baltic Sea	0.07~0.33	0.57~0.74	0.64~1.08

(Vilanova 等,2001 a;Fernandez 等,2005)

8.3 多环芳烃

多环芳烃(Polycyclic Aromatic Hydrocarbons,PAHs)是由稠合芳烃(苯型)环形成的,且不含氯原子。这种融合使得多环芳烃非常稳定,并具有持久性有机污染物的特性,但对光解作用和环境氧化十分敏感。这些化合物主要是在燃烧过程中(例如,来自汽车、火电厂和森林火灾)产生的,也存在于石油中。因此,与有机氯化合物相比,多环芳烃会一直存在于自然界中:地球上含氧大气层形成以后,多环芳烃类物质就已经通过森林大火和地球化学过程进入环境中。

生物有机体在其进化过程中就已经暴露于多环芳烃类物质的污染中。当前在欧洲偏远地区,水体中多环芳烃的浓度为 0.1~1.0ng/L(表 8.3)。这种持续暴露导致生物有机体代谢机制不断发展以便有效消除体内的有毒物质。因此,在高等生物体中并不会出现多环芳烃的生物富集,但这并不意味着多环芳烃对人体健康没有消极影响。相反,这些化合物是为人们所熟知的具有高致癌性的物质(IARC,1983)。多环芳烃和有机氯化合物之间的主要区别是:前者通过直接暴露产生强烈的毒害作用,后者则更容易对有机体的健康产生长期影响。从 19 世纪中叶开始,由于可燃矿物燃料作为能源广泛使用,致使生态系统中这些化合物的污染水平上升了几个数量级(Fernandez 等,2000),而人类常常生活在多环芳烃不断排放的地区,如城市。

8.4 汞

汞(尤其是甲基汞)可在食物链中发生生物富集和生物放大作用,当其释放到大气中后还可进行长距离传输,在许多地区都发现了被甲基汞污染的鱼类。甲基汞是汞在环境中毒性最大的存在形式,并且易在水生食物链中发生生物富集。研究发现,许多湖泊中鱼体内的甲基汞浓度都已超过了世界卫生组织推荐的允许饮食的汞浓度,即 0.5 μg/g ww(湿重)。美国环境保护署的规定更为严格,建议将 0.18μg/g ww 作为甲基汞污染鱼类可食用的联邦顾问委员会规定限值(美国环境保护署,2003)。甲基汞对胎儿中枢神经系统的发育具有毒害作用(Mergler 等,2007)。对于中年男性,体内高的汞积存量也可能成为引起急性冠脉事件(冠心病、脑梗死)的风险因素(Virtanen 等,2005)。

在斯堪的纳维亚,数以千计湖泊中鱼体内的汞含量均超过了健康标准限值,使得它们不再适合人类消费,但对于维持生态系统特征仍是十分重要的(Munthe 等,2007a)。汞以甲基汞的形式进行生物富集。因此,生态系统产生和运输甲基汞的特定能力决定了其最终的生物富集率(Munthe 等,2007b)。以北极和高山地区为例,研究发现,在斯瓦尔巴特群岛的 Arresjøen 地区,虽然汞在沉积物和水体中的浓度很低,但在肉食性的北极嘉鱼种群体内,其浓度却很高,最高值达到 0.44μg/g ww(Rognerud 等,2002)。在 1993 年,研究人员对五种棕鳟鱼肌肉内的汞浓度进行了分析,发现其浓度为 0.04~0.08μg/g ww(Rosseland 等,1997)。2001 年,研究表明其体内的汞含量仍然较高,浓度为 0.035~0.23μg/g ww。

8.5 温度升高的影响

温度会对决定化合物环境行为的多种理化性质和过程产生影响,进而影响其热力学(如平衡常数、分配常数、吸附等温线、蒸汽压和溶解度等)和动力学(如迁移性和反应速率)特性。因此,温度的变化可影响污染物在环境中的动态、转运和归趋等特征,尤其是在水环境中。

温度也决定了每个生态系统中水相的相对比例。气候变暖会导致空气湿度增加以及寒冷地区的冰雪减少。较长的无冰期将会增加流域内土壤的侵蚀,提高土壤中赋存污染物的释放,但由于这种相互作用的复杂性以及很多参数隐含着不确定性,对这些过程进行建模和定量评价显得十分困难。

8.5.1 有机卤素化合物和温度

多数持久性有机污染物都存在蒸汽压,这会使其产生一定程度的挥发。因此,这些物质在地球上的温暖或温带地区可以进入到大气中，之后在寒冷地区以固体或液体形式凝结或积聚。这种现象主要取决于温度，即为人们所熟知的“全球蒸馏效应”(Wania & Mackay,1995)。

由气候变化引起的温度变化会对这些污染物的动态特征产生影响，进而影响其远程传输、生物富集、生物可利用性和生物降解等特征,最重要的是其在环境中存在持久性和可以进入营养链。例如,地球上生产的多氯联苯的总量约为1300000t,其中97%是在北半球生产。这些化合物大部分留存在它们生产或使用地区的土壤中（即温带纬度地区）(Meijer 等,2003),其中的一小部分会进入大气层中,随后积聚在寒冷地区(如北极区)。然而,最近的研究发现这种通过凝聚作用的积累过程不仅会影响遥远的地区,还会影响高山地区(Grimalt 等,2001;Vives 等,2004a)。换言之,工业化国家不仅将其污染物输出国外,同时也将部分输送到工业化世界中保存最为完好的原生态地区。

图8.1显示了不同种类OCs在欧洲湖泊鱼类体内的分布。由图可知,离污染源(即城市和工厂)最近的湖泊受污染最为严重。这一发现似乎是一个悖论:通常来讲,倾倒废物到遥远的地区一直被认为是一种稀释,这样会减少对环境的影响。在这种情况下,由于存在蒸发(即稀释)和随后的冷凝(即浓缩)过程,我们所观察到的其实是污染物到遥远区域生态系统的净转移。因此,持久性有机污染物对生态系统的影响并没有被弱化,他们只是从一个位置(暖区)移动到了另一个位置(冷区)。

在观测不同用途化合物时也发现了上述相同的现象。DDE作为DDT杀虫剂的主要代谢物存在于环境中。多氯联苯及其最稳定的同系物混合物（如101号、118号、153号、138号和180号)和DDE在环境中具有相同的行为趋势,而最不稳定的同系物混合物(如28号和52号)则具有不同的行为趋势(图8.1)。这些化合物环境行为的决定因素是其挥发性。蒸汽压低于$10^{-2.5}$Pa的化合物积聚在高山区域。蒸汽压高于该值的化合物在高山湖泊系列代表的年平均温度范围内无法留存,而是存在于高纬度地区(Grimalt 等,2001)。

温度也是近来生产或使用的有机溴化合物在环境中再分配的一个关键因素。这一观点对多溴二苯醚(PBDEs)是成立的,这种化合物在20世纪80年代末多氯联苯禁止使用后第一次使用。研究人员对这两种化合物在Pyrenean和Tatra高山湖泊横断面中的分布进行了研究,分别包括1000m和550m的海拔差异。图8.2显示,在比利牛斯山地区,多溴二苯醚的使用更早,并且其在高山地区的分布特征与温度变化特性一致,多氯联苯也表现出类似的变化规律(Gallego 等,2007)。相反,在Tatra地区,由于多溴二苯醚直到后来才被

使用,因此这些污染物在高山地区尚未达到稳态分布。

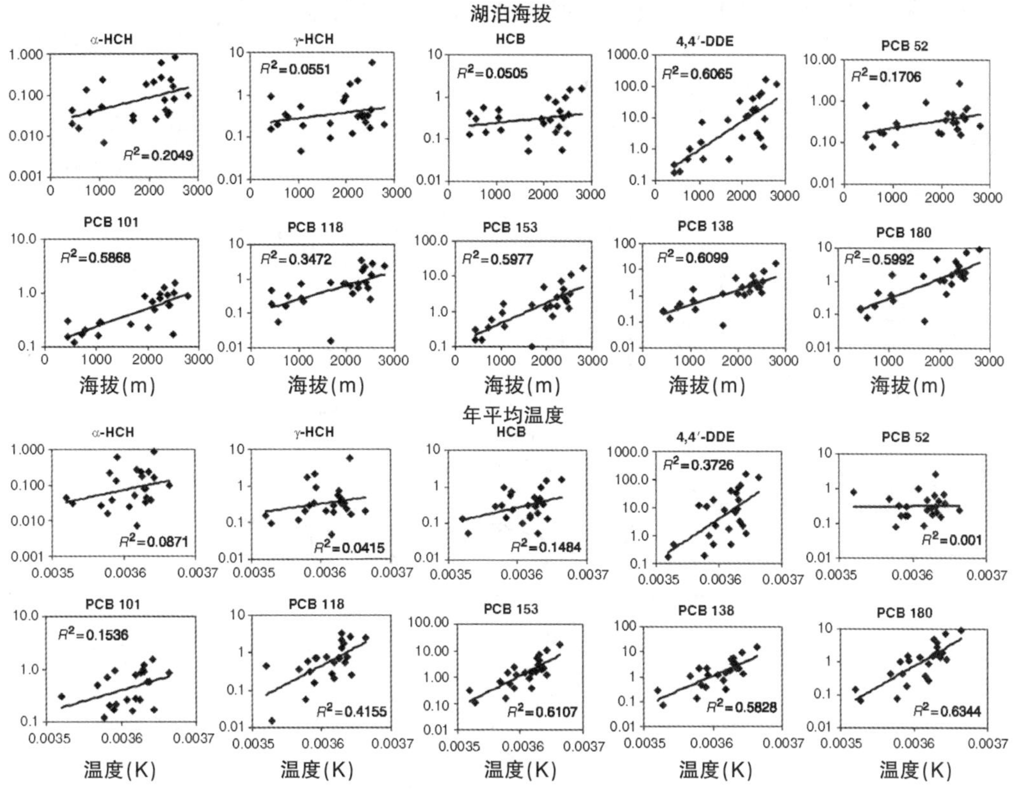

图 8.1　欧洲高山湖泊中,由海拔和温度决定的鱼体内不同种类 OCs 的浓度
(这两个变量在序列上大体相关)

每个点为每个湖泊鱼类的 OCs 浓度平均值。正如所观测到的,高分子量化合物(4,4′-DDE 和 PCBs 118、153、138 和 180)和纬度或温度之间具有一定的相关性。对于大多数挥发性化合物这种相关性(此处相关性是指存在于海拔最高和最遥远地区的大量污染物)并没有被观测到(Vives 等,2004a)。

在综合比较两个多山地区多溴二苯醚和多氯联苯的分布时，上述趋势更加明显（图 8.3)。在比利牛斯山脉的湖泊中,尽管每种类型化合物进入环境中的时间各不相同(超过 40 年),但观测到了浓度的平行分布现象(Gallego 等,2007),而这种相关性在塔特拉山脉的湖泊中未曾观测到。

在这些高山湖泊中，关于食物网的研究为引起这些化合物在生物体内积累的物理化学过程提供了进一步的线索。对 Redon 湖(庇里牛斯山)水体中的 OC 组成、摇蚊、陆生昆虫、枝角目动物、软体动物、蓝藻和鱼类(棕鲑鱼)等进行了监测。食物中正辛醇/水分配系数(Octanol-Water Partioning coefficient,*Kow*)高于 106 的 OCs 浓度比由理论 *Kow* 得出的预测值要低(图 8.4),这表明,在食物链中生物体的生命周期内,此类化合物的分布并没有达到平衡(大约 1 年)。另一方面,除最大分子量化合物 PCB 180(包含七个氯取代基)外,其他污染物在鱼体内的生物放大程度随着 *K*ow 的增加而增加。

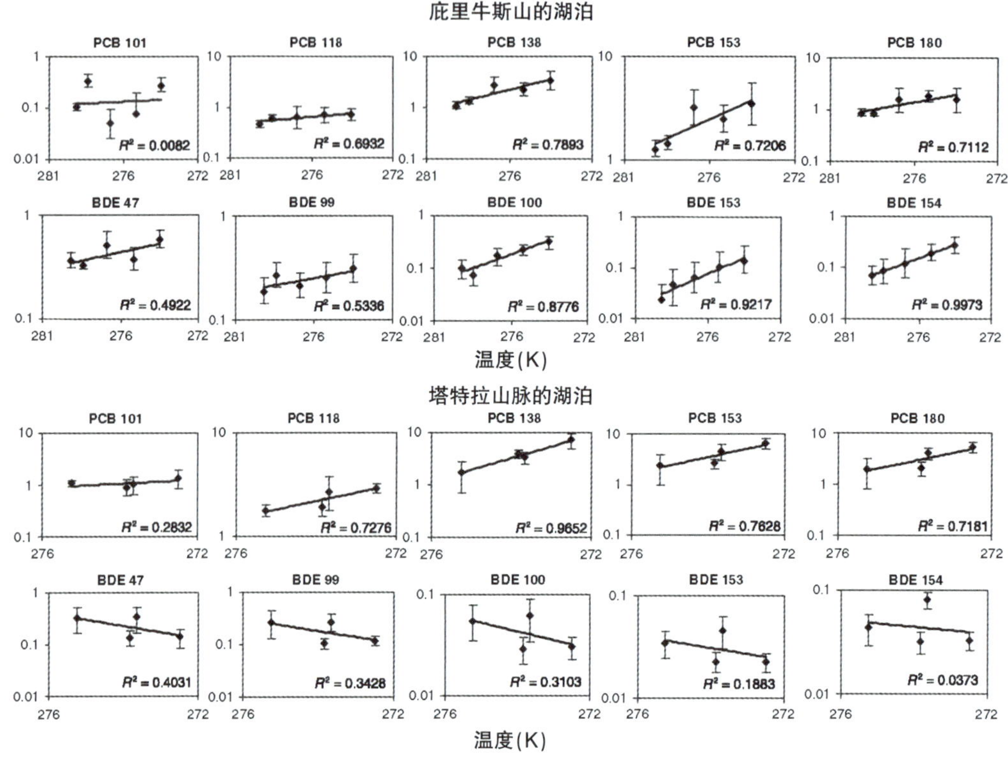

图 8.2　鱼体内 PCBs 和 PBDEs 同族化合物依赖于温度的浓度变化

这两种情况下,仅对庇里牛斯山的 PBDEs 而言,高分子量 PCBs 的积累和温度具有一定的相关性(Gallego 等,2007)。

使用逸度模型(体现化合物在不同器官之间的转移)进行 OC 的鱼鳃和内脏交换实验,结果表明,所有化合物均存在鱼鳃净损失和内脏净吸收,该模型是以 OC 在水、食物和鱼中的浓度为基础的(图 8.5)。只有当化合物的 lg(*K*ow)<6 时才能达到伪稳态。在表观稳态下计算 OC 在鱼体内的平均停留时间,结果表明,HCHs 的平均停留时间为几天到几周,HCB 和 4,4′-DDE 为一年,4,4′-DDT、PCB28 和 PCB52 为 2~3 年,而大多数多氯化联苯化合物的残留期都超过了 10 年(Catalan 等,2004)。

水生昆虫体内 OC 浓度的变化取决于其生活史阶段。研究表明,从幼虫到蛹,昆虫体内 OC 和 PBDE 浓度的增加不受化合物本身理化特性的支配。这些化合物浓度的增加可能是由蛹在变态发育过程中自体重量的损失引起,这一损失主要是蛋白质碳的呼吸作用和食物匮乏的结果。从幼虫到蛹,尽管在总量上没有变化,其体内化合物浓度的增加与高等捕食者的污染物摄入相关。PBDE 在幼虫和蛹体内的浓度差异明显高于 OCs(图 8.6),

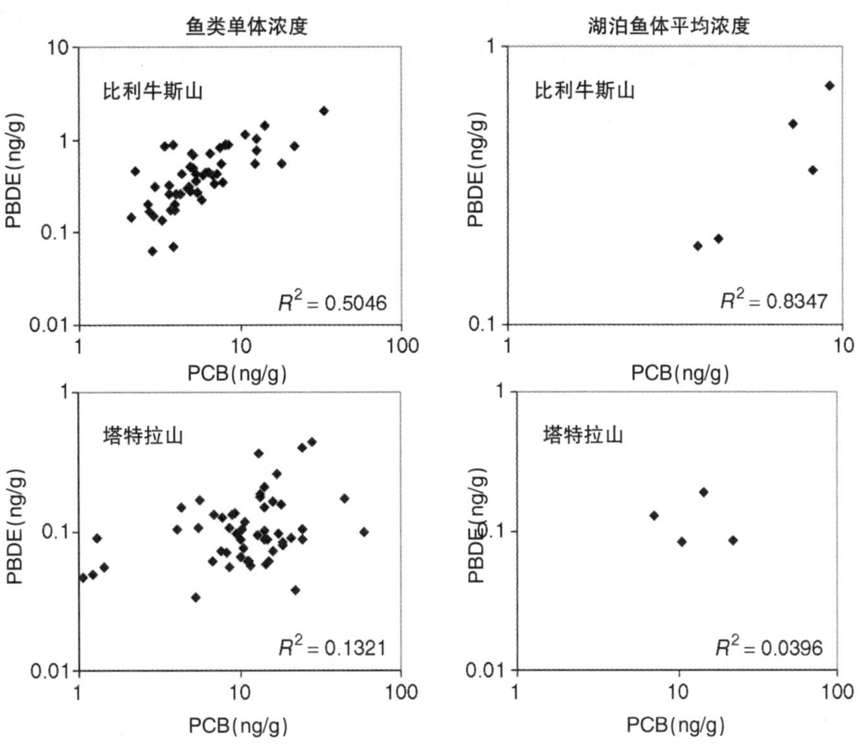

图 8.3 比利牛斯山和塔特拉山高山湖泊中不同鱼体内 PCBs 和 PBDEs 的浓度

(Gallego 等，2007)

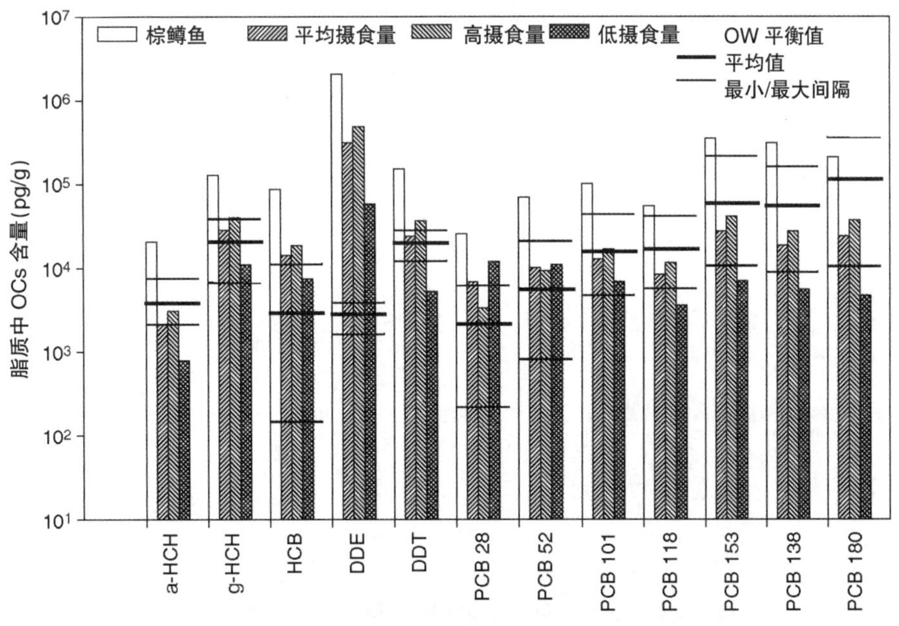

图 8.4 鱼体内 OCs 的浓度和基于脂质含量的摄食标准

双横线代表根据水体中 OCs 的浓度和 Kow 得出的期望值[代表高(最高)和低(最低)摄食周期及平均摄食周期](Catalan 等，2004)。

这表明前者体内的保留量更多,并与溴化物高的摩尔体积一致。鳟鱼(或任何其他食肉动物)以蛹为食时对 OCs 和 PBDE 每卡路里的摄入量比以幼虫为食时高 2~5 倍(Bartrons 等,2007)。

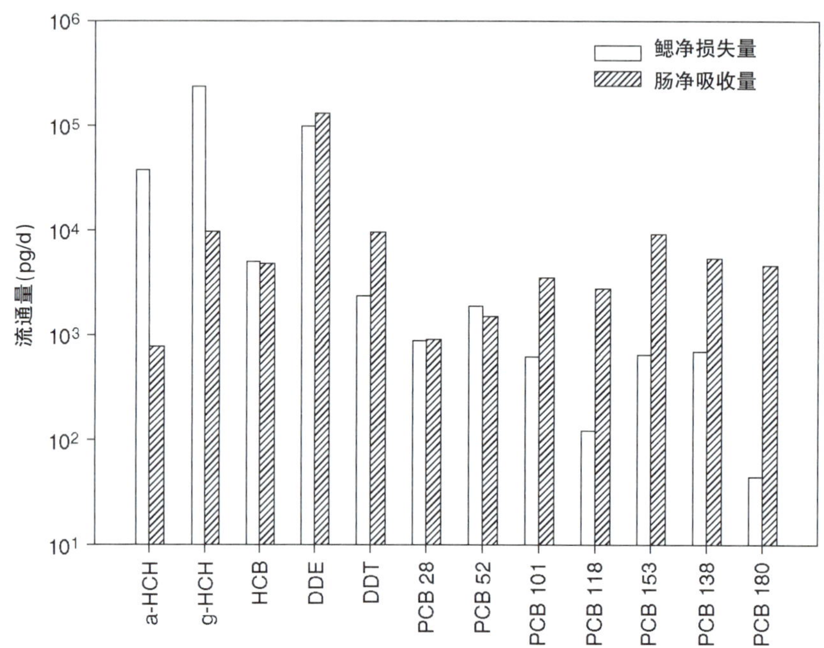

图 8.5 相对于水体、食物和鱼类,Redon 湖中鱼体内鳃净损失量和肠净吸收量的计算值(最大值为 204g)(Catalan 等,2004)

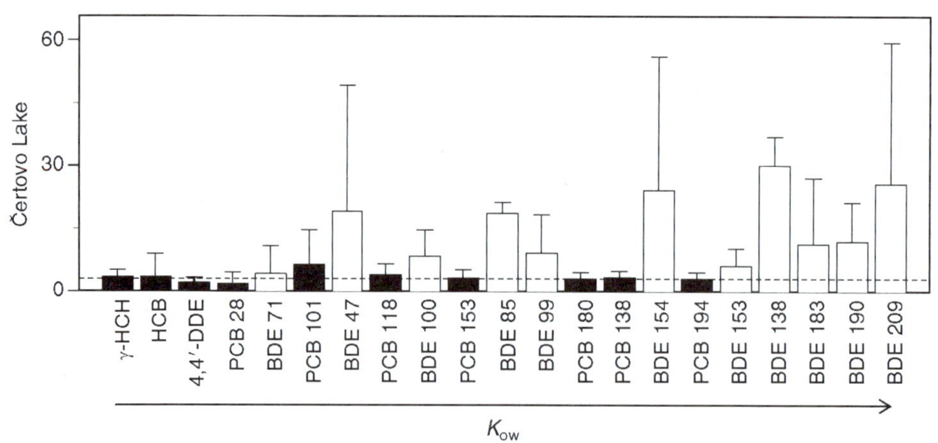

图 8.6 水生昆虫从幼体到蛹体内 OCs 和 PBDEs 浓度的增量比

由增加的 Kow 对化合物进行排名,虚线表示两个变态阶段 OCs 平均浓度的增加(3 倍)(Bartrons 等,2007)。

在湖泊沉积物(欧洲:Grimalt 等,2001)、雪(欧洲:Carrera 等,2001;加拿大:Blais 等,1998)、土壤(西班牙特内里费岛:Ribes 等,2002)和苔藓(Andes:Grimalt 等,2004)等环境组分中也观测到了上述化合物对温度的依赖性。在欧洲地区收集到的所有雪样中均发现有多氯联苯存在(Carrera 等,2001)。HCHs 含量同样较高,而 DDTs 的浓度则相对较低。在雪样中发现的如 HCH 和 PCB 等化合物,主要以气相形式存在。积雪层中的高浓度化合物的存在反映了从气体到雪花这一有效转移机制的发生。积雪中挥发性和非挥发性 OCs 的浓度也存在温度依赖性。因此,低温条件下,有更高浓度的污染物存在。然而,对于少数挥发性化合物,这些依赖性更为显著。

一旦这些化合物被引入到环境中,温度便成为影响它们分布的一个决定性因素。气候变化意味着温度的改变,目前在寒冷和多山地区,温度的升高尤为明显。因此,温度变化会导致积聚在这些地区污染物发生再分配。高山区域代表欧洲最偏远的生态系统,这些区域还是人类水资源的主要产区,并构成了河流系统的源头,维持这些地区的环境健康状况要求水体中的污染物处于低水平状态。

研究这些化合物的大气沉降对了解与温度依赖性相关的过程十分重要。在特内里费的 Izana(van Drooge 等,2001)、比利牛斯山的 Redon 湖、阿尔卑斯山的Gossenkollesee 和挪威的 Ovre Neadalsvatn 等地区已经开展了相关研究(Carrera 等,2002)。在这些区域,温暖时期均观测到有机化合物的大量沉降,这反映了蓄积于不同环境组分中的此类化合物均有较高的挥发率(Carrera 等,2002)。然而,在较冷的湖泊中,这些化合物的滞留能力更强,最不易挥发的化合物的保留量最多(图 8.7)。

另一个主要因素是这些化合物在大气层中的总浓度,在大气层中,与气候变化有关的温度变化会最先显现。在位于 Tatra 山脉 Skalnate Pleso 的 Redon 湖 (van Drooge 等,2004)和 Izana(van Drooge 等,2002)开展了季节性浓度研究。POP 在所有地区均有相同的分布,这证实了此类化合物具有挥发性以及会在全球范围内产生影响。大气充当污染物存储库的角色,这些污染物通过沉降作用可被转移到陆相淡水生态系统中,这些污染物在较温暖时期具有较高的挥发性 (图 8.8)。对于挥发性最小的化合物以及在低温地区 (如在 Skalnate Pleso 地区)这一趋势表现得最为显著。这种季节性的浓度差异与大气沉降的观测结果一致。因此,作为气候变化的直接结果之一,这些化合物在大气中的浓度可能会增加,从而对包括人类在内的更多生物体产生污染和毒害。

这些化合物的高度积累对生活在偏远地区的生物体具有毒性作用。通过检测细胞色素 P4501A(Cyp1A)已经证实了其中的一些影响。这种酶是包括鱼类的多种动物对不同环境污染物氧化暴露响应的生物标志物(van der Oost 等,2003)。生物体一旦接触类二噁英类化合物(包括各种公认的污染物,如二噁英、共面多氯联苯和多环芳烃等),Cyp1A 的表达就会增加(Fent,2003)。通过测定相应的信使 RNA(mRNA)的浓度水平可以检测到污染物对 Cyp1A 表达的影响(Pina 等,2007)。

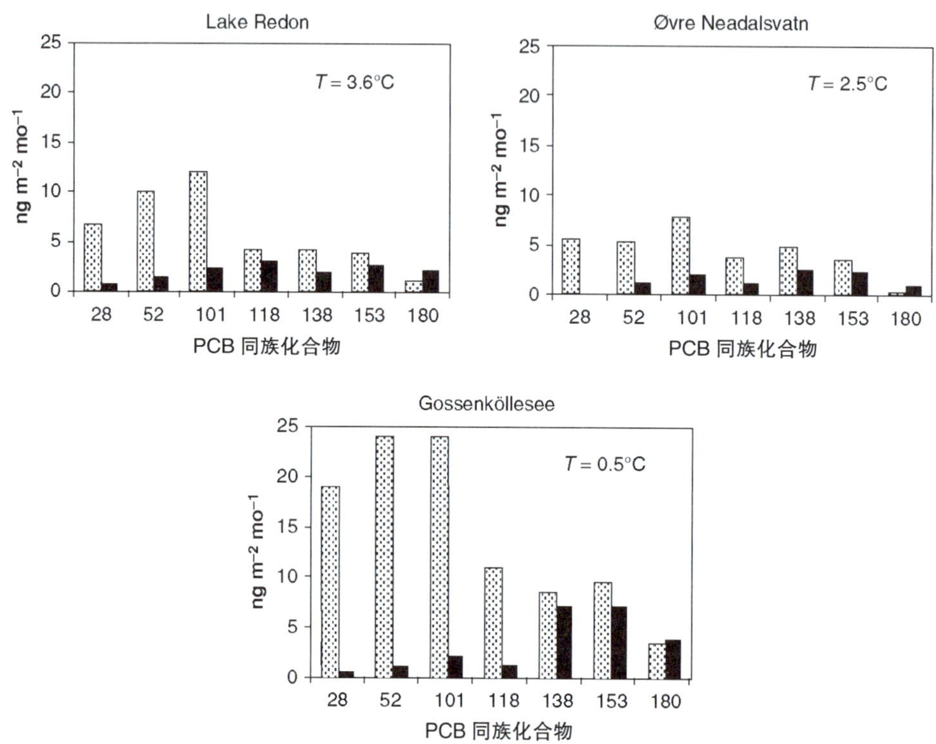

图 8.7 高山湖泊中大气沉降量(点状柱体)和 PCB 同族化合物流通量(实心柱体)的对比

低分子量化合物(多数容易挥发)在大气沉降中的流通量较大,而沉降主要影响高分子化合物(即低挥发量)。这种现象在寒冷湖泊中最为显著。

(Carrera 等,2002)

11 个欧洲高山湖泊中棕鲑鱼种群(分析了 101 个个体)肝脏的 CyplA 基因表达水平的变化如图 8.9 所示,图中绘制了其随温度梯度的变化趋势,并和同种动物肌肉中总 PCB 含量进行比较。图中显示了一系列数据的对数转换和绝对温度倒数之间的线性关系。依据污染物的物理化学性质,这些趋势表明,高山湖泊中鳟鱼(Trout)的 CyplA 诱导与 PCB 暴露有关,更具体地说是与五氯联苯和六氯联苯有关。尽管其他长距离迁移的污染物也可能与这种影响有关,但与其性质相似的物质是共平面的 PCB 同系物,如 PCB126。鳟鱼肝脏中肝 CyplA 表达对温度梯度变化的高度依赖性表明,全球变暖预测中预计的 POP 重新分配可能会对鱼类群体的生理机能产生显著影响,即便是偏远地区的鱼类。

8.5.2 多环芳烃与温度

一项关于高山湖泊鱼类肝脏中 PAHs 浓度的研究并未揭示出其对温度存在任何依赖

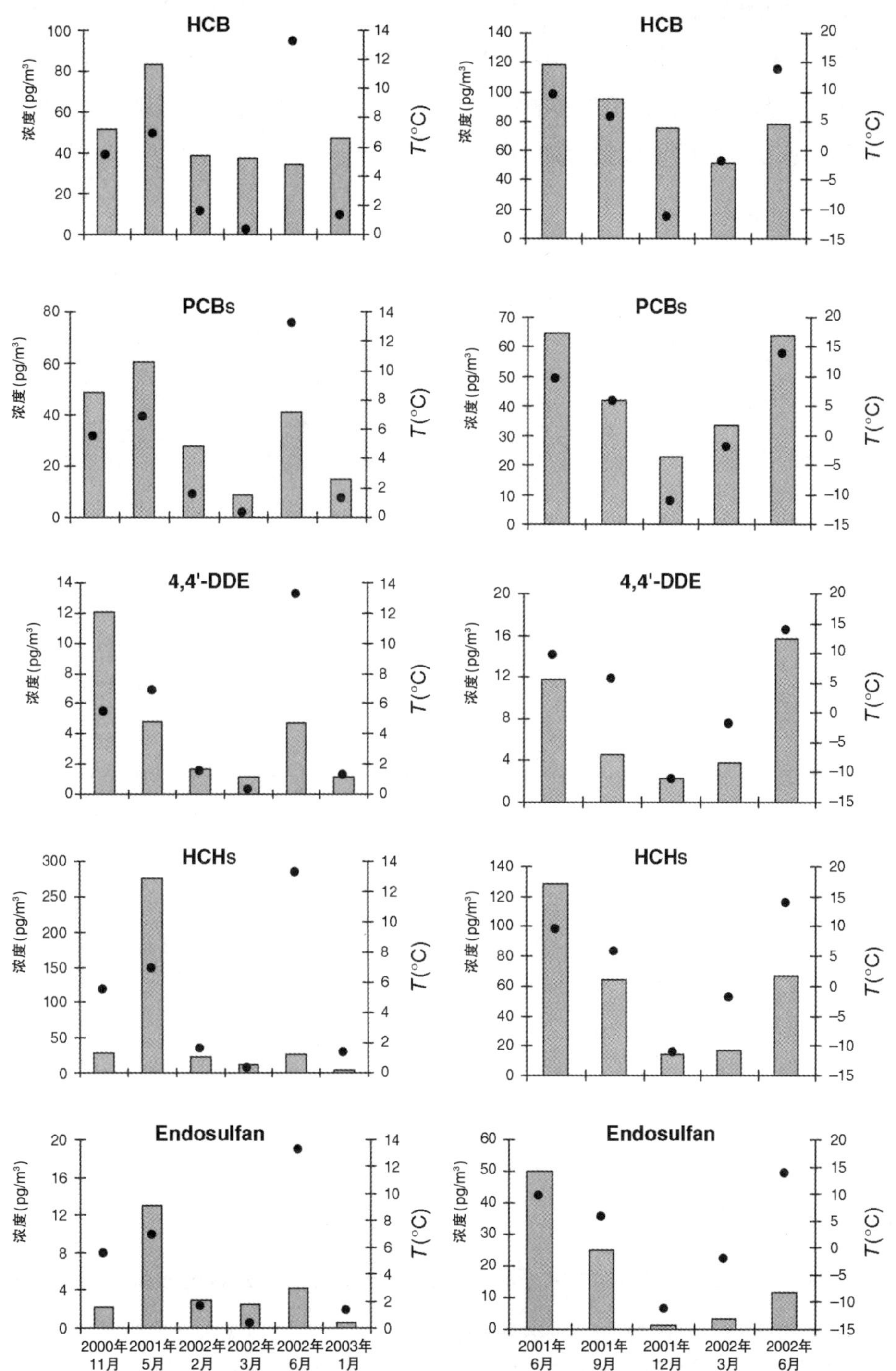

图 8.8　气相中(柱状)不同种类 OCs 的几何平均值和平均环境温度(点状)比较

通常气相中的化合物浓度在最温暖时期也较高。对于不易挥发的化合物和在低温区域(如在 Skalnate Pleso 地区)这种趋势更为显著。

(van Drooge 等,2004)

性(Vives 等,2004b),这可能是由于 PAHs 在鱼体内的富集量较小,且 PAHs 的全球转运机制不同于有机氯污染物。PAHs 在偏远地区 (Fernandez 等,2002) 和城市 (Aceves & Grimalt,1993)地区的分布状况与其颗粒大小,尤其是烟尘类型有关。因此,这类化合物的浓度比有机氯污染物更能反映当地的能源状况。

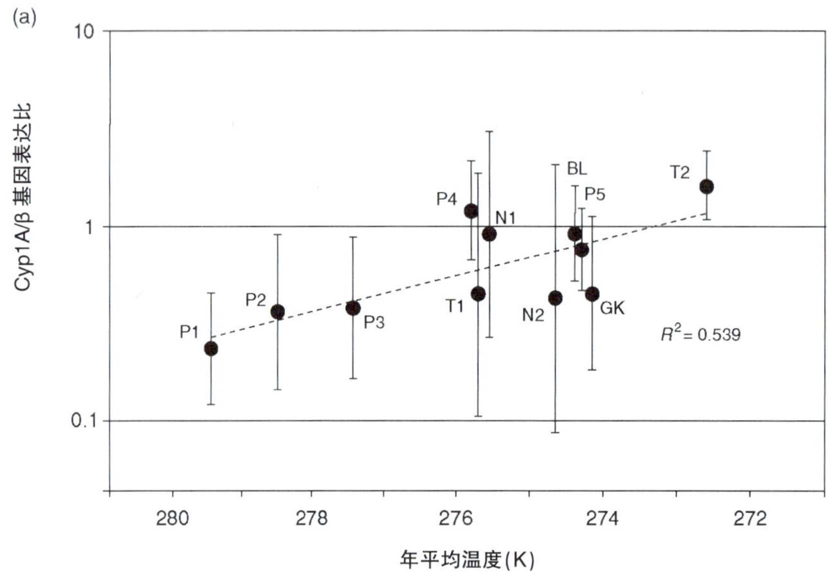

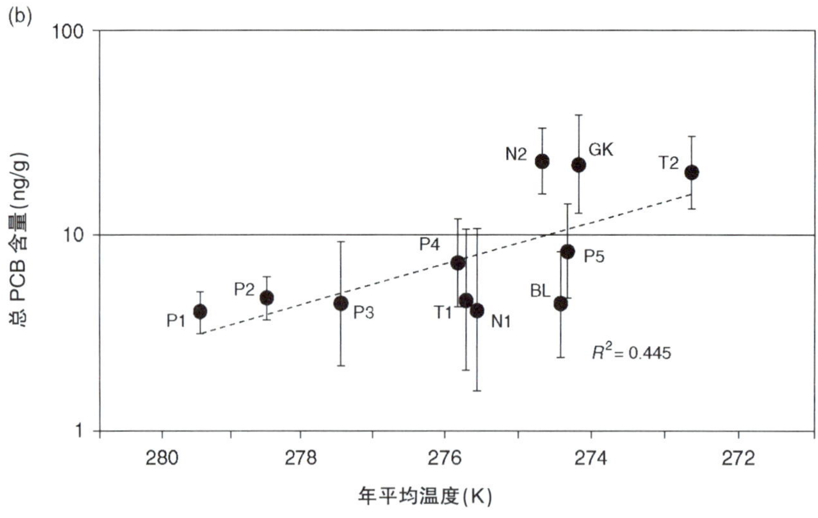

图 8.9 棕鲑体内 Cyp1A 表达值和总 PCB 含量之间的相关性,以及不同欧洲湖泊绝对年平均温度的倒数

为了便于阅读,横坐标代表温度值而不是倒数,点代表每个湖泊所有鱼体内含量的平均值,柱体代表标准差。在这两幅图中,计算了根据函数图得来的基因表达或 PSB 浓度的对数转换值和绝对温度倒数之间的回归线和相关系数(图中的不连续直线和 R^2 值)。根据不同湖泊的地理学状况对它们进行了分类标记:P1~P5 为来自比利牛斯山的湖泊;T1 和 T2 是来自塔特拉山脉的湖泊;N1 和 N2 为挪威中部的湖泊;GK 为来自奥地利阿尔卑斯山脉的湖泊;BL 为来自里拉山脉的湖泊。

PAHs 在大多数生物体内的分布与其在大气沉降、水和悬浮颗粒中的分布形态一致(Vives 等,2005)。河岸带生境中生物体内的总 PAH 含量高于深层沉积物或中上层水柱,而深层沉积物中生物体富集的较高分子量 PAH 的比例高于其他湖区的生物体。在相对 PAH 组成方面,不同的生物体表现出物种特异性,此处的 PAH 组成是指不同的吸收和代谢降解能力。相对于食物中 PAH 的浓度,棕鲑体内的浓度较低,因此其代谢降解能力较强,低分子量化合物的富集量较大(图 8.10)。棕鲑体内 PAH 水平在很大程度上取决于食物。

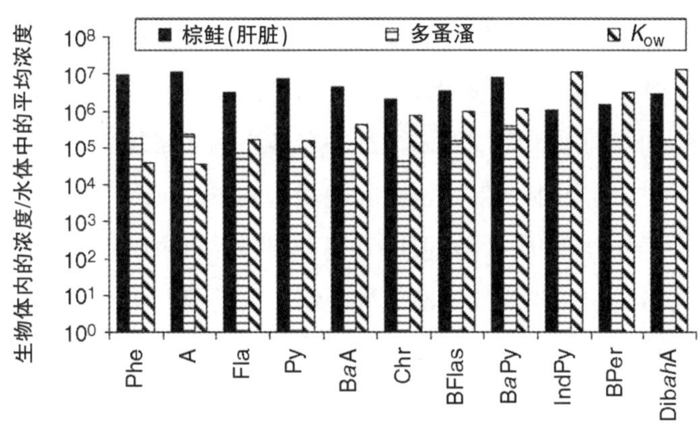

图 8.10 棕鲑(肝脏)、多蚤溞和水体(溶解态)中脂质标准化 PAHs 含量和化合物正辛醇–水分配系数期望值之间的比值对照

水体中的浓度参考 Vilanova 等(2001b)和 Fernandez 等(2005)。(Vives 等,2005)

相对于夏季,冬季需要消耗的燃料更多,因此,大气中 PAH 的浓度在冬季较高(Aceves & Grimalt,1993;Fernandez 等,2002)。不断增加的能源消耗意味着更高的 PAH 排放量,未来空调使用率的不断增加会导致这种趋势发生逆转。这意味着参照当前 PAH 不同形态的分布,气态 PAH 的比例将比颗粒态多环芳烃的比例更高,尤其是在城市中(Aceves & Grimalt,1993)。

在任何情况下,基于能源使用量的不断上升(其中 85%来自化石燃料燃烧),可以预测这些化合物的浓度在未来将会不断增加。然而,从 20 世纪 70 年代至今,高山区域湖泊中多环芳烃的浓度下降了 30%(Fernandez 等,2000)。这种减少是由以发电站为主的化石燃料燃烧率的提高导致污染物排放量降低引起的。这些致癌碳氢化合物的排放量可以通过改进燃烧过程以及大规模使用太阳能和风力发电得到进一步限制。这些化合物在未来全球环境中的发生将取决于化石燃料的能源消耗和燃烧方法的改进,以及使用可再生能源替代化石燃料的程度等之间的平衡。在这些方面,仍然有很多不确定因素困扰着人类。未来燃烧技术的改进在控制 PAH 生成总量上的作用可能会被不断增加的能源消耗所抵消。

8.5.3 汞与温度

虽然汞具有和上述有机化合物相似的许多特性(如半挥发性、持久性、毒性),但环境中汞不同形态的重要性各不相同。气态汞在空气中占主导,而汞的二价氧化物在水体、土壤和沉积物中较为普遍。甲基汞在这些介质中一般占比很小(<1%),但由于此类化合物是其毒性最强的存在形态,并可进行生物富积,因此,从环境和健康的角度来看,对甲基汞的研究显得十分重要。

由于不同形态汞(氧化态、还原态、甲基化)之间的转化率和不同界面(如大气和陆面以及水和沉积物之间的交换)之间的转运率取决于温度这一变量,因此温度升高可改变汞在环境中的循环,而目前关于温度对汞循环的总体影响知之甚少。一般而言,大气中汞的氧化率预计可能增加,这可能会导致汞在陆地和水体中的沉降增加,但也可能会被陆地和水体中元素汞挥发量的增加所抵消。温度升高会增强无机汞的甲基化率,同时去甲基化率也会提高。在北方环境中,当前的寒冷条件限制了汞的甲基化和迁移性,因此这些地区的温度升高是值得关注的。

8.6 降水变化的影响

IPCC(2007)预测,由于气候变化的影响,欧洲北部地区的降水将增加,而地中海地区将减少 10%~20%,并将变得更加不可预测(Christensen 等,2007)。这意味着极端水文事件的发生频率将增加,如重大干旱和山洪灾害。降水模式的变化会影响污染物的迁移和分布以及它们对水环境的影响。

对于 OCs,正如在 Tenerife 的 Teide 地区所发现的,研究人员观测到了挥发性污染物(主要是六氯环己烷、六氯苯和绝大部分多氯联苯挥发性同系物和滴滴涕及其降解物)以高浓度湿沉降的形式大量沉积(图 8.11)(van Drooge 等,2001)。这些结果与在其地区观察到的大气沉降的差异一致,如 Redon Lake、Ovre Neadalsvatn 和 Gossenkollesee 等地区(图 8.7)(Carrera 等,2002)。因此,未来降水的减少意味着此类污染物进入水体中的总量下降。

与此相反,PAH 的沉积首先由颗粒沉降控制,其次是降水,最后是气温。前二者对高分子量的烃类化合物具有根本性的影响,而温度则对低分子量化合物十分重要(Fernandez 等,2003)。

由于降水是河流流量的决定性因素,流量的变化可能对溶解性化学物质(包括那些来源于人类活动的物质)的浓度造成影响。作为一般原则,如果水体污染负荷不变,那么流量的减少可能意味着水体中化学物质浓度的升高。还有其他需要考虑的问题:在大型洪水暴发产生的所有影响中,沉积物的再悬浮和运移是最主要的问题。洪水可因此夹带受污染的沉积物,使其进入河流的水体循环中。

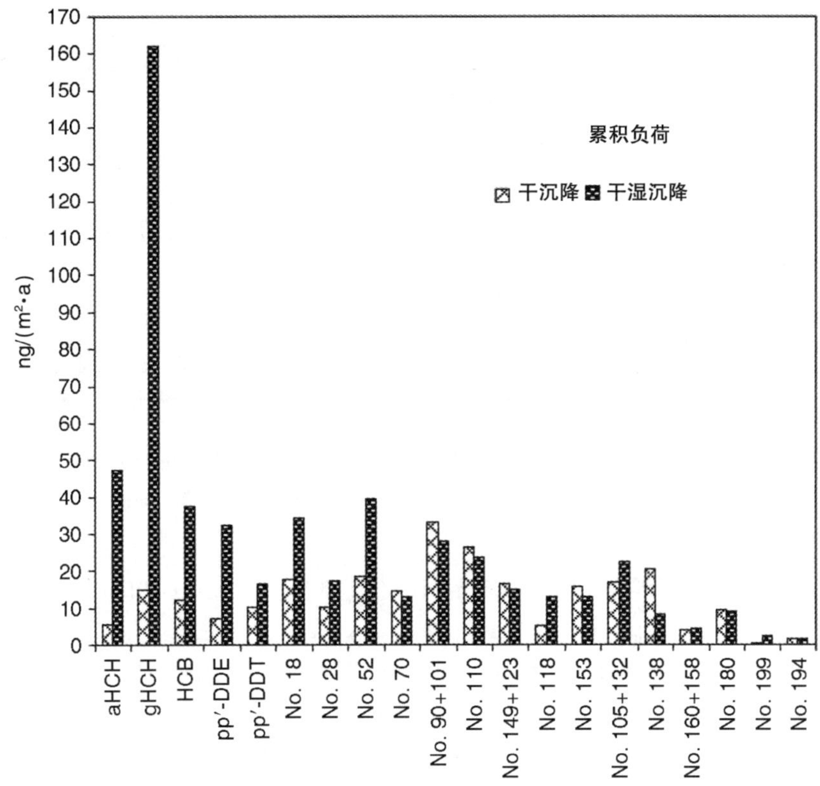

图 8.11　在 Teide 一年中大气干沉降和大气干湿沉降中 OCs 的平均组成

间隔代表标准差。正如观测到的,具有强挥发性的化合物和湿沉降紧密相关,沉积量最大(van Drooge 等,2001)。上图的这些结果和图 8.7 中展示的观测点的结果一致。

图 8.12 展示了一个发生在埃布罗河的关于上述现象的例子。Flix 水库(西班牙加泰罗尼亚)中蓄积 500000t 含有机氯、汞、镉等金属以及放射性物质的受污染沉积物,这些污染物都源于当地一个运行了 60 多年的氯碱厂。由过去几年的研究可知,在埃布罗河的高水位期,这些沉积物的迁移性明显增强,从而导致六氯苯、滴滴涕和多氯联苯等污染物的释放。

由于气候变化的影响,一旦山体上的永久积雪消失,侵蚀强度将变得更加强烈,POPs 和金属将更容易从土壤中释放出来,这种污染物的再释放产生的广泛影响便会显现出来。由土壤侵蚀度增强引起的金属的重新迁移,可用来解释苏格兰湖沉积物中 Hg 和 Pb 的持续高浓度(Yang 等,2002)。

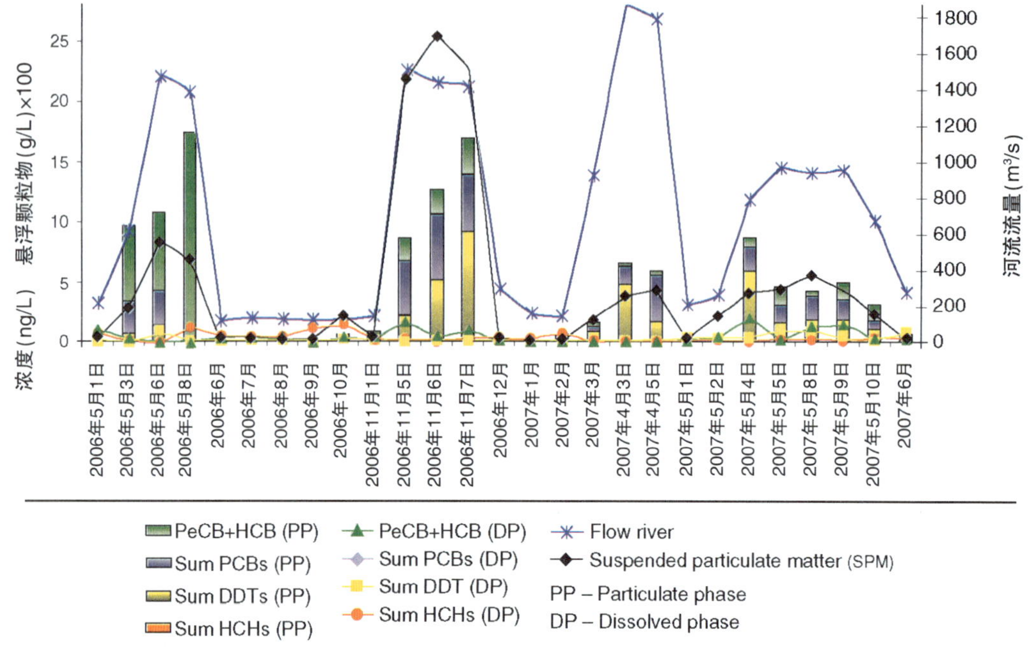

图 8.12　埃布罗河中悬浮颗粒物浓度和五氯苯(PeCB)、HCB、PCBs、HCHs、DDTs 及其流量关系

如图所示,这些化合物的浓度随着流量和悬浮颗粒物浓度的升高而升高。这种变化趋势表明,由于河道流量增加,导致储存于 Flix 水库中的污染物质被重新释放。DP,溶解态;PP,颗粒态。SPM:黑实线。流量:蓝实线。

在欧洲北部的北方针叶林区,气候变化可能导致鱼体内甲基汞浓度的升高。斯堪的纳维亚半岛千余湖泊中鱼体内的汞含量已经超过了健康准则规定的 0.5mg/kg，使它们不再适合人类食用。在这个地区,气候模型预测冬季降水将增加,这可能会导致地下水水位升高以及流经富含有机质土壤层的水流量增加,这些土层中蓄积大量土壤结合态汞,成为导致汞及甲基汞直接活化的潜在因素。氧化还原条件的变化以及 DOC 和营养盐释放量的升高可进一步提高水生生态系统中甲基汞的浓度。

在 Gardsjon 湖(瑞典西南的一个实验湖)中进行的降水和水文学操纵实验表明,雨水径流中总汞(即所有形态汞的总和)和甲基汞的含量均有所增加。总汞的迁移量和径流量成比例增加,而甲基汞的增加量大于其在水体中的转运量。因此,土壤湿度的增加提高了甲基汞的形成量。径流水体中溶解性有机碳和硫化物的同步增加表明,土壤水饱和后形成了厌氧条件,而厌氧条件有利于硫酸盐还原微生物的共甲基化作用。这些实验结果与上述现象一致，这表明未来气候变化可能会引起降水增加地区水生生态系统中甲基汞污染负荷的增加。

8.7 水管理相关的人为影响

除了与气候变化最直接相关的影响因素外，还有一些因素也可影响水资源的质量。这些因素可被定义为源自新的水资源管理政策的消极和附带影响，人类使用这些政策解决供水短缺问题。由于这些原因是间接的，它们产生的影响很难确定。例如，气候变化会导致土地利用发生变化，迫使农民适应新的农业操作规范(如改变耕作方法、延长生产季节、改变灌溉计划和面临新的害虫)。这些新的措施会对农药的使用类型产生重大影响，最终会影响汇入河流或地下水的水体质量。要想将水体中污染物的影响降到最低，需要付出很多努力来控制由农药等有毒污染物产生的污染。

8.8 结论

相对于生境改变、酸化或富营养化，挥发性重金属和持久性有机污染物具有更多的潜在问题。由于受此类污染物影响的生物群体通常处于亚致死状态，因此其对生物群体的影响在很大程度上是未知的、难以追踪的。尽管此类污染物对鱼类及其消费者——人类健康造成的潜在影响是显而易见的，但由于其具有挥发性和凝聚效应，尤其在气候变暖时，会导致其向极地和山区的迁移量增加。近年来在南极生态系统都发现了此类污染物的存在(Bargagli，2008)。

然而，在污染源释放的附近区域，温度升高可能会导致空气中此类化合物的浓度高于当前。这一变化将提高疏水性有机污染物和汞的扩散能力，进而通过呼吸作用对人类和高等生物产生高的致毒率。这种升温作用对 PAHs 具有同样重要的影响，即使在这种情况下，其对环境的最终影响程度仍取决于改进燃烧源和未来能源需求之间的平衡，这可能会引起未来人口和财富的增长。

温度升高对汞具有相似的影响，温度升高时，由于微生物活性增强，甲基汞转化量也会相应增加。在北极和北部寒冷环境条件下，低温限制了甲基化作用和汞的迁移性，因此，温度升高就十分值得关注。在斯堪的纳维亚，多数湖泊中鱼体内汞含量超过了可食用健康限值。预计大气降水(如雨、雪)减少会使经富汞土壤入渗形成的地下水的比例升高，进而导致其在鱼体内的含量进一步升高。

第 9 章

气候变化：定义参照条件和修复淡水生态系统

Richard K. Johnson, Richard W. Battarbee, Helen Bennion, Daniel Hering, Merel B. Soons and Jos T.A. Verhoeven

9.1 引言

土地利用变化和污染已经给自然生态系统带来了巨大的压力，当前又面临着气候变化这一新的压力(Mann 等,1998),包括与驱动因子相互作用产生的直接和间接的压力。同时,地球上的生物多样性也正以前所未有的速度在不断减少,研究证实物种的消失会导致生态系统服务功能受损,这一问题受到了越来越多的关注。这种担忧使人们对如何恢复生态系统的生物多样性和功能，并使其更加接近自然状态或参照状态这一问题产生了极大兴趣。修复通常需要消除或减轻引起生态系统退化的人类活动的影响,同时也需要积极的治理措施,例如淡水生态系统的物理重建(如重塑蜿蜒溪流)或改变内部生境条件(如移除溪流中的大型木质残体、直接或间接地促进滨河植被生长)。

判定修复成功与否需要掌握恢复对象在不受人类干扰时的状态。具体而言,需要以下参照条件:①了解当前状态与既定的生态目标或参照条件有何不同;②确定哪些生态因子已经退化以及有多少这样的因子;③确定那些已发生可观测到变化的驱动因子;④确定采取怎样的步骤才能将生态系统恢复到要求的状态。理想状态下,修复研究以及所有的干扰和恢复研究,均应以它们与未受扰动状态之间的偏差为基础进行(Downes 等,2002)。然而,由于在不同尺度下寻找合适的参照条件通常与生态系统研究有关,譬如同时期未受干扰的景观/生态系统,因此常会出现一些问题。鉴于此,最常用的方法是根据推定的具有可比性的同时期景观建立参照基准，或利用历史以及古生态的方法建立一个曾经存在的未受干扰的参照条件。

本章我们将重点阐述建立参照条件的不同方法，以及气候变化如何影响当前基准条件或修复目标,尤其是我们感兴趣的建立参照状态的不同方法。首先,我们的主要目标是了解其内在变化,这些变化可能与建立参照条件的不同方法有关。其次,随着人们逐渐意识到气候变化当前正在影响着生态系统,我们重点关注气候变化对参照条件或基准将会产生怎样的影响,以及对修复效果的解释产生怎样的影响。最后,我们探讨在当前气候变化愈演愈烈的地球上,怎样才能实现对淡水生态系统的最优恢复。

由于生态系统本身是一个复杂且分散的实体,因此探知人类活动对淡水生态系统的影响是复杂的。因此,理解生态系统结构和功能之间的联系以及自然与对人类干扰的抵抗力和恢复力等生态系统特性,对于生态学家来讲是一个挑战。通常状况下,我们对于修复生态系统所作出的努力主要集中在我们感兴趣的单一系统上(如一个湖泊或小溪),却忽略了淡水生态系统本身与周围环境是存在复杂联系的(如湖泊可被视为一个嵌套在陆地环境中的“岛屿”)。人们逐渐意识到生态系统之间是密切联系的,并且需要上升到土地利用管理的层面去理解这种联系。

9.1.1 建立参照系统

对水资源进行有效管理需要了解水体何时不同于自然状态(即无人类干扰前提下),以及是何种因素导致水体出现了不同于预期正常状态的偏差。参照条件(Bailey 等,2004)被越来越普遍地用于衡量人类干预的效果和程度。然而,在参照条件的应用过程中出现了许多问题,虽然这些问题表面上看似微不足道,但在定义参照条件的构成时往往会产生误区和争论。参照条件可通过叙述性资料或经验数据来进行定义,定义的范围从无人类影响或影响较小的自然状态到可达到的最佳状态(该状态承认人类是生态系统的组成部分)(Nowicki,2003)。

根据《水框架指令》(附录 5,1.2 节),生物属性的最佳生态状态(即参照状态)被定义为“未受干扰或只受到极弱干扰”的状态。该指令并未明确在某个地区内的最佳使用地点,除非可以证明这些地点处于没有或只有轻微人为影响的自然状态。在试图明确参照状态这一术语的内涵时,Stoddard 等(2006)提出,“参照”是指自然特性或生物完整性,当指参照状态时,其指代就偏离了自然特性或完整性,因此作者建议使用下述四种表述方法:①最低限度的干扰状态,用来描述没有明显人为干扰的状态;②历史状态,指的是以前的某段时间内的状态;③受干扰最小的状态,指的是景观中具有最优的物理、化学和生物条件区域的状态;④最易达到的状态,相当于在最优管理措施实施一段时间后达到的预期生态或干扰最小的状态。

最常见的方法可以分为四类:①空间法,如调查;②时间法,如现代时间序列、历史数据和古重建法;③建模法,如倒推法;④专家判断。在土地利用未显著改变景观地貌的区域,确定参照条件十分简单,且使用较多的是空间法。在这样的区域中,由于所使用的空间法明确地(样点采样分析包括年际变化特性)或潜在地(以空间代替时间)包含了该区域的自然特性,因此调查数据的使用较为普遍。调查数据使用较多的另一个原因是其具有透明性——对构成参照条件的因素的定义是基于先验法建立起来的。

然而,在欧洲等地区,长期的人类活动已大范围地改变了景观格局,因此使用以空间代替时间的方法并不能恰当地定义参照条件。在缺少同期的参照区域时,模型和倒推法常被用来建立参照条件。例如,在没有外来干扰的情况下,可以利用响应和预测变量之间的关系来预测预期的参照条件(如群落组成、水化学和生物的古重建)(Wright,1995)。

在系统行为中,即使是比较原始的系统也有可能发生较大的变化,不同演替状态和不稳定或不可预期的状态出现周期性的循环(Holling,1992),能认识到这一点对促进资源管理新方法的发展和建立参照条件及生态目标是有价值的。基于古重建和现代时间序列数据法两种时间度量法,可以获得水生生态系统的动态特性。对于湖泊,重建以前的状况往往是直接使用保存在沉积物中的生物残骸进行类群重建, 或间接利用分类信息推断过去的水化学状况。例如,加权平均传递函数可用来定量的推断营养盐富集状况、下层滞水带氧含量、pH 值和温度(Bennion & Battarbee,2007),相比之下,由于高成本和空间的限制(重建具有地域专一性),利用沉积物记录直接重建生物群落的方法并不常用。与时间序列数据的运用相反,使用历史数据往往是对参照条件的静态估测;另一个缺点是尽管如“Journals of pirates”和“Century old cookbooks”等一些有趣的、新颖的方法正被用于海洋重建中,但其数据的可用性往往是有限的(例如只有定性的数据可供利用)(Schrope,2006)。

上述多数方法都存在一个问题,即他们基本上都是被简化的,常提供一个单一生物种群或群落的信息,而很少用于重建整个群落或生态系统的基本要素。专家判断是通过融合经验数据、观点和现代理念等多种不同类型信息来定义一个更全面的、具有生态系统层面属性的参照条件。然而,在使用专家判断法时应注意,它通常是由可感知的参照状态的叙述性表达组成的,这就导致在使用这种方法时可能会引入主观性(例如,人们通常认为以前的状态一定是最好的)和偏差(如专家可能忽略自然多样性较低的区域),因此,结果也可能是非常不准确的。另一个缺点是,利用这种方法获得的监测结果往往是静态的,忽略了与自然生态系统密切相关的动态的和固有的变化特性。因此,专家判断法很少作为一个单独的方法建立参照条件,但当与其他方法相结合使用时,则具有较好的补充作用。

在欧盟资助项目“REFCOND”(针对参照条件拟定原则以及湖泊和河道之间高、良好和中等不同状态边界问题的开发项目)中,有关于建立欧洲内陆地表水体参照条件方法的阐述(Wallin 等,2003)。该方法包含大量的生物特性指标,其在湖泊和河流中使用时有所不同(图 9.1)。在参与调查的 12 个国家中,空间法是最常用的方法(湖泊中的使用率平均为 34%,河流平均为 31%),其次是专家判断法(湖泊为 30%,河流为 27%)、历史数据法

(湖泊为 18%，河流为 21%)、预测模型法(湖泊为 9%，河流为 15%)和古重建法(湖泊为12%，河流为 3%)。方法的选择在一定程度上可反映出建立不同质量要素和生境类型的参照条件的难度。例如，空间法常被用于建立河道中底栖植物的参照条件(使用率占 54%)，而专家判断法更多用于建立大型水生植物的参照条件(占 43%)。意料之中，古重建法在湖泊中(底栖植物占 30%)的使用率几乎是河流中(浮游植物占 14%)的两倍。尽管目前有很多方法正被用于建立参照条件，但出人意料的是，研究者对方法本身的固有误差知之甚少，尤其是对不同级别的不确定度将怎样影响对干扰和恢复的判定了解更少。

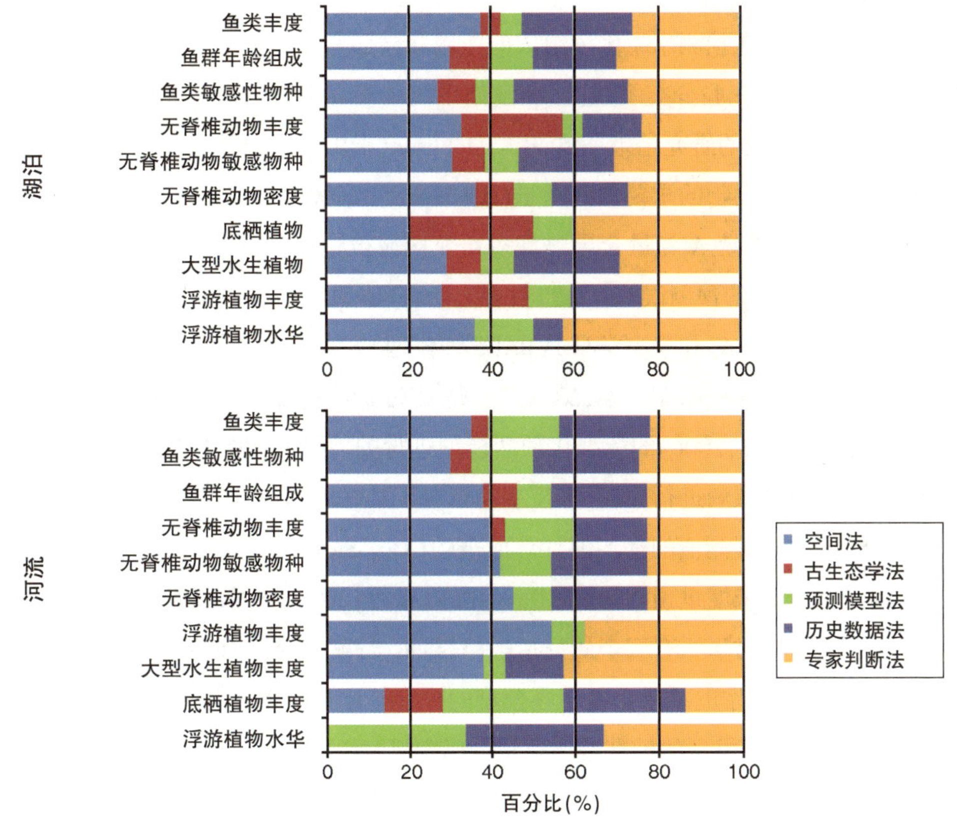

图 9.1 欧洲 12 国建立参照系所用方法的频率

(数据来源于 REFCOND，http://www-nrciws.slu.se/REFCOND/doc_rew2.html.)

9.1.2 不同方法的比较

(1)基于分类和模型的方法

生态学家已经认识到了生物地理学驱动对物种分布模式的重要性，以及利用空间类型划分自然变异性的重要性(Hawkins 等，2000；Johnson 等，2007)。这些知识可以直接应用于建立参照条件和修复的生态目标。例如，认识到水生生物多样性区域驱动的重要性，

《水框架指令》指定了两种空间替代法用来划分生物变异性和生态质量。系统 A 分为四大类(如生态区、海拔、汇水面积和溪流的地质情况),而系统 B 则由强制因素和可选因素混合而成。然而,由于解释和划分生物变异性方法的数值类型一直备受争议,研究结果迄今模棱两可。例如,一些研究表明,水生生物群落和植被、气候等大尺度的格局相关(Feminella,2000;Rabeni & Doisy,2000;Verdonschot & Nijboer,2004),而有些人则质疑单纯基于植被和气候景观模式所得到的分类效果,并一致认为区域分类需要通过诸如海拔、尺寸和流域特征等因素加强对生物群落的辨别效果 (Sandin & Johnson,2000a;Van Sickle & Hughes,2000)。

多数研究都集中在预测水生生境组成的区域和局部变量的重要性方面, 而很少检验用于预测生物群落的先验分类系统的效能(如系统 A 变量)以及量化和这些预测相关变量的不确定性。与早期的研究结果一致,R.K. Johnson(未出版)发现纬度、海拔和流域面积是北方河流中无脊椎动物的重要预测因子(Hawkins 等,2000;Johnson 等,2004)。

然而,单独使用系统 A 变量会导致许多研究区域被错误分类,并且模型的不确定性也相对较高(约 57.3%的预测误差)。更进一步,Davy-Bowker 等(2006)对用于建立参照条件的基于类型学(系统 A)和模型学(RIVPACS 型模型)方法的效能进行了比较,该比较是通过使用英国(RIVPACS,Clarke 等,2003)、瑞典(SWEPACSRI,R.K. Johnson,未出版) 和捷克(PERLA,Kokes 等,2006)的标准化预测模型进行的,系统 A 的效能直接与 RIVPACS 型期望指数值的模型预测进行比较。零模型是指对于某一现场预测的参照条件的指数值,是根据所有参照站点观测值的平均值计算而来的(Van Sickle 等,2005),并用观测值与期望值之比值的标准差来度量预测精度。Davy-Bowker 等(2006)发现,以类型学为基础的方法劣于模型预测法。对于所有四个研究指标(只显示了两个指标的结果)和所有季节与季节的组合(只列出了秋季的结果),基于零模型的标准差比率始终最高,且表现出了较高的不确定性,RIVPACS 型模型的标准差比率最低(表 9.1)。

相对于系统 A 模型,RIVPACS 模型的相对不确定度平均降低了 11%。尽管三个 RIVPACS 模型采用的环境变量各不相同,其中的几个变量,如纬度、经度、海拔以及底质类型等在其中的两个或是所有三个模型中都有所应用。在所有三个国家的模型中,相对于 WFD 系统-A 变量,这些变量可以对底栖动物群落的大部分变化进行解释。作者辩称该预测模型使用的是连续性变量,而不是分类预测变量,且不受先验预测变量数量的限制,因此,其预测效率更高。Hawkins & Vinson(2000)提出将环境因子和生物群落作为连续体而不是离散体进行描述效果会更好。这些研究者认为,由于生物群落一般会随着环境梯度变化而变化,因此和辨识生物连续体的方法比较,试图将研究区域置于离散范畴的分类方法从根本上受到了限制。

表 9.1 基于应用于英国、瑞典和捷克的零模型、WFD 系统 A 模型以及 RIVPACS 型模型建立的 RIVPACS 模型参照区域中的生物观测值和预测值的标准差

指标	国家	季节	* 零模型	系统 A	RIVPACS 型模型
类群数量	英国	秋季	0.263	0.251(~5)	0.218(~17)
	瑞典	秋季	0.355	0.345(~3)	0.312(~12)
	捷克	秋季	0.383	0.317(~17)	0.276(~28)
ASPT	英国	秋季	0.132	0.113(~14)	0.086(~35)
	瑞典	秋季	0.139	0.122(~12)	0.112(~19)
	捷克	秋季	0.091	0.089(~2)	0.085(~7)

(结果引自 Davy-Bowker 等,2006)

备注:相对于零模型标准差的减少百分比以圆括号中的部分展示;ASPT(每个 BMWP 生物分类单元的平均得分)(National Water Council,1981);* 零模型,通过计算某一地域的预测基准条件参数值作为所有参照地点指标的平均值(Van Sickle,2005)。

总之,现有研究表明,仅基于大尺度(如景观水平)预测因子的分类无法捕捉到水生生物群落在精细尺度上的变化。换言之,例如系统 A 分类这种固定的分类法虽然可以提供一个有用的框架来设置生态目标,但需要增加更多特定位点的预测因子,如溪流水化学指标和底质指标。在建立参照条件时,基于连续的环境和分类数据的预测方法是一种稳健的方法。最后,尽管此类方法以前常用来确定参照条件,但由于不了解它们的精确度和置信度,对生态质量的评估会受到限制,需要进一步量化。

(2)历史信息和古记录

对于一些水体系统类型,现在很难找到好的参照点实例,特别是对于欧洲浅水低地湖泊,尤其是在 20 世纪(Bennion 等,2004),多数湖泊受到了长期的干扰(Bradshaw & Rasmussen 2004;Leira 等,2006)。在这种情况下,有必要使用历史信息来确定参照条件。但遗憾的是,对于大多数生态系统而言,缺少长时间监测的数据资料,而且很多监测是在受到干扰之后开展的。对于湖泊来说,可以采用古生态监测技术,即借助分析保存在沉积柱样中的水生生物残骸来提供历史信息,然后再定义参照条件(Bennion & Battarbee,2007)。

在极少数地区,存在足够长的历史数据,现代时间序列法和古湖沼学法联合使用可以较精确地描述过去的状态。Groby Pool,一个位于英格兰的小型浅水湖泊(面积为 0.12km^2,平均水深<1.1m),在过去的两个世纪经历了富营养化,该湖泊为我们提供了一个很好的研究案例(Sayer 等,1999;Davidson 等,2005)。自 18 世纪中期以来,该湖泊吸引了众多的植物学家,并具有大量的植物记录,这些记录的主要来源包括四个郡的植物区系(1850 年、1886 年、1933 年和 1988 年)、英国博物馆标本室、期刊文章、笔记作品、未出版的手稿/草

图、学术论文和保护机构和地方利益集团的各种报告等。另一个例子是利文湖，一个面积较大（13.3km^2）但相对较浅（平均水深 3.9m）的苏格兰低地湖泊，该湖泊是 Euro-limpacs 项目中的一个重要研究地点。该湖泊在 19 世纪中期经历了早期富营养化，在 20 世纪中期，由于附近大型毛纺厂富磷污水的排入导致该湖又一次进入富营养化状态（Carvalho & Kirika，2003）。查阅文献资料和同期监测记录可知，该湖泊具有大量的水生植物历史记录（Hooker，1821；Balfour & Sadler，1863；West，1910；Spence，1964；Jupp & Spence，1977a，b）。对 Groby Pool（Davidson 等，2005）和利文湖（Salgado，2006；Salgado 等，2009）沉积物柱样中的大型植物化石进行了分析，并将结果和原有的植物调查数据进行了比较。因此，借助于沉积物记录的水生植物历史，这两个湖泊的数据集资料为开展植物学记录的对比研究奠定了基础。

在上述两处研究地中，两个数据源间所选择的水生生物分类单元在时间选择和自然性质变化方面具有较好的一致性，这两个数据集表征了水生植物群落在过去约 150 年中清晰的演替过程（图 9.2 和图 9.3）。然而，这两种方法都受到固有偏差的影响。古老的植物记录常常是有偏差的，在 Groby Pool 的数据集中，1747—1835 年历史记录的空白造成了物种缺失的假象（图 9.2），而对于利文湖则缺少 1910—1966 年的调查数据（图 9.3）。此外，通过植物调查获取的数据可能更倾向于那些沉积记录难以捕捉到的稀有物种（Zhao 等，2006）。通过大型化石获取的信息通常会低估过去的物种丰富度，在 Groby Pool，大化石能够代表约 40%的水生生物类群历史记录，而眼子菜属水生植物的代表性较差（Davidson 等，2005）。然而，通过比较 St Serf 岛（位于利文湖的核心区域）东侧的大化石记录和历史物种发现，从化石记录中可获取 79%的历史记录物种信息。相反，以往植物调查中缺少的一些类群，在大化石资料中却有所发现，例如，在 Groby Pool 中，发现了狸藻、互花狐尾藻（图 9.2）和轮藻科植物等类群（图 9.4），在利文湖中，发现了中华水韭、半边莲和禾沟繁缕等类群（图 9.3）。

另外，Groby Pool 的例子还突出了孢粉记录的互补性作用。对于那些只留下了极少量大型残体的物种，例如单花车前，孢粉记录可以起到丰富物种信息的作用，相对于种子和叶片，其可为预测眼子菜属植物的出现提供更准确的信息（图 9.2）。考虑多数研究区域缺少历史记录，这两个研究案例阐明了大化石本身可作为植物群落优势组成生物的一种可靠记录。此外，这些研究还阐释了使用组合方法（此处为历史植物记录和大化石）描述生态参照条件的价值（尽管不是《水框架指令》定义的"未受干扰或只受到轻微干扰"状态）。基于多重生物群落建立参照条件的方法日益普及。

（3）多重（古）指标

沉积物记录包含一系列生物组分的残体，通过对这些信息进行单独研究或组合（多代理研究)分析,可以评估生物结构的变化。早期工作主要集中在对单组生物体响应的研究方面，但由于目前需要加深对水体系统生态历史的了解，多指标方法的使用越来越广泛(Birks & Birks,2006)。多生物群组法也是确定特定区域基准条件的强有力工具(Guilizzoni 等,2006;Taylor 等,2006;Bennion & Battarbee,2007)。

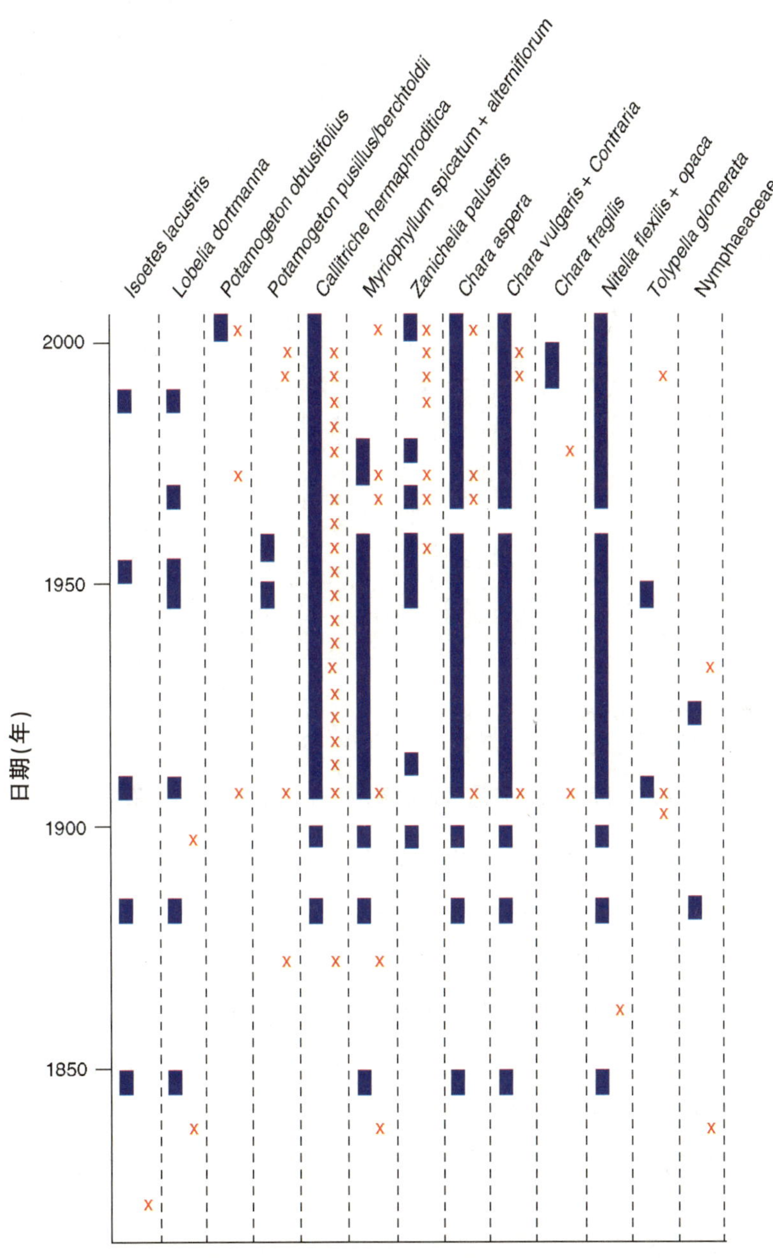

图 9.2　Groby Pool 沉积物芯样中几个生物类群(作为泥核中沉积残体)的历史记录、大化石记录和花粉记录间的比较

(Davidson 等,2005)

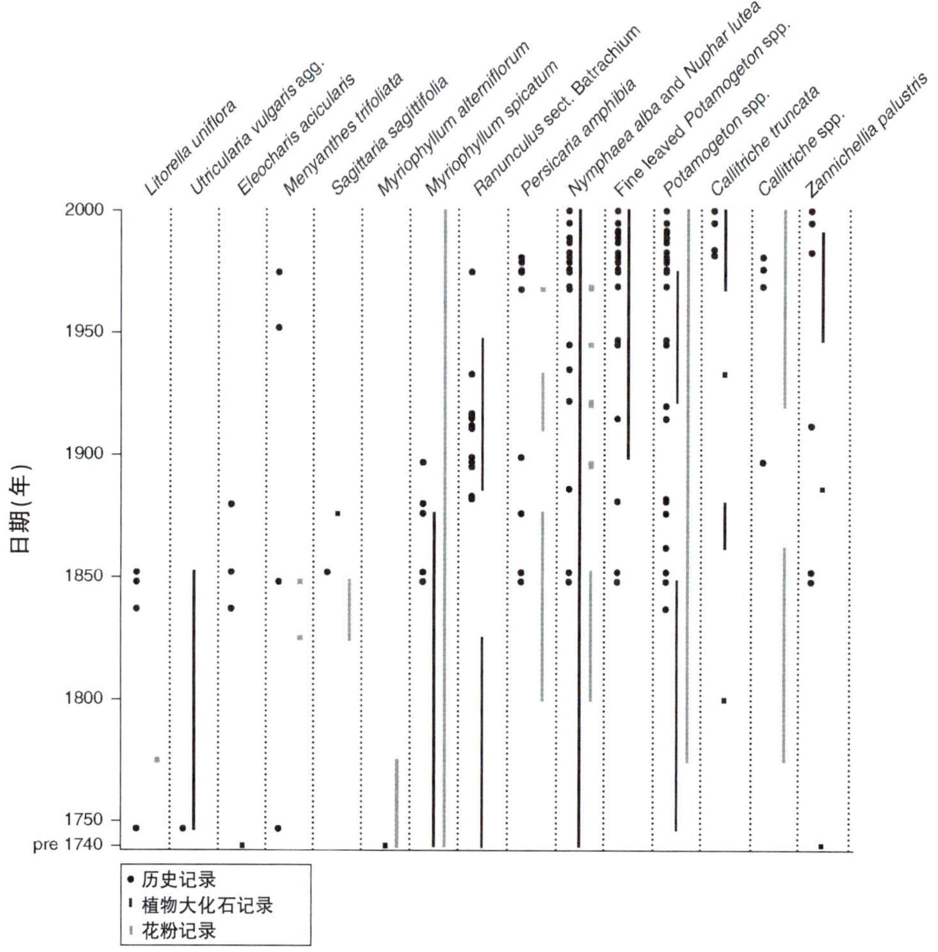

图 9.3 以利文湖沉积物芯样的历史记录为基础(圆点)和大型化石记录(竖条)对比

图 9.4 所示方法是以 20 年为间隔,对一系列生物残体(硅藻、植物大化石和浮游动物)记录进行比较,这些生物残体来源于 Groby Pool 沉积物岩芯表层样品(1980—2000年)和参照样品(1700—2000 年)(见上文)。生态参照条件为底栖优势硅藻(脆杆藻属),相对多样的沉水植物群落(如轮藻植物,包括丽藻属、轮藻属、狐尾藻属、狸藻)和植物相关的盘肠蚤科浮游动物中的一种。与之相反,表层样品主要以硅藻为主的浮游植物(如冠盘藻)、浮游动物(象鼻蚤属和水溞属)以及生活在高度富营养化湖泊中的固着根茎直立分枝植物种(如篦齿眼子菜)和小眼子菜等细叶眼子菜属植物、水马齿属和睡莲科植物占主导地位。

由于目前在欧洲的所有水体中仅存几个未受干扰的湖泊类型,因此这种方法尤其适用于浅水、低地湖泊,而空间方法通常不太适用。沉积物记录提供的直接生态信息为建立参照条件和制定管理决策(如定义修复目标)奠定了坚实的基础。未来将对不同沉积物-

大化石方法的不确定性进行量化，以便更好地理解建立参照条件对人为因素诱导变化的影响。

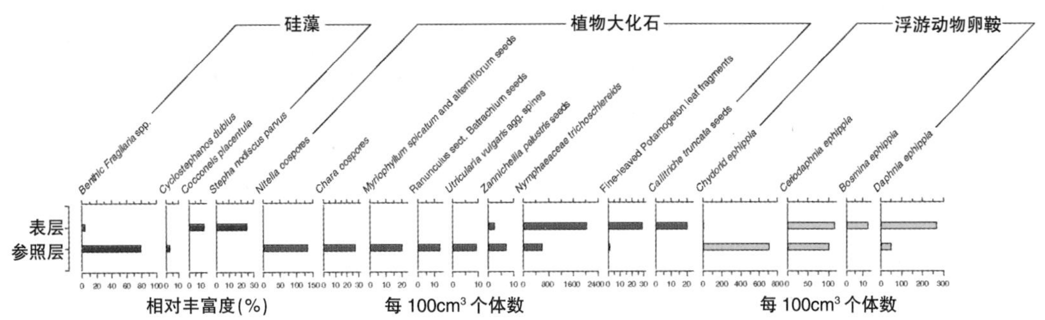

图 9.4 英格兰 Groby Pool 表层(1980—2000 年)泥样和参照(1700—2000 年)泥样 20 年切片的多指标古生态分析汇总图

(经 Springer 许可,转载自 Bennion &Battarbee,2007)

(4)参照条件和不确定性

虽然古湖沼记录为建立湖泊参照条件提供了一个很好的方法，但用于重建过去化学和生物条件的方法具有内在的不确定性。虽然目前研究者对多重方法的使用表现出越来越浓厚的兴趣,包括直接的(如多组生物群体)和间接(如不同形式的推理)的方法,但很少有研究对不同方法的使用进行比较以更好地了解其内在的不确定性。Battarbee 等(2005)最近的一项研究在重建苏格兰湖历史 pH 值时评估了不同方法的相对精度。

Battarbee 等(2005)利用 Round Loch(位于 Glenhea,是苏格兰的一个酸化湖泊)同时期的监测数据[1991 年至今的 pH 值和硅藻数据(Flower & Battarbee,1983)]评价了三个 pH 值推理模型的效能。基于以不同校准训练样本为基础的每一个 pH 值推理模型和采集自不同年份的三个沉积物芯样中的硅藻群落来进行 pH 值重建,产生了 9 条重建的 pH 值曲线(图 9.5)。以 1800 年为基准年,采用传递函数推导当时的 pH 值,并与使用硅藻-枝角类现代模拟技术和用 MAGIC 模型 (Model of Acidification of Groundwaters in Catchments,Cosby 等,1985)推算的 pH 值进行对比(Simpson 等,2005)。

对不同方法进行比较表明：推导得出的 1800 年苏格兰湖水体 pH 参照值为 5.5~6.1。两种硅藻 pH 转换函数在用于计算不同沉积物芯样之间和训练集之间的差异时，结果具有相对良好的一致性。由硅藻 pH 值传递函数推求出参考 pH 值为 5.7~5.5,这和基于现代模拟方法得出的加权平均 pH 值(为 5.8)比较接近。相比之下,基于 MAGIC 模型追算法得出的 1850 年的值略高(为 6.1)。虽然无法确定哪种估算是最准确的,但基于硅藻的计算值和 MAGIC 模型的追算值差异十分显著。根据 Battarbee 等(2005)的研究,对于上述现象的一种解释是，当硫沉积量较低时,MAGIC 模型不允许出现高浓度的 DOC。我们对于将

DOC 纳入 MAGIC 模型中时需要考虑的硫沉积和土壤水中 DOC 浓度间的关系知之甚少，但越来越多的证据表明这种关系是十分重要的(Monteith 等,2007)。

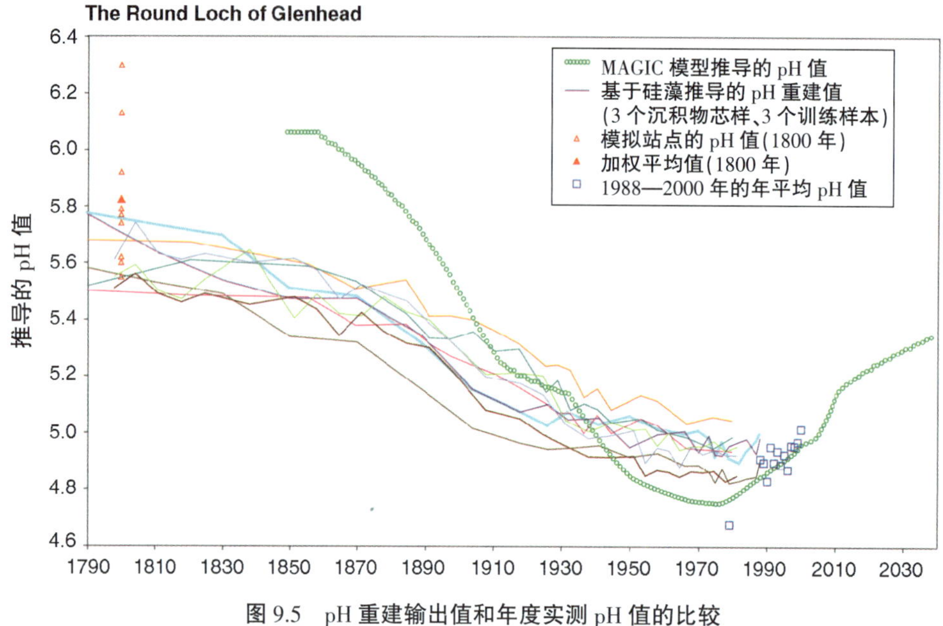

图 9.5 pH 重建输出值和年度实测 pH 值的比较

基于对 SWAP(地表水酸化项目)、UK 和 EDDI 模型(细线)中三个沉积物岩芯(RLGH 81、RLGH 3 和 K05)的 210Pb 测年标记样品的分析，推导出硅藻 pH 值的年代变化表。SWAP、UK 和 EDDI 训练样本的 RMSEP 值分别为 0.38、0.31 和 0.25 个 pH 值单位。9 个湖泊的现代年均 pH 数据为早期酸化(c. 1800)沉积物样品(空心三角形)和其加权平均值(实心三角形)提供了最优的生物类似物。基于 MAGIC 模型的水体 pH 重建(空心圆)以及 1988—2000 年和 1979 年(空心正方形)的年平均 pH 值(Battarbee 等,2005)。

对于基于沉积物记录的 pH 重建来讲，可以通过增加校准数据集的规模大小和代表性，以及通过对源自监测方案的观测值进行不断验证来降低不确定性。这项研究清晰地阐明了倒推法在没有现代空间类似物存在的湖泊中建立参照条件的实用性。然而，建模和当代时间序列表明，在十年和每年的时间尺度和趋势(该趋势清楚展示了人为因素引起的地表水体质量的变化结果)上具有很大的变异性。伴随着短期(年际间的)和长期(基准条件的变化)的变异性，关于气候变化将如何影响我们对水生生态系统退化与恢复的判断需要获取更多的知识。许多欧洲国家正试图恢复《水框架指令》中要求的内陆水体的生态质量，上述关于气候变化将如何影响水体系统退化与恢复的研究尤为重要。

9.2 基于变化的基准条件探究修复效果

一般而言，将退化或减缓措施诱导的变化从自然的空间和时间变化中分离出来，是进行生态评估的重要组成部分，对修复活动的评估更是如此。通过最大限度地减少自然变异性(如开展分层抽样工作)以及选择强有力的响应变量增强信号和响应强度,可提高对变化的统计效能(Johnson,1998;Sandin & Johnson,2000b)。然而,适当地控制和重复对检验修复效果具有同等的重要性。

虽然初看起来,探究人为因素产生的干扰和评估恢复工作的成效像是一枚硬币的两面,但二者之间却存在明显的区别。在判定生态系统是否退化时,基于零假设得出的结果为,在推定的扰动地点和目标之间没有任何区别,在判定修复成效时,其成功的标准是发现推定的修复状态和目标状态间没有区别(Downes 等,2002)。从本质上说,这意味着我们必须检验我们的假设,而不是零假设。如果我们假设在研究范围内推定的恢复区域不同于初始或起始条件,就可以规避这一问题。理想状态下,这样的统计设计包括以下三种类型的区域:①修复区域;②目标或参照区域;③同样受损但没有修复的区域。方案设计、自然、空间和时间变化的混杂影响,以及对驱动恢复机制的理解不足等诸多因素都将影响恢复效果。

保护和恢复受酸化威胁的自然资源的国际条约和行动显著减少了酸性化合物的排放和沉积(Stoddard 等,1999),而地表水体 pH 值变化导致伴生事件增加(Stoddard 等,1999;Lynch 等,2000;Skjelkvale 等,2000,2003)。尽管地表水化学指标得到了恢复,而生物恢复的记录却很少,且结果也是模棱两可的(Skjelkvale 等,2000;Alewell 等,2001;Stendera & Johnson,2008)。因此,酸化仍然被认为是影响北欧等地区内陆水体生物多样性的首要问题(Johnson 等,2003;第 7 章)(Kowalik 等,2007;Burns 等,2008)。

尽管我们对控制退化的过程和机制并不十分清楚(Hildrew & Ormerod,1995;Strong & Robinson,2004),在预测方式上酸化常常会影响水生生物群落(Økland & Økland,1986)。同样,我们也没有充分理解生物恢复的重要机制,如栖息地的连通性、扩散能力、食物的可利用性以及物种间相互作用等诸多因素都可能具有单独或一致的重要性(见下文),也可能会对气候变化或富营养化等驱动因子产生影响。此外,对恢复或修复成功与否的判定还取决于响应变量的选择,如指标类型的选择(化学的、生物的)、栖息地的选择(溪流、湖泊;中上层、底层)(Wright,2002;Johnson 等,2006a,b;Stendera & Johnson,2008)、衡量标准的选择(例如多样性和物种组成)(Johnson & Hering,2009)以及许多特定区域因素。

如纬度、海拔、流域特征等特定场地的不同特性可能造成响应时滞,这种响应在不同地点各不相同,这就导致了不确定性升高并混淆了对恢复效果的解释。例如,Wright(2002)假设酸化恢复的滞后时间可能会随营养水平升高而增加,并随着水力停留时间而变化。为了检验第一个假设,Stendera & Johnson(2008)对 10 个北方酸化恢复湖泊 16 年来不同生物成分和生境的恢复率进行了评估。评估结果表明,水体化学性质的恢复速度高于生物恢复的速度,且不同的生物群体和营养级间的生物响应也不同。由于浮游植物的生命周期短、繁殖率高、扩散能力强，其恢复时间比沿岸带无脊椎动物短。沿岸带无脊椎动物比亚沿岸带或深水带群落的响应更快。最后，亚沿岸带和深水带生物群落虽然不受地表水化学变化的直接影响，但其对食物（上行效应）和/或捕食（下行效应）的变化响应更为强烈，进而导致出现相对较长的时滞。

Stendera & Johnson(2008)研究表明，衡量酸化水体生物恢复效果往往需要使用整体的、多样的评价方法。随着时间的推移，一些措施的恢复效果呈现出显著的、积极的趋势，这支持了生物恢复的预期(表 9.2)。例如，浮游植物群落的分类多样性而非种类组成显现出和 pH 值升高相关的早期恢复迹象，而在非酸化的参照湖泊中，也出现了显著的恢复趋势。底栖无脊椎动物群落的恢复趋势更加充满不确定性。在酸化湖泊和参照湖泊中，沿岸带无脊椎动物类群的丰富度和多样性均有所增加，而两个湖泊组亚沿岸带和深水带底栖无脊椎动物群落均表现出明显的下降趋势。作者认为，亚沿岸带和深水带生物群落可能还受到除湖泊酸度外的其他因素的影响，如同时发生的栖息地质量的变化(如外界氧浓度和温度的变化)。

表 9.2　从 4 个酸化湖泊和 6 个参照湖泊 1988 至 2003 年的样品中选取的指示生物对时间的平均斜率(±1 标准差)

变量	pH 值	生物丰富度	多样性
酸化	0.0218±0.009		
浮游植物		0.138±0.042	0.043±0.017
底栖无脊椎动物			
沿岸带		0.845±0.307	0.488±0.120
亚沿岸带		0.038±0.238	−0.055±0.136
深水带		−0.043±0.107	−0.045±0.084
参照	0.006±0.016		
浮游植物		0.072±0.034	0.0367±0.010
底栖无脊椎动物			
沿岸带		0.980±0.64	0.422±0.401
亚沿岸带		−0.665±0.496	−0.400±0.307
深水带		−0.082±0.272	−0.055±0.146

(引自 Stendera & Johnson，2008)

有趣的是，按照预期，北方参照湖泊中生物群落将长期在一个平均值周围波动(图 9.6)，但实际并未发生，这意味着湖泊中的生物群落受到了其他驱动因素的影响。由全球变暖影响导致的基准条件的逐渐改变，可能是对参照湖泊和酸化湖泊长期变化趋势一个很好的解释。例如，早期研究发现，暖冬引起的春季气温变化可能会导致夏季水体分层的发生时间或持续时间发生改变。

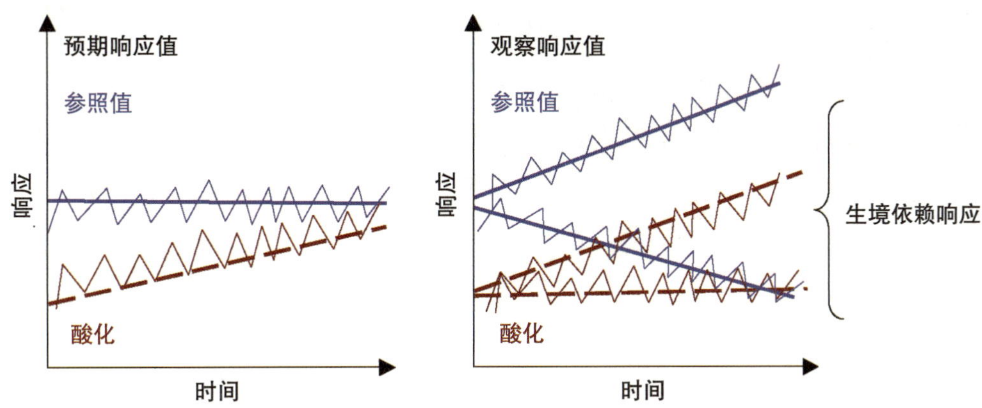

图 9.6　瑞典南部酸化湖泊和参照湖泊中底栖无脊椎动物对硫沉降预期响应和观测响应的对比示意图

水体夏季分层周期的延长将会导致下层滞水带缺氧(Magnuson 等，1997)，如果亚沿岸带生物群落周期性地处于水体的夏季温跃层，较低的氧浓度或较低的环境温度可能会影响其生长和存活。由于水体中亚沿岸带和深水带生物群落表现出类似的趋势，因此，有机物浓度的增加可能给深层底栖生境带来负面影响似乎是一个更为合理的解释。在研究期间，几乎所有湖泊的水体颜色和总有机碳(TOC)浓度均有所增加，在过去 10 年中，北欧国家(第 7 章)(Skjelkvale 等，2005)和美国(Stoddard 等，2003)也曾出现这一趋势。增加 DOC 输入量可能会导致环境中氧含量的降低和对氧气敏感的生物类群的减少。幽蚊幼虫作为一类具有一定移动性、可逃避缺氧条件的生物类群，其数量的增加也可支持这一猜想。该项研究表明，参照条件或基准条件可能是不断变化的，而这种变化将会扰乱我们对恢复成功与否的解释，这一发现令人担忧。

显然，对自然系统和干扰系统的长期研究对确定大尺度的驱动力(例如气候)如何影响恢复途径和其潜在机制是非常有意义的。例如，在酸化湖泊中浮游植物类群对水体酸度的降低表现出了快速(高的年际变化)和积极的响应(趋向参照条件的改变)(R.K. Johnson & D.G. Angeler，待出版)(图 9.7)。浮游植物类群对湖泊酸度下降的快速响应与其他研究结果相一致 (Wright，2002；Findlay，2003；Stendera & Johnson，2008)，并且支持了 Wright 的猜想(2002)，他认为浮游植物往往在水体化学状况改善后的 1~4 年出现复苏迹象。然而，与浮游植物类群复苏相关的环境因子仍不太清楚。正如上面所讨论的，浮游植物类群丰富度的变化不仅与水体 pH 值升高有关，与水体色度(水体 DOC 的替代指标)和营养盐浓度的增加等环境变量也显著相关。水体 pH 值的增加可为酸敏感物种的定殖创造条件，同时，营养盐和 DOC 浓度的同步升高也可能造成物种组成发生变化，譬如，混合营养型藻类的增加(Wetzel，1995)并不是只与酸度下降有关。

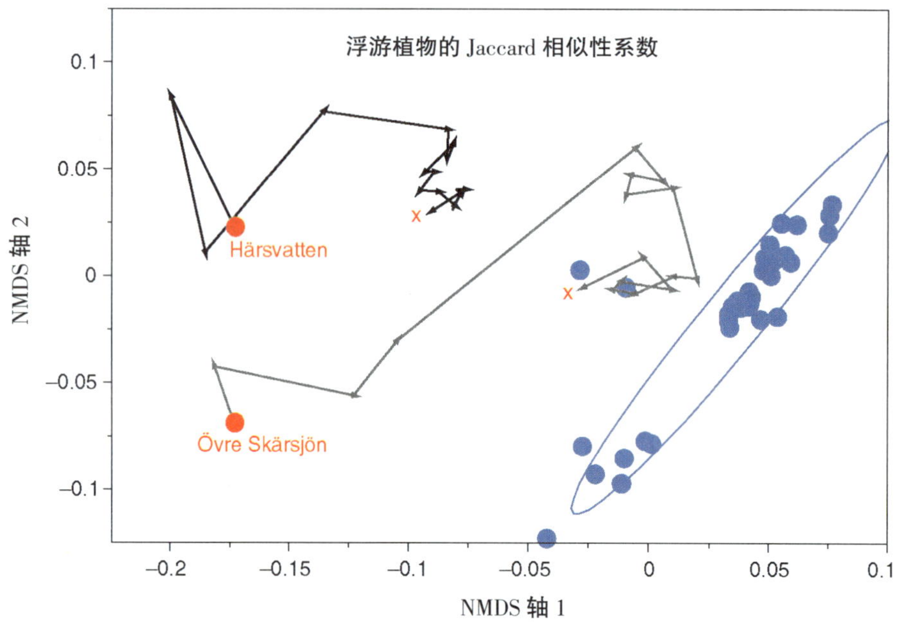

图 9.7 两个酸化湖泊(Harsvatten 和 Ovre Skarsjon)和四个参照湖泊中基于 Jaccard 相似性的浮游植物群落的 NMDS 图

参照湖泊以黑色短线表示,CI 为 95%(椭圆)。酸化湖泊的年际变化以灰色箭头表示。以圆点表示时间序列的开始,以 X 作为结束。

明确气候变化如何影响恢复途径和其潜在机制是十分重要的。北大西洋涛动(NAO)是瑞典南部影响气候变化的重要区域级驱动因子(Weyhenmeyer,2004),NAO 的正位相意味着降雨量增加和随之而来的更多可变的水力学和化学条件。Stendera 和 Johnson(2008)发现浮游植物的年际变化与区域模式呈正相关关系,这种模式增加了水体色度,并支持了大尺度驱动因子的重要性,即引起生物多样性变化的气候驱动因子。一些研究已经阐明了 NAO 的年际变化是如何通过影响温度、冰覆盖和春季水华的发生时间进而影响湖泊浮游生物群落的(Straile,2000;Weyhenmeyer 等,1999)。在 Stendera & Johnson(2008)研究的北方湖泊中,DOC 的增加可能与酸沉降的减少有关(Monteith 等,2007;第 7 章),NAO 冬季对浮游植物的影响是由 DOC(水体色度)和营养物质含量的增加实现的,并进而导致更多混合营养型类群浮游植物发生转变。

总之,这些研究表明,想要更好地理解引起水生生态系统化学和生物学特征区域变化的驱动因素,是需要长期的数据集的,而且对恢复效果的准确判断需要了解基准条件变化的方向和幅度。相关研究(Johnson 等,2007)支持了这一论点,即在设计可靠和经济有效的恢复方案时,需要考虑扰动的尺度(例如,引起变化的局地尺度和区域尺度的驱动因子)和恢复的尺度(如一条溪流特有的生境,或者是流域、景观尺度的多条溪流)。

9.3　全球变化和修复

生物体的存在与否取决于罕见的或大规模的传播和定殖，而当地的物种丰富度对于生物连续性、当地生物的相互作用和生境异质性具有重要作用。探讨模式和规模的整合过程与机制是恢复生态学领域不断发展的主题(Bruinderink 等,2003;Hanski,2005)。对于水生生态系统,近一个世纪以来,景观中的位置、流域地质情况和土地利用情况一直都是预测湖泊和河流化学与生物状况的优良因子(Thienemann,1925;Naumann,1932;Vannote 等,1980)。很多研究证实了河岸带植被、水化学和底质状况等局部因子作为湖泊和溪流无脊椎动物指示因子的重要性 (Ormerod 等,1993;Johnson & Goedkoop,2002;Stendera & Johnson,2005)，而其他的研究则强调区域或景观因素是更为重要的生物群落指示因子(Allan 等,1997;Heino,2002;Townsend 等,2003)。

9.3.1　群落和空间尺度间的生态关系

识别水生生态系统如何与周围景观联系，以及这种联系如何影响生态系统对外来变化的抵抗力和恢复力,这对支持管理决策而言十分重要。Johnson 等(2007)分析了底栖硅藻与鱼类和空间尺度的关系,并推测生物体会因生活史不同而作出不同的反应。鱼类作为寿命长、移动性强的生物体,和大尺度的、区域变异更加相关,而对于小型生物体,如底栖硅藻和无脊椎动物,和局部因素更加相关。水化学和底质等局部变量可解释的变异率是地理位置(经度和纬度)可解释率的四倍之多,是生态区和流域土地利用/覆被状况解释率的两倍多(图9.8)。

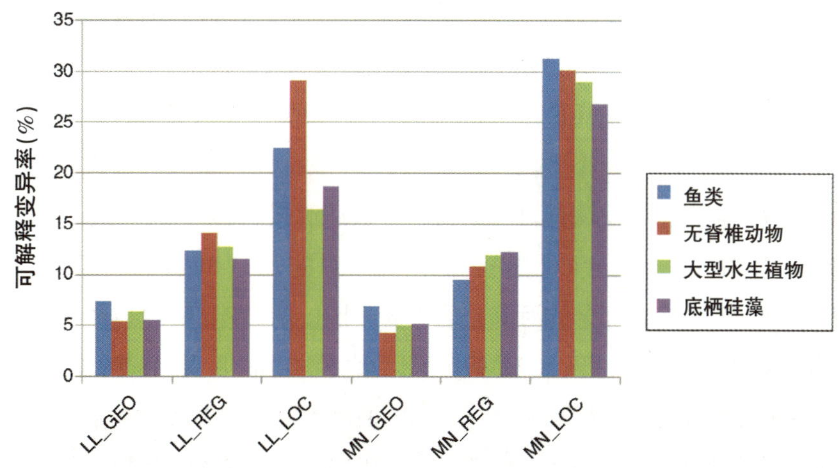

图9.8　用地理学(GEO)、区域性(REG)和局部(LOC)因子解释不同溪流中鱼类(蓝色柱)、无脊椎动物(红色柱)、水生植物(绿色柱)和底栖硅藻(紫色)等生物群落的变异率(%)

LL:低地;MN:山区溪流。(结果引自 Johnson 等,2007)

然而，与预期相反的是，小型生物（如底栖硅藻）对小尺度（生境）因素的响应更强烈，但大型生物（鱼）对大尺度（区域）因素的响应更强烈这一猜想并没有得到证实。局地尺度变量对预测溪流生物群落十分重要，这一发现与一些前期研究是一致的（Hawkins 等，2000；Paavola 等，2006；Hering 等，2006），并对设计河流恢复方案有直接的指导作用（见下文木质残体在溪流修复中的应用）。

此外，即使溪流内部变量是生物种类组成较好的预测因子，但这并不意味着在保护和管理方案的规划和实施方面，可以忽略流域内土地利用情况等大尺度因素。事实上，由于多数干扰是社会经济过程的结果，如果将保护和恢复策略作为景观发展的一部分而不是孤立的实体来考虑，其效果将会更加明显（Holling & Meffe，1996；Meir 等，2004）。涉及流域森林和溪流结构相互作用的其中一个例子将在下一节的案例研究中阐述。

9.3.2 大型木质残体在溪流恢复中的应用

“溪流（河流）恢复”这一术语被广泛用于各种各样的项目目标中，范围从传统的生物工程到旨在形成自然溪流结构和河道形态等自然过程的恢复（Kondolf，1996）。在美国，溪流恢复被定义为“一个生态系统的回归到接近未受干扰前的状态”（National Research Council USA，1992）。然而，在世界的许多地方，自然环境已经发生了不可逆的变化，因此重新创造一个受干扰前的历史状态是不可能的（Kauffman 等，1997；Brown，2002）。对于欧洲和“旧大陆”其他部分人口稠密、文化密集的景观区域尤是如此，那里的河流自石器时代以来就已经被人类活动所改变。因此，在中欧的溪流修复项目中，溪流平衡状态常被用来作为恢复活动的参照和目标条件，这种状态在没有进一步人为干扰的现有自然环境条件下可能会向着良好的方向发展。由于自然环境的不可逆变化，现在的自然环境可能不同于历史的自然环境，比如由于自晚全新世以来森林砍伐和侵蚀加快（晚全新世冲积层）、有机土壤矿化、大规模开挖（露天开采）和填埋、采矿和近代气候变化等引起的洪泛平原区的沉积物淤积。

水文地貌形态退化的河流修复已成为一个被广泛接受的社会目标，在过去的 20 年中，对溪流修复的科学兴趣也在不断地增强（Shields 等，2003；Bernhardt 等，2005）。在人口密集的地区，如中欧，绝大部分的河流退化严重，因此，急需制定简单且经济有效的修复措施。大型倒木［根据 Gregory 等（2003）的定义，为直径>0.1m，长度>1m 的原木］是温带森林生态区河流生态系统的重要组成部分。这些大型倒木会影响溪流的水文、水力、沉积物平衡、形态和生物学特征（Gregory 等，2003）。基于倒木的这些有利作用，即便是在人口稠密的中欧地区，多达三分之一的溪流都通过倒木修复得到了一定程度的改善（Kail & Hering，2005）。在对 50 例河流修复项目中大型倒木的使用状况进行评估之后，Kail 等（2007）

认为:①必须在流域尺度和其延伸范围内,对放置倒木产生的潜在影响进行评价;②如果修复时是模拟天然倒木进行的,那么该项措施就是最成功的;③木材结构对溪流形态的影响主要依赖于溪流大小和水文地貌等因素;④倒木的放置对一些鱼类具有积极影响;⑤大多数项目表明,进行倒木修复后水力学形态得到了快速改善。

大型倒木蓄积量的高自然变化性和持续的气候变化使我们难以定义河流的基准和目标条件。因此,综合考虑多种因素,使用被动修复的方法而非"主动修复"(在可到达范围内布置木头的结构)是较为合理的。

首先,局地尺度的、主动的修复措施存在一定的风险,即会忽略流域尺度上引起退化的一般过程,并且这种修复措施往往针对的是症状而不是导致溪流退化的原因,因此,从长远来看,这种措施容易失败(Kauffman 等,1997)。沿着这一思路可以得出,如果修复工程是在整个流域的大背景下进行,则更容易成功(Wohl 等,2005)。Kail & Hering(2005)的研究结果进一步支持了这一假设,即利用大型倒木进行修复时必须考虑其他因素,如流域土地利用情况。其次,积极的修复措施可以创造条件,这些条件和潜在的自然状态并不一致。如果上游流量和泥沙供给等对照因子已被人类活动所改变,那么就需要质疑对溪流修复河段(潜在的自然状态)目标条件描述的准确性,因此,历史状态就不能作为参照或目标修复条件。

此外,气候变化可能会对溪流水力学、形态学、生物区系以及基于此的潜在自然状态等产生强烈的影响。相反,自然河岸带植被的重建和自然倒木输入将改变自然河道动力学特征,最终产生与潜在自然状态一致的自然河道形态。

第三,即使在人口稠密的地区,如中欧,自然倒木输入的过程也是可以实现的。根据 Kail & Hering(2005)的保守估计,约 7%的中欧河流可通过源自天然或非天然河岸森林的大型倒木所修复。在中欧的许多地方,由于人口规模的减少、农业技术更替和随气候变化带来的洪水风险的增加,未来的土地利用压力可能会有所减轻。长远来看,这可能会提高河岸带森林重建和被动修复的成功率,尤其是在偏远的山区。

9.3.3 生态系统的连通性和物种的扩散能力

对于被认为是修复成功的淡水生态系统, 参照条件需要达到或至少接近上文所述的内容。根据《水框架指令》,这不仅涉及如水体营养状况和 pH 值等非生物的参照条件,还包括参照生物群落的恢复,即未受干扰状态的典型动植物群落。然而,作为第一步,可以通过外部措施(如减少营养负荷或增加大型木质残体)恢复非生物参照条件,而在大多数情况下,目标/参照生物群落的恢复应是遵循自然恢复规律的。修复地缺失物种通常需要外部种源的重新定殖。然而,即使非生物条件已成功恢复,如果物种本身的扩展能力是一个限制因素,那么目标恢复物种的重新殖民化可能也不尽如人意(Donath 等,2003;Jahnig,2007)。

生物体能否扩散到修复地取决于:①修复地和种源间的联系以及地域间的连通性;②生物体自身的扩散能力。地域间的连通性不仅取决于修复地和潜在种源地之间的距离,还取决于生物体到达修复地的途径或通路。景观中不同位置修复地之间是彼此联系的,且依赖于所处的位置和连通类型(Soons 等,2005;Soons,2006)。一般来说,虽然淡水生物的扩散能力差别很大,附近具有种源的生物体会首先定殖到修复地(Donath 等,2003)。淡水生物中有一类生物体可以主动迁移很远的距离,如某些种类的底栖无脊椎动物具有空中和鱼体内生活史阶段,还有如浮游植物、水生植物和无空中生活史阶段的底栖无脊椎动物等可被动迁移较远的距离。具有主动迁移能力物种的扩散依赖于物种的运动生态学特征和景观结构以及空间构型。此外,个别物种可以通过建造廊道或消除移动屏障提高其扩散能力(如河流中的鱼类通道,Schilt,2007)。在淡水生态系统中,对于被动迁移的物种,无论是在其成年阶段或繁殖体扩散阶段,均可通过水、风和水鸟这三种主要传播载体进行扩散,且传播潜力各有不同。物种借助风进行传播一般仅限于相对较短的景观尺度上的距离(Nathan 等,2002;Soons 等,2004a,b),而借助于水体和水鸟传播的物种可以从景观区域和大陆尺度实现更长距离的传播(Clausen 等,2002;Figuerola & Green,2002;Charalambidou 等,2003;Boedeltje 等,2004;Soons 等,2008)。尽管传播距离具有高度的种属特异性,但通常来讲,可以产生很多小型的、耐干燥的、具有扩散性繁殖体的一类淡水物种具有最强的扩散能力。

在进行修复时,常需要考虑潜在种源群落间的连通性和目标恢复物种的扩散能力。由于空间隔离和/或定殖种的低扩散能力,多数修复地的物种重新定殖常被延迟,这可能导致无法达到目标条件规定的物种组成特征。因此,有人认为恢复活动应发生在景观尺度环境中,这样就可以将景观中修复地与种源地的连通性这一因素纳入进来(Verhoeven 等,2008)。对此,操纵景观单元法(Operation Landscape Unit,以下简称“OLU 法”)是一个极为有用的方法(见下文),该方法考虑了什么样的景观连通性隔断会阻碍修复,并在修复计划中提供了一个包括关键景观连通性的工具。这对于破碎景观尤为重要——因为人类为达到自己目的进行水流改道、渠道化及取水活动已经使该景观变得支离破碎(Gordon 等,2008)。由于整个景观体系中物种间的连通性,轻度破碎化或自然景观中可能存在参照生物群落并具有自然空间种类动态(如集合种群动态或其他空间动态;Hanski,1999;Freckleton & Watkinson,2002),而已破碎景观或重度改造过的修复地是无法修复的(Hanski,1994)。这是一个在制定修复方案时,需要认真考虑的问题,并且需要对一般准则作进一步调查。

此外,在气候变化的背景下,有必要认真考虑区域的连通性的和物种的扩散能力等因素。气候变化不仅会影响参照条件(如上所述),也可能改变地域间的连通性和物种的扩散能力。气候变化影响下改变淡水生态系统连通性的重要机制包括:①由于较多的极端降雨事件,河流和溪流的水动力状态发生改变(见第 4 章),这将改变通过地表径流引起的地域之间的连通性。河流洪水事件的变化会通过影响繁殖体随水体的传播改变地域之间的连通性,如洪水事件将影响种子的沉积(Goodson 等,2003)。②温暖干燥的夏季将加快池塘和浅水湖泊的干涸,这将削弱湿地间生态节点(又称“踏脚石”)的连接(Allen,2007)。例如,水塘的消失将增加池塘栖息地之间的隔离程度,并减少浮游动物在池塘间的扩散。当暴风的频率和强度增加时,风媒生物将传播更远的距离,但这种影响相对较小(Soons 等,2004b)。总之,需要衡量气候变化对淡水生态系统间连通性的影响,并基于此预测对未来恢复的影响。然而,这种影响很可能具有区域性和景观特异性,很难找到通用的准则,并要求对景观尺度的气候变化进行预测,且需要详细了解该区域的空间配置和景观连通性。利用景观尺度修复方法(如 OLU 法),结合气候变化预测,将会实现更多成功的、真正的和具有“气候变化证据”的恢复。

9.3.4　提高湿地恢复成功率的方法——OLU 法

传统的自然保护和恢复主要集中在受保护的个别区域。然而,世界上的部分地区,其自然景观已被农业或城市用地严重改变,单一斑块往往太小且相对隔离,难以实现有效的自然保护。生物体的扩散以及局部灭绝和重新定殖之间的平衡受到阻碍,导致种群甚至是集合种群的不稳定性增加且更易于产生物种缺失。景观破碎化的另一个影响是由于地貌和水文形态的重构导致景观间的自然联系被隔断,例如水流。

相对于没有空间连通性的独立生态系统,景观的横向连通维持了更高的生物多样性和良好的生态功能。横向连通包括景观斑块之间的廊道,如连接洪泛平原森林的河岸森林,以及水流或风之间的连通。因此,保护工作应始终考虑生态系统的边界,以保护其与景观中其他系统的连通性。这种用于自然保护的方法源于景观破碎化程度不断增加的需要(Soons 等,2005)。事实上,景观破碎化至小型斑块对于最初具有较高的景观连通度的流域中的生物多样性和生态环境质量具有戏剧性的后果。景观中的小型斑块会导致物种灭绝度升高和定殖度降低及隔离度升高,造成景观和斑块中物种丰富度出现总体下降(Hanski,2005)。

景观破碎化的第二个后果(例如农业集约化)是水文地貌的剧烈变化。农业用地排水已经导致地下水位降低、自然(半自然)景观斑块中地下水流量减少、低级溪流矫直、溪流水位波动缓冲强度下降、洪泛平原栖息地丧失、作为自然溪流生境过程其蜿蜒度下降以及生境过程和溪流水环境质量恶化(Brierley & Stankoviansky,2002)。这些变化导致整个景观的栖息地多样性急剧变化,即便是在具有完善内部管理的保护区也时有发生。很明显,这些景观尺度的改变导致了生物多样性进一步降低,这可能和其自身破碎化导致的后果同样严重。

OLU 识别(被定义为"景观斑块和其生物、水文连通的组合"),近来被提议作为一种工具来促进景观破碎化程度高且其水文学形态被严重改变流域湿地系统的恢复(Verhoeven 等,2008)。在此背景下,综合考虑生物因子(即生物体的传播、迁移)和水文因子(洪水事件、景观单元间地下水的流动连通性)是一种创新。基于综合 OLU 法进行特定工程修复时,可按照下述"三步法"进行:第一步,确定恢复目标。哪些植物或动物物种或群落需要恢复?或是哪些生态功能需要恢复(例如提高水环境质量或洪水滞留能力)?用于设置恢复目标的参照条件是什么?第二步,确定修复地的水文学特征和物种扩散特征,这些特征对于物种、群落和生态系统的恢复至关重要。这样的空间机制可能与物种或系统的恢复不甚相关,但是对单体斑块的保护或恢复是较为有效的,此时不适合采用 OLU 法。第三步,通过识别景观元素定义 OLU 的范围,这对构建下列修复模块十分必要:水文功能和水文情势以及植物和/或动物物种扩散。

OLU 法常常会涉及"源地区"(需要保护的、完整的、物种丰富的自然保护区),以及适合修复的"受体地区"、修复目标区域和连通路径(如溪流或其他水文通道)的识别。要识别"受体区域"和连通路径,历史地图和当下的记录以及过去的水文功能是十分有用的。对 OLU 的进一步识别是创建一个地图,该地图代表景观元素的组合,这些元素是某个物种的区域性生存或生态系统功能的自我维持或为植物群落或生态系统创建所需要的目标条件。

OLU 概念在土地管理中的适用性可以通过一个案例研究进行展示 (Antheunisse 等,2006)。荷兰丁克尔河流域的 Ottershagen 地区的溪流河谷修复是该方法的一个应用案例。在一个由水行政主管部门代表、自然保护机构代表和农民代表参加的会议上,代表们在探讨土地和水资源利用方案时提出了 Ottershagen 地区修复计划。在对该洪泛平原区进行修复时,需要对 Hollandsegraven 子流域(丁克尔河流域的一部分,图 9.9a)水文学和当前及历史土地利用状况进行分析。

目前,Hollandsegraven 河子流域主要处于为乳品业服务的高强度的农业土地利用之中。在南部地区,有一个被称为"Agelerbroek"的小型湿地保护区,该区域有种类丰富的湿生牧草以及多种水禽和两栖类栖息的溪流森林。北部的 Ottershagen 地区曾经是一处物种丰富的大面积湿地,在 20 世纪 50 年代,该区域水被排干并被改造成农业生产用地,现在已成为一个过度施肥和放牧的草场。此后,由于河道的渠化和河岸改造的限制,在 Ottershagen 或是 Agelerbroek 地区,极少发生由 Hollandsegraven 河和 Dinkel 河造成的洪水泛滥。

修复目标包括以下两个方面:①恢复 Ottershagen 大洪泛平原地区以增加区域湿地生物多样性;②建造蓄洪区应对由气候变化引起的频发洪水。同时,需要认识到建造洪水滞留措施将会导致 Ottershagen 地区发生定期泛滥, 而洪水来自 Hollandsegraven 流域的溪流。同时,我们的目标是为植被演替创造机会,使以农业牧草为主的植被群落逐渐演替为具有洪泛平原特征的植物群落。

图 9.9b 对 OLU 法在 Hollandsegraven 子流域如何使用进行了描绘。结合历史地图(1900 年) 中湿地区域的范围和在 1998 年经历短暂极端雨季后该地区被洪水淹没的程度,对边界进行了绘制。历史地图显示,Agelerbroek 湿地区域的面积已超过 1900 年的两倍,Otterhagen 是 Hollandsegraven 流域北半部分另一个面积较大的洪泛平原湿地。在 OLU 法中,将 Agelerbroek 湿地作为当前植物和动物繁殖体传播的源区,在它的北部和东部分布有和其直接相连的大面积湿地,如 Tilligterbeek 河、Hamburgerbeek 河和 Hollandsegraven 河(实际上是 OLU 中心的主要连续河流,见图 9.9)以及 Ottershagen 北部的洪泛平原区。

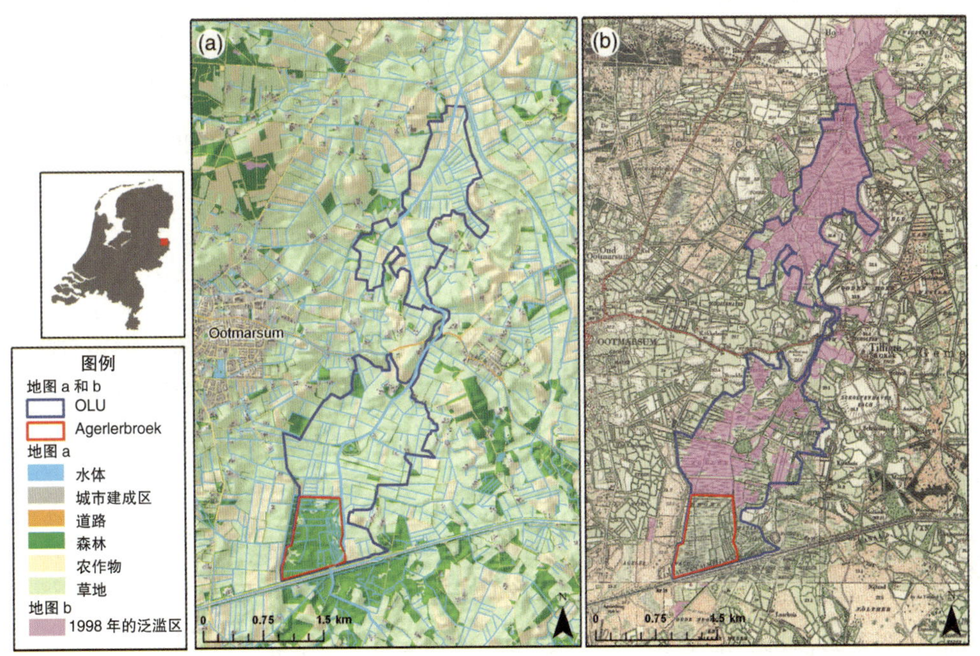

图 9.9 位于荷兰 N.E. Twente 研究区域的具有 OLU 边界的地形图

(a) 当前的地形图,比例尺为 1:10000(Emmen,2003)。图中以浅灰色阴影显示。OLU 中的大部分区域为分布有耕地和森林的农业牧场。Agelerbroek 为一个包括草地和森林的湿地自然保护区。Agerlerbroek 区域和 Ottershage 区域 (OLU 的北部) 通过主要河流系统 (Tilligterbeek 河—Hamburgerbeekk 河—Hollandsegravenk 河,实为一条河流)连接。这两个区域均为低洼平原,起连接作用的溪流系统穿过其中的高地。(b) 描绘 OLU 边界的 1900 年的历史地图, 比例尺为 1:25000(Emmen,1900)。紫色区域为 1998 年极强降雨后的泛滥区域。OLU 边界是根据历史地图中湿地的初始轮廓和 1998 年泛滥区域的范围进行绘制的。

图中描绘的 OLU 区域显示，适合于恢复的洪泛平原地区不仅包括 Ottershagen 的前洪泛平原区，也包括和其毗邻的 Agelerbroek 的前洪泛平原区。如果对 Agelerbroek 和 Tilligterbeek 之间的水文连通性进行优化，并通过水文措施改变河流的流量特征，这两片湿地都有可能恢复成为定期淹没的沼泽湿地。Agelerbroek 区域的植物群落具有定期泛滥的河谷型特征，适合作为被修复地区的种源区。

水文学机能和空间机能的恢复主要涉及 Ottershagen 地区的自然洪水频率以及 Agelerbroek 保护区与 Hollandsegraven 河网之间的水文连通。在 Hollandsegraven 子流域，Ottershagen 地区可再次变成洪泛平原，并使得冬季洪水事件具有最高的频率和持续时间。目前，Agelerbroek 自然保护区仅有部分区域间接地和 Tilligterbeek–Hollandsegraven 河流系统连通，应将二者再次完全连通，只有这样，才能实现 Agelerbroek 和 Ottershagen 地区在洪水泛滥期间的直接连通。从 Agelerbrok 北部开始海拔高度逐渐降低，该地区的洪水会流到 Ottershagen 地区。如果让 Agelerbroek 地区也发生洪水，繁殖体就可以通过洪水向北散布。这些恢复措施将会促进洪泛平原地区典型中型河流（河流等级为 3~4 级，且泥沙淤积具有典型的梯度特征）的潜在发展，并为这些地区的水资源管理者通过泄洪使重要经济区免受洪灾创造机会。上述案例阐释了 OLU 法是如何提高资源管理者对景观空间过程和连通重要性的认识的，如果 OLU 法应用得当，可以促成更多长期成功的恢复案例。

9.4 结论

建立参照条件的方法有空间类型法、预测模型法、古重建法以及历史数据和当前数据法，对这些方法所进行的比较研究成果是令人鼓舞的，但仍需要进行更综合的研究，以便更好地量化不同方法固有的不确定性。空间类型法（该方法可能是欧洲成员国在实施 WFD 时最常用的方法）在用于区分生物学差异时比基于模型的方法效果要差，此外，研究者逐渐意识到参照条件不是静态的或前期假定的那样长期在平均值附近震荡，而是表现出单调的气候驱动趋势。因此，应重点考虑那些包括天气的年际变化性和/或长期的气候变化趋势的方法，如模型法包括了度天数和水文变量等预测变量。沿着这个思路，从长期的气候驱动趋势的影响中厘清短期气候事件影响（如 NAO 的年际影响）的研究是十分有意义的。

预测全球变化对淡水生态系统的影响是复杂的，并且应该认识到，已经受到人为干扰的生态系统在经历和应对气候变化的影响时将会更为复杂。生态系统是如何应对多重压力的影响，目前仍处于争论之中。尽管如此，如果管理工作想要成功，管理者需要考虑多重压力会如何影响水生生态系统的结构和功能。修复措施，如木质残体的使用是提高河流栖息地复杂性的有效方法。我们需要更可靠的统计设计,包括多重修复区、未修复区和参照区域以及干扰前后几年的研究等，以便更好地理解不同类型修复措施产生的短期和长期影响。

从生物体的扩散以及水体和溶解物质流动的角度出发,在未来的修复项目中,我们需要关注修复区域和其周围环境之间的连通性，而且修复计划需要被放置在扰动尺度的背景下进行考虑。OLU 等概念模型考虑了景观斑块之间的连通性,如陆地系统和水体系统之间,以及淡水生态系统之间的连通性,这为理解和减轻未来全球变化对生态系统生物多样性和功能的影响拓展了思路。

第 10 章

流域尺度气候变化响应模拟

Richard A. Skeffington, Andrew J. Wade, Paul G. Whitehead, Dan Butterfield, Øyvind Kaste, Hans Estrup Andersen, Katri Rankinen and Gaël Grenouillet

10.1 引言

Euro-limpacs 项目重点关注水生生态系统(河流、湖泊和湿地)对气候变化的响应。河流、湖泊和湿地彼此联系,并与其他水体如地下水、河口及海岸水体等联系。这些水生系统中的大部分水在某些阶段流经了陆地环境。流域尺度的方法考虑了这些不同环境,因而对于预测欧洲水生生态系统对气候变化的响应是必不可少的。

水生和陆生生态环境的测量以及实验操作是在小流域(<10km^2)内、实验室内或在现场的小型水箱内完成的,用于代表那些待研究的较大体系。然而,管理决策的制定通常基于更大的尺度(>1000km^2)进行,如《水框架指令》中的流域均为大流域。此外,基于大气和海洋环流模型(大气环流模式,GCMs)对未来气候的预测是在大于很多流域规模的粗尺度上进行的。模型分析有助于弥补科学测量、管理和气候预测之间的差距。这些水生和陆地生态系统之间相互作用很复杂,仅靠实验操作很难反映这种复杂性,仍然需要建模分析。

流域对气候变化的响应模拟极具挑战。首先,为了预测气候变化的影响,在小流域尺度构建气候变化情境是必要的。将 GCM 预测转化为所需的空间尺度(称为降尺度)的方法和生成模型所需的“天气”(如日降雨量和温度)的方法必须是可靠的。其次,必须开发一种模型,可以将小流域气候和可测量变量联系起来,并且具有水生生态系统的特性,如水流量、水质或水生生物的丰富度。这些模型可能涉及流域结构和功能的具体表现和它们与气候的相互作用,或者它们可能是更为经验性的。所有的模型需要进行验证,以确定它们是否能充分代表观测数据,并在一个迭代周期内进行测试和修正。在重现观测现象和遵从流域发挥功能的理念方面,如果模型的模拟结果令人满意,一组变化的气候条件可以用来驱动该模型产生一组变化的响应变量。因此,模型可以提供气候变化的预测,例如其对硝酸盐浓度或鱼类的生物多样性的影响。在这一过程中,必须考虑由于气候变化带来的流域结构和功能的潜在变化(例如流域植被类型的变化)。最后,可以评估流域管理变化(如新的作物或农业活动)带来的影响。例如,对于气候变化,社会经济因素或流域管理者可能试图减轻气候变化的影响而带来适应性反应。

本章概述了这种方法如何在 Euro-limpacs 项目中应用,说明了在一系列案例研究中的建模过程应用,介绍了评估流量和水质的欧洲统一建模方法是如何开发的。科学建模需采取进一步的链接模型来模拟流域尺度的流量和氮的响应。目前,已经为湖泊开发了包含生态作用的模型,但由于河流环境的动态性与复杂性,对于河流来说这种模型仍是一个研究目标(Chapra,1997)。集成模型的主要关注点是小流域尺度的流量和水质模型的开发。本章所描述的应用是 Euro-limpacs 项目的一个小样本。由于建模工作的过多缩略语和首字符缩写容易使读者混淆,表 10.1 提供了解释和参考。

10.2　Euro-limpacs 项目的建模策略

研发流域分析与评价模型的综合工具是 Euro-limpacs 项目的核心工作,基于以下六个关键问题:①可否利用模型分析评估气候变化、土地利用变化和污染的影响?②模型如何被用来评估气候变化对淡水系统的可能影响?③模型可否模拟淡水系统中污染物行为的空间/时间变化?④这些模型的不确定性可否量化?⑤可否将社会经济的情况纳入模拟评估气候变化的影响?⑥如何才能最好地使用模型,以协助处理受气候变化影响的地表水管理?为了解决这些问题,新技术和现有技术均已投入使用。在得出问题的答案之前,我们在本章对这些技术进行介绍。

10.2.1　降尺度

预测未来气候对水生生态系统影响的首要步骤是预测气候的可能状况。在全球范围内,未来的气候变化需采用 GCMs 模拟,这是基于物理原理的气候体系机理模型(IPCC 2007)。模型中还需要对温室气体排放、人口增长和经济发展作出假设。在 Euro-limpacs 项目中,采用了基于 IPCC 排放情景特别报告(SRES)的一组标准假设(Nakic′enovic′等,2000)。这些情景在第 3 章进行了介绍。对于流域尺度的模拟,目前 GCMs 的分辨率精度过低(270km×270km),不过精细尺度的模型即将发布。因此,需要一种符合模拟分析需求的处理方法,实现从 GCMs 到适当尺度的降尺度输出。目前主要有两种方法:动态或基于模型的方法,以及统计或经验的方法(Fowler 等,2007)。动态降尺度使用嵌套模式的区域气候模型(RCMS),用来提供输入数据和边界条件。

表 10.1 缩略语和缩写词列表

缩写	含义(若有)	描述
AET	实际蒸散量	
CATCHMOD	流域模型	英国水平衡模型
CLUAM	气候和土地利用分配模型	
CGCM2	加拿大全球耦合模型	来自加拿大气候建模与分析中心的 GCM
CSIRO2	联邦科学与工业研究组织	来自澳大利亚 CSIRO 的 GCM
EARWIG	环境机构降雨与天气影响生成器	按英国降尺度 GCM 产生天气数据的模型
ECHAM4	英国中心汉堡模型	Max Planck 研究所开发的 GCM
GCM	通用循环模型	用于了解和预测全球尺度气候的模型
GLUE	广义似然估计	调查模型不确定性的技术
HadCM3	Hadley 中心耦合模型	来自英国气象办公室 Hadley 中心的 GCM
HBV	Hydrologiska Byråns Vattenbalansavdelning	Scandinavian 水文模型
HER	水文有效降雨	可能提供河流补给的降雨
HIRHAM		一些气象机构为欧洲开发的 RCM
INCA	联合流域模型	雷丁大学开发的一套分析氮、磷等元素的流域模型
IPCC	政府间气候变化专门委员会	气候变化评估国际组织
MAGIC	流域地下水酸化模型	主要处理土壤和地表水的酸化模型(不限于标题)
MIKE-11	按模型作者命名	丹麦水文研究所水文模型
MPI	Max Planck 研究所	德国研究机构
NAM		与 MIKE-11 一同使用的降雨-径流模型
RCM	区域气候模型	相比 GCM 模型,在较小尺度上了解和预测气候
PET	潜在蒸散量	
SDSM	统计降尺度模型	用于降尺度 GCM 的英国模型
SRES	排放情景特别报告	IPCC 报告,其中定义了一些标准的温室气体排放情景
TRANS	运输	与 MIKE-11 一同使用的水化学模型

注:表中不含文中定义并使用一次之后未重复使用的术语。

RCMs 可以模拟小流域尺度的重要过程,并提供按比例缩小至约 5km 的输出。它们的计算成本高昂,依赖于观察到的小尺度气候和大规模气候之间的定量关系,所采用的降尺度方法更为常见。然后用产生的大规模和高分辨率的 GCM 输出气候, 一个主要的假设是,经验关系将在所有预测的气候中保持一致,包括那些由增强温室效应所影响的气候。Tisseuil 等(2009)探讨了更深层次的问题和统计降尺度方法的改进。

在 Euro-limpacs 项目中,我们标准化了降尺度的方法。在欧盟资助的 PRUDENCE 项目 “关于欧洲气候变化风险和影响定义的区域情景和不确定性预测”(2001—2004 年)网站 http://prudence.dmi.dk 中,1961—1990 年和 2071—2100 年的欧洲动态降尺度数据可以采用。数据由将一个 RCM 嵌入两个 GCM 而产生。但对于大部分流域应用,输出的单元尺寸(0.5°×0.5°)还是太粗,仍需按照统计降尺度方法(SDSM;Wilby 等,2002)进一步降低尺度[该方法是按照 Wade 等(2008)所描述的“当地方法”改进而来]。例如,GCM 和 RCM 温度预测为一个网格单元的平均高程。为了纠正其到一个流域的高度,使用一个特定站点的递减率或者 0.6℃/100m 的“标准”递减率。

在某些情况下,宜使用 GCM 单元,该单元不同于场地所在的位置,从而建立 GCM 或 RCM 输出和当地条件的关系。例如,如果场地为山区,受山地支配的 GCM 单元更为恰当;该单元包括场地和相邻单元。SDSM 在一些实例中很成功(Wilby 等,2006;Whitehead 等,2006),但在其他应用中,它因未能为控制期的月平均降雨量和降雨的季节性模式产生可靠的重建而被放弃。标准三角法使用从 GCMs 推导的变化因素，被应用于个体小流域(Wade 等,2008),在一个控制周期内(1961—1990 年)按月推导了一个由平均观测降水量除以平均 RCM 模拟的因子,这些因子被应用于 RCM 模拟 2071—2100 年的降雨,来计算一个特殊变化情景下的小流域降雨。对于温度,采用了类似的步骤,但因子是相加而不是按比率得到(Wade 等,2008)。

10.2.2　肯尼特河实例研究

表 10.2 显示了从变因素分析中得到的部分结果。通过计算英国南部的肯尼特河在多种气候变化情景下的流量,模拟气候和社会经济变化对河流影响(Skeffington,2008;见第 11 章)。在该实例中，气候情景从英国气候影响程序中推导而来（UKCIP02,Hulme 等,2002)。按 UKCIP02,在使用两个区域气候模型的双步程序中,HadCM3 GCM 尺度降至一个 50km 网格。

选择来自 SRES 的 A1F1、A2、B1 和 B2 情景(见第 3 章),分别按三个时期(21 世纪 20 年代、50 年代和 80 年代)计算以给出若干情景-时期组合。由于计算的局限性,只有 A2-2080 的组合动态降低了尺度,其他的组合应用模式识别插值(Hulme 等,2002)。肯尼特小流域的 A2 和 B2 情景预测被用来作为气候生成程序 EARWIG(环境机构降雨和天气影响发生器;Kilsby 等,2007)的气象参数包括温度、降水和潜在蒸散量。EARWIG 将复杂的逐日降水随机模型与观测数据拟合,并利用由 UKCIP02 情景计算的变化因素对未来气候进行同样处理。

其他气候变量利用是与降雨的回归关系来计算(Kilsby 等,2007),然后通过输入嵌入在 INCA-N 模型的流域水文模型,生成不同情境下的河流流量日值(Wade 等,2002a)。温度和潜在蒸散量（PET）是从 EARWIG 直接使用，但 INCA-N 模型还需要实际蒸散量(AET)和水文有效降雨量(HER)。上述因子是由 EARWIG 逐日降水和 PET 使用一个简单的电子表格模型计算而来的(Bernal 等,2004;Durand,2004)。Tisseuil 等(2009) 通过降尺度模型预测加仑河流域不同河流类型的水体流量,取得了一些研究成果,该降尺度模型来自利用各种统计模型的 GCMs。

表 10.2　　不同气候变化情景下对肯尼特河进行观测和模拟的水文、气象数据

变量	单位	观测值[1]	模拟值	2020s A2/B2	2050s B2	2050s A2
		1961—1990 年	1961—1990 年			
年降雨量	mm/年	759	759	778	757	758
<0.2mm 天数	%	56	54.7	55.5	57.7	57.3
<1.0mm 天数	%	67	66.1	65.9	67.4	67.2
温度						
均值	℃	9.2	9.2	10.2	11.0	11.3
平均日最小值	℃	5.1	5.4	6.4	7.2	7.5
平均日最大值	℃	13.0	12.9	14.0	14.8	15.1
最大日最大值	℃	33	31.2	33.6	38.1	38.5
最小日最大值	℃	-16	-14.8	-12.0	-12.8	-13.5
PET[2]	mm/年		536	641	728	750
AET[3]	mm/年		459	481	503	512
HER[4]	mm/年		299	298	254	247
肯尼特河流量						
年均值	m^3/s	9.60	9.83	9.87	8.38	8.15
最小值	m^3/s	0.93	2.12	1.76	1.29	0.74
最大值	m^3/s	46.7	46.6	61.8	59.3	48.9
第 5 百分位	m^3/s	3.88	3.43	3.38	2.60	2.44
第 1 百分位	m^3/s	2.37	2.65	2.39	1.99	1.62

注:[1] 气象数据来源于英国气象局的集水区数据 http://www.metoffice.gov.uk/climate/uk/averages/ukmapavge.html#. 水文数据来自英国国家河流流量档案 http://www.nwl.ac.uk/ ih/nrfa/webdata/039016/g.html. INCA 预测的流量已作调整,考虑了从小流域中提取饮用水的问题。[2] 潜在蒸散量。[3] 实际蒸散量。[4] 水文有效降水量(降雨可能补给河流)。

肯尼特河的研究结果(表 10.2)表明,当比较 1961—1990 年验证期内的观测数据和模拟数据时,EARWIG 成功再现了温度和降水的观测值均值和分布。除了 1975—1976 年特别干旱时期观测的绝对最小值没有模拟之外,INCA-N 模型成功地利用这些数据来再现了河流流量的观测值均值和分布(表 10.2)。降雨在 2020 年略有增加但到 2050 年出现一定程度的降低。对于河流来说,降雨减少和 PET 增加主要发生在夏季:这意味着AET 的变化非常小,土壤湿度不足将限制蒸发。肯尼特河是一个以地下水为主的河流,即使在当前夏季干旱时期仍然有径流。河流水位降低将在 2050 年成为非常普遍的现象。

虽然这些结果似乎可信并能自圆其说,对该系统的其他模拟却得到一系列不同的结果。Arnell & Reynard(1977) 按照 2050 年气候模型和一系列的水文假设,预测肯尼特河

的主要支流 Lambourn 的径流量会下降 21%(+24%~-37%)。Limbrick 等 (2000) 使用 HadCM1 和 HadCM2 的早期版本作为气候驱动,并将 INCA 纳入水文模型,模拟了肯尼特地区由于气候变化导致的水文变化。到 2050 年平均年流量减少 19%,与这里描述的类似(15%~17%);而许多季节性特征如最小流量减少 46%(这里为 51%)。Whitehead 等(2006) 使用 INCA 和 HadCM3 模型作为气候驱动,采用统计方法将尺度降至肯尼特河,研究流量的影响和 N 浓度。Arnell & Reynard(1997),Limbrick 等(2000) 预测到 2050 年平均径流量增长 2%~5%。Wilby 等(2006) 采用统计降尺度的 GCM 数据,以及更加复杂的水文模型 CATCHMOD,并和 INCA 耦合,来研究氮的浓度和流量。按 HadCM3 模型预测,2050 年 A2 情景的中值流量略有下降(5%),B2 情景的中值流量亦仅有微小下降(2%)。Whitehead 等(2006)和 Wilby 等(2006)都使用三个不同的 GCMs 来生成气候驱动因子,获得截然不同的结果。特别地,GCM2 模型预测到 2050 年平均流量将显著增加,增幅约 35%(Whitehead 等,2006)或 80%(Wilby 等,2006)。

10.2.3　统计模型

生物群落的分布和环境条件之间的定量关系是生态学的一个核心主题, 并且已有大量的方法可用来预测气候变化对淡水物种的影响。一种常见方法是模拟与生境变量(尤其是温度、水流流态等变量)相关的生物现状分布,预测由气候变化引起的生境变量的变化以及基于该模型去预测物种分布上的改变。

目前,已经开展了大量的该类型研究(Berry 等,2002;Mohseni 等,2003),并且采用的技术也在快速发展(Rushton 等,2004)。然而,该方法也存在问题:第一是如何校核和测试这类模型(Vaughan & Ormerod,2005)。其次是采用相同的输入数据,不同的模型得到的预测结果存在显著差异 (Lawler 等,2006)。一种评价这些模型的技术是进行组合预测(Araujo & New,2007),即采用不同的模型预测相同的问题,然后评价这些结果相同和不同的部分。Buisson 等(2008)采用该方法模拟 French 溪流中 35 种鱼类的未来分布情况,下面将对该方法进行描述。

研究采用了七种统计方法。从 ONEMA 处获得分布于全国 1110 个站点的鱼类数据。选址要求受人类的扰动程度最小,并通过标准的电捕技术获取数据。超过 25 个站点的 35 种鱼类数据用于研究(表 10.3)。这些数据与环境及气候变化相关联。以下三类变量被用于描述气候条件:年平均降雨量、年平均气温、年度气温变幅。年度气温变幅由最暖月份平均气温与最冷月份平均气温之差确定。这三类变量 2080 年的预测值由三种 GCMs 推导而来,即 HadCM3(美国)、CGCM2(加拿大气候模拟和分析中心)和 CSIRO2(澳大利亚联邦科学与工业研究组织)。采用四种温室气体排放的情景来预测未来气候。这些情景源于

IPCC SRES 的 A1、A2、B1 和 B2(Nakicenovic 等,2000)。因此,对每种鱼类展开 84 种独立模拟计算:7 物种分布模型×3 种 GCMs 模型×4 种温室气体排放情景。

表 10.3 2080 年法国鱼类物种存在或不存在预测的一致性分析

代码[1]	鱼的种类		英文名[2]	满意度[3]	变异性来源[4](%)		
	属	种			SDM	GCM	GES
Les	*Leuciscus*	*souffia*	Varione	48	38	48	15
Lec	*Leuciscus*	*cephalus*	Chub	69	30	54	16
Ana	*Anguilla*	*anguilla*	Eel	68	56	14	30
Bar	*Barbus*	*barbus*	Barbel	62	55	35	9
Cht	*Chondrostoma*	*toxostoma*	SW European Nase	44	80	7	12
Alb	*Alburnoides*	*bipunctatus*	Spurlin	54	49	48	3
Leg	*Lepomis*	*gibbosus*	Pumpkinseed	55	85	11	4
Sas	*Salmo*	*salar*	Salmon	52	70	24	6
Lel	*Leuciscus*	*leuciscus*	Common dace	65	62	35	3
Bam	*Barbus*	*meridionalis*	Southern barbel	45	96	0	4
Rur	*Rutilus*	*rutilus*	Roach	69	48	48	4
Sce	*Scardinius*	*erythrophthalmus*	Rudd	45	58	40	2
Cyc	*Cyprinus*	*carpio*	Carp	59	89	8	3
Tht	*Thymallus*	*thymallus*	Grayling	42	41	55	4
Amm	*Ameiurus*	*melas*	Black bullhead	41	77	22	1
Gog	*Gobio*	*gobio*	Gudgeon	70	95	2	3
Blb	*Blicca*	*bjoerkna*	White bream	50	67	30	3
Tit	*Tinca*	*tinca*	Tench	58	61	36	2
Sal	*Sander*	*lucioperca*	Zander	45	88	11	1
Cac	*Carassius*	*carassius*	Crucian carp	45	93	2	5
Chn	*Chondrostoma*	*nasus*	Sneep	50	61	38	1
Rha	*Rhodeus*	*amareus*	Bitterling	58	44	55	1
Ala	*Alburnus*	*alburnus*	Bleak	70	88	11	1
Esl	*Esox*	*lucius*	Pike	65	79	20	0
Gaa	*Gasterosteus*	*aculeatus*	Three-spined stickleback	31	76	23	1
Bab	*Barbatula*	*barbatula*	Stone loach	62	94	6	0
Lol	*Lota*	*lota*	Burbot	36	88	12	0
Abb	*Abramis*	*brama*	Common bream	63	97	2	1
Gyc	*Gymnocephalus*	*cernuus*	Ruffe	59	94	6	0
Pup	*Pungitius*	*pungitius*	Nine-spined stickleback	41	87	8	5
Php	*Phoxinus*	*phoxinus*	Minnow	56	62	35	2
Pef	*Perca*	*fluviatilis*	Perch	61	52	33	15
Lap	*Lampetra*	*planeri*	Brook lamprey	46	39	44	18
Cog	*Cottus*	*gobio*	Bullhead	41	79	5	16
Sat	*Salmo*	*trutta fario*	Brown trout	63	61	24	15

注:物种按照预测的变化幅度排序,变化最快的排第一。[1] 代码为用于图 10.1 中物种识别的三个字母代码。[2] 英文名来自 Froese&Pauly(2009)。[3] 满意度为鱼类预测所用的 84 个模型混合之间的一致性测量。[4] 变异性来源为每个物种的模型预测:SDM 指物种分布模型;GCM 指全球气候模型;GES 指温室气体排放情景。

研究结果也认同气候变化不是影响鱼类分布的唯一因素:河流和溪流有多种栖息地,在气候相同的条件下,大型低地河流与小型源头溪流的栖息地就大不相同。一些与栖息地相关的变量能从数据库中获得。在本研究中,三种变量被用来表征栖息地的特征:①海拔高程;②按小流域面积和到源头距离推导的参数表征溪流比降;③由宽度、深度和坡度推导出的取样场地溪流水体流速。由于这些变量可能与气候因子相关(如高海拔地区的低年平均气温),每个站点期望值的偏差被用于给出六个独立变量的分析。

从数据库中随机抽取 777 个河流站点的数据来校核物种分布模型，并将余下 333 个场址数据通过迭代过程进行验证和校核，当这些条件满足后，使用两个测量值之和的最大临界值，将每个物种在 1110 个站点中每个站点的分布转换成存在-缺失值：灵敏度（即正确预测的存在值的百分比）和特异性（如正确预测的缺失值的百分比）。校核后的模型被用于预测鱼类种群在 2080 年 12 个不同情景中的分布。采用与目前预测相同的临界值，未来发生的概率同样可被转化成存在-缺失值。

为了评价不同模型的一致性，计算"一致性"参数作为每个物种主成分分析的第一轴。模型之间的平均一致性是 57%（表 10.3），但每个物种之间的一致性却相差很大。从三刺鱼的 31% 到罗宾鱼的 70%。一般地，珍稀物种的一致性值更低。表 10.3 也显示了预测鱼类种群变异性的来源。对于整套数据，70%的变异性是由物种分布模型引起的，24%由 GCMs 引起，而只有 6%是由于排放情景不同引起的。尽管如此，各物种的变异性方式有所不同，如圆鳍雅罗鱼，GCM 的选择是引起变异的一个更为重要的来源。

考虑到物种分布模型在鱼类种群预测中的重要作用，单一的 GCM（HadCM3）模型联合单一的排放情景（A1F1）被随机选择用来评价气候变化对溪流鱼类的潜在影响（Buisson 等，2008）。图 10.1 显示了对每种物种出现可能性变化的预测。Buisson 等（2008）发现35 种鱼类均会受到气候变化的影响。平均来讲，可能性变化从 Salmo trutta fario 的-36.6%到 Leuciscus souffia 的 44.6%。这些结果主要出现在暖水物种或对温度变化容忍度较大的物种。大部分负面影响发生在大头鱼和棕鳟两种冷水物种之中。至 2080 年这 35 种鱼类存在

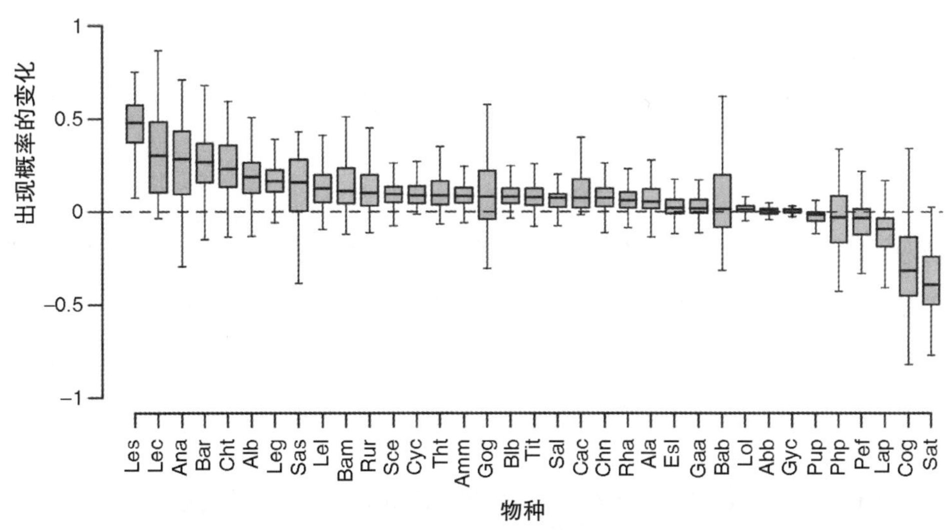

图 10.1　HadCM3 A1F1 情景下所预测的 2080 年法国 35 个鱼种出现概率的变化

每组方框和虚线代表 84 个模型的运行结果：均值为框内的线段；框的边缘为 25%和 75%对应值，截断线为上下极值。物种编码参见表 10.3。

的可能性将增加 5.6%，表明气候变化略有积极影响。尽管一个物种整体上增加，也可能存在某些区域的局部灭绝。对于一些物种空间分布的改变也作了计算分析，图 10.2 中列出了三种代表性鱼种：鲃、梭鱼和棕鳟。

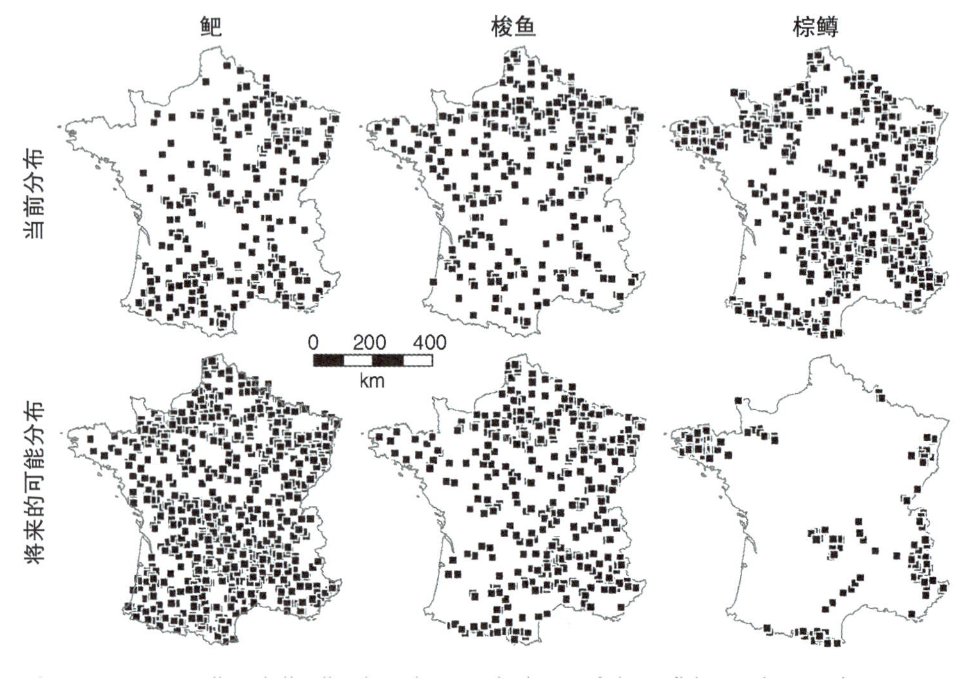

图 10.2　当前和 2080 年，法国河流内三个鱼种(鲃、梭鱼和棕鳟)的预测分布规律

鲃是法国溪流中存在相对广泛的急流性物种，在气候变化下其分布范围预计将会大幅度扩大。一致性模型预测其没有灭绝，并且预测该鱼类将会在之前并不存在的一些区域内出现，如法国西北、比利牛斯山脉、中央高原和侏罗山脉。梭鱼是一种生活在植物密集水域的肉食性鱼类，据预测，将会迁徙到新的合适的栖息地，这些栖息地主要分布在法国东部和高山区，反之，在其目前广泛分布的法国西部区域，可能会局部灭绝。棕鳟是一种生活于冷水和富氧溪流中的鱼种，预计将会受到气候变化的严重影响。到 2080 年，其分布将被局限于山区溪流的源头和法国西北的一些溪流中。因此，预测溪流源头的冷水性鱼类将会受到气候变化带来的有害影响，由于潜在分布区域的减少，下游鱼类的生存区域将向溪流上游扩展。

总体来说，这些结果与从北美获得的结果相符，预测鲑鱼分布会减少，而冷水与暖水鱼类的结果相反。然而，与气候变化可能产生非常不利影响的类群相比（Thomas 等，2004，2006），这项法国溪流鱼类评估是相当积极的，因为预测结果是大多数鱼类的分布区域扩大了而不是减小了。这可能是由于相对于冷水-暖水性鱼类，冷水性鱼类在法国鱼类组合中比较稀缺导致,因为前者具有较大的适应范围。

10.3 动态模型

借助动态机理模型可全面了解气候变化对水生生态系统的潜在影响。动态模型允许模型组构随时间变化;机理模型试图捕捉所有的重要过程,作为系统的联系方程。动态机理模型能反映存储于集水区的污染物的瞬态变化,代表生物地球化学循环对降水和温度输入变化的响应。因此,它们非常适合模拟气候变化的影响。这些模型的缺点是众所周知的(Chapra,1997):模型需要大量的数据,这可能难以实现;这些模型需要对各重要过程以及它们是如何联系的有充分的了解;编写模型程序困难而且耗时;如果模型的目标是完整地理解一个系统,不确定性是一个主要问题。然而,它们代表了准确预测气候变化影响的希望,其建立和改进是一项优先的研究内容。

Euro-limpacs 项目中最广泛使用的动态模型是 INCA 模型。INCA 模型(集成小流域)是动态计算机模型,可针对河流和小流域的水质和水量等各个方面进行预测(Whitehead 等,1998a,b;Wade 等,2002a)。设计的目的是在河流小流域的土地和溪流结构中体现水流质量动态控制的因素和过程,同时最大限度地减少数据的需求和模型结构的复杂性(Whitehead 等,1998a,b)。INCA 能产生沿主河道任一点处溪水的多年污染物浓度和流量的逐日推测值。该模型提供了一些工具以帮助理解系统,并提供了统计数据来与观测数据进行比较。

最初的 INCA-N 模型被开发和用来模拟小流域的氮化物 (Wade 等,2002a;Wade,2006)。INCA 框架目前被扩展到磷(INCA-P,Wade 等,2002b,c)、微粒(INCA-SED,Jarritt&Lawrence,2007)、溶解的有机碳化物(INCA-C,Futter 等,2007a,2008)、汞(INCA-Hg,Futter 等,2007b)及植物和附生藻类动力学(Wade 等,2002b;Whitehead 等,2008)等方面。一个著名的例子是 INCA-N 模型在法国加隆河系统中的应用(Tisseuil 等,2008),加隆河是迄今为止模拟的面积最大的流域(达 62700km^2)。该案例中,对河流水体中硝酸盐浓度的空间和时间动态进行了描述,并使用多元统计与相关的气候变化,土地管理和污水点源相联系。与水文模型 HVB(Vattenbalansavdelning 水文机构)相结合,INCA-N 模型被用来理解不同气候区中哪些因素和过程控制着流量和氮的动态,从而评估该小流域分散源和点源的相对输入量。模拟表明,在低地,溪流水体硝酸盐浓度的季节性模式是由农业面源污染和点源污染控制,估计有 75%的河流污染负荷来自耕作农业。利用现有的国家数据集,该模型证明能够在较大的空间(>300km^2)和时间(≥每月)尺度模拟观测到的硝酸盐浓度的季节性模式。该模型也同样适用于模拟加龙河上、中、下游的观测数据。HBV 和

INCA-N 模型在欧洲主要河流系统中的联合应用表明,根据《水框架指令》,在一个小流域和与之匹配的最大流域管理中可以模拟观察到的特性。

采用该模型成功模拟了各流域所观测到的氮的特性,使其可被用来预测未来由于气候变化引起的氮通量的改变。如上所述,由于干旱时期气候变得更加极端,英格兰东南部肯尼特河的夏季流量在未来有可能下降。扩展模型来模拟硝态氮,Whitehead 等(2006)采用 INCA-N 模型表明,干旱可能会引发土壤中硝酸盐的释放,并排放到河中,如图 10.3 所示。由于气候变化预测从 HadCM3 模型和 A2 排放情景的缩减,硝酸盐的氮浓度增加至接近欧盟饮用水极限值 11.3mg/L。流量下降和硝酸盐含量上升可能会影响水的供应,并对改善肯尼特河这样一个敏感的白垩溪(间歇性溪流)的水质和水生态提出疑问。采用该模型研究了一系列的适应策略,用以评估潜在的缓解策略的有效性。例如,在小流域减少 50%农业化肥的使用发挥了最大的改善作用,硝酸盐浓度降低至 20 世纪 50 年代以来的最低水平。将大气中的氧化态和还原态氮降低 50%,会使硝酸盐浓度相对于基准情境降低 1mg/L。沿河流构建人工湿地(模型中的参数化,体现为溪流中反硝化系数的增加)将更有利,将显著减缓硝酸盐的上升。三种方法组合的混合策略——减少肥料,减少 25%氮沉降,沿河流系统构建一半的湿地——这也将使硝酸盐浓度显著降低。另一项研究使用相同的气候和排放情景但不同的 INCA 参数,预测到 2050 年溪流中的硝酸盐减少而不是增加(Skeffington,2008)。在白垩溪小流域,更明确的地下运移模拟对更长的响应时间进行了预测(Jackson 等,2007)。

这些削减还需要在一定的环境中看到。河流排水原始小流域的无机氮浓度往往很低(<0.2mgN/L;Perakis & Hedin,2002)。肯尼特河流域从青铜时代开始就有部分土地为农业用地。然而,对 Lambourn(肯尼特的主要支流)进行模型预测表明,即使在 2020 年,人造氮肥在

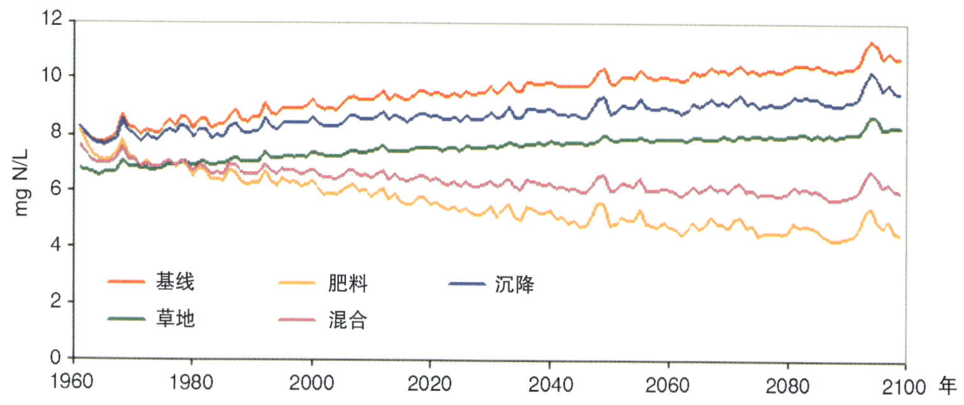

图 10.3 INCA-N 模型模拟的肯尼特河 1960—2100 年的气候变化影响,连同多种适应性策略的影响

"肥料",降低 50%氮肥输入;"沉降",降低 50%大气氮沉降;"草地",通过构建人工湿地使反硝化作用增加四倍;"混合",采用以上三种策略但是仅按 50%的量。

小流域广泛使用之前,溪流硝酸盐的浓度只有目前观察到的九分之一。从图10.3 可知,肯尼特河在 2020 年水体硝酸盐浓度约为 1mgN/L。因此,即使采取最有效的缓解措施也不可能使其恢复到原始状态。

在 Euro-limpacs 项目中,动态模型已经被应用和开发,而非 INCA 模型。采用 NAM-MIKE11-TRANS 模型链和气象预报的区域气候模型 HIRHAM 进行预测,Andersen 等(2006)分析了气候变化对丹麦 113.5km^2 的 Gjern 河流域的水文和营养盐的动态影响。在控制(参照)时期(1961—1990 年)和推测情景时期(2071—2100 年),HIRHAM 预测年平均降水量 47mm,无明显增加(5%);年气温平均增加 3.2℃(43%),显著性(p<0.001)增加。极端情况的改变更大:径流量在 30 年间的最潮湿年度增加了 58mm (12.3%)。所模拟的 GelbæK 溪流河源 11.1km^2 肥沃小流域的排水显示了最剧烈的水文变化。针对夏季(8—10 月)后期径流大幅度(40%~70%)和显着(p<0.05)减少进行了模拟。相反,对邻近的 Dalby 溪的源头径流模拟表明夏季月径流量几乎没有变化,该溪流排水区域为 10.5km^2 的砂质、地下水为主的流域。对地下水补给流域的研究结果也表明,气候变化的影响在非渗透性地层,或壤质、黏性土壤系统中比在以渗透性地层或沙质土壤为基底的流域明显更加迅速,前者对水文变化响应较快,后者能够减缓地下水的短期变化。对 Gjern 流域的预测表明,洪泛平原每年的淹水时间从 34 天增加至 51 天。即使河流系统中氮保留量预计增加,流域总氮输出量仅增加了 7.7%,破坏了氮从陆地到地表水体的输移平衡。

10.4 链接模型

许多专业化生态系统模型可在有限的科学领域提供强大和详细的预测。随着气候变化,可能的环境影响是多种多样的、相互关联的,涉及整个流域无数过程的响应。人们需要集成管理策略来解决问题,并且为了模拟流域尺度的响应,也需要集成个体模型(Andersen 等,2006;Evans 等,2006)。然而,链接模型存在许多挑战。使用一个模型的输出作为另一个模型的输入,需要模型在相同的空间和时间尺度上操作,并且具有相同水平的复杂性。

对于大多数应用程序,没有必要编写模型之间的硬链接程序,使它们作为唯一的实体。这通常很难实现,因为个体模型很少采用这一思想设计,输入和输出数据格式是不可能兼容的。然而,对一些应用来说必不可少,如涉及多个模型运行,例如,蒙特卡罗分析(见“不确定性”章节)或响应面的创建。手动调整一个模型的输出非常耗时,才能使它们适合输入下一个易于链接的独立模型,并且涉及相当多的技能和科学判断。任重而道远,特别是还需处理整个流域综合资源管理的《水框架指令》。Kaste 等 (2006) 通过对挪威

Bjerkreim流域的研究提供了一个在流域尺度模拟过程应用链接模型的方法和潜力的实例。Bjerkreim河流域($685km^2$)的平均径流量为2430mm/年,排入挪威西南部Egersund的河口区(58°28′N,5°59′E)。土地主要是无树木的山区(60%),是挪威内陆西南部的典型区域。水面、泥炭地和荒地约占20%的面积,而森林和农地分别覆盖15%和5%的面积(Kaste等,1997)。由于高降雨率和相对高的N浓度(Tørseth & Semb 1997),Bjerkreim区域的硝酸盐沉降在挪威是最高的,达15~23kg N/(ha·年)(湿+干)。小流域水生生态系统的主要威胁是酸化和氮的富集,从土壤到地表水出现了源自大气氮的大量浸出。在本研究中所讨论的问题是,气候变化是否有可能改变现状使更多(或更少)氮淋滤到水中,以及硝酸盐浓度在河流、湖泊和受纳沿海水域是否有可能增加或减少及其变化幅度。

来自德国Max Planck研究所和英国Hadley中心HadAm3H的两个GCMs-ECHAM4程序的数据,按照温室气体排放驱动的两个情景(分别为IS92a和A2),采用挪威天气预报的相关模型,动态降低尺度(见上文)至$55km^2 \times 55km^2$的空间分辨率和6小时的时间分辨率。在用于预测气候变化之前,对控制周期的降尺度预测进行了调整,使其匹配流域观测数据。该预测包括不同的时期:2030—2049年采用MPI IS92a情景,2071—2100年采用Hadley A2情景(下文起分别称为"MPI"和"Had")。按目前的法令,氮沉降变化的预测也包括在预测情景中。然后,气候变化的数据被用来驱动四个模型,并评估其对河流及其沿岸峡湾水文和氮浓度和通量的作用(Kaste等,2006;图10.4)。上述模型包括水文模型HBV(Sælthun,1996)、水质模型MAGIC(Cosby等,2001)、INCA-N(Whitehead等,1998a,b;Wade等,2002a)和NIVA Fjord模型(Bjerkeng,1994)。模型间的数据流如图10.4所示。

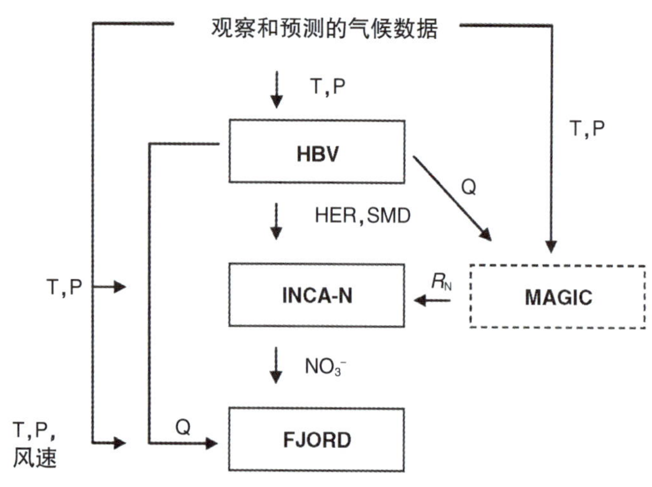

图10.4　模型间的数据转化方案,用于模拟挪威Bjerkreim河

数据流由箭头指示。T,温度;P,降雨;Q,水流;SMD,土壤水分亏缺;R_N,氮固定百分比的输入。其他缩写见表10.1(Kaste等,2006)。

HBV 被用来预测流量和其他水文变量,需要 INCA、MAGIC 计算氮的保留量。INCA 计算溪流氮浓度,Fjord 模型用来评价对沿海水域的生物学影响。HBV、INCA 和 MAGIC 模型在扩展至整个 Bjerkreim 流域的校准之前,最初主要是针对流域内的二级流域。运用校准后的模型对观测数据进行了一个控制周期的测试,执行结果尚可接受。尽管该模拟方式优于季节性模式,但是极端事件和异常气象条件更难以模拟(Kaste 等,2006)。

根据两个降尺度的气候情景预测,研究区域的温度均将升高,按 MPI 为 1℃,按 Had 为 3℃,两者均预测冬季降雨量会增加。但是,两个模型的夏季和秋季降雨预测有所不同:按MPI 略有增加,按 Had 则显著下降。由于模型应用的时期不同,不能确定是否为模型或时间的影响效应。由于较高的冬季气温,HBV 模型预测了两个气候变化情景下流域上部积雪的明显减少。这反过来导致了冬季更高的径流量和春季融雪期更低的径流量。在该方案中，由于降水减少、温度升高和相应的蒸散量增加，夏季和早秋的径流量大幅减少。MAGIC 和 INCA 模型预测 MPI 情景下 N 浓度和通量没有明显改变,Had 情景下通量有 40%~50%的增加(图 10.5)。这些结果是由流域内气候变化对氮过程影响的平衡引起。在 MPI 的情景中,氮沉降的减少主要是由温度驱动增加的矿化氮补偿(16%)导致,以至于系统内总有效氮几乎是恒定的。然而,Had 情景下，与控制时期相比，氮矿化量增加了近 40%。氮沉降减少,植被摄取量增加,但流域氮保留能力降低。

在 INCA-N 模型的氮保留过程中,两个对立的因素在同时运行。首先,长期积累的氮

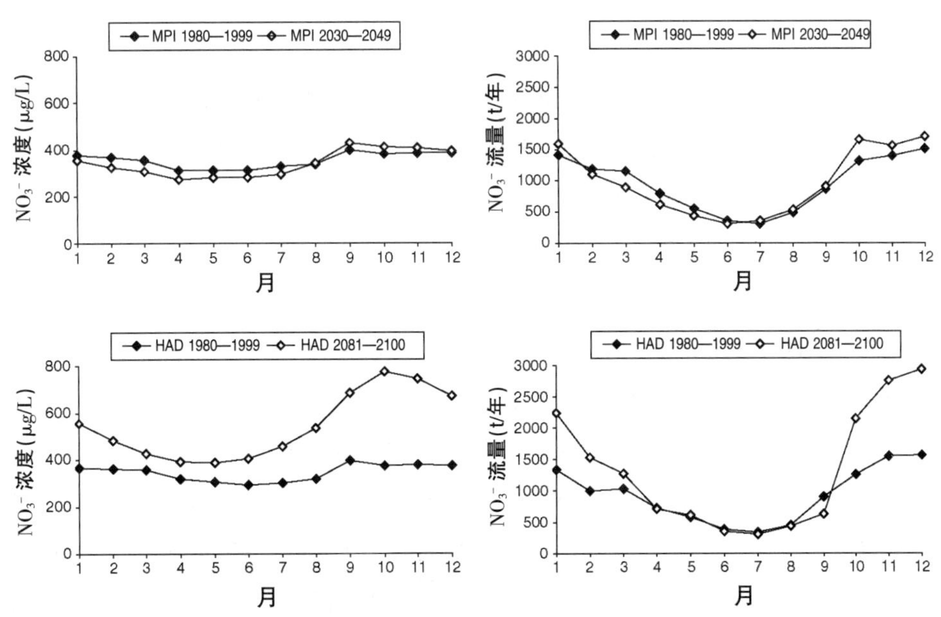

图 10.5　采用 INCA-N 模拟的 Bjerkreim 河河口在 2030—2049 年和 2081—2100 年分别基于 MPI 和 Had 情景的 NO_3^-浓度和流量

(Kaste 等,2006)

在系统中导致有机土壤层中 C:N 减少，这增加了氮溢出的风险。其次，温度升高促进植被生长和相应的氮吸收。所有过程的净效应反映在 Bjerkreim 河口，INCA-N 模型采用 MPI 情景模拟表明平均 NO_3^-浓度减少了 4%，但平均流量增加了 4%。这是因为温度升高加速水中氮沉积过程，从而降低 NO_3^-浓度，同时降水和溪水流量的增加使流域中排出的总 NO_3^-增加。采用 Had 情景，预测溪水 NO_3^-浓度和流量分别增加约 50%和 40%。在这里，相对于 MPI 的情景，预计年度流量的减少导致 NO_3^-输出潜力降低。

NO_3^-浓度升高的一个可能后果是，河水的酸化程度可能会增加，从而抵销当前由于酸沉降减少带来的酸化恢复(见第 7 章)。增加氮负荷可能刺激沿河道氮含量有限的底栖藻类和水生植物的生长，并导致河口区水体的不良富营养化效应。Fjord 模型模拟表明，在 Had 情景下，夏季河口的初级生产会增长 15%~20%。由于这种情况在夏季不需要增加任何 NO_3^-通量(图 10.5)，产量的增加可能是由于淡水输入减少引起表面层的停留时间更长引起。因此，径流模式的变化对藻类生产力的影响可能比营养条件自身的变化更大。

这里提出的链接模型的方法涉及几个来源的不确定性。这些不确定性与以下几个方面有关：①输入数据的尺度；②气候和氮沉降情景；③模型参数化和校核；④模型结构/模拟关键过程的能力；⑤模型间内在不确定性的数据传输。所有涉及的模型被证实在复制目前的数据方面是相当稳定的，但模拟从而做出预测的过程的数量，意味着模型结果应视为可能的结果而不是预测，特别是在 2050 年之后。

然而，模型预测响应是建立在试验和观测数据的基础上。例如，实验室和大尺度的试验表明，至少在升温过程的初始阶段，温度增加时分解和矿化比相应的氮沉积过程具有更快的响应(Kirschbaum，1995；van Breemen 等，1998)。在本研究的 Bjerkreim 河流域气温和降雨的 MPI 和 Had 情景中，氮矿化速率的增加解释了上述问题。大气中氮输入上升的几十年增加了土壤中氮的存储，经验数据显示 NO_3^-溢出率和土壤有机质的 C:N 比的负相关性(Gundersen 等，1998；MacDonald 等，2002)。

即使现行法令要求降低氮沉降，MAGIC 模型模拟发现到 2100 年 Bjerkreim 小流域的土壤有机质 C∶N 比略有下降。这意味着即使没有气候变化 NO_3^-溢出率也逐渐增加。MPI 和 Had 气候情景，C∶N 比的降低和 NO_3^-溢出率的增加更加明显，它抵销了减少氮沉降的收益。可能发生的程度取决于几个不确定因素：①矿化氮库的大小；②额外的隔离碳量，由于气候的变化及其影响到的土壤 C∶N 比；③各种氮库和源过程的实际温度响应。此外，未来 NO_3^-溢出与流域土壤 C∶N 比有关，仍有很大的不确定性。Gundersen 等(1998)的经验模型基于一个大的空间数据集，已纳入 MAGIC 中，我们目前缺少充分的 C∶N 比和 NO_3^-溢出的长期数据来确认模型时间尺度的有效性。

这项研究表明，链接不同的模型的结果可能带来关于气候变化对流域水流量和硝态氮影响的有益观点,单独运行的模型未必能够解释清楚。虽然结果是不确定的,并没有被视为一个可靠的预测,仅强调为一种可能的结果,并建议可以用于未来的研究以改进模型预测。

10.5　不确定性

所有的模型预测在一定程度上都具有不确定性，量化和减少不确定性是气候变化建模的优先事项之一(Wilby,2005)。用于驱动气候变化预测的气象模型本身是不确定的,这可能对预测水质有重大影响。例如,Whitehead 等(2006)和 Wilby 等(2006)用三种不同的 GCM 来预测肯尼特河 2050 年流量的变化:结果得出了降低 19%到增加 80%的范围。要增加考虑的有水的质量模型结构、参数和观测相关的不确定性。

虽然一个好的模型可以对观测的数据进行校准,其预测是不确定的,需考虑模型结构和参数是否合理代表建模系统。它可用来同等地校准大量的不同结构和参数以适应所观察到的数据,但对未来进行预测时,这些差异导致完全不同的结果——这就是所谓的“等效”问题。有很多方法被用来估计和降低等效的程度从而减少模型结构和参数的数量:一是减少模型中过程的数量,但这与模型的现实要求相冲突。水质模拟尤为困难,因为大的空间尺度导致模型参数的取值很困难。例如,一个水质模型可能需要小流域土壤中的氮浓度,它是可以测量的。但是假如土壤中氮浓度的范围很广,应该如何取值? 大量观测的均值?或者沿流动路径或靠近河流被给予更多的权重?或测量土壤剖面的上部可能有更直接的水文影响? 经验表明,通常模型所用的参数,与测量值没有明显的相关性。

预测和降低模型不确定性的方法已被广泛应用在 Euro-limpacs 项目的模拟程序中,其中之一是蒙特卡罗分析(Rubinstein,1981)。该方法不是采用一组最优参数来运行一次模型,以产生唯一的结果,而是采用不同的输入参数值运行多次(通常数千次),根据某些方案选择参数值的潜在范围。其输出为概率分布,可以用来产生统计数据,如置信区间。能够确定对最终结果不确定性影响最大的参数(即敏感性分析),而且能确定研究的最佳目标来减少不确定性。将蒙特卡罗分析应用于模型的结果可能是令人惊讶和有悖常理的。例如,临界载荷的计算,用于污染控制政策的沉积阈值,包括 10~20 个模型的不确定参数。蒙特卡罗分析表明，计算出的临界载荷的不确定性通常小于任何输入参数的不确定性(Skeffington 等,2007)。这种行为预期参数是独立的,主要是受到随机误差的影响。

蒙特卡罗分析已被应用于所有 INCA 模型，以确定关键参数和设置模型预测的置信限 (Wade 等 ,2001;Cox & Whitehead,2004;Wilby,2005;Rankinen 等 ,2006;Jarritt & Lawrence,2007)。结果反映了气候变化水质模拟中可预料的变化幅度。例如,图 10.6 显示了使用INCA-P 模型对 2050 年 Lambourn 河的磷浓度误差范围的预测（Whitehead 等，2008）。95%的置信区间显示了不确定性相对较窄的频带。

该项目的一个重要成果是开发和应用的广义灵敏度和不确定性分析工具，它所使用的一种蒙特卡罗分析的变体称为广义灵敏度分析。具体的应用方法是由 Hornberger & Spear(1980)开发的。蒙特卡罗分析方法适用于拟合模型预测的置信区间。该工具也可用于灵敏度分析——使用 Kolmogorov-Smirnoff 统计法，按照能够区分模拟优劣的重要性进行排序，产生一个输入参数列表。它正被系统地应用于针对欧洲流域的 Euro-limpacs 项目的模拟结果，以评估整体不确定性，但截至本书撰写时还未完成。

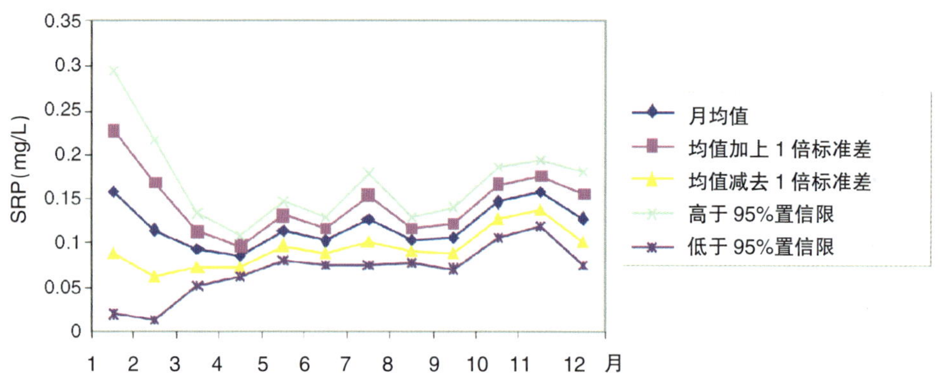

图 10.6 INCA-P 模型模拟的 Lambourn 河在 2050 年的可溶活性磷浓度及不确定性界限值

10.6 结论

Euro-limpacs 项目流域模型的最终目标是提供一个泛欧洲的评估。对于水质的综合评价需要考虑一系列的水质参数，包括氮、磷、酸化指标（如 pH 值、酸碱中和能力）、碳和汞。尽管尚未达到最终目标，但在以下三个方面已经取得了显著进展。

首先，新的流域尺度模型已经开发出来，而且已有的模型经过改进后能够用于了解不同因素和过程对气候或土地利用管理变化的综合响应。每个 INCA 族模型在某种意义上已一致——对于关键水文存储和途径，不同水质指标条件下具有相同的结构性代表，模型之间仅有的差异为输入和包含每个水质测量的生物地球化学循环。因此，目前存在一整套模型，可用于一系列具有流域结构和水文共同代表性的关键污染物的分析。

其次，已经开发了一种基于大气环流模式到适合小流域尺度模型使用值转换温度和降水输出的方法。这种标准化的降尺度方法可用于 INCA 族模型来评估气候变化对淡水水质可能产生的影响（参见"Euro-limpacs 模拟策略"章节）。

第三,已经开发出一个半自动的敏感性和不确定性工具,当预测未来的流量和水质条件时,可以被用来评估不同的参数值对模型性能的影响和量化扩散模型结果。

对小流域尺度的模型来说,将 GCM 输出转化为有意义的输入技术,以及敏感性和不确定性分析并非全新技术,其他的不确定性分析方法普遍存在。创新之处是创建了一种适用于欧洲河流系统的方法,为广泛的水质指标而评估流量和水质的变化,推导出一个定义明确的降水和温度的输入方法, 将一种通用的敏感性和不确定性分析方法应用于与泛欧洲尺度上所允许的结果进行比较。

对引言中所提出的重要问题可以明确回答如下:模型永远不能提供气候变化对淡水生态系统影响的精准预测,但在 Euro-limpacs 项目中开发的模型已能够作出有价值的预测,这符合它们的不确定性估计。模型也被用来探索可能的结果,以识别具有进一步研究价值的领域,减少未来预测的不确定性,增加过程认知和探索管理选择。水文预测似乎比水质预测建立得更为合理。生态预测是最不可靠的,反映出日益复杂的和理解不足的趋势。在我们接近于能够预测气候变化对水生生态系统的影响之前,还有许多研究工作要做。

第 11 章

更好的决策工具：从科学到政策的桥梁

Conor Linstead, Edward Maltby, Helle Ørsted Nielsen, Thomas Horlitz, Phoebe Koundouri, Ekin Birol, Kyriaki Remoundou, Ron Janssen and Philip J. Jones

11.1 引言:气候变化背景下的决策

在欧洲，需要优先考虑维持和改善水生生态系统和水资源的质量以及它们所带来的益处——清洁水、洪水风险降低、渔业和生物多样性。虽然这些益处是可持续发展的基础，但它们与自然环境的关联性却很少成为政府决策的核心问题。在约翰内斯堡可持续发展问题世界首脑会议的实施计划中就扭转这一缺陷已达成共识。该计划得到了欧盟的支持。

有三个关键领域需要得到支持:保护生态系统的发展战略;改善水资源管理和水的科学认识;促进水资源综合开发。

水生生态系统的复杂性及其与土地和大气过程的联系使得流域管理更为困难。决策是复杂的,因为根据《水框架指令》,流域管理必须满足许多利益相关者的需要。需考虑生态系统服务(Defra,2007;Royal Society,2009)以及实施"生态系统方法"(生物多样性公约)进一步导致的复杂性。所有的长期决策中都存在固有的不确定性。在流域管理和水资源管理的实例中,气候变化的前景凸显了不确定性。

不确定性意味着难以可靠地预测一个给定的政策或管理决策的结果。理性的决策需要通过识别所有可能的结果来处理不确定性，然后用统计概率加权值来衡量这个结果可能出现的概率。因此，对一个或多个群体的最高预期收益的选择则代表了最佳的行动路线,虽然这仅适用于不久的将来,而且只考虑人类的愿望。但长期来看,许多甚至所有选择都可能是灾难性的。

风险分析方法假定我们知道不同结果的概率分布，而实际上我们可能并不知道(Kahneman & Tversky,1979)。没能充分理解会导致不同的结果,理解得越少,预测就越不准确(Walker 等,2003)。

然而不确定性不仅在水平上发生变化,而且在本质上也发生变化。不确定性可能反映了理解不充分,或可以反映人类和自然体系的固有变异性(Walker 等,2003)。至少有三个变异性的来源可能在发挥作用:随机性的自然过程;经常背离理性决策模型的人类行为;社会、经济和文化现象的相互作用。通过研究有可能克服或减少人们认识不足造成的不确定性。由于固有的变异性带来的不确定性超越了管理控制且难以降低,不确定性通常随着政策或管理决定的时间延长而增加(Brewer,2007)。这是因为,随着决策进一步深入到未来,有效的可靠数据减少,较长时间内的潜在可变性增加。

在目前的条件下,对于淡水生态系统的结构和功能的理解是相当先进的,而且可以通过进一步的研究来降低尚存的不确定性。水生生态系统变化的直接驱动因素的影响已很好理解,例如,温度、水文、营养物质、酸沉降和有毒物质,而间接驱动因素的影响,如气候变化对农业实践和土地用途的影响,以及其他社会和经济变化的影响,则未被很好地理解。

个人和社会的行为有很大的不同。例如,最近生物燃料生产的增长对全球粮食价格上涨的贡献并未被广泛预知。土地利用模式和营养水平可能会受到政策规范化的直接影响,也可能受到导致不同耕作方式的相对成本和收益的社会经济因素的影响。此外,作为生态系统变化的驱动因素,人类行为是由个人、专业和文化规范所塑造,比如那些良好的农业实践(Nielsen,2009)。因此,人类行为对水生生态系统的影响代表了不确定性的一个重要源头。

气候变化是目前最明显的不确定性来源。欧洲气候变化的最新评估表明,到 2080 年,温度有可能增加 2.1~4.4℃,降水量的增减取决于所在区域(EEA,2007)。此外,极端天气事件预计将会变得更加频繁。预测温度和降水变化具有“高度不确定”的特点(EEA,2007:152)。这种不确定性与固有变异性的淡水生态系统以及上面讨论的人为影响存在相互作用。例如,气候变化可能会促使物种迁移和新的作物模式、栖息地变化、害虫种类的迁移和外来物种的建立。同样,极端天气事件可能改变自然系统的弹性,例如养分输入。总体而言,极端事件可能会导致现有系统非线性的压力,增加可变性和妨碍可预测性。这些不确定因素牵涉到减少成本和收益的评估。如果减缓措施的长期效果无法预测,达到适度保护的成本也是难以评估的。

欧盟将预防原则应用于决策中,在环境政策制定时认识到了固有的不确定性。该原则建立在《欧盟法》与 1992 年《Maastricht 条约》上,并写在第 174 条中。尽管该原则在条约中未进行明确定义,但其核心概念是政策行为可能对环境具有潜在威胁,尽管没有明确的科学证据(Andersen,2000;EEA,2001:13)。委员会指出,在某些领域,预防原则可能被应用为“风险管理策略”,具体为当科学证据不足或不确定时,以及有合理理由值得关注时(欧洲共同体委员会,2000:10)。因此,采取的措施应该与“预期的保护水平”相称,而不是零风险,并依赖于检验行动的效益和成本。最后,委员会呼吁进一步收集证据来重新审视政策措施。因此,欧盟委员会在实施风险预防原则时,明确指出科学的不确定性并非无所作为,同时提出科学知识是任何决策的必要基础。

在某些情况下,传统的决策方法,即那些以确定唯一的最佳选择为目标的方法可能不合适,所以必须找到替代方案。另一种选择是使用基于情景的分析,即在不同的情景下,使用模型探索不同政策或管理决策的后果。政策分析家寻找在不同的情景下的稳健政策,而不是单一的最佳政策(Walker & Marchau,2003;Popper 等,2005)。此外,情景分析允许对不同组构的相对重要性进行评估,并使每个策略得以透明化。这有可能使结果更为灵活。

情景构建的前提是,给定一组特定的驱动因素进行预测以检验各情景中不同政策的结果。Walker & Marchau(2003)对稳健的政策可以被识别(特别是气候变化)的问题有质疑,因此怀疑情景方法的价值。他们提倡一种渐进的方法:"对不能被推迟的立刻采取行动;对可能必要的准备采取行动;关注世界变化,并在它们需要时采取行动"(Walker & Marchau,2003:3)。

鉴于这种不确定性,维持生态系统的结构和功能应该成为首要的管理目标。为实现这一目标,在生态系统方法中嵌入了水资源管理的整体思维理论。生态系统方法是一种土地、水和生物资源的综合管理战略,以合理方式促进资源保护及可持续利用,因此,它为实施的项目形成了一个方法论的框架,包括 12 个原则。作为执行公约的主要框架,生态系统方法已得到生物多样性公约(CBD)的支持。它也得到了欧盟在世界可持续发展峰会的支持和湿地公约的支持,其原则与《水框架指令》的条款(WFD)高度一致。

本章介绍的工具和决策方法,可以帮助政策制定者和流域管理者定义更稳健的策略,或者在气候变化有可能对淡水造成多种影响的世界里走出审慎的第一步。

11.2 决策的工具及其基础

11.2.1 建模

计算机模拟分析在决策支持中起着关键的作用。它们可被用来预测气候变化下的未来生态系统条件,或缓解措施的可能结果,并有助于理解重要的生态系统的联系和过程。然而,亦有一些潜在局限性。当模型是用来预测超出所标定的条件范围时可能出现困难,或者更极端的外力迫使系统超出临界值,此时模型参数和嵌入式关系不再正确反映系统。

将建模结果转化为决策的关键挑战在于整合不同来源的数据,如经济数据。因此,强大的决策可以考虑环境、社会和经济的全方位影响。模型往往注重于相对较少的变量,虽然在单一的建模框架内通过耦合所建立的一套模型,可以增加成功模拟所需的参数及参数间的关联(例如，硝酸盐和酸化的相互作用)。然而，任何管理决策都涉及整个系统，不一定局限于环境变量。在评价气候变化的整体影响范围或选择可替代的缓解方案时，需要考虑目标系统与更广泛的社会经济关系，并衡量不同的潜在结果(例如，设置防洪设施与由此产生的生物多样性的损失，或允许洪泛区的洪水和接受潜在的经济损失)。

确立政策干预或其他变革因素的系统层面影响是很困难的，需要了解因果关系，包括生态、经济和社会系统之间的关系，并且需要将这些关系定量化。这可以在不同程度上通过应用模型或其他技术来实现，例如收集监测数据、空间时间替代或专家鉴定。虽然模型耦合可以获取一个生态系统内有限变量的联系，生态系统模型以及它们与社会系统和经济之间的相互关联还不能实现。因此需要在各自的背景下对不同系统组构模型的产出进行评定的技术。尽管不能掌握系统参数相关联的动态本质，相比动态耦合模型也可能不够准确，但可以提供有价值的见解。

11.2.2　链接模型-案例研究

本节所描述的案例研究诠释了采用气候和土地利用配置模型(CLUAM)和集成氮流域模型(INCA-N)的非动态链接，来生成 Tamar 流域决策支持系统(DSS)应用的输入数据。Tamar DSS 案例研究的目的是模拟气候变化对流域内营养物质的扩散污染状况的影响，并评估替代的缓解措施。虽然全球气候模式可以提供不同二氧化碳排放情景对气温和降水的预测，这种气候变化对土地利用模式的影响可能比直接气候变化对扩散污染的影响更为显著。气候变化与土地利用变化之间的因果关系难以评估，它们受不同作物的气候要求和与全球及区域经济相关的作物价格的影响，从而受到气候变化的影响和其他地域农业响应的控制。

CLUAM 是英格兰和威尔士的线性农业规划模型，提供了一个正式的框架，以检查在政策、市场条件和气候变化方面(Hossell 等，1995；Parry 等，1996，1999；Jones & Tranter，2006)土地利用变化的可能影响。CLUAM 将英格兰和威尔士的农业视为单一“农场”，由一系列包含区域变量的土地种类所组成。国家“农场”可以生产九种作物和四种主要的家畜商品，如主要的农作物和肉类以及牛奶制品，在不同的土地类型使用一系列的投入和资源(如肥料和土地)。根据生态水文中心的土地分类系统(Bunce 等，1996a，b)，CLUAM 将英格兰和威尔士分为 15 种土地类别，每类包含一种混合的土地覆盖类型，即耕地、短期牧场、永久牧场和粗犷型放牧。在四种土地覆盖类型中，每种类别的土地进一步按产量分类，反映了基于降水总量和土壤类型的生产潜力，包括耕地和草地，以及氮投入水平。每种土地类别中生产活动的选择受如下限制：①每一类不同质量土地的可用性(包括将一种类型转换为另一种类型的可能性，如翻耕永久牧场来创造耕地)和不同应用之间交换资源的能力;②生产总量(反映消费需求)和投入使用要求;③限制生产活动和投入使用的政策约束,或在特定区域内对特定的土地使用模式进行规定,以期符合环境或其他目标(指定地区的投入使用限制,如硝酸盐脆弱带)。

在这些限制中,土地利用根据 CLUAM 决定,按照从所有土地的所有可能活动中所能够获得的最大利润。所有情景中的输出和输入均基于 20 世纪 90 年代中期(基准年)的价格进行测量,以便允许在未来的时间周期中能够直接比较等效结果。

CLUAM 在区域和国家水平的土地分类中,生成以下输出结果:①牲畜数量和作物及草地面积的变化;②不同土地类型下的土地面积和去农业化面积;③土地出让面积(土地覆盖类型之间以及反映土地改进);④投入使用的变化,包括每公顷以及总的肥料和化学用途。

CLUAM 被扩展用于流域使用,在模型中包含并划定 Conwy、Kennet、Tamar 和 Wye 流域。已进行了八个独立的模型运行。其中四个是“参照”运行,四个是“情景”运行。作为建模的对象,试验是为了捕捉气候变化对土地使用的影响。四个“参照”运行代表没有气候变化的未来,但包括预测未来社会和经济的发展,来自政府间气候变化专门委员会(IPCC)描述的 A2 和 B2 气候情景的排放情景特别报告(IPCC SRES,2000)。四个“情景”运行是基于 A2/B2 社会经济的未来,也包括哈德利中心气候模型(HadCM)同一时期的气候变化预测。“情景”和“参照”运行的比较分析产生了单独气候变化的边际效应。除了八个模型的运行结果以外,还导致了进一步的运行,被称为 REF1990s,广泛代表了当前水平,于 2005 年在共同农业政策改革之前实施。

在“情景”运行中,CLUAM 是由 2020 和 2050 年两个全球期货(A2 和 B2)预期的价格、需求和技术变化来驱动,不论有无 HADCM3 气候变化预测。然而,在气候变化的运行案例中,该模型也受到局部生长条件变化的影响。这些地方气候变化的影响具有两面性,使一些地区不适合生产某些农作物,同时在其他区域适合生产“新”的作物。例如,较低的秋季降水量可能使一些地区种植冬季谷物很难, 而一个漫长干燥的夏季生长季节可能使粮食玉米等作物的生产在其他区域可行。

图 11.1 和图 11.2 显示了英国农业普查(农业部,2004)报道的当前土地用途,以及按 CLUAM 预测的 2050 年 B2 气候情景下的土地利用和牲畜数量。这些数据提供了 INCA-N 模型的输入, 需要预测直接环境和间接的社会经济所致的气候变化对扩散污染的影响。INCA-N,需要有机和无机肥料的应用数据率,土地利用分布和气候作为输入,尤其可用于预测每日溪流的 NO_3^--N 浓度。

结合气候变化对面源污染的间接影响, 可以看出 INCA-N 对硝酸盐浓度的预期显著影响。图 11.3 显示了 Tamar 流域下游端(Gunnislake 桥)2040—2060 年 IPCC B2 气候情景

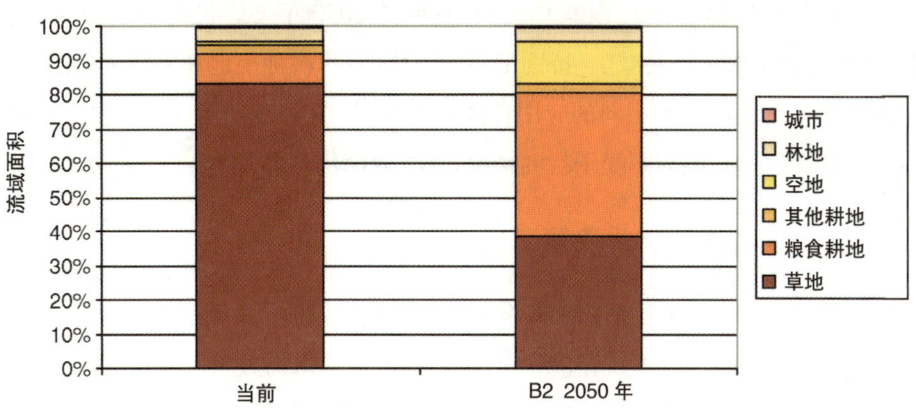

图 11.1　CLUAM 中当前土地利用分配和预计 2050 年 B2 气候情景的分布

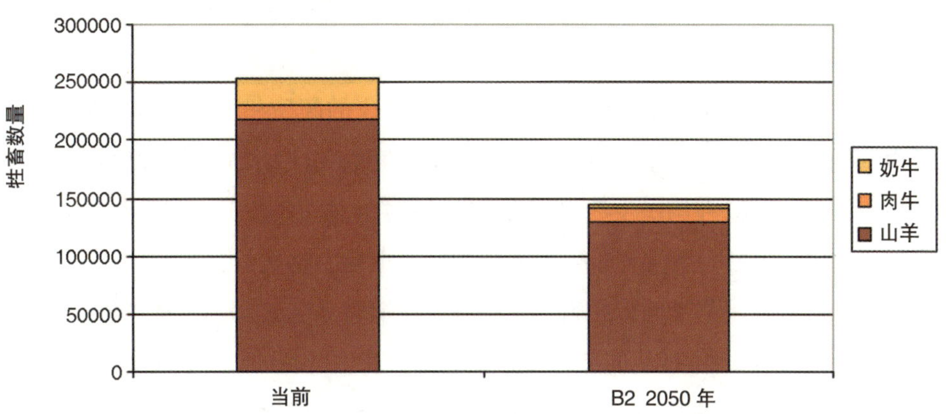

图 11.2　CLUAM 中目前牲畜的数量和预计 2050 年 B2 气候情景的数量

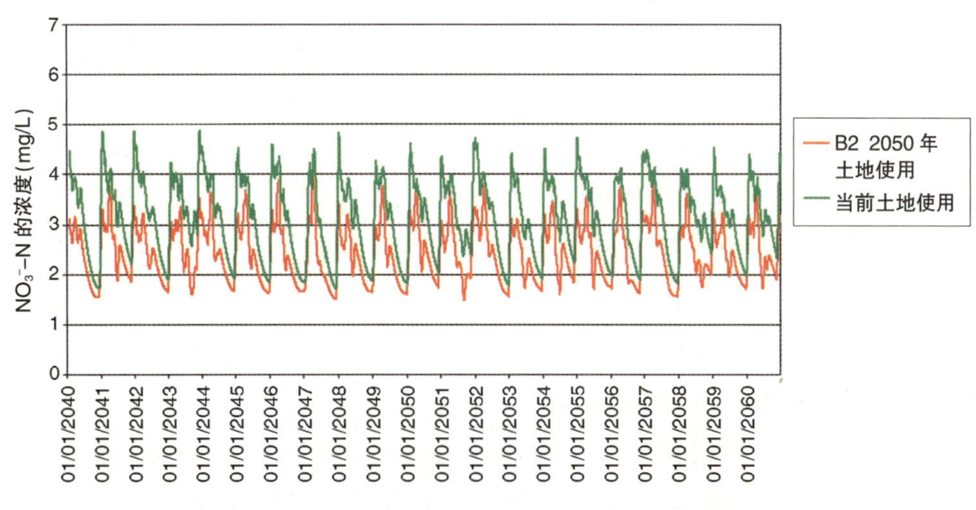

图 11.3　CLUAM 土地利用分布与 INCA-N 模型整合的影响

下,当前土地利用的 NO_3^-浓度,以及 CLUAM 预测的 2050 年土地利用。CLUAM 预测草地面积和流域内牲畜数量将会减少,特别是奶牛。然而,非耕种土地和谷物土地的面积将增加。再加上 SRES 预测人工肥料的应用将减少 37%,如图 11.3 所示,这些变化的净效应为平均 NO_3^-浓度的下降,但与不受干扰的情况相比,数值仍然非常高。

11.2.3 使用经济评估作为决策工具

在某些地区,随着降水量下降和气温上升,水将会成为一种日益稀缺的商品。然而由于其"公益"属性,水的价值不易评估。在这里,我们说明水的数量和质量变化的总经济价值(TEV)是如何评估的。这种评估是经济刺激和制度安排的设计整合,确保现在和将来气候变化影响增加时资源和可持续管理的合理配置。Cheimatitida 湿地的案例研究表明,所涉及的问题来自希腊西北部的 Florina 东南 40km, 未来该区域水资源受气候变化的威胁尤为严重。

由于没有交易,许多由湖泊、河流和边缘湿地所产生的商品和服务很难用货币条款量化,以及由忽视政策制定而产生的风险已受到经济学家的关注。水是发展和生存所依靠的最重要的一种自然资源,在国民生活中不可或缺,同时也对农业和工业有重要意义。

通过气候变化和更直接的人类活动,水资源已经退化和枯竭。可持续发展需要综合水资源管理,将社会和经济发展与保护自然生态系统功能联系起来。为了设计执行高效的水资源管理政策,需要确定由 TEV 的部分服务和功能所产生的益处。鉴于这些益处(包括间接的益处,如便利性,或一般的生态系统支持)并未反映在市场价格上,经济学家试图采用替代估值技术评估其真实资源价值。

TEV 区分了个人通过消耗环境资源所获得的价值(使用价值),与即使它们不消耗所获得的价值(非使用价值)。使用价值可分为直接使用、间接使用和选择价值。直接使用价值来自消费的饮用水、灌溉或工业原料。对于大多数私人物品,价值几乎完全来自直接使用。但是,许多环境资源执行有使个人间接受益的功能:水生生物栖息地的间接使用价值包括洪水控制、养分保持和风暴防护等。最后,人们认识到对于当前不使用资源的个体,在未来还可以有使用的选项。因此,水资源的选择价值代表它们未来为人类社会提供经济利益的潜力。

非使用价值(Krutilla,1967)可分为存在价值、遗产价值和利他价值。存在价值是指个人针对环境资源保护的价值,而不可能被自己或未来的后代直接使用。个人也许看重后代将有机会享受环境资源的事实,在这种情况下,它们可能会表现为一种遗产价值。利他价值意味着即使自己不可能使用或打算使用环境资源, 他们可能仍然考虑到环境问题在当代人中应该对他人是可利用的。经济评估的挑战是将货币价值分配给非市场商品和服务,在决定政策的优先事项上帮助决策者。在过去的几十年里,经济学家们已经开发和完善了一种评估非市场价值的商品和服务的方法。这些非市场价值评估方法可以被归类为显示性偏好法和陈述性偏好法,这取决于它们是否基于现有的替代市场或构造假设市场。

显示性偏好法通过分析与评估非市场资源相关的实际市场发挥作用。来自替代市场观察到的行为信息被用来估计支付意愿(WTP),它代表一个人对环境资源的评价,或环境资源产生的经济效益。陈述性偏好法的本质是通过使用一个假设的情景“构建”商品市场。因此,陈述性偏好技术围绕环境商品和服务市场的缺失,向消费者提供假设的市场,使他们有机会使用或保护,或接受环境商品与服务问题的损失补偿。两种推导这些值的方法是可能评价(CV)方法和选择实验(CE)方法。

在 CV 研究中,受访者被问到对预定增加或降低的环境质量的最大 WTP 或接受补偿的最低意愿(WTA)。在既定成本下,就商品数量或质量的变化问题,他们给出接受或拒绝的意向成本。为提供准确的处理措施,调查必须符合相应标准(Arrow 等,1993)。在 CE 研究中,环境资源按它的属性定义,这些属性涉及可持续的资源管理。水资源的属性可以包括生物多样性和水质。生物多样性的水平包括,例如,所保留的濒危鸟类物种的数量。货币成本/效益的属性还包括对 WTP 和 WTA 值的评估。实验设计方法(Louviere 等,2000)被用来构建不同的环境商品配置。2~3 个配置文件组成一个选择集,依次提交给受访者,并要求受访者讲出对每个选项的偏好。统计分析被用来评估影响环境商品选择的因素。计算了受访者的 WTP 和 WTA 对属性水平的改变,来衡量货币成本/效益的属性。

然后,由 CV 和 CE 研究所估计的 WTP 或 WTA 值可用于成本效益分析(CBA)。CBA 是一个基于福利理论的分析工具,通过在时间上和空间上整合项目或政策的成本和收益来开展(Hanley & Spash,1995)。

利用 CE 处理 Cheimatitida 湿地的有效管理问题(Birol 等,2006a)。基于专家咨询、文献回顾和与当地居民的讨论,选择了预计将产生四个非使用价值的湿地属性:①生物多样性;②公开水域表面积;③可以从湿地中提取的固有研究和教育价值;④与环境友好的就业机会关联的价值。这些属性与可持续管理的力度有关,由希腊的生境和湿地专家确定。第五个属性是货币成本属性,它的水平通过以前对此湿地的 CV 研究来确定(Birol 等,2006b)。下面给出了一个选择集的实例。

2005 年 2 月、3 月进行了 CE 调查,对希腊八个城镇和两个城市的 407 名公众成员进行了采访。采访人员包括农村和城市人口。采访发现希腊民众愿意为了更好地保护生物多样性,平均每人支付 7~8.4 欧元;为提供更好的公开水域,平均每人支付 6.5~10 欧元;在教育和研究上投资 3.2~6.2 欧元;在对环境友好的当地农民重新就业培训方面,支付 0.07~0.17 欧元。以上 WTP 值代表希腊民众愿意支付的湿地可持续管理的成本。

选择集实例

<table>
<tr><td colspan="4">你赞成下列哪一个湿地管理方案？选项 A 和选项 B 将需要你的家庭承担成本。“两者均非的管理方案”选项不需支付，但湿地的条件将恶化到低水平的生物多样性、开放水域的地表面积和研究与教育的属性，并且没有当地居民再次接受公益教育</td></tr>
<tr><td></td><td>湿地管理情景 A</td><td>湿地管理情景 B</td><td>既非湿地管理情景 A，
也非湿地管理情景 B</td></tr>
<tr><td>生物多样性</td><td>低</td><td>高</td><td rowspan="5">我倾向于无湿地管理</td></tr>
<tr><td>公开水域表面积</td><td>低</td><td>低</td></tr>
<tr><td>研究和教育</td><td>高</td><td>低</td></tr>
<tr><td>当地居民再次培训</td><td>50</td><td>50</td></tr>
<tr><td>一次性付款</td><td>3 欧元</td><td>10 欧元</td></tr>
<tr><td>我更倾向
（请勾选合适的）</td><td>选项 A □</td><td>选项 B □</td><td>都不 □</td></tr>
</table>

结果表明，对于 Cheimaditida 湿地可持续管理显著的益处，受访者的社会、经济和态度特点对湿地管理属性评估的影响也是显著的，这意味着希腊公众的意见很不一致，在评估所提供的公共产品（如湿地）时应纳入考虑（Birol 等，2006a）。

11.3 科学到政策的转化

政策制定者通过研究资助政策引导研究方向。例如，在欧洲研究计划 FP5 和 FP6 中，已对几个项目进行资助，来为 WFD 的实施创造知识和发展方法。在 FP6 中，更高地强调了全球变化。这凸显了欧盟委员会根据政策需要来引导研究活动的可能性，并同样适用于成员国。然而，科学和政策之间的联系在不同成员国与水管理部门之间是变化的。

科学家们可以通过关注与社会和政策/决策者的需求有关的研究课题来改善知识的交流（Quevauviller & Thompson，2005），虽然在作用上，这可能往往是已有研究的发展，即应用研究，而不是新的基础研究。没有一个先验的方式可预测基础研究是否相关。提供“有用”知识的呼吁，即直接的政策意义，往往会增强对科学家的影响。学术自由的原则可能导致研究成果在一个合同研究中不能符合政策制定的直接要求。然而，即使不从事面向用户的研究，科学家们可能会通过公众讨论来帮助制定政策（Day 等，2006）。

在水政策领域，可以识别三组用户：政策制定者、操作层面的决策者和一般公众。每组都有不同的信息需求。政策制定者需要驱动因素及其影响的当前信息；他们还需要政策预期效果的信息，以及实施的成本。进一步下行，政策制定者将需要公众对政策反应的评论，以评估其效益。

负责政策实际执行的决策者,需要在方法、技术和良好的实践上有更加具体和详细的信息(Quevauviller & Thompson,2005)。来自研究活动的实用工具和模型在这个水平上是有用的。对于WFD,对涉及公共决策的方法可能会通过业务管理者探寻。在从科学到政策的转化中,经常遇到一个重大挑战——缺乏决策者和跨学科的科学家,这可能导致政策目标的冲突,例如,农业支持和生物多样性保护的目标之间的冲突。

最后,普通公众需要水质和水量问题的一般资料,以及了解气候变化如何影响水质和水量。这些信息将使公民能够跟随水的政策制定来进行辩论,使他们对政策工具更敏感。一般而言,透明的决策往往会增加决策的合法性。因此,这一评估指出需要一组多样的工具和方法,用于科学知识的交流。

11.4 决策支持系统的角色

考虑到将科学整合到决策所面临的挑战,必要的技术工具能帮助决策者平衡社会、经济和环境目标。这些工具应包括决策支持系统(DSS)。最近发表了大量的关于DSS在水管理中应用的综述,例如,Horlitz(2006)、Evers(2008)和Giupponi等(2007)。后者制定了《DSS工具的开发、实施和应用指南》。以上三项工作的共同结论是,用户应该从一开始就参与DDS——参与开发项目融资,推进工具开发,并随后使用工具。许多开发项目都遇到了缺乏实际的专业知识来支持研究小组的问题。这是水资源管理者和政策制定者使用DSS工具失败的原因之一(Giupponi等,2007)。可以采取几个步骤(图11.4)来改善这种情况。理想情况下,设计者和用户应该从一开始就讨论目标,并在整个过程保持接触。为研讨会等提供资金,使DSS的用户培训尽早开始。在某些情况下,设计者和预期使用者可能存在不可预见的困难。目前的水资源管理者忙于实施WFD,无暇考虑全球气候变化可能导致的后果。因此有必要由科学家牵头。

11.4.1 Euro-limpacs项目的决策支持系统

作为Euro-limpacs项目的一部分, 通过DSS开发来评价气候变化下的流域管理策略。决策支持系统提供了一个基于GIS的框架,通过多标准分析,整合社会、环境和经济数据(MCA)。DSS作为计算机程序ArcGIS的扩展来执行。由此产生的框架的目的是解决具体的和有针对性的管理问题,如气候变化会影响一个流域的某些部分,而不是其他部分?应该采取哪些措施来减缓气候变化的影响?资源应该针对一个流域的哪些部分?哪些措施最有效地解决了所定义的问题?

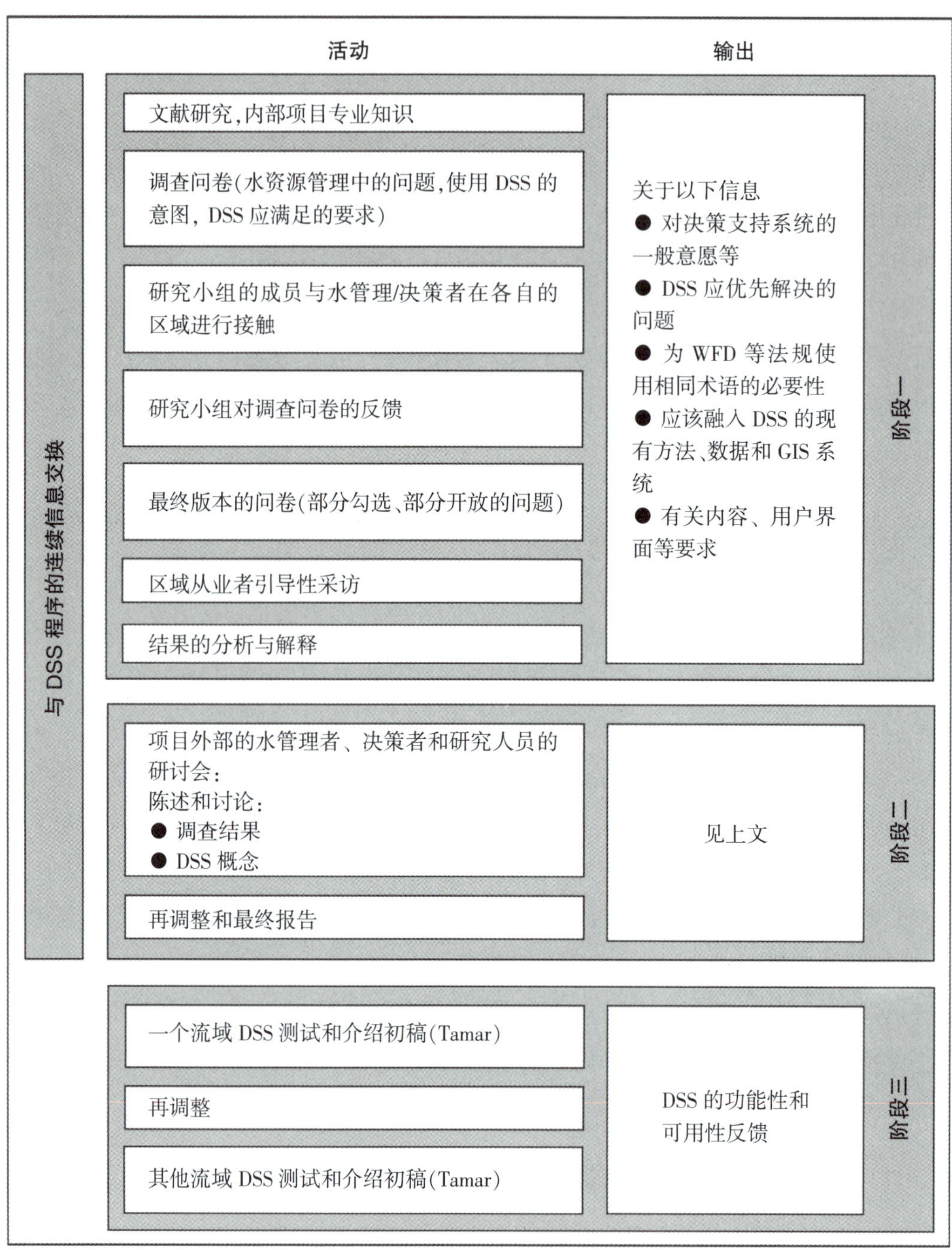

图 11.4　将终端用户的需求整合到 Euro-limpacs DSS 设计的活动

在使用软件工具之前,DSS 的用户需要遵循几个步骤(图 11.5):

第一步是对一般术语问题的定义。例如,它可以被定义为农业或被土地利用变化加剧的河岸洪水的面源污染。这一步的目的是设置分析的边界条件和确定将被评估的管理策略目标。

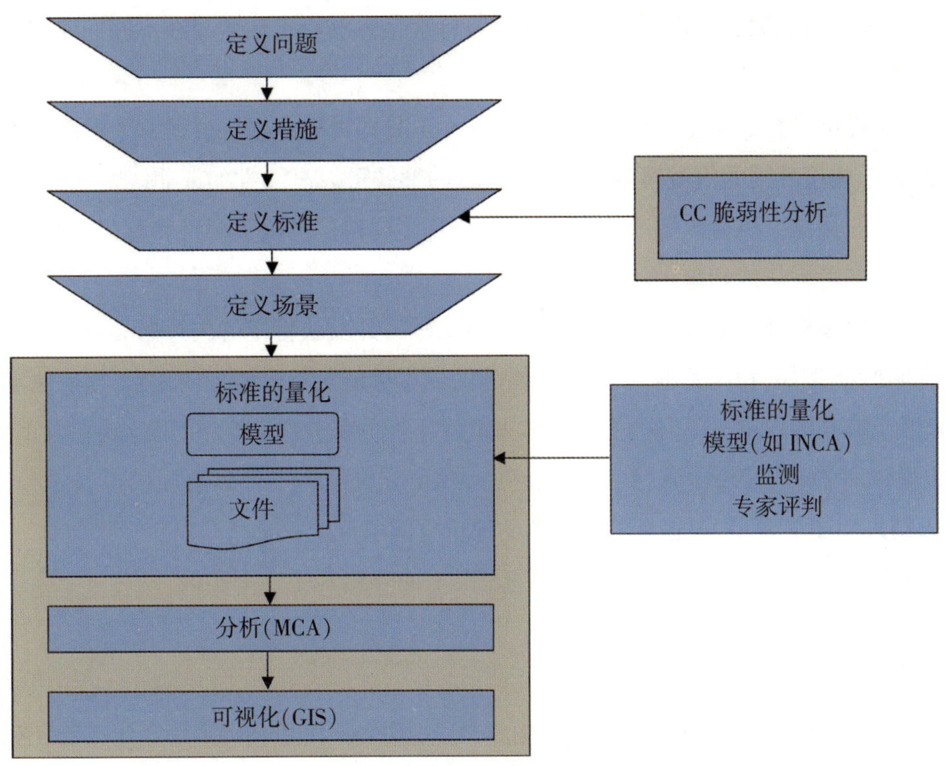

图 11.5　Euro-limpacs DSS **的概念模型显示预申请阶段的问题定义和软件应用的主要阶段**

阴影区域代表软件工具应用的阶段。

随后,用户识别可以用来提出解决问题的可能措施。例如,可以是减少肥料应用,在河岸湿地或高山地区重新植林的措施。概括的政策评论与不同的流域管理问题有关,在 DSS 中是可利用的,说明了以前使用的措施。

然后为比较替代管理选项定义标准,包括那些环境、社会和经济变量措施的影响。从预定义的列表中,用户选择了该地区存在的生态系统的类型(例如,小湖泊、大河流、湿地),DSS 工具表明生态系统变量很可能对气候变化是敏感的。基于广泛的文献查阅和专家鉴定(Heringet 等,第 5 章),设定了可用于监测这些影响的变量,并提供了所涉及过程的定性解释。在这种方式中,DSS 引导用户把对气候变化敏感的流域元素纳入他们的分析中。

DSS 应用的最后步骤是采用比较管理措施,例如,用户可能希望在不同的 IPCC 气候情景下,比较河岸湿地面积增加 50%、100%或 200%的情况。

由于流域面积分为亚单位(子流域、行政单位等),这些 DSS 的应用准备步骤生成了一组矩阵,每一个情景和管理策略显示出了各空间单元的决策标准。DSS 的主要目的是提供一个框架,以方便这些矩阵的结构化空间分析。用户通过量化每个情景的决策标准来填充矩阵。这是在 DSS 之外进行的,可以使用各种数据源和方法,包括模型、数据库或专家鉴定。根据可用的数据和模型,用于量化决策标准信息的特定组合将在不同的应用之间转换。

决策标准进行了量化之后,DSS 中的 MCA 工具即可被应用。根据一个由用户确定的函数,每个决策准则的值被转换为 0~1。函数的形式可以是线性的或非线性的,取决于被考虑的决策标准。将分数标准化为 0~1 分,允许不同单位的决策标准和有关环境、社会或经济方面的考虑集成到统一的分析中。

可对决策标准分配权重。这些权重由用户设置,并反映特定的决策标准对情景整体比较的重要性。例如,相比其他因素,实施措施的成本可能是首先考虑的因素,这一决定标准将被赋予较高的权重。不同的受益群体可能有不同的优先级,这些可以反映在权重上,以确定群体对管理是否敏感。然后, 最终的 MCA 分数按每个个体的加权得分之和计算。MCA 结果用图形显示,覆盖在 GIS 地图的评价空间单元上。

该系统已经在欧洲七个流域进行了验证,下面介绍其中一个实例。

11.4.2 Tamar 实例研究

Tamar 河向南流动,穿过英格兰西南半岛,将 Devon 和 Cornwall 县分开。来自农业的 NO_3^-面源污染是流域内的一个问题,在本案例研究的 DSS 应用中进行研究。DSS 反映了以往和当前的管理干预措施:减少化肥使用量和改进施肥措施、减少放养密度、从耕地到牧场的转移、恢复湿地。

然后选择可能被使用的决策标准,以评估在不同情景下应用这些措施的子流域条件。决策标准有:各主要子流域的 NO_3^-浓度:年平均值和夏季平均值(因为这是一个生态敏感期);实施措施的费用;生物多样性指标:非养殖区和湿地面积;水文参数:平均流量,高流量(Q5)和低流量(Q95)。

三种不同的管理选项被选用,每个选项中管理措施的应用程度不同。这些情景有:日常业务(BAU):管理现状和发展政策继续保持不变;政策目标(PT):达到了政策目标,表明这是一个“适度绿色”的政策;深绿色情景(DG):流域和可持续发展的恢复是管理上的优先事项。

气候变化情景 2050 年与 2085 年, 和 IPCC 气候情景 A2 和 B2 在实践中被选用。A2 情景的特点是全球人口增长,走向国家自主和区域导向性的经济发展。B2 情景的特点是人口增长的水平比 A2 低,更强调地方水平的可持续发展。在三个管理选择下,总共有 12 种气候/管理组合,作为比较,目前的条件被算作一种气候/管理组合,因此共 13 种。

在每种情景/管理组合下, 使用建模和专家鉴定对这些决策标准进行了量化。使用 INCA-N 模型模拟了水质和水量标准。INCA-N 针对不同土地利用类型与日常气候变量、

施肥率预测了 NO_3^-浓度和流量(Whitehead 等,1998a,b;Wade 等,2002)。A2 和 B2 SRES 情景的气候数据由瑞典 Meteorologiska och Hydrologiska 研究所提供(SMHI)(Reckner 等,2003)。其 ECHAM 模型输出范围为 Tamar 流域(Wade 等,2008)。

A2 和 B2 气候情景下,BAU 管理选择的土地利用、施肥、放养密度的数据取自 CLUAM 输出,根据计划表 11.1 所列 PT 和 DG 选项的方案集修改。表 11.1 总结了数据来源和在每个气候/管理组合下为量化面源污染的驱动因素所作的假设。然后这些数据形成了 INCA-N 模型的输入数据。

表 11.1　　**情景和管理选项的定义**

	当前	A2 和 B2 情景的日常业务	A2 和 B2 情景的政策目标	A2 和 B2 情景中的深绿色
施肥	施肥实践调查(Goodlass & Allin, 2004)	CLUAM 预测	降低:CLUAM 预测或硝酸盐脆弱区界限降低 20%	损失当前湿地的 50%
放养密度	按照 Defra (2004) 计算	CLUAM 预测	降低:CLUAM 预测或山农场津贴水平降低 15%	CLUAM 预测的 60%
耕地到牧场的土地利用变化	按照 Defra (2004) 计算的当前土地使用分布	CLUAM 预测	CLUAM 预测的耕地面积减少 50%	耕地面积减少 80%，如 CLUAM 预测
湿地	当前湿地程度无改变	损失当前湿地程度的 50%	漫滩恢复 50%	所有漫滩恢复(Hogan 等,2001)
非农业用地	按照 Defra (2004) 计算的当前土地使用分布	CLUAM 预测	增加 50%或流域面积的 1%，两者中较大者	增加 100%或流域面积的 2%，两者中较大者

上述 CLUAM 输出了非耕种土地的面积。洪泛区湿地潜在最大面积的数据取自湿地调查(Hogan 等,2001),该数据被用作 DG 选项。目前湿地面积估计约为历史程度的 25%(Hogan 等,2001)。根据表 11.1 中的不同管理选项的方案集,对这些数据进行了修正。

这些措施的实施成本按照不同农业活动的毛利润图来评估,采用 CLUAM 计算。由于随机选择,BAU 选项对应措施的实施成本可视为零。其他管理选项的成本要根据实施管理措施造成的损失导致的总利润率来进行评估。例如，如果在 A2 2050 年 BAU 选项和 A2 2050 年 PT 选项之间牛的数量减少，那么成本评估按照 2050 年的 CLUAM 采用每头牛的总利润乘以减少的数量。在选项表中,假设是为了鼓励放养密度降低,拨款或补贴给土地所有者的成本,与特定气候情景下的 BAU 选择相比必须至少等于收入的损失。

图 11.6 显示了在 2050 年 IPCC A2 和 B2 气候情景下,当前的、日常业务、政策目标

和深绿色情景的结果。它说明了按照流域尺度 DSS 对决策者的潜在用处，表明 A2 气候情景下，逐渐实施更严格的情景(日常业务、政策目标和深绿色情景)所定义的管理措施，可以提高整体的 MCA 得分，表明在一些子流域有更积极的结果。相反，随着大多数子流域管理措施愈加严格，在 B2 气候情景下总的 MCA 评分降低。这主要是因为按 CLUAM 预测，在 B2 情景下比在 A2 情景下有更高比例的谷物(日常业务情景 A2 和 B2 分别为种植面积的 0.1%和 42%)。因此，向草地过渡以实现政策目标和深绿色情景下管理目标的代价更大，从而降低了这些管理选项的优先权。这表明，B2 气候情景下，应采用除了 DSS 情景之外的措施。

各子流域的分解分析域使得决策者能够清楚认识流域内的管理措施。图 11.6 所示的输出，强调了管理干预中最受益的子流域。例如，在 A2 气候情景下，DSS 评估的管理措施最为有效地应用到了中游流域。

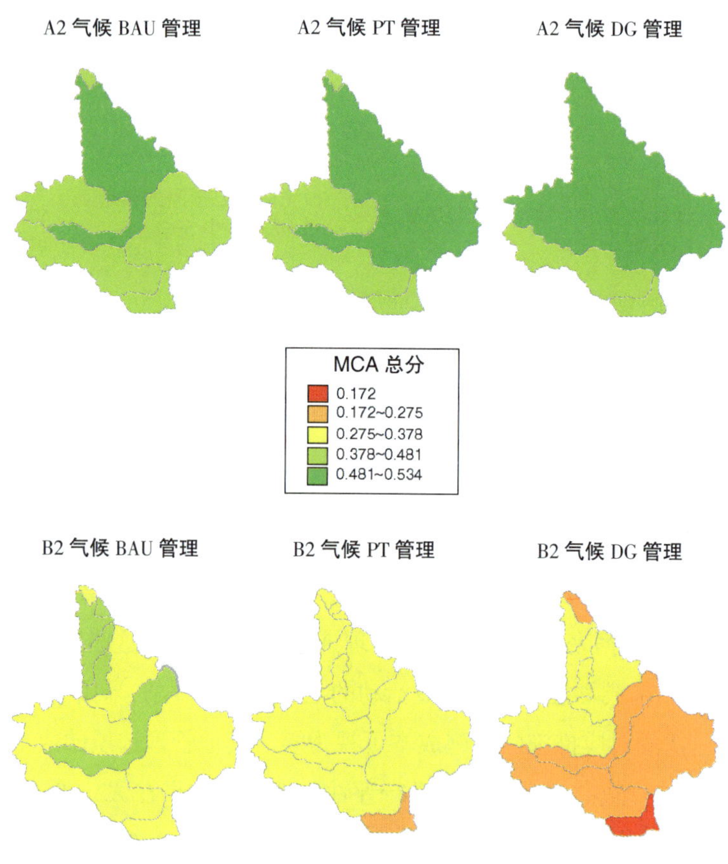

图 11.6　在 2050 年 IPCC A2 和 B2 的气候情景下，当前、日常业务、政策目标和深绿色情景的 DSS 输出

根据归类的 MCA 总分为每个子流域和管理/气候组合绘制彩图。

11.5　结论

在自然生态系统的政策制定和管理决策上，固有的不确定性对决策者和科学家提出了挑战。由于气候变化的后果变得明显,这种不确定性有所增加,使它比以往任何时候都更为迫切需要从研究中获得有助于传达政策和制定决策的新知识。科学家们面临的一个主要挑战是把他们的研究转化为对决策者有用的形式。这将需要开发决策者的工具,并且应该优先从研究项目和方案中输出。一系列基于科学的工具已经存在,可以应用到气候变化下淡水生态系统的管理。然而,由于固有的复杂性,并非所有的可用工具都适合决策者实际应用,并要求专家使用。决策者对工具的首要要求是:简单、快速、透明、可靠。

决策者的一个关键挑战是奉行新的科学证据,并对当前的政策和实践进行相应修改。潜在的由气候变化导致的生态系统条件的快速变化，使决策者响应新的科学证据并迅速行动成为必要。这一过程将有助于科学家引导决策制定和开发政策发展所需的新工具。

如果要在气候变化的背景下实现更好的决策,建立科学家、政策制定者和利益相关者之间的桥梁,是另一个必须面对的重要挑战。政策制定者和利益相关者之间的联系变得越来越普遍,并嵌入政策发展和实施的实践中。例如,这样的参与已被列入 WFD 实施,也是生态系统方法的一个关键因素。正在开发新的推进工具,例如 Euro-limpacs DSS。

在解决当前和未来的淡水生态系统管理问题时,应将多源信息和方法整合在一起。自然科学和社会科学、经济学之间的整合能够促进公众理解气候变化对淡水生态系统造成的间接社会经济影响。由于缺乏结果的相关信息以及人类对气候变化的响应所固有的不确定性,正如在 IPCC 气候情景的范围内所体现的,这些间接影响经常会意外地出现。

在欧盟政策框架中,生态系统服务的概念日益重要,也将使这一科学的跨学科体系成为必要:社会科学家需要了解社会的选择和偏好,自然科学家需要量化和理解生态系统功能,经济学家需要衡量来自这些功能的服务以及生产和保护的成本,政策制定者需要制定政策机制,以确保生态系统服务交付。因而,需要应用某些工具来实现这一目标。

第 12 章

展望未来

Brian Moss

12.1 引言

Cassandra，希腊神话中的预言家，被天神阿波罗赋予准确预言的能力。阿波罗向Cassandra 提出性爱的要求来作为回报,然而遭到了拒绝。阿波罗一怒之下向她施以诅咒作为惩罚:凡她做出的预言都能实现,然而没人会信以为真。于是,尽管她提出了警告,木马仍被推入特洛伊城,城市沦陷并落入希腊人手中。人们殚精竭虑地使用过去和现在的信息来尽量可靠地预测未来。然而,含有大量复杂性、混乱性和不确定性元素的预测在准确性上必然低于 Cassandra 的神力,特别在关于物质环境和人类活动的认识方面更是如此。即使是预测能使人们有备无患,不过正如 Cassandra,如果预测短期内不尽如人意,则可能会被嘲笑。

人们已普遍接受基于地球大气和海洋物理模型的气候变化预测,并对它们信心十足。人们确信气候在 21 世纪发生重大变化,但是对于温度和降水的细节变化则难以预见。近期数据显示,2007 年北冰洋的融冰程度超过气候变化专门委员会(IPCC,2007)预期的最悲观情景。事实上,预测模型是基于物理化学作用的,不纳入积极的生物反馈影响;这使得重大变化的主题更强大,但细节方面体现为推测性。对于提高地球生态系统的呼吸速率,气候变暖的影响超过了光合作用,促进了土壤和沉积物中存储碳的呼吸作用,使二氧化碳的排放量增加,从而进一步增强了变暖趋势。作为 Le Chatelier 原理的强力显现,逆向的重大负反馈最终可能在一个庞大且复杂的地球化学系统中发生，向减弱这种改变的根源方向发展。试验可能有助于预测,但是过程速率具有相当大的不确定性,除了在非常笼统的考古模式中,人类社会共同的未来行为几乎是不可预知的,它们各有不同的文化、历史条件、财富和愿望。

考古学家认为文明曾多次复活,我们仅仅处于其中一个寻常周期。但生态学家指出,局域性的问题对于别处而言不一定构成问题，但在一体化的全球环境中，并不存在所谓的“别处”。不试图预见后果将是一种背叛，即便非常不完善的预测也可给予一些回避风险的机会。

因此，我们对淡水系统特别是其对人类社会的影响可能会如何改变进行了预测，假定在 21 世纪温度升高 2℃和 4℃。潜在的破坏可能由超过 4℃的温度上升导致(极地冰川大面积融化，海平面上升数米，北方泥炭地和苔原的甲烷大量释放)，亦使得任何预测具有不确定性。人类社会将采取必要措施，以阻止温度上升超过 4℃；而过于乐观的观点认为，温度的上升幅度可能在 2℃以内。在不发生广泛的社会暴乱且当前经济不发生彻底崩溃的情况下，后者目前看起来是小概率事件。我们也注意到，气候变化将不会是未来几十年人类社会面临的唯一主要问题。人口的增加和原油的日益枯竭是《启示录》中的另外两个骑士。

我们的方法是由 Euro-limpacs 项目的专家分别讨论目前、21 世纪中叶和后期 (或有所提前)可能达到的温度。该讨论涉及五大地理区域：北极地区，例如瑞典北部或芬兰；中纬度大陆，如波兰、法国、德国；海上半岛和岛屿，如冰岛、英国、爱尔兰、丹麦；地中海地区，如法国、伊比利亚、意大利、希腊；最后是阿尔卑斯山高地、比利牛斯山脉和喀尔巴阡山脉。为了规范化这个思维实验，我们设想了除高地以外的所有地域的一个模型流域 (约 104km^2)，大约一半被自然或半自然植被覆盖，另一半为适宜的农业/畜牧业。它有一些村庄和一个小城镇，涉及 100000 居民，地形为最大海拔 1000m 至平原。

12.2 北极/北极地区

在 21 世纪早期，Erehwomos 河流域的居民享受着从低地针叶林至北极-高山苔原的不同的景观，在那里仍见驯鹿掠过覆盖着湖泊和泥炭地的美丽的国家公园。当地气候寒冷，年平均温度 5℃，冬季降至-10℃，夏季上升到 15℃，但大多数居民都是勇敢的户外活动人士。高地土壤为多年冻土，但在每年 5 月河流和多数湖泊中消融。由于积雪融化和随后雨水激增，河流奔涌而至。在原本宁静的冬季，鲑鱼渔业、养鱼场、旅游业、伐木和造纸工业纷纷涌现。过去，一些低地河流中已经清除了木质残体，使得木材能够顺利漂流而下，在纬度更加靠南的地区修建了几个大型水电站进行发电。农业并不繁荣，但在温暖的低地河谷中，混合农场里有小群的奶牛、几只羊、燕麦和黑麦麦田，森林中蜿蜒的破冰路面将村庄分隔开来。冬季很漫长，12 月白天缩短到只有一两个小时，但夏季的白昼增长。大部分降水为冬季降雪，约 1000mm，夏季降雨不多。然而，问题是，仅 200mm 的低蒸发率使得当地的水量非常丰富，在池塘和湿地中里滋生大量蚊虫。溪流中藏有许多蚊蚋虫卵，它们受到盛夏气候的刺激而孵化为富有侵略性的成虫。

21 世纪中期,气温持续上升,在森林中带队进行鹿和驼鹿狩猎的向导注意到林木线已经向上延伸了数百米。春季到来得更早,4 月下旬花开遍野,而不是 20 世纪的 6 月初。护林员注意到树木生长增加和鹿的大量繁衍。一定程度上,这对林木线造成了更多的伤害,并限制了高地苔原上森林的持续发展。有些鸟消失了,例如金珩,但其他鸟类却从南方飞来。

冬季积雪深度增加了,而融化提前了一个月;河水上涨远高于以前,激涌而下威胁到原有水坝的稳定性,并淹没了农田。低洼地有严重的侵蚀,牛的冬棚只能在新买的、进一步砍伐森林得到的土地上重建(仅少数农民能负担得起)。在夏季,河谷里的人们看到了灰色的岩块。50 年前,山上的冰川闪耀,在夏末傍晚日落时峰顶映射着橙色的光。冰川的消失令人有些沮丧,初夏的灰色河水侵蚀并逐渐地冲走冰川堆积物则令人更加不快。随后水呈现浑浊的棕色,由于高地泥炭已经解冻、侵蚀,甚至当水过滤后出现类似于茶的污渍。春季冰雪快速消融,坝体蓄积了大量河冰块体的融水,使人们不得不迅速撤离村庄。在一个案例中,溃坝导致整个村庄被毁,有 20 人因拒绝离开家园而罹难。

饮用水供应也存在问题。来自山地湖泊的水中重金属的水平已经超出容许水平,冰川下以前冻结的固体残骸已融化和风化。分析者注意到河水中电导率和氮的浓度增加,但尚未造成明显的问题。

河流生态发生了变化。生性好动的北极红点鲑,尽管在高山地区仍有捕获,但是在部分低地已经数量减少甚至消失;新生的鱼群开始从干流以南溯流而上,其中 Erehwomos 为一条支流。鲑鱼体型很小,数量稀缺,在春季的活动并不突出,但已经预期其数量下降是由变暖以外的原因导致。全球人口的增长和他们对食物的需求意味着海洋鱼类已经减少到几近灭绝。河床上柳木生长,驼鹿和鹿频现踪迹。甚至也时而听到狼的声音,因为它们也对食物的增加有所响应。

蚊蚋问题愈发严重,洪水风险的增加使得部分居民迁出。小农场主已无法应付,但较富裕的农场主则做得更好,因为他们购买了小农场且将其合并成更大的农场,在某些年可以冒险种植大麦和小麦等新作物。电企和林农也很快乐。水电站已经意识到为了抑制碳排放而应该投资取代老化机械,并受到了政府的支持。但是夏季棕色的水令从事流域研究的生态学家感到担忧,其在八九月时流量已经下降到罕有的低水平,在巧克力色的河岸上留下沉积物。高原和山脉的巨大碳储存刚刚发生了什么?虽然森林的生长增加了,森林地面上残体的腐烂速度也加快了,碳平衡在哪里?

到 21 世纪末,这个问题得到了部分解答。在变暖和干燥的夏季,北方巨型泥炭地的碳呼吸导致气候变暖比预期更快。20 世纪的 Erehwomos 流域居民在 21 世纪末可能连家乡都辨认不出。大部分的山地苔原生长为茂密的森林;驯鹿向北进一步迁徙;低地明显拥有更多的落叶林,林木砍伐日益加剧,并在允许的坡地建立了新的农场。远在更热的南部地区,农业潜力的损失意味着在北部纬度地区几乎任何可耕土地都被清理。尽管变暖有利于生长,但是季节仍然很短,白天的长度未受影响,生长可能直到初夏才开始。然而,价格已经充分上涨到即便是少许收获亦有所值。更多的人从欧洲南部和中部向北迁移,导致需要在一个多语种社区中努力调和多种愿望和习俗。实际上大部分北部地区已经成为一个新的前线。

降雨较多,但是仅在12月到次年1月有少许冬季降雪。全年河流流量更为均匀,春季水位较高,但夏季干燥。北极红点鲑已消失,鲑鱼非常稀少。大多数鱼是低地物种,它们尝试取代已经消失的物种,但并没有达到预期效果——占据主导地位的是淡水鱼(鲤鱼)。如果不奢求美味的话,它们也是可食用的。游钓业已经衰退,增长的人口一直在努力地自我养活,用偷猎的鹿和驼鹿补充食物,结果在局部地区两者濒临灭绝。通过开展生态调查发现河流群落与冷水物种损失的变化,如石蝇和原生小龙虾已经被猖獗的外来小龙虾所取代。有更多的藻类生长在岩石和大块沉积物上,由于密集耕作释放更多的营养,更均匀的水流不再像以前的新增水流那样冲出河床,几十亿吨的雪在短短的几周内融化。沉水植物在夏季移植到沉积物上,蚋减少了,尽管仍像湖里的蚊子一样讨厌。当地人精通法律,却慷慨地使用杀虫剂。后果之一是低地湖泊中枝角类食草动物的损失和藻类生长的增加。由于体内的农药残留,一些鱼现在也危害健康。

在漫长的冬季,鱼在湖泊中大量繁衍,过去浅水冰下鱼频繁冻死的现象不再发生。现在冰覆盖的时期很短,但是现有的鱼都是处于生物链底端的较小物种,而不是以前一直视为珍肴的大鲑鱼,但现在人们并不在意,鱼就是食物而已。而且事情还在不断发展,似乎逐年愈演愈烈。在高纬度地区,多年冻土已经消失,泥炭土中的甲烷正被释放,而更多的二氧化碳从泥炭中释放出来。几乎每年都是最暖年份,但生活尚可忍受。热带地区的新闻报道了数百万人死于缺乏食物、水和超乎想象的旱季温度;在遥远的北方,传统的狩猎民族已经无法适应而灭绝,使当前的破败景观继续褪变为一个避难所。

12.3 中纬度地区

在Gutfluve河流域,世纪交替时的盛夏酷暑对当前而言已成为田园风光。Gutfluve河流域位于欧洲大陆的中心,由15000年前的冰川沉积,享有沃土的福音,仍有大量的落叶阔叶林和丰富的地方文化,有庆祝啤酒和音乐、葡萄酒和食物的盛大节日。这是5000年人类居住的鼎盛期,当然,当地的原始森林、野牛、熊和狼已消失,但取而代之的是仍旧有趣、愉悦和宜人的文化景观。

在山上，-4℃的冷冬，仍伴随着9℃的年平均温度和最高可达20℃的夏季。还有混合着针叶林和阔叶林的森林，以及生产用于建筑和燃烧的木材的种植园林业。在冬季，低地的气温一般高于冰点，有时在盛夏上升到不舒适的35℃，但一般在25℃左右。积雪在山上能维持两个月，但在低地时间很短。小麦、玉米、土豆、一些藤蔓装点了田野，滋养得牛群肥硕。总降水量700mm，赋予了一个滋润的春天；但由于400mm的蒸发量，夏末天气干燥，农作物需要河流或地下水的灌溉。沿河修建了水库来储存饮用水。事实上，主要在低地进行水利工程建设，洪泛平原已经失去了农业和河边的城镇；但是山脚下坐落着一个传统的洪泛平原鱼塘，按照数百年的经验管理，生产肥美多汁的鱼肉。还有一个靠近大海的电站，那里的河流流量最大，河水冷却了电站设施，同时使水温提高。

几十年来，冬季气温2℃的上升和降水的变化带来了明显的景象变化，但文化只有少许调整。中欧已经应对了政治动荡的世纪；它们的步伐中承载着更炎热的夏天，甚至是偶尔的旋风。当然，一切都改变了，但通常在一定限制范围内，迄今尚未一落千丈。积雪在山上持续时间很短，主要是下雨而且经常大雨滂沱。仅在河流毗邻的城镇和村庄，洪水防御加强了，在冬天农业土地经常地演化为洪泛平原。这并不重要，洪水从侵蚀的山地带来了大量的肥沃淤泥；对于现在越来越干燥炎热的夏天来说，更具破坏性的夏季洪水非常罕见。该地区玉米种植增加，甚至有几次甘蔗种植的尝试——但对它而言的确是太冷了。然而，政府鼓励开展试验，因其需求更多来源于生物和乙醇的燃料。

在夏季，河流上游水量逐渐减少，并偶尔干涸。不再有一个特别的春季洪水，只是在降雪后水位有一个适当的上升，无脊椎动物和鱼类种群变得更加类似于下游物种。蜻蜓等昆虫出现了，周边的山地森林在改变。由于生物燃料的需求增加，有了更明确的砍伐地区，以及更多的土壤侵蚀。害虫的爆发摧毁了一些种植园，欧洲榉木以及更多的外来树种在剩余的森林中蔓延，其种子已逃脱了种植园的范围。生态学家发现了一些藻类和无脊椎动物的自然选择，但对河流、池塘和水库的整体功能仅有非常小的可测效应。他们感到遗憾的是，在夏季现已干涸的山中特有物种的损失，但一般而言，公众更关心的是日益频繁的夏季热浪。有时，夏天的户外温度在上午和傍晚间变得难以忍受。

政府鼓励种植更多的粮食，由于其他国家要首先考虑自己的需要，因而进口供应减少了。以前从其他大陆空运生鲜食品的做法已经变得不经济，随着20年前石油产量峰值的过去，燃油成本大幅增加，其结果是增加了营养物质向河流、水库和地下水的泄漏。水库中藻类开花变得更加频繁，导致更大的饮用水净化成本。随着水位的下降，水边腐烂的垃圾甚至导致了鸟类的肉毒杆菌死灰复燃，致使口渴的羊和狗不幸中毒。流域内的池塘在夏季日益干涸。在较大的池塘和水库，两栖类动物和一些大型无脊椎动物无法与鱼类共存，丧失了栖息地，其中一些现在非常罕见。欧盟通过《水框架指令》(2000)来改善生态质量的尝试,先是被保持经济增长超过环境质量的普遍倾向挫败,然后被气候引起的生物群落变化所暴露的指令中的过时方法轻易击败。种植更多食物、保护建筑物免受洪灾和依附于汽车文化的争夺已处于死地,同时行政混乱。变暖是一个全球性的问题,但国际社会的减缓措施总是被一个或另一个强权国家的特殊诉求所击败。然而,随着温度的持续上升,相继出台的政府政策抓着救命稻草,并紧跟热点问题。这种混乱了无新意,人们早已习惯。

迈向21世纪末,混乱仍占统治地位。气温无情地上升,由于为遏制碳排放所采取的必要措施力度太轻且为时已晚,有机土壤呼吸增加的生物反馈和北部多年冻土中甲烷的损失大大加快了大气中温室气体的净累积量。尽管越来越多的证据表明,人类在地球上舒适生活的条件最终由巨大生物力量和普通化学元素的发挥所决定,而不是被人为经济微不足道的作用力所决定,但这个教训仍未被最终接受。

在冬季,Gutfluve流域会遭遇暴雨,但没有降雪。夏季闷热,集镇和村庄的街道过了清晨就被人们遗弃,只有在夜晚才又一次活跃起来。限量供电导致空调使用过于昂贵。无奈之下只好要求转换每一小片耕地来种植玉米。其他作物在干燥的夏季生长得没有那么好。热和肥料被充分使用,因此下游河道和水库永远都是绿的,除了在暴雨刚结束时,洪水暂时将藻类冲刷到下游,使水变成深棕色。电站竭力要求从农作物获取更多的燃料,由于当前天然气和石油供应极低,仅被用于公共运输和制造业。在上游部分,水生植物和丝状毯杂草几乎阻断了流动,因为它们生长在沉积物的堆积岸上,暴风雨随时都在清洗它们。河流似乎变为一系列富营养化的湿地,由几个类似Typha属的植物所支配。鱼群几乎完全是鲤鱼和鲶鱼,其中一些被特意保留,在最热的年份,热带物种水白菜和洋水仙控制了河流下游和水库边缘。那些被留下的池塘,特别是被周围农田包围的池塘,集聚着溃烂的浮萍,散发着恶臭,并且在水面下窝藏着以前总与有机污染有关的动物。

在几个世纪甚至更早都没有记录的地区爆发了水传疾病。一方面,新种蚊子已经到来,并与来自亚、非移民和游客的疟疾一同为患。另一方面,新病毒在温暖的环境中入侵或突变。第三,尽管人们不顾一切地试图通过太阳能电池板、风能和生物质燃烧来维持能源供应,频繁的停电打断了净水工作的过程。霍乱和伤寒还不常见,但各种肠道细菌使得先前饱受摧残的人们生活更为艰难。生活仍在继续,但是以往街道和咖啡馆文化中典型的密切交流已被夏季酷热时的独自午睡所代替,导致更加孤立的社会中家庭事务占据支配地位。公众的兴趣变少,炎热导致全国能源和景观集中,以致失去了很多原有魅力。人们夏天走过田野,对剩下的树林不再充满兴趣,也没有了以往对中央政府解决问题能力的信心。这似乎意味着危险的临近,接近了先前近乎混乱的城市状态,每个人只关心自己的事务。

12.4 半岛和岛屿

在欧洲的西部边缘,Seventine 河是 Hibscotia 岛的主航道。岛上气候潮湿、有风,多个世纪以来冬冷夏热。有时夏季气温达到 20℃,但通常是在 15℃左右,冬季温度通常在冰点以上。山顶上的白雪每次覆盖几天,然后很快融化。降水量有 1400mm,蒸发只有约 400mm。河谷内是一片不能排水的湿地,有灰色的天空、湿润的草地、茂密的桤木和柳树林。Hibscotia 是一个特别的岛屿,尽管其空气湿度和饮用水的质量均较为宜人,但是有违逻辑的是,保湿面霜和瓶装水的销售人员都报酬丰厚。传统意义上,经济学、哲学和法律学科的毕业生掌控着局面,而非理工科的毕业生。当地居民一方面诉说着遗憾和良好意愿,另一方面继续关照经济发展——购买瓶装水和润肤霜。

景观是绿色的,有时在干旱的夏天变为黄绿色;牧场草类作物和充足的小麦、谷物、根系及油菜让牛羊茁壮成长。人们早已在开阔的草地上放牧,尽管那里曾经耸立着原生橡树林,一切景观和生态连续性都被无数的篱笆和栅栏掩藏,土地被棋盘式分割,偶尔被一些仍在经营的残存中世纪景观覆盖。这些残余物相对较少,大多保留为自然储备。所有类似的完整生态系统早已不见了,人们对恢复本土鸟类或哺乳动物的行动深表怀疑,这些本土动物被土地所有者们肆意猎杀。除了高地上的外来针叶林种植园,Seventine 流域大多是光秃秃的森林,几乎全部被耕种。但是岛屿位置代表了向海洋的拓展,周边海域一直被过度捕捞;海岸线也许是岛上的最大特点,有锯齿状的海湾和岩石海岬、沙丘系统和深入腹地的河口。

解决洪涝问题是当务之急,大多数国家机构的环境基金被用于海上防御、河流码头和洪泛平原的排水。

曾经存在的大量池塘已经被摧毁了好几次,因为在 20 世纪下半叶农业变得精耕细作,池塘不利于大型机械的通行。随后,旅行者在乘飞机穿越海岸的过程中,会看见城镇和大片的耕地与牧场。这是一个人口稠密的岛屿,许多河流被建坝蓄水。岛上实施过度灌溉政策,东南部地区对地下水过量开采。

在 21 世纪早期,居民们首先注意到了暖湿冬天的影响,在通往家园的车道上和假山花园的岩石上生长着丰富的苔藓,在罕见的霜冻气候杂草仍能存活,而以前则轻易死亡。园艺是国家所关切的活动,从哲学层面上来说非常符合国家对一般性景观建设的控制思路。人们还注意到,随着时间推移,水在夏末成为稀缺资源,许多水库的水位呈现下降的趋势,并留下难看的痕迹。偶尔会有暴雨淹没道路、封闭铁路的冲击;随着海平面上升,孤立的房子和村庄被遗失到大海中。

在过去的两个世纪也曾有过先例，当拥有5km加强防线的海岸线在一夜之间被破坏的时候，当Seventine河流的排水洪泛平原被重新转换为一个约20km的内陆大型浅水湖泊的时候，第一次真正的觉醒到来了。洪泛平原长期以来处于排水状态，土壤因干化而收缩、氧化，大部分都在潮汐高位的2m或3m以下。关于在高昂成本下是否应该恢复防御，抑或应该接受这种情形，导致了激烈的辩论。后者只是当时进行调查和咨询的结果，最后当地社区适应了形势，建立了新的沿海活动，而进一步动荡则不受欢迎。

人们担心，携带亚热带温暖海水向北流动的洋流系统可能改变方向，强制暖水朝向欧洲流动，由于海洋变暖及冷水不再从北冰洋向下转移。这可能意味着该岛屿变得更冷，而不是更温暖。乐观主义者认为这两个趋势可能有效地相互抵销。

在这一事件中，该岛在21世纪中期会发生一些实质性的变化。潮湿的冬天意味着许多河流每隔几年就会漫堤。越来越多的资金投入防洪建设中，在洪泛平原上继续建设和开发具有损毁风险。更加干燥的夏天导致饮用水的短缺和维修旧的漏水水管的压力；一方面迄今已失去了近三分之一的水，另一方面，在过去几乎从未听说过某些地区的定量供水。瓶装水的销量激增。大雨侵蚀了高地的泥炭地，雨水受到污染，政府保护机构的人员对碳储量的损失捶胸顿足。然而，该问题可部分归因于，通过燃烧产生裸露的侵蚀地区以促使石楠生长来喂养松鸡，这在每年八九月的狩猎季节会带来可观的利润。可见，口号并未真正转化为行动。

河水的硝酸盐浓度向来都是一个问题，下游地区受到的雨水冲刷更为严重。这里承受着农业增长带来的巨大压力。类似于二战中种植尽可能多的粮食创造利益，每一片可能的土地都被耕作。甚至包括以前一直是传统草坪和花坛的花园。个人比政府更关心他们的处境。

其他物质的浓度也在增加。西风把海洋风暴的浪花中挟带的盐分洒入大气中。位于硬岩之上的高山湖泊事实上是长期以来稀释后的海水。相反，当水中的碱基被植物吸取后，含盐水所携带的硫酸盐和氯化物使得土壤酸化。在20世纪末，其他形式的酸化亦已形成问题，由于发电站的煤炭燃烧（产生硫氧化物），或来自车辆引擎（在大气中相继产生氮氧化物和硝酸）和大量家畜排泄物的氨的分解。第一个问题通过从烟气中涤滤并提取硫氧化物的方式已经解决；第二个问题得益于21世纪的高成本燃料，导致许多车闲置在车库里。

第三个问题仍然存在，降雨量的增加及其造成的海洋飞沫正在加剧高地的酸化。这导致鱼类和无脊椎动物（甚至一些水鸟，如“杓”）的灭绝。当前，提前几十年来预期完美的解决方案似乎过于乐观。在每个变暖地区，富营养化的症状都有所增长，酸化还没有解决；为了防洪减灾，河道工程继续快速进行；微量的农业和工业化学品仍然污染着水域，尽管污染物的排放已经按要求进行。渔业有微妙变化，因为对一些物种来说南部的条件变得太热,适应温暖气候的物种不可能从大陆入侵,种群变得贫乏。有更多的偶然或故意引进的外来物种,它们多数来自更热的地区,所以生长良好。

有时只有专业的生态学家们注意到一些体型小、破坏大的物种,将干净的植物为主的湖泊变得浑浊,漂浮植物非常明显地增长泛滥。尽管已有法令,淡水问题似乎已经 50 年没有解决了。只有在海边,单纯的海平面上升掩盖了巨大力量的发挥,有更多自然条件的恢复,受到了沿海村民的广泛关注。

这种担忧是普遍的,到 21 世纪末,温度比 20 世纪上升 4℃。生活尚可为继,但已是非常困难。水的供应有巨大的压力,为了享有凉爽的海洋气候,数以百万计的难民从当前极其干燥和炎热的欧洲南部地区涌入。起初他们的进入是合法的,后来,政府不得不退出欧盟以阻止过度人口流动。事实上,欧盟正处于完全破裂的巨大危险中,由于北部各国需守护他们的边境,而南部各国陷入了混乱状态。旅行成本高昂,因此对于新的一代,通过频繁的互访和各国人民见面带来相互了解的方式已被否定,陷入了史上空前的孤立主义。土地更多地被用于建设,食物定量供给;小型田地整合已经结束,除了在山上,每片土地上有一些鸡和羊。玉米在巨大的田地中按工业规模生产,人们的饮食变化比以往减少很多。大多数池塘被回填,两栖动物几乎消失,一种罕有的蟾蜍目前变得非常普遍。在较温暖的地方,每一个湖泊和河流都被鲤鱼绝对统治,潜伏在漂浮的杂草之下。甚至水白菜和洋水仙也肆虐成灾。

矛盾的是,困难和短缺促成了当地社区更多的合作。可以肯定,黑市欺诈的情况大量存在,不过气候变暖也增进了人际联系,并且人的聪明才智在解决关乎生存的各类具体问题时也得到了充分发挥。瓶装水价格高昂,因为税收大幅增加用于为大规模膨胀的人口所需的服务买单,尽管土地对劳动力的需求在增加,但是这些人中很多人没有工作,不过,干燥的夏季为润肤霜创造了市场。

12.5 地中海地区

20 世纪末,乡村民居的白色墙壁和红砖屋顶,装点着 Graecerina 河谷上、中游的山坡,而其下游则形成了一个大的洪泛平原潟湖;河水在一个散布着多个度假区的海岸处,汇入地中海的蓝色海水中。至少在冬季,河流发源处的高地生发出一片繁茂的、以橡树、刺柏和松树为主的常绿林,即便是山羊和绵羊的啃食都没能阻止其继续生长。狼和熊仍然生活在占据了大片高地的国家公园里。位于中间的是整齐种植着葡萄树和橄榄树的阶地。潟湖比较浅,一部分仍然有许多鸟类栖息,而另一部分与河水分离,干涸成了咸泥滩,在夏季时常被一些鸟类啄食。在这里有丰富的爬行动物、两栖动物和鱼类,其中许多是属于这一地区的特有物种,这是由洪泛平原上那些池塘的临时性和季节性的生态特征所决定的。

由于水资源不足而造成的农业生产压力,使得农村人口规模减小,大多数人都转而投入沿海旅游业寻求致富机会。朝圣者来到这里参观从石灰岩中常年涌出的圣泉,然而这里是一片干旱地区,河流尽管并未完全枯竭,但夏季的水流却非常缓慢。冬季平均气温在8℃上下,降雨量也大多在550mm水平。夏季气温平均为28℃,有时会升至30℃以上,甚至超过40℃。不过真正的问题在于缺水,由蒸发带走的水分占了全部降水量的近90%。这里的原住民已经掌握了井水的流动规律,修建了地下蓄水池来储存珍贵的水资源。然而,20世纪的经济压力却破坏了这一古老的智慧,水被从地下开采出来用于小麦种植和沿海平原上高经济价值的商品蔬菜水果的种植灌溉,并用于高度工业化的下游工业生产,更多则是用于满足当地居民和游客对游泳池和淋浴的需求。

21世纪中叶时,二氧化碳的浓度升至480ppm,同时,北部较远地区由于多年冻土的融化所释放的甲烷量快速上升,以及由于整个欧洲农业肥料和汽车的脱硝作用积累了大量的氮氧化物,使得环境状况急剧恶化。由于欧洲气温的升幅远远超过人们所认识到的水平,蒸发率飙升,地表水资源几近消失,高地的森林退缩成了矮树林,而国家公园里那些迷人的哺乳动物在向北迁徙的途中惨遭农民射杀。河水在五年里仅有一年能够到达海洋。橄榄园和葡萄园被遗弃。大多数年份里农作物都是歉收的,而农民也远走他乡去开垦土地,只留下一片矮灌木丛。这里甚至还有小片沙漠,仅能见到光秃秃的岩石和季节性覆盖的一年生杂草。稀少的水资源价格昂贵,只有商品蔬菜园主和沿海城镇的居民才能消费得起。许多池塘在夏季时干涸,但在来年的冬天却无法再次蓄水,那些独特的鱼类和两栖类动物原有的生存空间被压缩了一半以上。除此以外,山地上的灌木丛和仅有的稀疏森林常常山火肆虐,半沙漠化的速度加剧,并逐年向富裕的海滨度假区蔓延。随着土地的剥蚀,冬季几场暴雨降水将土壤冲走,使未来的土地修复变得十分困难。散落着人类工业废物和生活垃圾的泥滩阻塞了河流。山体滑坡频频出现,在山坡上形成了深深的冲沟。废弃的村庄则印证着他们更深的悲伤。水是人类社会最宝贵的资源这一教训曾被遗忘,而如今再次成为人类的惨痛教训。教堂的钟声不再萦绕着这片温暖如春、风景如画的土地。

在沿海低地,依靠淡化海水,人类活动仍在继续,但带来的巨大的副作用是大量蒸发后剩下的盐被丢弃,形成高盐度的人工潟湖。由于亮橙色高耐受性藻类的存在,这些盐体有时会显得五彩缤纷,但是它们却以某种方式冲击着这片景观。鸟类很少饮用,更不用说除了原生动物以外的其他物种了。淡水,或者低盐度的潟湖,还面临着水边疯狂生长的芦苇类植物如香蒲、凤仙花和芦竹的侵蚀。有时候种类近乎单一的芦苇丛完全覆盖了原先开放的水面,使那些水下生活的物种,无脊椎动物和鱼类不得不暴露出来。外来的龙虾已经逃脱了渔场,正在肆虐侵袭剩余的植物。

到了 21 世纪末的时候，当地的气温升高 4~5℃，降水稀少，社会和经济彻底崩溃，并且波及许多热带和亚热带地区。在这里，一眼望去都是半沙漠化的景观；河流只有在暴雨之后的几天才能见到；沿海的度假胜地已经凋敝，因为气温已经超出了舒适的范围，而原先的廉价航班由于燃油成本剧增而难以为继。从北非和更远地方逃亡而来的难民在公寓和酒店的断壁残垣旁支起帐篷，勉强度日。原来的商品作物种植园已经被一个个难民家庭分割为许多小的地块，他们靠种植仅够糊口的木薯和从海中捕捉少量的鱼类来维持生计。这里几乎没有整齐规范的基础设施。地中海岸的境况退化到了 20 世纪时非洲撒哈拉沙漠的状态。

12.6 高山区

在欧洲，高山历来都是将直入蓝天的雪峰，冬季滑雪场的山坡，以及夏季时鲜花盛开的高山草甸集于一体的全景性标志，更不用说那部世界著名影片《音乐之声》中的风景画面了。在群山深处的 Ppartnov 河有一个 300km^2 的集水区，集中体现了这一区域的特点。冬季平均气温在 21 世纪初时接近冰点，而夏季气温在 25℃，但是 3000m 海拔的最高峰和 2400m 以下的谷底差异很大。降水差异更为巨大，山上达到 900mm 而谷中只有 400mm。春天到来时，冰雪融化为溪流而流走。多年以后，相比一个世纪或者更久以前曾为早期登山者制造挑战的冰川而言，现在的冰雪规模已经大大缩退。草原和苔原上可以见到土拨鼠，在岩石上还有更为珍稀的野生山羊。而在离此 2000m 的高处，则生长着由云杉和冷杉构成的常绿阔叶林。偶尔有一只棕熊在森林里游荡，在林木线上采食浆果。在山谷中一些海拔 1200m 的平坦地面，常见一些仅有数公顷的小型农场，饲养着奶牛，种植着青草和土豆，或是小片谷物，甚至是一些玉米。游客来到这里进行冬季运动，或是在夏季沿着流水淙淙的小河行至隐藏于山凹中的冰斗湖。山谷中有一个风景如画的小镇，这里早已筑起了围堤，开凿了水道，以保护这片珍稀土地远离洪灾破坏。游人们中意在这里购买木雕、刺绣和烈酒。洪泛平原在史前就占据了整个山谷的平地。在小镇上游，人们沿河建造了水坝用来发电，特别是要给当地锯木厂的机械设备进行供电。

到了 20 世纪中叶，降水量并没有发生多大变化，但是冬季的降雪变得更多，而夏季由于气温的上升变得更为干燥。雪线提高 200m 以上，导致低处的滑雪场被废弃，而山峰以下的冰川也出现了明显的缩退。更多的水量在春季落入溪流之中，森林里有时会回响着巨石被水流裹挟而下在渠道中碰撞的声音。森林同样也发生了变化，中欧山松、山毛榉和其他落叶树开始取代从前的常绿树木。相对来说水温仍然较凉，北极红点鲑和鳟鱼依然在顽强生活着，但是由于温度升高加剧了冰川运动对水底碎石的风化作用，出现了一些微妙的化学变化。水中重金属的含量提高，地方当局宣布此水源不能再直接用于居民用水供给和储水灌溉，随之而来的是农业形态的改变，再难听到以前在夜间给奶牛挤奶时传出的阵阵脖铃响声。农业都将承受巨大压力，因为小型经营者不再在国际市场中受到青睐，农业管理费用日益上涨，尽管粮食短缺的问题在世界范围内普遍趋于严重化。旅游业依旧繁荣，因为高处的山坡每年仍有几个月被冰雪覆盖，同时，在一个新的小型水库上建起了制冷装置，在暖冬气候时可对低处的山坡进行人工降雪。旅游业仍然是当地收入的主要来源；社区已经为此作出调整，即便人们担心随着光秃黯淡的岩石带从草地上暴露出来并逐年加宽，被视为标志性景观的雪峰会看起来不再那么壮观。

在维多利亚和爱德华时期，大批的国外登山爱好者被吸引涌入这里进行登山探险，而数十年以后，这里的平均温度比当时升高了4℃，一切都发生了改变。山上的冰川几乎不见了踪影。只有在极高的山峰上才能见到小片的冰雪，在冬季滑雪季节结束之前，积雪也难以维持足够长的时间。再也无法看到山峰被冰雪覆盖的夏季景象。树木不断地侵占更多的地方，裸露的碎石上生长着稀疏的植被。森林里树木的生长情况好一些，但对于木材的市场需求已经萎缩，因为人们都已移居别处。旅游业收入不复存在，在少雪的冬天和夏天都是如此，尽管积雪的山峰仍被认为是这里的景观标志。如今，空中交通的费用比世纪之交时已经上涨了太多，光秃秃的岩石已不再能够吸引人们远道而来。许多小木屋被废弃，在食物昂贵的今天，农田也被合并成更能赚钱的大块土地。

当地居民还能够继续生活，实际上，人口还出现了增长，因为低地区域的温度升高，那里的居民为躲避高温便移居此处，不过这里的生活也并无舒适可言。起初，伐木者和观光者并没有砍伐森林，甚至在旅游业兴旺的时候，进入自然保护区的熊和狼还回到了这里。然而，这种景象太过短暂。随着气温的上升，在难民中口口相传高山峡谷和低缓的山坡上天气较为稳定，于是这些区域立即就热闹了起来，形成了自给自足的居住社区，迅速掌握并维持着一种简朴的生活方式。房屋被修缮，林业开始复苏，用于当地的物资供应。食物仍然是一个问题，不过鸡鸭的饲养、蔬菜的种植，以及商品和服务交换体系的形成在一定程度上缓解了食物的匮乏。

目前看来，未来仍有希望。在其他地方发生了一些重大灾难：沿海城市、甚至大片土地由于海平面上升而被洪水淹没，数以百万计的人死于缺水、水传疾病、营养不良以及中暑。过去的文明中心大多被遗弃，上百万逃过死神威胁的居民试图移民，仅有少数人有足够的资金能够支撑他们在一个更为安定的地方定居下来。不过现在新的中心正在崛起，考古学家们拥有新的资料来支撑他们关于文化流失和复兴的模型——只要温度能够尽快停止上升。

主要参考文献

第1章

Adrian, R., Wilhelm, S. & Gerten, D. (2006) Life-history traits of lake plankton species may govern their phenological response to climate warming. Global Change Biology, 12, 652–661.

Balmford, A., Bruner, A., Cooper, P., et al. (2002) Economic reasons for conserving wild nature. Science, 297, 950–953.

Battarbee, R.W. (2000) Palaeolimnological approaches to climate change, with special regard to the biological record. Quaternary Science Reviews, 23, 91–114.

Benton, T.G., Solan, M., Travis, J.M.J. & Sait, S.M. (2007) Microcosm experiments can inform global ecological problems. Trends in Ecology and Evolution, 22, 516–521.

Berger, S.A., Diehl, S., Stibor, H., et al. (2007) Water temperature and mixing depth affect timing and magnitude of events during spring succession of the plankton. Oecologia, 150, 643–654.

Birks, H.J.B. (1998) D.G. Frey & E.S. Deevey review 1 –Numerical tools in palaeolimnology Progress, potentiallities, and problems. Journal of Palaeolimnology, 20, 307–332.

Carpenter, S., Cole, J.J., Hodgson, J.R., et al. (2001) Trophic cascades, nutrients, and lake productivity: Whole-lake experiments. Ecological Monographs, 71, 163–186.

Carvalho, L. & Kirika, A. (2003) Changes in shallow lake functioning: Response to climate change and nutrient reduction. Hydrobiologia, 506, 789–796.

Costanza, R., d'Arge, R., de Groot, R., et al. (1997) The value of the world's ecosystem services and atural capital. Nature, 387, 253–260.

van Doorslaer, W., Stoks, R., Jeppesen, E. & De Meester, L. (2007) Adaptive microevolutionary responses to simulated global warming in Simocephalus vetulus: A mesocosm study. Global Change Biology, 13, 876–886.

Gerten, D. & Adrian, R. (2000) Climate-driven changes in spring plankton dynamics and the sensitivity of shallow polymictic lakes to the North Atlantic Oscillation. Limnology and Oceanography, 45, 1058–1066.

Haworth, E.Y. (1980) Comparison of continuous phytoplankton records with the diatom stratigraphy in the recent sediments of Blelham Tarn. Limnology and Oceanography, 25, 1093–1103.

Hays, G.C., Richardson, A.J. & Robinson, C. (2005) Climate change and marine plankton. Trends in

Ecology and Evolution, 20, 337–344.

Hutchinson, G.E. (1965) The Ecological Theatre and the Evolutionary Play. Yale University Press, New Haven, CT.

IPCC (Intergovernmental Panel on Climate Change) (2007). Summary for policymakers l. In: Climate Change 2007: The Physical Science Basis. Contribution of Working Group I to the Fourth Assessment Report of the Intergovernmental Panel on Climate Change (eds S. Solomon, M. Manning, Z. Chen, et al.). Cambridge University Press, Cambridge and New York.

Liboriussen, L., Landkildehus, F., Meerhof, M., et al. (2005) Global warming: Design of a flow through shallow lake mesocosm climate experiment. Limnology and Oceanography: Methods, 3, 1–9.

Lovelock, J.E. (1988) The Ages of Gaia: A Biography of Our Living Earth. W. W. Norton, New York and London.

McKee, D., Atkinson, D., Collings, S.E., et al. (2000) Heated aquatic microcosms for climate change experiments. Freshwater Forum, 14, 51–58.

McKee, D., Hatton, K., Eaton, J.W., et al. (2002) Effects of simulated climate warming on macrophytes in fresh water microcosm communities. Aquatic Botany, 74, 71–83.

McKee, D., Atkinson, D., Collings, S.E., et al. (2003) Response of freshwater microcosm communities to nutrients, fish and elevated temperature during winter and summer. Limnology and Oceanography, 48, 707–722.

Meerhof, M., Clemente, J.M., de Mello, F.T., Iglesias, C., Pedersen, A.R. & Jeppesen, E. (2007) Can warm climate-related structure of littoral predator assemblies weaken the clear water state in shallow lakes? Global Change Biology, 13, 1888–1897.

Mergeay, J., Verschuren, D., Van Kerckhoven, L. & De Meester, L. (2004) Two hundred years of a diverse Daphnia community in Lake Naivasha, Kenya: Effects of natural and human-induced environmental changes. Freshwater Biology, 49, 998–1013.

Millennium Ecosystem Assessment Board (2005). Millennium Ecosystem Assessment Synthesis Report. United Nations Environment Programme, New York.

Milner, A.M. (1996) System recovery. In: River Restoration (eds G.E. Petts & P. Calow), pp. 205–226. Blackwell Science, Oxford.

Monbiot, G. (ed.) (2007) Heat. Penguin Books, London. Mooij, W.M., Hulsmann, S., De Senerpont Domis, L.N., et al. (2005) The impact of climate change on lakes in the Netherlands: A review. Aquatic Ecology, 39, 381–400.

Moss, B. (2007) Shallow lakes, the water framework directive and life. What should it all be about? Hydrobiologia, 584, 381–394.

Moss, B. (2008) The Water Framework Directive: Total environment or political compromise. Science of the Total Environment, 400, 32–41.

Moss, B., Stephen, D., Balayla, D.M., et al. (2004) Continental-scale patterns of nutrient and fish effects on shallow lakes: Synthesis of a pan-European mesocosm experiment. Freshwater Biology, 49, 1633–1649.

Parmesan, C. & Yohe, G. (2003) A globally coherent fingerprint of climate change impacts across natural systems. Nature, 421, 37–42.

Pennak, R.W. (1985) The fresh-water invertebrate fauna: Problems and solutions for evolutionary success. American Zoologist, 25, 671–687.

Petchey, O.L., McPhearson, P.T., Casey, T.M. & Morin, P.J. (1999) Environmental warming alters food-web structure and ecosystem function. Nature, 402, 69–72.

Ripple, W.J. & Beschta, R.I. (2004) Wolves, elk, willows, and tropic cascades in the upper Gallatin Range of Southwestern Montana, USA. Forest Ecology and Management, 200, 161–181.

Root, T.L., Price, J.T., Hall, K.R., Schneider, S.H., Rosenzweig, C. & Pounds, J.A. (2003) Fingerprints of global warming on wild animals and plants. Nature, 421, 57–60.

Roy, D.B. & Sparks, T.H. (2000) Phenology of British butterflies and climate change. Global Change Biology, 6, 407–416.

Shakespeare, W. (1623) The Merchant of Venice. First Folio. Sparks, T.H. & Carey, P.D. (1995) The responses of species to climate over 2 centuries–An analysis of the Marsham phenological record, 1736–1947. Journal of Ecology, 83, 321–329.

Stern, N. (2006) The Economics of Climate Change. H.M. Treasury, London. Straile, D. (2002) North Atlantic Oscillation synchronizes food-web interactions in central European lakes. Proceedings of the Royal Society of London Series B-Biological Sciences, 269, 391–395.

Tansley, A.G. (1935) The use and abuse of vegetational terms and concepts. Ecology, 16, 284–307.

Terborgh, J. (1988) The big things that run the world–A sequel to E.O. Wilson. Conservation Biology, 2, 402–403.

UKTAG (United Kingdom Technical Advisory Group) (2007) Recommendations on Surface Water Classification Schemes for the Purposes of the Water Framework Directive. Environment Agency, Bristol.

Walther, G.-R., Post, E., Menzel, A., 等, (2002) Ecological responses to recent climate change. Nature, 416, 389–395.

Winder, M. & Schindler, D.E. (2004) Climatic effects on the phenology of lake processes. Global Change Biology, 10, 1844–1856.

第 2 章

Agusti-Panareda, A. & Thompson, R. (2002) Reconstructing air temperature at eleven remote alpine and arctic lakes in Europe from 1781 to 1997 AD. Journal of Paleolimnology, 28, 7–23.

Alhonen, P. (1964) Radiocarbon age of waternut (Trapa natans L.) in the sediments of Lake Karhejaumlrvi, SW-Finland.Memoranda Socitatis Fauna et Flora Fennica, 40, 192-197.

Anderson, N.J., Odgaard, B.V, Segerstrom, U. & Renberg, I.(1996) Climate-lake interactions recorded in varved sediments from a Swedish boreal forest lake. Global Change Biology, 2, 399-405.

Anderson, N.J., Brodersen, K.P., Ryves, D.B., et al.(2008) Climate versus in-lake processes as controls on the development of community structure in a low-arctic lake(South-West Greenland).Ecosystems, 11, 307-324.

Battarbee, R.W. & Binney, H.A. (eds) (2008) Natural Climate Variability and Global Warming: A Holocene Perspective. Wiley-Blackwell, Chichester.

Battarbee, R.W, Cameron, N.G., Golding, P., et al.(2001) Evidence for Holocene climate variability from the sediments of a Scottish remote mountain lake. Journal of Quaternary Science, 16, 339-346.

Battarbee, R.W, Grytnes, J.-A., Thompson, R., et al.(2002) Comparing palaeolimnological and instrumental evidence of climate change for remote mountain lakes over the last 200 years. Journal of Paleolimnology, 28, 161-179.

Beer, J. & van Geel, B.(2008) Holocene climate change and the evidence for solar and other forcings. In: Natural Climate Variability and Global Warming: A Holocene Perspective (eds R.W. Battarbee & H.A. Binney), pp. 138-162. Wiley-Blackwell, Chichester.

Beer, J., Blinov, A., Bonani, G., et al.(1990) Use of 10Be in polar ice to trace the 11-year cycle of solar activity. Nature, 347, 164-166.

Bergstrom, A.-K.& Jansson, M.(2006) Atmospheric nitrogen deposition has caused nitrogen enrichment and eutrophication of lakes in the northern hemisphere. Global Change Biology, 12, 635-643.

Birks, H.H. & Birks, H.J.B.(2003) Reconstructing Holocene climates from pollen and plant macrofossils. In: Global change in the Holocene(eds A. Mackay, R.W. Battarbee, H.J.B. Birks & F. Oldfield), pp. 342-357. Hodder Arnold, London.

Bond, G., Kromer, B., Beer, J., et al.(2001) Persistent solar influence on North Atlantic climate during the Holocene. Science, 294, 2130-2136.

Card, V.M.(2008) Varve-counting by the annual pattern of diatoms accumulated in the sediment of Big Watab Lake, Minnesota, AD 1837-1990. Boreas, 26, 103-112.

Catalan, J., Pla, S., Rieradevall, M., et al.(2002) Lake Redo ecosystem response to an increasing warming the Pyrenees during the twentieth century.Journal of Paleolimnology, 28, 129-145.

Claussen, M.(2008) Holocene rapid land-cover changes-Evidence and theory. In: Natural Climate Variability and Global Warming: A Holocene Perspective(eds R.W. Battarbee & H.A. Binney), pp. 232-253. Wiley-Blackwell, Chichester.

Claussen, M., Kubatski, C., Brovkin, V, Ganopolski, A., Hoelzmann, P. & Pachur, H.J.(1999) Simulation of an abrupt change in Saharan vegetation at the end of the mid-Holocene.Geophysical Research Letters, 24, 2037-2040.

Conway, VM.(1942) Biological flora of the British Isles.Cladium mariscus(L.) R. Br. Journal of Ecology,

30,211–216.

Crucifix,M.(2008) Modelling the climate of the Holocene. In:Natural Climate Variability and Global Warming:A Holocene Perspective(eds R.W. Battarbee & H.A. Binney),pp. 98–122. Wiley–Blackwell,Chichester.

Crutzen,PJ. & Stoermer,E.F.(2000) The "Anthropocene". Global Change Newsletter,41,12–13.

Curtis C.J.,Juggins S.,Clarke G.,et al.(2009) Regional influence of acid deposition and climate change in European mountain lakes assessed using diatom transfer functions. Freshwater Biology,54,2555–2572.

deMenocal,P.(2001) Cultural responses to climate change during the late Holocene. Science,292,667–673.

Digerfeldt,G.(1988) Reconstruction and regional correlation of Holocene lake–level fluctuations in Lake Bysjon,south Sweden.Boreas,17,165–182.

Domack,E.,Duran,D.,Leventer,A.,et al. (2005) Stability of the Larsen B ice shelf on the Antarctic Peninsula during the Holocene epoch. Nature,436,681–685.

Douglas,M.S.V,Smol,J.P. & Blake,W,Jr. (1994) Marked post–18th century environmental change in high–arctic ecosystems. Science,266,416–419.

Drysdale,R.N.,Zanchetta,G.,Hellstrom,J.C.,Fallick,A.E. & Zhao,J.(2005) Stalagmite evidence for the onset of the Last Interglacial in southern Europe at 129±1 ka.Geophysical Research Letters,32,Article number L24708.

EPICA Community Members (2004) Eight glacial cycles from an Antarctic ice core. Nature,429,623–628.

Ferguson,C.A.,Carvalho,L.,Scott,E.M.,Bowman,A.W. & Kirika,A.(2008) Assessing ecological responses to environmental change using statistical models.Journal of Applied Ecology,45,193–203.

Fritz,S.C.(2008) Deciphering climatic history from lake sediments.Journal of Paleolimnology,39,5–16.

Fritz,S.C.,Ito,E.,Yu,Z.,Laird,K.R. & Engstrom,D.R.(2000) Hydrologic variation in the northern Great Plains over the last two millennia.Quaternary Research,53,175–184.

Frohlich,C. & Lean,J.(1998) The sun's total irradiance:Cycles,trends and related climate change uncertainties since 1976. Geophysical Research Letters,25,4377–4380.

Gasse,F.(1977) Evolution of Lake Abhe(Ethiopia and TFAI),from 70,000 b.p. Nature,265,42–45.

Gasse,F.(2000) Hydrological changes in the African tropics since the Last Glacial Maximum. Quaternary Science Re–views,19,189–211.

Gasse,F.(2002) Diatom–inferred salinity and carbonate oxygen isotopes in Holocene water bodies of the western Sahara and Sahel(Africa). Quaternary Science Reviews,21,737–767.

van Geel,B. & Berglund,B.E.(2000) A causal link between a climatic deterioration around 850 cal BC and a subsequent rise in human population density in NW–Europe? Terra Nostra,7,126–130.

George,D.G.,Hurley,M.A. & Hewitt,D.P(2007) The impact of climate change on the physical characteristics of the larger lakes in the English Lake District. Freshwater Biology,52,1647–1666.

Haigh,J.D. & Blackburn,M.(2006) Solar influences on dynamical coupling between the stratosphere and troposphere. Space Science Re–views, 125, 331–344.

Hari, R.E., Livingstone, D.M., Siber, R., Burkhardt–Holm, P & Guttinger, H. (2006) Consequences of climatic change for water temperature and brown trout populations in Alpine rivers and streams.Global Change Biology, 12, 10–26.

Hoelzmann P., Gasse, F., Dupont, L.M., et al.(2004) Palaeo environmental changes in the arid and subarid belt (Sahara–Sahel–Arabian Peninsula) from 150 Ka Kyr to present. In: Past Climate Variability Through Europe and Africa(eds R.W. Battarbee, F. Gasse & C.E. Stickley), pp. 219–256. Springer, Dordrecht.

Holmes, J.A.(2008) How the Sahara became dry. Science, 320, 752–753.

Holmes, J.A., Street–Perrott, F.A., Allen, M.J., et al.(1997) Holocene palaeolimnology of Kajemarum Oasis, Northern Nigeria: An isotopic study of ostracodes, bulk carbonate and organic carbon. Journal of the Geological Society, London, 154, 311–319.

IPCC (Intergovernmental Panel on Climate Change)(2007) Climate Change 2007: The Physical Science Basis. Contribution of Working Group I to the Fourth Assessment Report of the Intergovernmental Panel on Climate Change. Cambridge University Press, Cambridge and New York.

Jansen, E., Andersson, C., Moros, M., Nisancioglu, K.H., Nyland, B.F. & Telford, R.J. (2008) In: Natural Climate Variability and Global Warming: A Holocene Perspective (eds R.W. Battarbee & H.A. Binney), pp. 123–137. Wiley–Blackwell, Chichester.

Jeppesen, E., Sondergaard, M., Jensen, A.P., et al. (2005) Lakes' response to reduced nutrient loading–Analysis of contemporary data from 35 European and North American long term studies. Freshwater Biology, 50, 1747–1771.

Jung, S.J.A., Davies, G.R., Ganssen, G.M. & Kroon, D. (2004) Stepwise Holocene aridification in NE Africa deduced from dust–borne radiogenic isotope records. Earth and Planetary Science Letters, 221, 27–37.

Koinig, K., Schmidt, R., Sommaruga–Wograth, S., Tessadri, R. & Psenner, R.(1998) Climate change as the primary cause for pH shifts in a high alpine lake. Water Air and Soil Pollution, 104, 167–180.

Koinig, K.A., Kamenik, C., Schmidt, R., et al. (2002) Environmental changes in an alpine lake (Gossenkollesee, Austria) over the last two centuries–The influence of air temperature on biological parameters. Journal of Paleolimnology, 28, 147–160.

Korhola, A.A. & Tikkanen, M.J.(1997) Evidence for a more recent occurrence of water chestnut(Trapa natans L.) in Finland and its palaeoenvironmental implications.Holocene, 7, 39–44.

Kropelin, S., Verschuren, D., Lezine, A.–M., et al.(2008) Climate–driven ecosystem succession in the Sahara: The past 6000 years.Science, 320, 765–768.

Kutzbach, J.E. & Street–Perrott, F.A.(1985) Milankovitch forcing of fluctuations in the level of tropical lakes from 18 to 0 kyr BP. Nature, 317, 130–134.

Larsen, J., Jones, V.J. & Eide, W.(2006) Climatically driven pH changes in two Norwegian lakes. Journal of Paleolimnology, 36, 175–187.

Lhote, H. (1959) The Search for the Tassili Frescoes: The Story of the Prehistoric Rock-Paintings of the Sahara. E. P Dutton, New York.

Lowe, J.J. & Walker, M.J.C. (eds) (1997) Reconstructing Quaternary Environments. Longman, Harlow.

Mackay, A., Battarbee, R.W, Birks, H.J.B. & Oldfield, F. (eds) (2003) Global Change in the Holocene. Hodder Arnold, London.

Magnuson, J.J., Robertson, D.M., Benson, B.J., et al. (2000) Historical trends in lake and river ice cover in the Northern Hemisphere. Science, 289, 1743-1746.

Magny, M. (1992) Holocene lake-level fluctuations in Jura and the northern subalpine ranges, France: Regional pattern and climatic implications. Boreas, 21, 319-334.

Magny, M. (2004) Holocene climate variability as reflected by mid-European lake-level fluctuations and its probable impact on prehistoric human settlements. Quaternary International, 113, 65-79.

Manca, M., Torretta, B., Comoli, P., Amsinck, S.L. & Jeppesen, E. (2007) Major changes in the trophic dynamics in large, deep subalpine Lake Maggiore from 1943 to 2002: A high resolution comparative paleo-neolimnological study. Freshwater Biology, 52, 2256-2269.

Mann, M.E., Bradley, R.S. & Hughes, M.K. (1998) Global-scale temperature patterns and climate forcing over the past six centuries. Nature, 392, 779-787.

Mayewski, P., Meeker, L., Twickler, M., et al. (1997) Major features and forcing of high-latitude northern hemisphere atmospheric circulation using a 110,000-year-long glaciochemical series. Journal of Geophysical Research, 102, 26345-26366.

Monteith, D.T. & Evans, C.D. (2005) The United Kingdom acid waters monitoring network: A review of the first 15 years and introduction to the special issue. Environmental Pollution, 137, 3-13.

Monteith, D.T., Evans, C.D. & Patrick, S.T. (2001) Monitoring acid waters in the UK: 1988-1998 trends. Water, Air and Soil Pollution, 130, 1307-1312.

Oerlemans, J. (2005) Extracting a climate signal from 169 glacier records. Science, 308, 675-677.

Petit, J.R., Jouzel, J., Raynaud, D., et al. (1999) Climate and atmospheric history of the past 420,000 years from the Vostok ice core, Antarctica. Nature, 399, 429-436.

Petterson, G., Odgaard, B.V & Renberg, I. (1999) Image analysis as a method to quantify sediment components. Journal of Paleolimnology, 22, 443^55.

Petterson, G., Renberg, I., Luna, S.S., Arnqvist, P. & Anderson, N.J. (2010) Climate influence on the inter Θ annual variability of late-Holocene minerogenic sediment supply in a boreal forest catchment. Earth Surface Processes and Landforms, 35, 390-398.

Roberts, N. (1998) The Holocene: An Environmental History. Blackwell, Oxford.

Ruddiman, WF. (2003) The anthropogenic greenhouse era began thousands of years ago. Climatic Change, 61, 261-293.

Ruhland, K. & Smol, J.P. (2005) Diatom shifts as evidence for recent subarctic arming in a remote tundra lake, NWT, Canada. Palaeogeography Palaeoclimatology Palaeoecology, 226, 1–16.

Ruhland, K., Paterson, A.M. & Smol, J.P. (2008) Hemispheric-scale patterns of climate-related shifts in planktonic diatoms from North American and European lakes. Global Change Biology, 14, 2740–2754.

Russell, J.M. & Johnson, T.C. (2005) A high resolution geochemical record from Lake Edward, Uganda-Congo, and the timing and causes of tropical African drought during the late Holocene. Quaternary Science Reviews, 24, 1375–1389.

Seppa, H., Hammarlund, D. & Antonsson, K. (2005) Low-frequency and high-frequency changes in temperature and effective humidity during the Holocene in south-central Sweden: Implications for atmospheric and oceanic forcings of climate. Climate Dynamics, 25, 285–297.

Shindell, D.T., Schmidt, G.A., Mann, M.E. & Faluvegi, G. (2004) Dynamic winter climate response to large tropical volcanic eruptions since 1600. Journal of Geophysical Research, 109, D05104, doi: 10.1029/2003JD004151.

Simpson, G.L. & Anderson, N.J. (2009) Deciphering the effect of climate change and separating the influence of confounding factors in sediment core records using additive models. Limnology and Oceanography, 54, 2529–2541.

Simola, H. (1977) Diatom succession in the formation of annually laminated sediment in Lovojarvi, a small eutrophic lake. Annales Botanici Fennici, 14, 143–148.

Smol, J.P. & Douglas, M.S.V (2007) From controversy to consensus: Making the case for recent climate change using lake sediments. Frontiers in Ecology and the Environment, 5, 466–474.

Smol, J.P., Wolfe, A.P., Birks, H.J.B., et al. (2005) Climate-driven regime shifts in the biological communities of arctic lakes. Proceedings of the National Academy of Sciences, 102, 4397–4402.

Solovieva, N., Jones, V.J., Birks, H.J.B., et al. (2005) Palaeolimnological evidence for recent climate change in lakes from the northern Urals, arctic Russia. Journal of Paleolimnology, 33, 463–482.

Solovieva, N., Jones, V.J., Birks, J.H.B., Appleby, P. & Nazarova, L. (2008) Diatom responses to 20th century climate warming in lakes from the Northern Urals, Russia. Palaeogeography Palaeoclimatology Palaeoecology, 259, 96–106.

Sommaruga-Wograth, S., Koinig, K.A., Schmidt, R., Sommaruga, R., Tessadri, R. & Psenner, R. (1997) Temperature effects on the acidity of remote alpine lakes. Nature, 387, 64–67.

Sovari, S. & Korhola, A. (1998) Recent diatom assemblage changes in subarctic Lake Saanajarvi, NW Finnish Lapland, and their palaeoenvironmental implications. Journal of Paleolimnology, 20, 205–215.

Sovari, S., Korhola, A. & Thompson, R. (2002) Lake diatom response to recent Arctic warming in Finnish Lapland. Global Change Biology, 8, 171–181.

Staubwasser, M., Sirocko, F., Grootes, P.M. & Segl, M. (2003) Climate change at the 4.2 ka BP termination of the Indus valley civilisation and Holocene south Asian monsoon variability. Geophysical Research Letters, 30, Article number 1425.

Stott, P.A., Tett, S.F.B., Jones, G.S., Ingram, W.J. & Mitchell, J.F.B.(2001) Attribution of twentieth century temperature change to natural and anthropogenic causes.Climate Dynamics, 17, 1–21.

Straile, D.(2000) Meteorological forcing of plankton dynamics in a large and deep continental European lake. Oecologia, 122, 44–50.

Street–Perrott, F.A. & Perrott, R.A.(1991) Abrupt climate fluctuations in the tropics: the influence of Atlantic Ocean circulation. Nature, 343, 607–611.

Street –Perrott, F.A., Holmes, J.A., Waller, M.P, et al. (2000) Drought and dust deposition in the West African Sahel: A 5500–year record from Kajemarum Oasis, northeastern Nigeria. The Holocene, 10, 293–302.

Stuart, A.J.(1979) Pleistocene occurrences of the European pond tortoise(Emys orbicularis L.) in Britain. Boreas, 8, 359–371.

Stuiver, M. & Braziunas, T.F.(1993) Sun, ocean, climate and atmospheric 14CO2: An evaluation of causal and spectral relationship. The Holocene, 3, 289–305.

Stuiver, M., Reimer, P.J., Bard, E., et al.(1998) Intcal98 radiocarbon age calibration, 24,000–0 cal. BP. Radiocarbon, 40, 1041–1083.

Verschuren, D. & Charman, D.J.(2008) Latitudinal linkages in late Holocene moisture–balance variation. In: Natural Climate Variability and Global Warming: A Holocene Perspective(eds R.W. Battarbee & H.A. Binney), pp. 189–231. Wiley–Blackwell, Chichester.

Verschuren, D., Laird, K.R. & Cumming, B.(2000) Rainfall and drought in equatorial East Africa during the past 1100 years. Nature, 403, 410–414.

Weiss, H.(2000) Beyond the Younger Dryas: Collapse as adaptation to abrupt climate change in ancient West Asia and the Eastern Mediterranean. In: Confronting Natural Disaster: Engaging the Past to Understand the Future(eds G. Bawden & R. Reycraft), pp. 75–98. University of New Mexico Press, Albuquerque, NM.

Willemse, N.W & Tornqvist, T.E.(1999) Holocene century–scale temperature variability from West Greenland lake records. Geology, 27, 580–584.

Wolfe, A.P., Baron, J.S. & Cornett, R.J.(2001) Anthropogenic nitrogen deposition induces rapid ecological change in alpine lakes of the Colorado Front Range(USA). Journal of Paleolimnology, 25, 1–7.

Wu, WX. & Liu, T.S.(2004) Possible role of the “Holocene Event 3” on the collapse of Neolithic Cultures around the Central Plain of China. Quaternary International, 117, 153–161.

Zolitschka, B.(2003) Dating based on freshwater– and marine–laminated sediments. In: Global Change in the Holocene(eds A. Mackay, R.W. Battarbee, H.J.B. Birks, & F. Oldfield), pp. 92–106. Hodder Arnold, London.

第3章

Agren, A., Buffam, I., Jansson, M. & Laudon, H.(2007) Importance of seasonality and small streams for the landscape regulation of DOC export.Journal of Geophysical Research –Biogeo sciences, 112,

G03003,doi:10.1029/2006 JG000381.

Ambrosetti,W & Barbanti,L.(1999) Deep water warming in lakes:An indicator of climatic change. Journal of Limnology,58,1-9.

Assel,R. & Robertson,D.M.(1995) Changes in winter air temperature near Lake Michigan,1851-1993,as determined from regional lake-ice records. Limnology and Oceanography,40,165-176.

Auer,I.,Bohm,R.,Jurkovic,A.,et al.(2007) HISTALP-historical instrumental climatological surface time series of the Greater Alpine Region. International Journal of Climatology,27,17-46.

Beier,C.,Emmett,B.,Gundersen,P.,et al.(2004) Novel approaches to study climate change effects of terrestrial ecosystems in the field-Drought and passive night time warming. Ecosystems,7,583-597.

Berggren,M.,Laudon,H. & Jansson,M.(2007) Landscape regulation of bacterial growth efficiency in boreal freshwaters.Global Biogeochemical Cycles,21,GB4002,doi:4010.1029/2006GB002844.

Blenckner,T.,Jarvinen,M. & Weyhenmeyer,G.A.(2004) Atmospheric circulation and its impact on ice phenology in Scandinavia. Boreal Environment Research,9,371-380.

Buffam,I.,Laudon,H.,Temnerud,J.,Morth,C.M. & Bishop,K.(2007) Landscape-scale variability of acidity and dissolved organic carbon during spring flood in a boreal stream network.Journal of Geophysical Research-Biogeosciences,112,G01022,doi:10.1029/2006JG000218.

Christensen,J.H.,Hewitson,B.,Busuioc,A.,et al.(2007a) Regional climate projections. In:Climate Change 2007:The Physical Science Basis. Contribution of Working Group I to the Fourth Assessment Report of the Intergovernmental Panel on Climate Change (eds S. Solomon,D. Qin,M. Manning,et al.). Cambridge University Press,Cambridge and New York.

Christensen,J.H.,Carter,T.,Rummukainen,M. & Amanatidis,G.(2007b) Evaluating the performance and utility of regional climate models:The PRUDENCE project. Climatic Change,81,1-6.

Clark,J.M.,Chapman,P.J.,Adamson,J.K. & Lane,S.N.(2005) Influence of drought-induced acidification on the mobility of dissolved organic carbon in peat soils.Global Change Biology,11,791-809.

Clark,J.M.,Ashley,D.,Wagner,M.,et al.(2009) Increased temperature sensitivity of net DOC production from ombrotrophic peat due to water table draw-down.Global Change Biology,15,794-807.

Coats,R.,Perez-Losada,J.,Schladow,G.,Richards,R. & Goldman,C.(2006) The warming of Lake Tahoe. Climate Change,76,121-148.

Dokulil,M.,Jagsch,A.,George,G.D.,et al.(2006) Twenty years of spatial coherent deepwater warming in lakes across Europe related to the North Atlantic Oscillation. Limnology and Oceanography,51,2787-2793.

Duguay,C.R.,Prowse T.D.,Bonsal,B.R.,Brown,R.D.,Lacroix,M.P. & Menard,P.(2006) Recent trends in Canadian ice cover. Hydrological Processes,20,781-801.

Edinger,J.E.,Duttweiler,D.W & Geyer,J.C.(1968) The response of water temperatures to meteorological conditions. Water Resources Research,4,1137-1143.

Erlandsson,M.,Buffam,I.,Folster,J.,et al.(2008) Thirty-five years of synchrony in the organic matter concentration of Swedish rivers explained by variation in flow and sulphate. Global Change Biology, 14,1191–1198.

Evans,C.D.,Monteith,D.T. & Harriman,R.(2001) Long–term variability in the deposition of marine ions at west coast sites in the UK Acid Waters Monitoring Network:Impacts on surface water chemistry and significance for trend determination. The Science of the Total Environment,265,115–129.

Evans,C.D.,Monteith,D.T. & Cooper,D.M.(2005) Long–term increases in surface water dissolved organic carbon:Observations,possible causes and environmental impacts. Environmental Pollution,137,55–71.

Evans,C.D.,Chapman,P.J.,Clark J.M.,Monteith,D.T.,& Cresser,M.S.(2006) Alternative explanations for rising dissolved organic carbon export from organic soils. Global Change Biology,12,2044–2053.

Freeman,C.,Evans,C.D. & Monteith,D.T.(2001) Export of organic carbon from peat soils.Nature, 412,785.

Freeman,C.,Fenner,N.,Ostle,N.J.,et al.(2004) Export of dissolved organic carbon from peatlands under elevated carbon dioxide levels.Nature,430,195–198.

Futter,M.(2003) Patterns and trends in southern Ontario lake ice phenology. Environmental Monitoring and Assessment,88,431^44.

Groffman,EM.,Driscoll,C.T.,Fahey,T.J.,Hardy,J.P.,Fitzhugh,R.D.,& Tierney,G.L.(2001) Colder soils in a warmer world:A snow manipulation study in a northern hardwood forest ecosystem. Biogeochemistry, 56,135–150.

Hampton,S.E.,Izmest'Eva,L.R.,Moore,M.V,Katz,S.L.,Dennis,B. & Silow,E.A.(2008) Sixty years of environmental change in the world's largest freshwater lake–Lake Baikal,Siberia. Global Change Biology, 14,1947–1958.

Hari,R.E.,Livingstone,D.M.,Siber,R.,Burkhardt –Holm,P & Guttinger H.(2006) Consequences of climatic change for water temperature and brown trout populations in Alpine rivers and streams. Global Change Biology,12,10–26.

Hejzlar,J.,Dubrovsky,M.,Buchtele,J. & Ruzicka,M.(2003) The apparent and potential effects of climate change on the inferred concentration of dissolved organic matter in a temperate stream(the Malse River,South Bohemia). The Science of the Total Environment,310,142–152.

Hondzo,M. & Stefan,H.(1993) Regional water temperature characteristics of lakes subjected to climate change. Climatic Change,24,187–211.

Hongve,D.,Riise,G. & Kristiansen,J.F.(2004) Increased colour and organic acid concentrations in Norwegian forest lakes and drinking water–A result of increased precipitation? Aquatic Science,66,231–238.

Hurrell,J.W,Kushnir,Y.,Ottersen,G. & Visbeck,M.(2003) An overview of the North Atlantic Oscillation. In:The North Atlantic Oscillation;Climate Significance and Environmental Impacts,Vol. 134(Geophysical Monographs Series)(eds J.W. Hurrel,Y. Kushnir,G. Ottersen & M. Visbeck),pp. 1–35. American Geophysical Union,Washington,DC.

Imboden, D.M. & Wuest, A.(1995) Mixing mechanisms in lakes. In: Physics and Chemistry of Lakes (eds A. Lerman, D.M. Imboden & J.R. Gat), pp. 83–138. Springer Verlag, Dordrecht.

IPCC (Intergovernmental Panel on Climate Change)(2001) Climate Change 2001: The Scientific Basis. Contribution of Working Group I to the Third Assessment Report of the Intergovernmental Panel on Climate Change (eds J.T. Houghton, Y. Ding, D.J. Griggs, et al.).Cambridge University Press, Cambridge and New York.

IPCC (Intergovernmental Panel on Climate Change)(2007) Climate Change 2007: The Physical Science Basis. Contribution of Working Group I to the Fourth Assessment Report of the Intergovernmental Panel on Climate Change (eds S. Solomon, D. Qin, M. Manning, et al.).Cambridge University Press, Cambridge and New York.

Jankowski, T., Livingstone, D.M., Forster, R., Buhrer, H. & Niederhauser, P.(2006) Consequences of the 2003 European heat wave for lakes: Implications for a warmer world. Limnology and Oceanography, 51, 815–819.

Korhonen, J.(2006) Long–term changes in lake ice cover in Finland. Nordic Hydrology, 37, 347–363.

Krainer, K. & Mostler, W.(2002) Hydrology of active rock glaciers: Examples from the Austrian Alps. Arctic, Antarctic and Alpine Research, 34(2), 142–149.

Krainer, K. & Mostler, W.(2006) Flow velocities of active rock glaciers in the Austrian Alps. Geografiska Annaler, 88A(4), 267–280.

Livingstone, D.M.(1993) Temporal structure in the deep–water temperature of four Swiss lakes: A short Θ term climatic change indicator? Verhandlungen Internationale Vereinigung fur theoretische und angewandte Limnologie, 25, 75–81.

Livingstone, D.M.(1997) An example of the simultaneous occurrence of climate–driven "sawtooth" deep– water warming/cooling episodes in several Swiss lakes. Verhandlungen Internationale Vereinigung fur theoretische und angewandte Limnologie, 26, 822–826.

Livingstone, D.M.(1999) Break–up dates of alpine lakes as proxy data for local and regional mean surface air temperatures. Climatic Change, 37, 407^39.

Livingstone, D.M.(2000) Large–scale climatic forcing detected in historical observations of lake ice break –up. Verhandlungen Internationale Vereinigung fur theoretische und angewandte Limnologie, 27, 2775–2783.

Livingstone, D.M.(2003) Impact of secular climate change on the thermal structure of a large temperate central European lake. Climatic Change, 57, 205–225.

Lydersen, E., Aanes, K.J., Andersen, S., et al.(2008) Ecosystem effects of thermal manipulation of a whole lake, Lake Breisjeen, southern Norway (THERMOS project).Hydrology and Earth System Sciences, 12, 509–522.

Magnuson, J.J., Robertson, D.M., Benson, B.J., et al.(2000) Historical trends in lake and river ice cover in the Northern Hemisphere. Science,289,1743–1746.

Mellander,P.E.,Ottosson,M. & Laudon,H.(2007) Climate change impact on snow and soil temperature in boreal Scots pine stands. Climatic Change,85,179–193.

Mohensi,O. & Stefan,H.G.(1999) Stream temperature/air temperature relationship:A physical interpretation. Journal of Hydrology,218,128–141.

Monteith,D.T.,Stoddard,J.L.,Evans,C.D.,et al.(2007) Dissolved organic carbon trends resulting from changes in atmospheric deposition. Nature,450,537–540.

Nakicenovic,N.,Alcamo,J.,Davis,G.,et al.(2000) Emission scenarios. A Special Report of Working Group III of the Intergovernmental Panel on Climate Change.Cambridge University Press,Cambridge and New York.

Oquist,M. & Laudon,H.(2008) Winter soil–frost conditions in boreal forests control growing season soil CO2 concentration and its atmospheric exchange. Global Change Biology,14,2839–2847.

Palecki,M.A. & Barry,R.G.(1986) Freeze–up and break–up of lakes as an index of temperature changes during the transition seasons:A case study for Finland. Journal of Climate and Applied Climatology,25,893–902.

Peeters,F.,Livingstone,D.M.,Goudsmit,G.H.,Kipfer,R. & Forster,R.(2002) Modeling 50 years of historical temperature profiles in a large central European lake. Limnology and Oceanography,47,186–197.

Raisanen,J.(2005) Impact of increasing CO_2 on monthly–to–annual precipitation extremes:Analysis of the CMIP2 experiments. Climate Dynamics,24,309–323.

Raisanen,J.(2007) How reliable are climate models? Review article. Tellus,59A,2–29.

Raisanen,J.,Hansson,U.,Ullersteig,A.,et al.(2003) GCM driven simulations of recent and future climate with the Rossby Centre coupled atmosphere–Baltic Sea regional climate model RCAO. SMHI Reports Meteorology and Climatology,101,61.

Raisanen,J.,Hansson,U.,Ullersteig,A.,et al.(2004) European climate in the late twenty–first century:Regional simulations with two driving global models and two forcing scenarios. Climate Dynamics,22,13–31.

Robertson,D.M.,Ragotzkie,R.A. & Magnuson,J.J.(1992) Lake ice records to detect historical and future climatic changes. Climatic Change,21,407–427.

Saloranta,T.M. & Andersen,T.(2007) MyLake–A multi–year lake simulation model code suitable for uncertainty and sensitivity analysis simulations. Ecological Modelling,207,45–60.

Saloranta,T.M.,Forsius,M.,Jarvinen,M. & Arvola,L.(2009) Impacts of projected climate change on thermodynamics of a shallow and deep lake in Finland:Model simulations and Bayesian uncertainty analysis. Hydrology Research,40,234–248.

Schar,C.,Vidale,EL.,Luthi,D.,et al.(2004) The role of increasing temperature variability in European summer heat waves. Nature,427,332–336.

Schindler, D.W, Beaty K.G., Fee, E.J., et al.(1990) Effects of climatic warming on lakes of the central boreal forest.Science, 250, 967–970.

Sommaruga –Wograth, S., Koinig, K.A., Schmidt, R., Sommaruga, R., Tessadri, R. & Psenner, R. (1997) Temperature effects on the acidity of remote alpine lakes. Nature, 387, 64–67.

Sowerby, A., Emmett, A., Tietama, A. & Beier, C. (2008) Contrasting effects of repeated summer drought on soil carbon efflux in hydric and mesic heathland soils. Global Change Biology, 14, 2388–2404.

Sporka, F., Livingstone, D.M., Stuchlik, E., Turek, J. & Galas, J. (2006) Water temperatures and ice cover in the lakes of the Tatra Mountains. Biologia, 61(Suppl. 18), S77–S90.

Stefan, H.G & Sinokrot, B.A.(1993) Projected global climate change impact on water temperatures in five North Central U.S. streams. Climatic Change, 24, 353–381.

Stefan, H.G., Fang, X. & Hondzo, M. (1998) Simulated climate change effects on year–round water temperatures in temperate zone lakes. Climatic Change, 40, 547–576.

Stepanauskas, R., Laudon, H. & Jergensen, N.(2000) High DON bioavailability in boreal rivers during spring flood.Limnology and Oceanography, 45, 1298–1307.

Stieglitz, M., Dery, S.J., Romanovsky, VE.& Osterkamp, T.E. (2003) The role of snow cover in the warming of arctic permafrost. Geophysical Research Letters, 30, 541–544.

Straile, D., Johnk, K. & Rossknecht, H. (2003) Complex effects of winter warming on the physico-chemical characteristics of a deep lake.Limnology and Oceanography, 48, 1432–1438.

Thies, H., Nickus, U., Mair, V., et al. (2007) Unexpected response of high alpine lake waters to climate warming.Environmental Science & Technology, 41, 7424–7429.

Tipping, E., Woof, E., Rigg, A., et al. (1999) Climatic influences on the leaching of dissolved organic matter from upland UK moorland soils, investigated by a field manipulation experiment. Environment International, 25, 83–95.

Toberman, H., Evans, C.D., Freeman, C., et al. (2008) Summer drought effects upon soil and litter extracellular phenol oxidase activity and soluble carbon release in an upland Calluna heathland. Soil Biology & Biochemistry, 40, 1519–1532.

Todd, M.C. & Mackay, A.W. (2003) Large–scale climatic controls on Lake Baikal ice cover. Journal of Climate, 16, 3186–3199.

Vestreng, V, Myhre, G., Fagerli, H., Reis, S. & Tarrason, L.(2007) Twenty–five years of continuous sulphur dioxide emission reduction in Europe.Atmospheric Chemistry and Physics, 7, 3663–3681.

Vidale, P.L., Luthi, D., Wegmann, R. & Schar, C. (2007) European summer climate variability in a heterogeneous multi–model ensemble.Climatic Change, 81, 209–232.

Vuorenmaa, J., Forsius, M. & Mannio, J. (2006) Increasing trends of total organic carbon concentrations in small forest lakes in Finland from 1987 to 2003.The Science of the Total Environment, 365, 47–65.

Walsh,J.E.(1995) Long-term observations for monitoring of the cryosphere.Climatic Change,31,369-394.

Watts,C.D.,Naden,P.S.,Machell,J. & Banks,J.(2001) Long term variation in water colour from Yorkshire catchments. The Science of the Total Environment,278,57-72.

Webb,B.W(1996) Trends in stream and river temperature.Hydrological Processes,10,205-226.

Weyhenmeyer,G.A.,Meili,M. & Livingstone,D.M.(2004) Nonlinear temperature response of lake ice breakup. Geophysical Research Letters,31(7),L07203,doi:10.1029/2004GL019530.

Weyhenmeyer,G.A.,Meili,M. & Livingstone,D.M.(2005) Systematic differences in the trend towards earlier ice-out on Swedish lakes along a latitudinal temperature gradient.Verhandlungen Internationale Vereinigung fur theoretische und angewandte Limnologie,29,257-260.

Williams,M.W,Knauf,M.,Caine,M.,Liu,F. & Verplanck,EL.(2006) Geochemistry and source waters of rock glacier outflow,Colorado Front Range. Permafrost and Periglacial Processes,17,13-33.

de Wit,H.A.,Hindar,A. & Hole,L.(2008) Winter climate affects long-term trends in stream water nitrate in acid-sensitive catchments in southern Norway. Hydrology and Earth System Sciences,12,393-403.

Worrall,F.,Harriman,R.,Evans,C.D.,et al.(2004). Trends in dissolved organic carbon in UK rivers and lakes. Biogeochemistry,70,369-402.

Yoo,J.C. & D'Odorico,P.(2002) Trends and fluctuations in the dates of ice break-up of lakes and rivers in Northern Europe:The effect of the North Atlantic oscillation. Journal of Hydrology,268,100-112.

第4章

Allan,J.D.(1995) Stream Ecology:Structure and Function of Running Waters. Kluwer Academic Publishers,Dordrecht.

Allan,D.J.,Erickson,D.L. & Fay,J.(1997) The influence of catchment land use on stream integrity across multiple spatial scales. Freshwater Biology,37,149-161.

Armitage,P.D. & Pardo,I.(1995) Impact assessment of regulation at the reach level using macroinvertebrate information from mesohabitats. Regulated Rivers:Research & Management,10,147-158.

Arndt,S.K.A.,Cunjak,R.A. & Benfey,T.J.(2002) Effect of summer floods and spatial-temporal scale on growth and feeding of juvenile Atlantic salmon in two New Brunswick streams. Transactions of the American Fisheries Society,131(4),607-622.

Arnell,N.W.(1999) The effect of climate on hydrological regimes in Europe:A continental perspective. Global Environmental Change,9,5-23.

Blais,J.M. & Kalff,J.(1995) The influence of lake morphometry on sediment focusing. Limnology and Oceanography,40,582-588.

Blanch,S.J.,Walker,K.F. & Ganf,G.G.(2000) Water regimes and littoral plants in four weir pools of the River Murray, Australia. Regulated Rivers: Research & Management, 16, 445^56.

Bond, N.R. & Downes, B.J. (2003) The independent and interactive effects of fine sediment and flow on benthic invertebrate communities characteristic of small upland streams. Freshwater Biology, 48, 455–465.

Boulton, A.J., Findlay, S., Marmonier Stanley, P.E.H. & Valett, H.M. (1998) The functional significance of the hyporheic zone in streams and rivers. Annual Review of Ecology and Systematics, 29, 59–81.

Brookes, A. (1987) Restoring the sinuosity of artificially straightened stream channels. Environmental Geology and Water Science, 10, 3341.

Bunn, E.S. (1988) Life histories of some benthic invertebrates from streams of the northern Jarrah Forest, Western Australia. Australian Journal of Marine and Freshwater Research, 39(6), 785–804.

Busch, G. (2006) Future European agricultural landscapes–What can we learn from existing quantitative land use scenario studies? Agriculture Ecosystems and Environment, 114, 121–140.

Carvalho, L. & Moss, B. (1999) Climate sensitivity of Oak Mere: A low altitude acid lake. Freshwater Biology, 42, 585–591.

Clausen, B. & Biggs, B.J.F. (2000). Flow variables for ecological studies in temperate streams: Groupings based on covariance. Journal of Hydrology, 237, 184–197.

Cobb, D.G., Galloway, T.D. & Flannagan, J.F. (1992) Effects of discharge and substrate stability on density and species composition of stream insects. Canadian Journal of Fisheries and Aquatic Sciences, 49, 1788–1795.

Croley, T.E., II (1990) Laurentian Great Lakes double CO_2 climate change hydrological Impacts. Climatic Change, 17, 27^7.

De Jalon, D.G., Sanchez, P. & Camargo, J.A. (1994) Downstream effects of a new hydropower impoundment on macrophyte, macroinvertebrate and fish communities. Regulated Rivers: Research & Management, 9, 253–261.

De Moor, F.C. (1986). Invertebrates of the Lower Vaal River, with emphasis on the Simuliidae. In: The Eco⊖logy of River Systems (eds B.R. Davies & K.F. Walker), pp. 135–142. Dr W Junk Publishers, Dordrecht.

Death, R.G. & Winterbourn, M.J. (1995) Diversity patterns in stream benthic invertebrate communities: The influence of habitat stability. Ecology, 76(5), 1446–1460.

Delucchi, M.C. (1989) Movement patterns of invertebrates in temporary and permanent streams. Oecologia, 78(2), 199–207.

Dudgeon, D., Arthington, A.H., Gessner, M.O., et al. (2006) Freshwater biodiversity: Importance, threats, status and conservation challenges. Biological Re–views, 81, 163–182.

Elias, J.E. & Meyer, M.W. (2003) Comparisons of undeveloped and developed shorelands, Northern Wisconsin, and recommendations for restoration. Wetlands, 23, 800–816.

European Environmental Agency (2008) Impacts of Europe's Changing Climate: 2008 Indicator–Based

Assessment. Joint EEA-JRC-WHO report,EEA Report No. 4/2008.European Environment Agency,Copenhagen.

Fausch,K.D. & Bestgen,K.R.(1997) Ecology of fishes indigenous to the central and southwestern Great Plains. In:Ecology and Conservation of Great Plains Vertebrates (eds F.L. Knopf & F.B. Sampson),pp. 131-166. Springer-Verlag,New York.

Feld,C.K.(2004) Identification and measure of hydromorphological degradation in Central European lowland streams. Hydrobiologia,516,69-90.

Ficke,A.D.,Myrick,C.A. & Hansen,L.J.(2007). Potential impacts of global climate change on freshwater fisheries. Reviews in Fish Biology and Fisheries,17,581-613.

Frissell,C.A.,Liss,WJ.,Warren,C.E. & Hurley,M.D.(1986) A hierarchical approach to classifying stream habitat features:Viewing streams in a watershed context. Environmental Management,10,199-214.

Fritz,K.M. & Dodds,WK.(2004) Resistance and resilience of macroinvertebrate assemblages to drying and flood in a tallgrass prairie stream system. Hydrobiologia,527,99-112.

Gasith,A. & Resh,VH.(1999) Streams in Mediterranean climate regions:Abiotic influences and biotic responses to predictable seasonal events. Annual Review of Ecology and Systematics,30,51-81.

Gerhard,M. & Reich,M.(2000) Restoration of streams with large wood:Effects of accumulated and built-in wood on channel morphology,habitat diversity and aquatic fauna. International Review of Hydrobiology,85(1),123-137.

Gippel,C.J. & Stewardson,M.J.(1996).Use of wetted perimeter in defining minimum environmental flows. In:Ecohydraulics 2000,Proceedings of the 2nd International Symposium on Habitat Hydraulics(eds M. Leclerc,H. Capra,S. Valentin,A. Boudreault & Y Cote),pp. A571-A582. INRS-Eau,Quebec.

Gordon,N.D.,McMahon,T.A.,Finlayson,B.L.,Gippel,C.J. & Nathan,R.J.(2004) Stream Hydrology:An Introduction for Ecologists. John Wiley & Sons Ltd.,Chichester.

Gore,J.A.,Layzer,J.B. & Mead,J.(2001) Macroinvertebrate instream flow studies after 20 years:A role in stream management and restoration. Regulated Rivers:Research & Management,17,527-542.

Hansen,H.O.,Boon,P.J.,Madsen,B.L. & Iversen,T.M.(1998) River restoration.The physical dimension. A series of papers presented at the International Conference River Restoration '96,organized by the European Centre for River Restoration,Silkeborg,Denmark. Aquatic Conservation:Marine and Freshwater Ecosystems,8(1),1-264.

Harrison,A.D.(1966) Recolonisation of a Rhodesian stream after drought. Archiv fur Hydrobiologie, 62,405-421.

Hart,D.D. & Finelli,C.M.(1999) Physical-biological coupling in streams the pervasive effects of flow on benthic organisms. Annual Review of Ecology and Systematics,30,363-395.

Helliwell,R.C.,Lilly,A. & Bell,J.(2007) The development,distribution and properties of soils in the Lochnagar catchment and influence on surface water chemistry. In:Lochnagar:The Natural History of a

Mountain Lake(ed. N.L. Rose),pp. 93–120. Springer,Dordrecht.

Hillbricht-Ilkowska,A.(2002) Nutrient loading and retention in lakes of the Jorka river system(Masurian lakeland,Poland):Seasonal and long-term variation. Polish Journal of Ecology,50(4),459–474.

Holomuzki,J.R. & Biggs,B.J.F.(2003) Sediment texture mediates high-flow effects on lotic macroinvertebrates. Journal of the North American Benthological Society,22(4),542–553.

Hughes,J.(2007). Constraints on recovery:Using molecular methods to study connectivity of aquatic biota in rivers and streams. Freshwater Biology,52,616–631.

Imbert,J.B.,Gonzalez,J.M.,Basaguren,A. & Pozo,J.(2005) Influence of inorganic substrata size,leaf litter and woody debris removal on benthic invertebrates resistance to floods in two contrasting headwater streams. International Review of Hydrobiology,90(1),51–70.

Jenkins,K.M. & Boulton A.J.(2007) Detecting impacts and setting restoration targets in arid-zone rivers:Aquatic micro-invertebrate responses to reduced floodplain inundation. Journal of Applied Ecology,44,823–832.

Jennings,M.J.,Emmons,E.E.,Hatzenbeler,G.R.,Edwards,C. & Bozek,M.A.(2003) Is littoral habitat affected by residential development and land use in watersheds of Wisconsin lakes? Lake and Reservoir Management,19,272–279.

Jowett,I.G. & Duncan,M.J.(1990) Flow variability in New Zealand rivers and its relationship to in Θstream habitat and biota. New Zealand Journal of Marine and Freshwater Research,24,305–317.

Kern,K.(ed.)(1994) Grundlagen naturnaher Gewassergestaltung-Geomorphologische Entwicklung von Fliefigewassern.Springer,Berlin.

Knox,J.C.(1987) Historical valley floor sedimentation in the Upper Mississippi valley. Annals of the Association of American Geographers,77,224–244.

Kristensen,P. & Hansen,H.O.(eds)(1994) European Rivers and Lakes:Assessment of their Environmental State. European Environment Agency Environmental Monographs 1,Copenhagen.

Ladle,M. & Bass,J.A.B.(1981) The ecology of a small chalk stream and its responses to drying during drought conditions. Archiv fur Hydrobiologie,90,448–466.

Lake,P.S.(2000).Disturbance,patchiness,and diversity in streams. Journal of the North American Benthological Society,19(4),573–592.

Layzer,J.B.,Nehus,T.J.,Pennington,W,Gore,J.A. & Nestler,J.M.(1989) Seasonal variation in the composition of drift below a peaking hydroelectric project.Regulated Rivers:Research & Management,3,305–317.

Littlewood,I.G.(2002) Improved unit hydrograph characterisation of daily flow regime (including low flows) for the R. Teifi,Wales:Towards better rainfall-streamflow models for regionalisation. Hydrology and Earth System Sciences,6,899–911.

Lytle,D.A. & Poff,N.L.(2004) Adaptation to natural flow regimes.Trends in Ecology and Evolution,

19(2),94-100.

Merigoux,S. & Doledec,S.(2004). Hydraulic requirements of stream communities:A case study on invertebrates. Freshwater Biology,49,600-613.

Meyer,J.L.,Sale,M.J.,Mulholland,PJ. & Poff,N.L.(1999) Impacts of climate change on aquatic ecosystem functioning and health. Journal of the American Water Resources Association,35 (6),1373-1386.

Milne,B.T.(1991) Lessons from applying fractal models to landscape patterns. In:Quantitative Methods in Landscape Ecology:The Analysis and Interpretation of Landscape Heterogeneity(eds M.G. Turner & R.H. Gardner),pp. 199-235. Springer-Verlag,Berlin.

Mooij,WM.G.,Hulsmann,S.,De Senerpont,L.N.,et al.(2005) The impact of climate change on lakes in the Netherlands:A review. Journal of Aquatic Ecology,39,1386-2588.

Munn,M.D. & Brusven,M.A.(1991) Benthic invertebrate communities in nonregulated and regulated waters of the Clearwater River,Idaho,USA. Regulated Rivers:Research & Management,6,1-11.

Noges,P,Kagu,M. & Noges,T.(2007) Role of climate and agricultural practice in determining matter discharge into large,shallow Lake Vortsjarv,Estonia. Hydrobiologia,581(1),125-134.

Olden,J.D. & Poff,N.L.(2003) Redundancy and the choice of hydrologic indices for characterizing streamflow regimes. River Research and Applications,19,101-121.

Olsson,T. & Soderstrom,O. (1978) Springtime migration and growth of Parameletus chelifer (Ephemeroptera) in a temporary stream in northern Sweden. Oikos,31,284-289.

Palmer,M.A. & Poff,N.L.(1997) The influence of environmental heterogeneity on patterns and processes in streams. Journal of the North American Benthological Society,16,169-173.

Palmer,M.A.,Arenburger,P,Botts,P.S.,Hakenkamp,C.C. & Reid,J.W (1995) Disturbance and the community structure of stream invertebrates:Patch-specific effects and the role of refugia. Freshwater Biology,34,343-356.

Palmer,M.A.,Ambrose,R.F. & Poff,L.N.(1997) Ecological theory and community restoration ecology. Restoration Ecology,5,291-300.

Pedersen,M.L. & Friberg,N.(2009). Influence of disturbance on habitats and biological communities in lowland streams. Fundamental and Applied Limnology,174,27-41.

Petts,G.E.,Gurnell,A.M.,Gerrard,A.J.,et al.(2000) Longitudinal variations in exposed riverine sediments:A context for the ecology of the Fiume Tagliamento. Aquatic Conservation:Marine and Freshwater Ecosystems,10,249-266.

Poff,N.L.(2002) Ecological response to and management of increased flooding caused by climate change. Philosophical Transactions of the Royal Society A,360,1497-1510.

Poff,N.L. & Allan,J.D.(1995) Functional-organization of stream fish assemblages in relation to hydrological variability. Ecology,76,606-627.

Poff, N.L. & Ward, J.V (1989) Implications of streamflow variability and predictability for lotic community structure: A regional analysis of streamflow patterns. Canadian Journal of Fisheries and Aquatic Sciences, 46, 1805–1818.

Poff, N.L., Allan, J.D., Bain, M.B., et al. (1997) The natural flow regime: A paradigm for river conservation and restoration. Bioscience, 47, 769–784.

Pusey, B.J., Arthington, A.H. & Read, M.G. (1993) Spatial and temporal variation in fish assemblage structure in the Mary River, south–east Queensland: The influence of habitat structure. Environmental Biology of Fishes, 37, 355–380.

Radomski, P. & Goeman, T.J. (2001) Consequences of human lakeshore development on emergent and floating–leaf vegetation abundance. North American Journal of Fisheries Management, 21, 46–61.

Raisanen, J., Hansson, U., Ullerstig, A., et al. (2003) GCM driven simulations of recent and future climate with the Rossby Centre coupled atmosphere–Baltic Sea regional climate model RCAO. SMHI Reports Meteorology and Climatology (Norrkoping, Sweden), 101, S–60176.

Reid, L.M. & Page, M.J. (2003) Magnitude and frequency of landsliding in a large New Zealand catchment. Geomorphology, 49(1–2), 71.

ROrslett, B., Mjelde, M. & Johansen, S.W (1989) Effects of hydropower development on aquatic macrophytes in Norwegian Rivers: Present state of knowledge and some case studies. Regulated Rivers: Research & Management, 3, 19–28.

Rose, N.L., Morley, D., Appleby, P.G., et al. (2010) Sediment accumulation rates in European lakes since AD 1850: Trends, reference conditions and exceedence. Journal of Paleolimnology, doi: 10.1007/s10933–010–9424–6.

Sand–Jensen, K. & Madsen, T.V (1992). Patch dynamics of the stream macrophyte, Callitriche cophocarpa. Freshwater Biology, 27, 277–282.

Sandin, L. (2009). The relationship between land–use, hydromorphology and river biota at different spatial and temporal scales: A synthesis of seven case studies. Fundamental and Applied Limnology, 174 (1), 1–5.

Scheuerell, M.D. & Schindler, D.E. (2004) Changes in the spatial distribution of fishes in lakes along a residential development gradient. Ecosystems, 7, 98–106.

Schindler, D.W, Beaty, K.G., Fee, E.J., et al. (1990) Effects of climatic warming on lakes of the Central Boreal Forest. Science, 250, 967–970.

Schindler, D.W, Bayley, S.E., Parker, B.R., et al. (1996) The effects of climatic warming on the properties of boreal lakes and streams at the experimental Lakes Area, northwestern Ontario. Limnology and Oceanography, 41, 1004–1017.

Schlosser, I.J. (1995) Dispersal, boundary processes, and trophic–level interactions in streams adjacent to beaver ponds. Ecology, 76, 908–925.

Schroter, D., Cramer, W, Leemans, R., et al. (2005) Ecosystem service supply and vulnerability to global change in Europe. Science, 310, 1333-1337.

Smith, WR.E. & Pearson, G.R. (1985) Survival of Sclerocyphon bicolor (Coleoptera: Psephenidae) in an intermittent stream in North Queensland (Australia). Journal of the Australian Entomological Society, 24(2), 101-102.

Solomon, S., Qin, D., Manning, M., et al. (eds) (2007) Climate Change 2007: The Physical Science Basis, Contribution of Working Group I to the Fourth Assessment Report of the Intergovernmental Panel on Climate Change. Cambridge University Press, Cambridge.

Statzner, B. & Holm, T.F. (1982) Morphological adaptations of benthic invertebrates to stream flow. An old question studied by means of a new technique(Laser Doppler Anemometry). Oecologia, 53, 290-292.

Strommer, J.L. & Smock, L.A. (1989) Vertical distribution and abundance of invertebrates within the sandy substrate of a low-gradient headwater stream. Freshwater Biology, 22, 263-274.

Syrovatka, V, Schenkova, J. & Brabec, K. (2009) The distribution of chironomid larvae and oligochaetes within a stony-bottomed river stretch: The role of substrate and hydraulic characteristics. Fundamental and Applied Limnology, 174(1), 43-62.

Townsend, C.R. & Hildrew, A.G. (1994) Species traits in relation to a habitat template for river systems. Freshwater Biology, 31, 265-275.

Townsend, C.R., Scarsbrook, M.R. & Doledec, S. (1997) Quantifying disturbance in streams: Alternative measures of disturbance in relation to macroinvertebrate species traits and species richness. Journal of the North American Benthological Society, 16(3), 531-544.

Townsend, C.R., Downes, B.J., Peacock, K. & Arbuckle, C. (2004) Scale and the detection of land use effects on morphology, vegetation and macroinvertebrate communities of grassland streams. Freshwater Biology, 49, 448-462.

Verburg, P.H., Eickhout, B. & van Meijl, H. (2008). A multi-scale, multi-model approach for analyzing the future dynamics of European land use. Annals of Regional Science, 42, 57-77.

Verdonschot, P.F.M. & Nijboer, R.C. (2002) Towards a decision support system for stream restoration in the Netherlands: An overview of restoration projects and future needs. Hydrobiologia, 478, 131-148.

Walker, K.F., Boulton, A.J., Thoms, M.C. & Sheldon, F. (1994) Effects of water-level changes induced by weirs on the distribution of littoral plants along the River Murray, South Australia. Australian Journal of Marine and Freshwater Research, 45, 1421-1438.

Wantzen, K.M., Rothhaupt K-O., Mortl, M., Cantonati, M., Toth, L.G. & Fischer, P. (2008) Ecological effects of water-level fluctuations in lakes: An urgent issue. Hydrobiologia, 613, 1-4.

Ward, J.V. (1989) The four dimensional nature of lotic ecosystems. Journal of the North American Benthological Society, 8(1), 2-8.

Wiberg-Larsen, P., Brodersen, K.P., Birkholm, S., Gron, P.N, & Skriver, J. (2000). Species richness and assemblage structure of Trichoptera in Danish streams. Freshwater Biology, 43, 633–647.

Williams, D.D.(1987) The Ecology of Temporary Waters. The Blackburn Press, Caldwell, NJ.

Wissmar, R.C. & Craig, S.D. (2004) Factors affecting habitat selection by a small spawning charr population, bull trout, Salvelinus confluentus: Implications for recovery of an endangered species. Fisheries Management and Ecology, 11(1), 23–31.

Wood, PJ. & Armitage, P.D.(1997) Biological effects of fine sediment in the lotic environment. Environmental Management, 21(2), 203–217.

Wright, J.F., Clarke, R.T., Gunn, R.J.M., Winder, J.M., Kneebone, N.T. & Davy -Bowker, J. (2003) Response of the flora and macroinvertebrate fauna of a chalk stream site to changes in management. Freshwater Biology, 48, 894–911.

Wright, J.F., Clarke, R.T., Gunn, R.J.M., Kneebone, N.T. & Davy -Bowker, J. (2004) Impact of major changes in flow regime on the macroinvertebrate assemblages of four chalk stream sites, 1997 -2001. River Research and Applications, 20, 775–794.

第5章

Adrian, R. & Deneke, R.(1996) Possible impact of mild winters on zooplankton succession in eutrophic lakes of the Atlantic European area., 36, 757–770.

Adrian, R., Wilhelm, S. & Gerten, D.(2006) Life–history traits of lake plankton species may govern their phenological response to climate warming. Global Change Biology, 12(4), 652–661.

Aherne, J., Larssen, T., Dillon, P.J. & Cosby, B.J.(2004) Effects of climate events on environmental fluxes from forested catchments in Ontario, Canada: Modelling drought–induced redox processes., 4, 37–48.

Andersen, D.C. & Nelson, S.M.(2006) Flood pattern and weather determine Populus leaf litter breakdown and nitrogen dynamics on a cold desert floodplain. Journal of Arid Environments, 64(4), 626–650.

Anneville, O., Ginot, V, Druart, J.C. & Angeli, N. (2002) Long -term study (1974 -1998) of seasonal changes in the phytoplankton in Lake Geneva: A multi–table approach. Journal of Plankton Research, (10), 993–1007.

Anneville, O., Souissi, S., Gammeter, S. & Straile, D.(2004) Seasonal and inter–annual scales of variability in phytoplankton assemblages: Comparison of phytoplankton dynamics in three peri–alpine lakes over a period of 28 years. Freshwater Biology, 49(1), 98–115.

Bleckner, T., Omstedt, A. & Rummukainen, M.(2002) A Swedish case study of contemporary and possible future consequences of climate change on lake function. Aquatic Sciences, 64, 171–184.

Borgstrom, R. & Museth, J.(2005) Accumulated snow and summer temperature–Critical factors for recruitment to high mountain populations of brown trout(Salmo trutta L.). Ecology of Freshwater Fish, 14(4), 375–384.

van Breemen, N., Jenkins, A., Wright, R.F., et al.(1998) Impacts of elevated carbon dioxide and temperature on a boreal forest ecosystem(CLIMEX project). Ecosystems, 1, 345–351.

Brinson, M.M. & Malvarez, A.I. (2002) Temperate freshwater wetlands: Types, status, and threats. Environmental Conservation, 29(2), 115–133.

Brown, L.E., Hannah, D.M. & Milner, A.M. (2007) Vulnerability of alpine stream biodiversity to shrinking glaciers and snowpacks. Global Change Biology, 13(5), 958–966.

Buffagni, A., Cazzola, M., Lopez –Rodriguez, M.J., Alba –Tercedor, J. & Armanini, D.G. (2009) Ephemeroptera. In: Distribution and Ecological Preferences of European Freshwater Organisms, Vol. 3 (eds A. Schmidt- Kloiber & D. Hering), 254 pp. Pensoft Publishers, Sofia, Bulgaria.

Burgmer, T., Hillebrand, H. & Pfenninger, M. (2007) Effects of climate–driven temperature changes on the diversity of freshwater macroinvertebrates. Oecologia, 151(1), 93–103.

Buzby, K.M. & Perry, S.A. (2000) Modeling the potential effects of climate change on leaf pack processing in central Appalachian streams. Canadian Journal of Fisheries and Aquatic Sciences, 57(9), 1773–1783.

Carpenter, S.R., Fisher, S.G., Grimm, N.B. & Kitchell, J.F. (1992) Global change and freshwater ecosystems. Annual Review of Ecology and Systematics, 23, 119–139.

Carroll, P. & Crill, P.M. (1997) Carbon balance of a temperate poor fen. Global Biogeochemical Cycles, 11 (3), 349–356.

Center for International Earth Science Information Network (CIESIN) (2005) Gridded Gross Domesticroduct(GDP). http://islscp2.sesda.com/ISLSCP2_1/html_pages/groups/soc/gdp_xdeg. html

Chen, C.Y & Folt, C.L. (1996) Consequences of fall warming for zooplankton overwintering success. Limnology and Oceanography, 41, 1077–1086.

Christoffersen, K., Andersen, N., Sendergaard, M., Liboriussen, L. & Jeppesen, E. (2006) Implications of climate–enforced temperature increases on freshwater pico- and nanoplankton populations studied in artificial ponds during 16 months. Hydrobiologia, 560, 259–266.

Clair, T.A., Arp, P., Moore, T.R., Dalva, M. & Meng, F.R. (2001) Gaseous carbon dioxide and methane, as well as dissolved organic carbon losses from a small temperate wetland under a changing climate. Environmental Pollution, 116(Suppl. 1), S143–S148.

Cole, J.A., Slade, S., Jones, P.D. & Gregory, J.M. (1991) Reliable yield of reservoirs and possible effects of climatic change. Hydrological Sciences, 36(6), 579–598.

Daufresne, M., Roger, M.C., Capra, H. & Lamouroux, N. (2004) Long–term changes within the invertebrate and fish communities of the upper Rhone river: Effects of climatic factors. Global Change Biology, 10, 124–140.

De Senerpont Domis, L.N., Mooij, WM., Hulsmann, S., van Nes, E.H. &Scheffer, M. (2007) Can overwintering versus diapausing strategy in Daphnia determine match–mismatch events in zooplankton- algae interactions? Oecologia, 150(4), 682–698.

DeStasio, B.T., Hill, D.K., Kleinhans, J.M., Nibbelink, N.P. & Magnuson, J.J. (1996) Potential effects of global climate change on small north –temperate lakes: Physics, fish and plankton. Limnology and

Oceanography, 41(5), 1136–1149.

Diamond, S.A., Peterson, G.S., Tietge, J.E. & Ankley, G.T. (2002) Assessment of the risk of solar ultraviolet radiation to amphibians. III. Prediction of impacts in selected northern midwestern wetlands. Environmental Science & Technology, 36(13), 2866–2874.

Dillon, P.J., Molot, L.A. & Futter, M. (1997) The effect of El Nino–related drought on the recovery of acidified lakes. Environmental Monitoring and Assessment, 46, 105–111.

Dowrick, D.J., Hughes, S., Freeman, C., Lock, M.A., Reynolds, B. & Hudson, J.A. (1999) Nitrous oxide emissions from a gully mire in mid–Wales, UK, under simulated summer drought. Biogeochemistry, 44 (2), 151–162.

Durance, I. & Ormerod, S.J. (2007) Climate change effects on upland stream macroinvertebrates over aear period. Global Change Biology, 13, 942–957.

Eaton, J.G. & Scheller, R.M. (1996) Effects of climate warming on fish habitat in streams of the United States. Limnology and Oceanography, 41(5), 1109–1115.

Elliott, J.A., Thackeray, S.J., Huntingford, C. & Jones, R.G. (2005) Combining a regional climate model with a phytoplankton community model to predict future changes in phytoplankton in lakes. Freshwater Biology, 50(8), 1404–1411.

Elliott, J.A., Jones, I.D. & Thackeray, S.J. (2006) Testing the sensitivity of phytoplankton communities to changes in water temperature and nutrient load, in a temperate lake. Hydrobiologia, 559, 401–411.

Fang, X. & Stefan, H.G. (2000) Projected climate change effects on winterkill in shallow lakes in the northern United States. Environmental Management, 25(3), 291–304.

Fenner, N., Freeman, C. & Reynolds, B. (2005) Observations of a seasonally shifting thermal optimum in peatland carbon–cycling processes; implications for the global carbon cycle and soil enzyme methodologies. Soil Biology and Biochemistry, 37(10), 1814–1821.

Feuchtmayr, H., McKee, D., Harvey, I., Atkinson, D. & Moss, B. (2007) Response of macroinvertebrates to warming, nutrient addition and predation in large–scale mesocosm tanks. Hydrobiologia, 584, 425–432.

Findlay, D.L., Kasian, S.E.M., Stainton, M.P., Beaty, K. & Lyng, M. (2001) Climatic influences on algal populations of boreal forest lakes in the Experimental Lakes Area. Limnology and Oceanography, 46(7), 1784–1793.

Finstad, A.G., Forseth, T., Naesje, T.F. & Ugedal, O. (2004) The importance of ice cover for energy turnover in juvenile Atlantic salmon. Journal of Animal Ecology, 73(5), 959–966.

Fletcher, R.J. & Koford, R.R. (2004) Consequences of rainfall variation for breeding wetland blackbirds. anadian Journal of Zoology, 82(8), 1316–1325.

Fossa, A.M., Sykes, M.T., Lawesson, J.E. & Gaard, M. (2004) Potential effects of climate change on plant species in the Faroe Islands. Global Ecology and Biogeography, 13(5), 427–437.

Freeman, C., Liska, G., Ostle, N.J., Lock, M.A., Reynolds, B. & Hudson, J. (1996) Microbial activity and enzymic decomposition processes following peatland water table drawdown. Plant and Soil, 180(1), 121–127.

Gedney, N. & Cox, P.M. (2003) The sensitivity of global climate model simulations to the representation of soil moisture heterogeneity. Journal of Hydrometeorology, 4(6), 1265–1275.

George, D.G., Bell, VA., Parker, J. & Moore, R.J. (2006) Using a 1–D mixing model to assess the potential impact of year–to–year changes in weather on the habitat of vendace (Coregonus albula) in Bassenthwaite Lake, Cumbria. Freshwater Biology, 51(8), 1407–1416.

Gillings, S., Austin, G.E., Fuller, R. & Sutherland, W.J. (2006) Distribution shifts in wintering golden plover Pluvialis apricaria and lapwing Vanellus vanellus in Britain. Bird Study, 53, 274–284.

Graf, W, Murphy, J., Dahl, J., Zamora –Munoz, C. & Lopez –Rodriguez, M.J. (2008) Trichoptera. In: Distribution and Ecological Preferences of European Freshwater Organisms, Vol. 1 (eds A. Schmidt– Kloiber & D. Hering), 388 pp. Pensoft Publishers, Sofia, Bulgaria.

Graf, W, Lorenz, A.W, Tierno de Figueroa, J.M., Lucke, S., Lopez –Rodriguez, M.J. &Davies, C. (2009) Plecoptera. In: Distribution and Ecological Preferences of European Freshwater Organisms, Vol. 2 (eds A. Schmidt–Kloiber & D. Hering), 262 pp. Pensoft Publishers, Sofia, Bulgaria.

Griffis, TJ. & Rouse, WR. (2001) Modelling the interannual variability of net ecosystem CO_2 exchange at a subarctic sedge fen. Global Change Biology, 7(5), 511–530.

Gunn, J.M. (2002) Impact of the 1998 El Nino event on a lake charr, Salvelinus namaycush, population recovering from acidification. Environmental Biology of Fishes, 64(1–3), 343–351.

Haidekker, A. & Hering, D. (2008) Relationship between benthic insects (Ephemeroptera, Plecoptera, Coleoptera, Trichoptera) and temperature in small and medium–sized streams in Germany: A multivariate study. Aquatic Ecology, 42, 463–481.

Hampton, S.E., Romare, P. & Seiler, D.E. (2006) Environmentally controlled Daphnia spring increase with implications for sockeye salmon fry in Lake Washington, USA. Journal of Plankton Research, 28(4), 399–406.

Hari, R.E., Livingstone, D.M., Siber, R., Burkhardt –Holm, P. & Guttinger, H. (2006) Consequences of climatic change for water temperature and brown trout populations in Alpine rivers and streams. Global Change Biology, 12(1), 10–26.

Hauer, F.R., Baron, J.S., Campbell, D.H., et al. (1997) Assessment of climate change and freshwater ecosystems of the Rocky Mountains, USA and Canada. Hydrological Processes, 11, 903–924.

Hawkins, C.P, Hogue, J.N., Decker, L.M. & Feminella, J.W (1997) Channel morphology, water temperature, and assemblage structure of stream insects. Journal of the North American Benthological Society, 16(4), 728–749.

Heggenes, J. & Dokk, J.G. (2001) Contrasting temperatures, waterflows, and light: Seasonal habitat selection by young Atlantic salmon and brown trout in a Boreonemoral River, Regul. Rivers: Research & Management, 17, 623–635.

Heino, J. (2002) Concordance of species richness patterns among multiple freshwater taxa: A regional perspective. Biodiversity and Conservation, 11(1), 137-147.

Heiskanen, A.S., van de Bund, W, Cardoso, A.C. & Noges, P. (2004) Towards good ecological status of surface waters in Europe-Interpretation and harmonisation of the concept. Water Science and Technology, 49, 169-177.

Helland, I.P, Freyhof, J., Kasprazak, P. & Mehner, T. (2007) Temperature sensitivity of vertical distributions of zooplankton and planktivorous fish in a stratified lake. Oecologia, 151(2), 322-330.

Hogenbirk, J.C. & Wein, R.W. (1991) Fire and drought experiments in northern wetlands-A climate change analog. Canadian Journal of Botany, 69(9), 1991-1997.

Huber, V., Adrian, R. & Gerten, D.(2008) Phytoplankton response to climate warming modified by trophic state. Limnology and Oceanography, 53(1), 1-13.

Hudon, C.(2004) Shift in wetland plant composition and biomass following low-level episodes in the St. Lawrence River: Looking into the future. Canadian Journal of Fisheries and Aquatic Sciences, 61(4), 603-617.

Huntington, T.G., Hodgkins, G.A. & Dudley, R. (2003) Historical trend in river ice thickness and coherence in hydroclimatological trends in Maine.Climatic Change, 61, 217-236.Illies, J. (ed.) (1978) Limnofauna Europaea. Gustav Fischer Verlag, Stuttgart.

Jansen, W. & Hesslein, R.H. (2004) Potential effects of climate warming on fish habitats in temperate zone lakes with special reference to Lake 239 of the experimental lakes area (ELA), north-western Ontario. Environmental Biology of Fishes, 70, 1-22.

Jeppesen, E., Sondergaard, M., Jensen, J.P., et al. (2005) Lake responses to reduced nutrient loading-An analysis of contemporary long-term data from 35 case studies. Freshwater Biology, 50, 1747-1771.

Johnson, W.C., Boettcher, S.E., Poiani, K.A. & Guntenspergen, G.(2004) Influence of weather extremes on the water levels of glaciated prairie wetlands. Wetlands, 24(2), 385-398.

Keller, J.K., White, J.R., Bridgham, S.D. & Pastor, J.(2004) Climate change effects on carbon and nitrogen mineralization in peatlands through changes in soil quality. Global Change Biology, 10, 1053-1064.

Lake, P.S., Palmer, M.A., Biro, P., et al. (2000) Global change and the biodiversity of freshwater ecosystems: Impacts on linkages between above-sediment and sediment biota. BioScience, 50(12), 1099-1106.

Lischeid, G., Kolb, A., Alewell, C. & Paul, S.(2007) Impact of redox and transport processes in a riparian wetland on stream water quality in the Fichtelgebirge region, southern Germany. Hydrological Processes, 21 (1), 123-132.

Loh, J. & Wackernagel, M. (2004) Living Planet Report 2004, 40 pp. WWF International, Gland, Switzerland.

Mackenzie-Grieve, J. L. & Post, J.R.(2006) Projected impacts of climate warming on production of lake trout(Salvelinus namaycush) in southern Yukon lakes. Canadian Journal of Fisheries and Aquatic Sciences, 63 (4), 788-797.

Malcolm, J.R., Liu, C., Neilson, R.P., Hansen, L. & Hannah, L.(2006) Global warming and extinctions of endemic species from biodiversity hotspots. Conservation Biology, 20(2), 538–548.

Malicky, H. (2000) Arealdynamik und Biomgrundtypen am Beispiel der Kocherfliegen (Trichoptera). Entomologica Basiliensia, 22, 235–259.

Malmqvist, B. & Rundle, S. (2002) Threats to the running water ecosystems of the world. Environmental Conservation, 29, 134–153.

McKee, D., Hatton, K., Eaton, J.W, et al. (2002) Effects of simulated climate warming on macrophytes in freshwater microcosm communities. Aquatic Botany, 74, 71–83.

Minns, C.K. & Moore, J.E. (1995) Factors limiting the distributions of Ontario's freshwater fishes: The role of climate and other variables, and the potential impacts of climate change. Canadian Journal of Fisheries and Aquatic Sciences Special Publications, 121, 137–160.

Monk, WA., Wood, P.J., Hannah, D.M., Wilson, D.A., Extence, C.A. & Chadd, R.P. (2006) Flow variability and macroinvertebrate community response within riverine systems. River Research and Applications, 22(5), 595–615.

Moore, M.V., Folt, C.L. & Stemberger, R.S. (1996) Consequences of elevated temperatures for zooplankton assemblages in temperate lakes. Archiv fur Hydrobiologie, 135(3), 289–319.

Moore, T.R., Roulet, N.T. & Waddington, J.M. (1998) Uncertainty in predicting the effect of climatic change on the carbon cycling of Canadian peatlands. Climatic Change, 40, 229–245.

Muller-Navarra, D., Guss, S. & von Storch, H. (1997) Interannual variability of seasonal succession events in a temperate lake and its relation to temperature variability. Global Change Biology, 3, 429–438.

Mulhouse, J.M., De Steven, D., Lide, R.F. & Sharitz, R.R. (2005) Effects of dominant species on vegetation change in Carolina bay wetlands following a multi-year drought. Journal of the Torrey Botanical Society, 132 (3), 411–420.

Nyberg, P., Bergstrand, E., Degerman, E. & Enderlein, O. (2001) Recruitment of pelagic fish in an unstable climate: Studies in Sweden's four largest lakes. Ambio, 30(8), 559–564.

Pauls, S.U., Lumbsch, H.T. & Haase, P (2006) Phylogeography of the montane caddisfly Drusus discolor: Evidence for multiple refugia and periglacial survival. Molecular Ecology, 15(8), 2153–2169.

Perotti, M.G., Dieguez, M.C. & Jara, F.G. (2005) State of the knowledge of north Patagonian wetlands (Argentina): Major aspects and importance for regional biodiversity conservation. Revista Chilena De Historia Natural, 78(4), 723–737.

Petchey, O.L., McPhearson, P.T., Casey, T.M. & Morin, PJ. (1999) Environmental warming alters food-web structure and ecosystem function. Nature, 402, 69–72.

Pettersson, K., Grust, K., Weyhenmeyer, G. & Blenckner, T. (2003) Seasonality of chlorophyll and nutrients in Lake Erken-Effects of weather conditions. Hydrobiologia, 506–509, 75–81.

Poff, N.L. & Allan, J.D. (1995) Functional-organization of stream fish assemblages in relation to hydrological variability. Ecology, 76(2), 606–627.

Primack, A.G.B.(2000) Simulation of climate-change effects on riparian vegetation in the Pere Marquette River, Michigan. Wetlands, 20(3), 538-547.

Pyke, C.R. (2004) Habitat loss confounds climate change impacts. Frontiers in Ecology and the Environment, 2(4), 178-182.

Regina, K., Silvola, J. & Martikainen, P.J.(1999) Short-term effects of changing water table on N2O fluxes from peat monoliths from natural and drained boreal peatlands. Global Change Biology, 5, 183-189.

Rogers, C.E. & McCarty, J.P.(2000) Climate change and ecosystems of the mid-Atlantic region. Climate Research, 14, 235-244.

Rooney, N. & J. Kalff (2000) Inter-annual variation in submerged macrophyte community biomass and distribution: The influence of temperature and lake morphometry. Aquatic Botany, 68, 321-335.

SAGE(2002) Atlas of the Biosphere.Center for Sustainability and the Global Environment, Madison.http://www.sage.wisc.edu/.

Salinger, D.H. & Anderson, J.J.(2006) Effects of water temperature and flow on adult salmon migration swim speed and delay. Transactions of the American Fisheries Society, 135(1), 188-199.

Schindler, D.W.(2001) The cumulative effects of climate warming and other human stresses on Canadian freshwaters in the new millennium. Canadian Journal of Fisheries and Aquatic Sciences, 58(1), 18-29.

Schindler, D.W, Beaty, K.G., Fee, E.J., et al.(1990) Effects of climatic warming on lakes of the Central Boreal Forest. Science, 250, 967-970.

Schindler, D.W, Bayley, S.E., Parker, B.R., et al.(1996) The effects of climatic warming on the properties of boreal lakes and streams at the Experimental Lakes Area, northwestern Ontario. Limnology and Oceanography, 41(5), 1004-1017.

Schmutz, S., Cowx, I.G., Haidvogl, G. & Pont, D. (2007) Fish-based methods for assessing European running waters: A synthesis. Fisheries Management and Ecology, 14, 369-380.

Stanner, D. & Bordeau, P. (eds) (1995) Europe's Environment. The Dobris Assessment.European Environment Agency, Copenhagen.

Stefan, H.G., Hondzo, M., Fang, X., Eaton, J.G. & McCormick, J.H. (1996) Simulated long-term temperature and dissolved oxygen characteristics of lakes in the north-central United States and associated fish habitat limits. Limnology and Oceanography, 41(5), 1124-1135.

Straile, D.(2000) Meteorological forcing of plankton dynamics in a large and deep continental European lake. Oecologia, 122, 44-50.

Straile, D. & Geller, W. (1998) The response of Daphnia to changes in trophic status and weather patterns: A case study from Lake Constance. ICES Journal of Marine Science, 55, 775-782.

Strecker, A.L., Cobb, T.P. & Vinebrooke, R.D. (2004) Effects of experimental greenhouse warming on phytoplankton and zooplankton communities in fishless alpine ponds. Limnology and Oceanography, 49(4), 1182-1190.

Swansburg, E., Chaput, G., Moore, D., Caissie, D. & El-Jabi, N.(2002) Size variability of juvenile Atlantic salmon: Links to environmental conditions. Journal of Fish Biology, 61(3), 661-683.

Thuiller, W, Lavorel, S. & Araujo, M.B.(2005) Niche properties and geographical extent as predictors of species sensitivity to climate change. Global Ecology and Biogeography, 14(4), 347-357.

Travis, J.M.J. (2003) Climate change and habitat destruction: A deadly anthropogenic cocktail. Proceedings of the Royal Society: Biological Sciences, 270(1514), 467-473.

Wagner, A. & Benndorf, J. (2007) Climate -driven warming during spring destabilises a Daphnia population: A mechanistic food web approach. Oecologia, 151(2), 351-364.

Weltzin, J.F., Pastor, J., Harth, C., Bridgham, S.D., Updegraff, K. & Chapin, C.T. (2000) Response of bog and fen plant communities to warming and water-table manipulations. Ecology, 8(12), 3464-3478.

Weltzin, J.F., Bridgham, S.D., Pastor, J., Chen, J. & Harth, C. (2003) Potential effects of warming and drying on peatland plant community composition. Global Change Biology, 9, 141-151.

Werner, C., Davis, K., Bakwin, P., Yi, C., Hurst, D. & Lock, L. (2003) Regional -scale measurements of CH4 exchange from a tall tower over a mixed temperate/boreal lowland and wetland forest. Global Cha4nge Biology, 9, 1251-1261.

Winder, M. & Schindler, D.E.(2004) Climatic effects on the phenology of lake processes. Global Change Biology, 10(11), 1844-1856.

Wrona, F.J., Prowse, T.D. & Reist, J.D.(2006) Climate change impacts on Arctic freshwater ecosystems and fisheries. Ambio, 35, 325-325.

Xenopoulos, M.A. & Lodge, D.M.(2006) Going with the flow: Using species-discharge relationships to forecast losses in fish biodiversity. Ecology, 87(8), 1907-1914.

Xenopoulos, M.A., Lodge, D.M., Alcamo, J., Marker, M., Schulze, K. & Van Vuuren, D.P.(2005) Scenarios of freshwater fish extinctions from climate change and water withdrawal. Global Change Biology, 11 (10), 1557-1564.

Zalakevicius, M. & Zalakeviciute, R.(2001) Global climate change impact on birds: A review of research in Lithuania. Folia Zoologica, 50(1), 1-17.

第 6 章

Alcamo, J., Florke, M. & Marker, M.(2007) Future long-term changes in global water resources driven by socio-economic and climatic changes. Hydrological Sciences Journal, 52, 247-275.

Bachmann, R.W, Horsburgh, C.A., Hoyer, M.V, Mataraza, L.K. & Canfield, D.E.(2002) Relations between trophic state indicators and plant biomass in Florida lakes. Hydrobiologia, 470, 219-234.

Bailey-Watts, A.E. & Kirika, A.(1999) Poor water quality in Loch Leven (Scotland) in 1995, in spite of reduced phosphorus loadings since 1985: The influences of catchment management and inter-annual weather variation. Hydrobiologia, 403, 135–151.

Bailey-Watts, A.E., Kirika, A., May, L. & Jones, D.H. (1990) Changes in phytoplankton over various time scales in a shallow, eutrophic: The Loch Leven experience with special reference to the influence of flushing rate. Freshwater Biology, 23, 85–111.

Barker, T., Hatton, K., O'Connor, M., Connor, L., Bagnell, L. & Moss, B. (2008) Control of ecosystem state in a shallow, brackish lake: Implications for the conservation of stonewort communities. Aquatic Conservation-Marine and Freshwater Ecosystems, 18, 221–240.

Battarbee, R.W., Anderson, N.J., Jeppesen, E. & Leavitt, P.R. (2005) Combining palaeolimnological and limnological approaches in assessing lake ecosystem response to nutrient reduction. Freshwater Biology, 50, 1772–1780.

Beklioglu, M. & Ozen, A. (2008) Ulkemiz gollerinde kuraklik etkisi ve ekolojik tepkiler. Uluslararasi Kuresel Iklim Degisjmi ve Qevresel Etkileri Konferansi, 1, s.299–s.306.

Beklioglu, M. & Tan, C.O. (2008) Drought complicated restoration of a Mediterranean shallow lake by biomanipulation. Archive fur Hydrobiologie/Fundamentals of Applied Limnology, 171, 105–118.

Beklioglu, M., Altinayar, G. & Tan, C.T. (2006) Water level control over submerged macrophyte development in five Mediterranean Turkey. Archive fur Hydrobiologie, 166, 535–556.

Beklioglu, M., Romo, S., Kagalou, I., Quintana, X. & Becares, E. (2007) State of the art in the functioning of shallow Mediterranean lakes: Workshop conclusions. Hydrobiologia, 584, 317–326.

Blanck, A. & Lamouroux, N. (2007) Large-scale intraspecific variation in life-history traits of European freshwater fish. Journal of Biogeography, 34, 862–875.

Blenckner, T., Malmaeus, J.M. & Pettersson, K. (2006) Climatic change and the risk of lake eutrophication. International Association of Theoretical and Applied Limnology, 29, 1837–1840.

Blenckner, T., Adrian, R., Livingstone, D.M., et al. (2007) Large-scale climatic signatures in lakes across Europe: A meta-analysis. Global Change Biology, 13, 1314–1326.

Bobbink, R., Beltman, B., Verhoeven, J.T.A. & Whigham, D.F. (eds) (2006) Wetlands: Functioning, Biodiversity, Conservation and Restoration. Springer-Verlag, Heidelberg.

Brix, H., Sorrell, B.K. & Lorenzen, B. (2001) Are Phragmites-dominated wetlands a net source or net sink of greenhouse gases? Aquatic Botany, 69, 313–324.

Brucet, S., Boix, D., Gascan, S., et al. (2009) Species richness of crustacean zooplankton and trophic structure of brackish lagoons in contrasting climate zones: North temperate Denmark and Mediterranean Catalonia (Spain). Ecography, 32, 692–702.

Burgmer, T., Hillebrand, H. & Pfenninger M. (2007) Effects of climate-driven temperature changes on the diversity of freshwater macroinvertebrates. Oecologia, 151, 93–103.

Carpenter, S.R., Caraco, N.F., Correll, D.L., Howarth, R.W, Sharpley, A.N. & Smith, VH. (1998) Nonpoint pollution of surface waters with phosphorus and nitrogen. Ecological Applications, 8, 559–568.

Carvalho,L. & Kirika,A.(2003) Changes in shallow lake functioning:Response to climate change and nutrient reduction. Hydrobiology,506/509,789–796.

Castaldi,S. & Smith,K.A.(1998) The effect of different N substrates on biological N2O production from forest and agricultural light textured soils. Plant and Soil,2,229–238.

Coops,H.,Beklioglu,M. & Crisman,T.L.(2003) The role of water–level fluctuations in shallow lake ecosystems–workshop conclusions. Hydrobiologia,506/509,23–27.

Daufresne,M.,Roger,M.C.,Capra,H. & Lamoroux,N.(2003) Long–term changes within the invertebrate and fish communities of the Upper Rhone River:Effects of climatic factors. Global Change Biology,10,124–140.

Dodds,WK.(2007) Trophic state,eutrophication,and nutrient criteria in streams. Trends in Ecology and Evolution,22,669–676.

Elliott,J.A. & May,L.(2008) The sensitivity of phytoplankton in Loch Leven (U.K.) to changes in nutrient load and water temperature. Freshwater Biology,53,32–41.

Elliott,J.A.,Thackeray,S.J.,Huntingford,C. & Jones,R.G.(2005) Combining a regional climate model with a phytoplankton community model to predict future changes in phytoplankton in lakes. Freshwater Biology,50,1404–1411.

Elser,J.J.,Bracken,M.E.S.,Cleland,E.E.,et al.(2007) Global analysis of nitrogen and phosphorus limitation of primary producers in freshwater,marine and terrestrial ecosystems. Ecology Letters,10,1135–1142.

Ferguson,C.A.,Scott,E.M.,Bowman,A.W. & Carvalho,L.(2007) Model comparison for a complex ecological system. Journal of the Royal Statistical Society Series A,170,691–711.

Ferguson,C.A.,Carvalho,L.,Scott,E.M.,Bowman,A.W & Kirika,A.(2008) Assessing ecological responses to environmental change using statistical models. Journal of Applied Ecology,45,193–203.

Ferguson,C.A.,Bowman,A.W.,Scott,E.M. & Carvalho,L.(2009) Multivariate varying–coefficient models for ecological systems. Environmetrics,20,460–476.

Feuchtmayr,H.,Moran,R.,Hatton,K.,et al.(2009) Global warming and eutrophication:Effects on water chemistry and autotrophic communities in experimental hypertrophic shallow lake mesocosms. Journal of Applied Ecology,46,713–723.

Firth,P & Fisher,S.G.(1992) Global Climate Change and Freshwater Ecosystems. Springer–Verlag,New York.

Flury,S.(2008) Carbon fluxes in a freshwater wetland under simulated global change:Litter decomposition,microbes and methane emission. PhD dissertation,ETH Zurich,Zurich.

Flury,S.,McGinnis,D.F. & Gessner,M.O.(2010) Methane emissions from a freshwater marsh in response to experimentally simulated global warming and nitrogen enrichment. Journal of Geophysical Research– Biogeosciences,115,G01007,doi:10.1029/2009JG001079.

Friberg,N.,Dybkj^r,J.B.,Olagsson,J.S.,Gislason,G.M.,Larsen,S.E. & Lauridsen,T.L.(2009) Relationships between structure and function in streams contrasting in temperature. Freshwater Biology, 54, 2051.

Galloway, J.N., Townsend, A.R., Erisman, J.W, et al. (2008) Transformation of the nitrogen cycle: Recent trends, questions, and potential solutions. Science, 320, 889–892.

Gunnlaugsson, E. & Gislason, G. (2005) Preparation for a new power plant in the Hengill geothermal area, Iceland. Proceedings of the World Geothermal Congress 2005, Antalya, Turkey, 24–29 April 2005.

Gyllstrom, M., Hansson, L.-A., Jeppesen, E., et al. (2005) The role of climate in shaping zooplankton communities of shallow lakes. Limnology and Oceanography, 50, 2008–2021.

Hammrich, A. (2008) Effects of warming and nitrogen enrichment on carbon turnover in a littoral wetland. PhD dissertation, ETH Zurich, Zurich.

Hefting, M.M., Clement, J.-C., Bienkowski, P., et al. (2005) The role of vegetation and litter in the nitrogen dynamics of riparian buffer zones in Europe. Ecological Engineering, 24, 465–482.

Hering, D., Johnson, R.K., Kramm, S., Schmutz, S., Szoszkiewicz, K. & Verdonschot, P.F.M. (2006) Assessment of European streams with diatoms, macrophytes, macroinvertebrates and fish: A comparative metric-based analysis of organism response to stress. Freshwater Biology, 51, 1757–1785.

Hickling, R., Roy, R.B., Hill, J.K., Fox, R. & Thomas, C.D. (2006) The distributions of a wide range of taxonomic groups are expanding polewards. Global Change Biology, 12, 450–455.

Hogg, I.D. & Williams, D.D. (1996) Response of stream invertebrates to a global-warming thermal regime: An ecosystem-level manipulation. Ecology, 77, 395^07.

Iglesias, C., Goyenola, G., Mazzeo, N., Meerhoff, M., Rodo, E. & Jeppesen, E. (2007) Horizontal dynamics of zooplankton in subtropical Lake Blanca (Uruguay) hosting multiple zooplankton predators and aquatic plant refuges. Hydrobiologia, 584, 179–189.

Iglesias, C., Mazzeo, N., Goyenola, G., et al. (2008) Field and experimental evidence of the effect of Jenynsia multidentata, a small omnivorous-planktivorous fish, on the size distribution of zooplankton in subtropical lakes. Freshwater Biology, 53, 1797–1807.

IPCC (Intergovernmental Panel on Climate Change) (2007) Summary for policymakers l. In: Climate Change 2007: The Physical Science Basis. Contribution of Working Group I to the Fourth Assessment Report of the Intergovernmental Panel on Climate Change (eds S. Solomon, M. Manning, Z. Chen, et al.). Cambridge University Press, Cambridge and New York.

Jackson, L.J., Sendergaard, M., Lauridsen, T.L. & Jeppesen, E. (2007) Patterns, processes, and contrast of macrophyte-dominated and turbid Danish and Canadian shallow lakes, and implications of climate change. Freshwater Biology, 52, 1782–1792.

Jeppesen, E., Sendergaard, M., Meerhoff, M., Lauridsen, T.L. & Jensen, J.P. (2007a) Shallow lake restoration by nutrient loading reduction–Some recent findings and challenges ahead. Hydrobiologia, 584, 239–252.

Jeppesen, E., Sendergaard, M., Pedersen, A.R., et al. (2007b) Salinity induced regime shift in shallow brackish lagoons. Ecosystems, 10, 47–57.

Jeppesen,E.,Kronvang,B.,Meerhoff,M.,et al.(2009) Climate change effects on runoff,catchment phosphorus loading and lake ecological state,and potential adaptations. Journal of Environmental Quality, 48,1930–1941.

Jeppesen,E.,Sendergaard,M.,Holmgren,K.,et al.(2010) Impacts of climate warming on lake fish community structure and potential effects on ecosystem function. Hydrobiologia,646,73–90.

Kosten,S.,Kamarainen,A.,Jeppesen,E.,et al. (2009) Likelihood of abundant submerged vegetation growth in shallow lakes differs across climate zones. Global Change Biology,15,2503–2517.

Lehtonen,H.(1996) Potential effects of global warming on northern European freshwater fish and fisheries. Fisheries Management Ecology,3,59–71.

Liboriussen,L. & Jeppesen,E.(2003) Temporal dynamics in epipelic,pelagic and epiphytic algal production in a clear and a turbid shallow lake. Freshwater Biology,48,418–431.

Manca,M.,Torretta,B.,Comoli,P.,Amsinck,S.L. & Jeppesen,E.(2007) Major changes in the trophic dynamics in large,deep subalpine Lake Maggiore from 1943 to 2002:A high resolution comparative palaeo–neolimnological study. Freshwater Biology,52,2256–2269.

Marchetto,A.,Lami,A.,Musazzi,S.,Massaferro,J.,Langone,L. & Guilizzoni,P.(2004) Lake Maggiore(N. Italy) trophic history:Fossil diatom,plant pigments,and chironomids,and comparison with long⊖term limnological data. Quaternary International,13,97–110.

McKee,D.,Atkinson,D.,Collings,S.E.,et al.(2000) Heated aquatic microcosms for climate change experiments. Freshwater Forum,14,51–58.

McKee,D.,Hatton,K.,Eaton,J.W,et al.(2002) Effects of simulated climate warming on macrophytes in freshwater microcosm communities. Aquatic Botany,74,71–83.

McKee,D.,Atkinson,D.,Collings,S.E.,et al.(2003) Response of freshwater microcosm communities to nutrients,fish and elevated temperature during winter and summer. Limnology and Oceanography,48,707–722.

Meerhoff,M.,Iglesias,C.,Teixeira de Mello,F.,et al.(2007a) Effects of contrasting climates and habitat complexity on community structure and predator avoidance behaviour of zooplankton in the shallow lake littoral. Freshwater Biology,52,1009–1021.

Meerhoff,M.,Clemente,J.M.,de Mello,F.T.,Iglesias,C.,Pedersen,A.R. & Jeppesen,E. (2007b) Can warm climate–related structure of littoral predator assemblies weaken the clear water state in shallow lakes? Global Change Biology,13,1888–1897.

Mooij,WM.,Hulsmann,S.,De Senerpont Domis,L.N.,et al.(2005) The impact of climate change on lakes in the Netherlands:A review. Aquatic Ecology,39,381ˆ00.

Moran,R.,Harvey,I.,Moss,B.,et al.(2009) Influence of simulated climate change and eutrophication on three–spined stickleback populations:A large scale mesocosm experiment. Freshwater Biology,55,315.

Moss,B.(2010) Climate change,nutrient pollution and the bargain of Dr Faustus. Freshwater Biology,55

(1), 175–187.

Moss, B., McKee, D., Atkinson, D., et al. (2003) How important is climate? Effects of warming, nutrient addition and fish on phytoplankton in shallow lake microcosms. Journal of Applied Ecology, 40, 782–792.

Mouton, J. & Daufresne, M. (2006) Effects of the 2003 heatwave and climatic warming on mollusc communities of the Saone: A large lowland river and its two main tributaries (France). Global Change Biology, 12, 441–449.

Olesen, J.E. & Bindi, M. (2002) Consequences of climate change for European agricultural productivity, land use and policy. European Journal of Agronomy, 16, 239–262.

Ozen, A., Karapinar, B., Kucuk, I., Jeppesen, E. & Beklioglu, M. (2010) Drought–induced changes in nutrient concentrations and retention in two shallow Mediterranean lakes subjected to different degrees of management. Hydrobiologia, 646, 61–72.

Parmesan, C., Ryrholm, N., Steanescu, C., et al. (1999) Poleward shifts in geographical ranges of butterfly species associated with regional warming. Nature, 399, 579–583.

Pascoal, C., Pinho, M., Cassio, F. & Gomes, P. (2003) Assessing structural and functional ecosystem condition using leaf breakdown: Studies on a polluted river. Freshwater Biology, 48, 2033–2044.

Reynolds, C.S., Irish, A.E. & Elliott, J.A. (2001) The ecological basis for simulating phytoplankton responses to environmental change (PROTECH). Ecological Modelling, 140, 271–291.

Rodhe, H. (1990) A comparison of the greenhouse contribution of various gases to the greenhouse effect. Science, 248, 1217–1219.

Romo, S., Villena, M.–J., Sahuquillo, M., et al. (2005) Response of a shallow Mediterranean lake to nutrient diversion: Does it follow similar patterns as in northern shallow lakes? Freshwater Biology, 50, 1706–1717.

Saemundsson, K. (1967) Vulkanismus und tectonic des Hegnillgebietes in Sudwest–Island. Acta Naturalia Islandica, II(7) 1–105.

Scheffer, M., Straile, D., van Nes, E.H. & Hosper, H. (2001) Climatic warming causes regime shifts in lake food webs. Limnology and Oceanography, 46, 1780–1783.

Schindler, D.W. (2006) Recent advances in the understanding and management of eutrophication. Limnology and Oceanography, 51, 356–363.

Smil, V. (2000) Phosphorus in the environment: Natural flows and human interferences. Annual Review of Energy Environment, 25, 53–88.

Smith VH. (2003) Eutrophication of freshwater and marine ecosystems: A global problem. Environmental Science and Pollution Research, 10, 126–139.

Spears, B.M., Carvalho, L., Perkins, R. & Paterson, D.M. (2008) Effects of light on sediment nutrient flux and water column nutrient stoichiometry in a shallow lake. Water Research, 42, 977–986.

Teixeira de Mello, F., Meerhoff, M., Pekcan–Hekim, Z. & Jeppesen, E. (2009) Substantial differences in littoral fish community structure and dynamics in subtropical and temperate shallow lakes. Freshwater Biology,

54,1202–1215.

Urban,M.C.,Leibold,M.A.,Amarasekare,P.,et al.(2008) The evolutionary ecology of metacommunities. Trends in Ecology and E–volution,23,311–317.

Vadeboncoeur,Y.,Jeppesen,E.,Vander Zanden,M.J.,Schierup,H. –H.,Christoffersen,K. & Lodge,D.(2003) From Greenland to green lakes:Cultural eutrophication and the loss of benthic pathways.

Limnology and Oceanography,48,1408–1418.

Van Doorslaer,W,Stoks,R.,Jeppesen,E. & De Meester,L.(2007) Adaptive responses to simulated global warming in Simocephalus vetulus:A mesocosm study. Global Change Biology,13,878–886.

Van Doorslaer,W,Vanoverbeke,J.,Duvivier,C.,et al.(2009) Local adaptation to higher temperatures reduces immigration success of genotypes from a warmer region in the water flea Daphnia. Global Change Biology,15(12),3046–3055.

Velthof,G.L.,Oenema,O.,Postma,R. & Van Beusichem,M.L.(1996) Effects of type and amount of applied nitrogen fertilizer on nitrous oxide fluxes from intensively managed grassland. Nutrient Cycling in Agroecosystems,46,257–267.

Verhoeven,J.T.A.,Arheimer,B.,Chenqing,Y. & Hefting,M.M.(2006) Regional and global concerns over wetlands and water quality.Trends in Ecology and E–volution,21,96–103.

Ward,J.V(1992) Aquatic Insect Ecology. 1. Biology and Habitat. John Wiley & Sons,New York.

Ward,J.V & Stanford,J.A.(1982) Thermal responses in the evolutionary ecology of aquatic insects. Annual Review of Entomology,27,97–117.

Williams,WD.(2001) Anthropogenic salinisation of inland waters. Hydrobiologia,466,329–337.

Zalidis,G.,Stamatiadis,S.,Takavakoglou,V,Eskridge,K. & Misopolinos,N.(2002) Impacts of agricultural practices on soil and water quality in the Mediterranean region and proposed assessment methodology. Agricultural Ecosystems Environment,88,137–146.

Zedler,J.B. & Kercher,S.(2005) Wetland resources:Status,trends,ecosystem services,and restorability. Annual Review of Environment and Resources,30,39–74.

第 7 章

Aber,J.D.,Nadelhoffer,K.J.,Steudler,P. & Melillo,J.(1989) Nitrogen saturation in northern forest ecosystems. Bioscience,39,378–386.

Aber,J.D.,Ollinger,S.V.,Driscoll,C.T.,et al.(2002) Inorganic nitrogen losses from a forested ecosystem in response to physical,chemical,biotic,and climatic perturbations. Ecosystems,5,648–658.

Adamson,J.K.,Scott,W.A.,Rowland,A.P. & Beard,G.R.(2001) Ionic concentrations in a blanket peat bog in northern England and correlations with deposition and climate variables. European Journal of Soil Science,52,69–79.

Aherne, J., Futter, M.N. & Dillon, P.J. (2008a) The impacts of future climate change and sulphur emission reductions on acidification recovery at Plastic Lake, Ontario. Hydrology and Earth System Sciences, 12, 383–392.

Aherne, J., Posch, M., Forsius, M., et al. (2008b) Modelling the hydro-geochemistry of acid-sensitive catchments in Finland under atmospheric deposition and biomass harvesting scenarios. Biogeochemistry, 88, 233–256.

Barlaup, B.T., Hindar, A., Kleiven, E. & Høgberget, R. (1998) Incomplete mixing of limed water and acidic runoff restricts recruitment of lake spawning brown trout in Hovvatn, southern Norway.

Environment Biology of Fishes, 53, 47–63.

Borgstrøm, R. (2001) Relationship between spring snow depth and growth of brown trout Salmo trutta in an alpine lake: Predicting consequences of climate change. Arctic Antarctic Alpine Research, 33, 476–480.

Bull, K.R., Achermann, B., Bashkin, V., et al. (2001) Coordinated effects monitoring and modelling for developing and supporting international air pollution control agreements. Water Air and Soil Pollution, 130, 119–130.

Clair, T.A., Dillon, P.J., Ion, J., Jeffries, D.S., Papineau, M. & Vet, R. (1995) Regional precipitation and surface water chemistry trends in southeastern Canada (1983–1991). Canadian Journal of Fisheries and Aquatic Sciences, 52, 197–212.

Cosby, B.J., Hornberger, G.M., Galloway, J.N. & Wright, R.F. (1985a) Modeling the effects of acid deposition: Assessment of a lumped parameter model of soil water and streamwater chemistry. Water Resources Research, 21, 51–63.

Cosby, B.J., Wright, R.F., Hornberger, G.M. & Galloway, J.N. (1985b) Modeling the effects of acid deposition: Estimation of long-term water quality responses in a small forested catchment. Water Resources Research, 21, 1591–1601.

Cosby, B.J., Ferrier, R.C., Jenkins, A. & Wright, R.F. (2001) Modelling the effects of acid deposition: Refinements, adjustments and inclusion of nitrogen dynamics in the MAGIC model. Hydrology and Earth Systems Sciences, 5, 499–517.

Dillon, P.J., Molot, L.A. & Futter, M. (1997) The effect of El Nino-related drought on the recovery of acidified lakes. Environmental Monitoring and Assessment, 46, 105–111.

Dise, N.B. & Wright, R.F. (1995) Nitrogen leaching from European forests in relation to nitrogen deposition. Forest Ecology and Management, 71, 153–162.

Driscoll, C.T., Lawrence, G.B., Bulger, A.J., et al. (2001) Acidic deposition in the northeastern United States: Sources and inputs, ecosystem effects, and management strategies. Bioscience, 51, 180–198.

Eimers, M.C., Watmough, S.A., Buttle, J.M. & Dillin, P.J. (2008) Examination of the potential relationship between droughts, sulphate and dissolved organic carbon at a wetland-draining stream. Global Change Biology, 14, 938–948.

Evans, C.D. (2005) Modeling the effects of climate change on an acidic upland stream. Biogeochemistry, 74, 21–46.

Evans, A.J., Zelazny, L.W. & Zipper, C.E. (1988) Solution parameters influencing dissolved organic carbon levels in three forest soils. Soil Science Society of America Journal, 52, 1789–1792.

Evans, C.D., Cullen, J., Alewell, C., et al. (2001) Recovery from acidification in European surface waters. Hydrology and Earth System Sciences, 5, 283–298.

Evans, C.D., Reynolds, B., Hinton, C., et al. (2008) Effects of decreasing acid deposition and climate change on acid extremes in an upland stream. Hydrology and Earth System Sciences, 12, 337–351.

Futter, M.N., Butterfield, D., Cosby, B.J., Dillon, P.J., Wade, A.J. & Whitehead, P.G. (2007) Modelling the mechanisms that control in-stream dissolved organic carbon dynamics in upland and forested catchments. Water Resources Research, 43, W02434.

Futter, M., Starr, M., Forsius, M. & Holmberg, M. (2008) Modelling the effects of climate on long-term patterns of dissolved organic carbon concentrations in the surface waters of a boreal catchment. Hydrology and Earth System Sciences, 12, 437–447.

Gennings, C., Molot, L.A. & Dillon, P.J. (2001) Enhanced photochemical loss of organic carbon in acidic waters. Biogeochemistry, 52, 339–354.

Gilbert, B., Dillon, P.J., Somers, K.M., Reid, R.A. & Scott, L.D. (2008) Response of benthic macroinvertebrate communities to El Nino related drought events in six upland streams in south-central Ontario. Canadian Journal of Fisheries and Aquatic Sciences, 65, 890–905.

Gunn, J.M. & Keller, W. (1984) Spawning site water chemistry and lake trout (Salvelinus namaycush) sac fry survival during spring snowmelt. Canadian Journal of Fisheries and Aquatic Sciences, 41, 319–329.

Hardekopf, D., Horecky, J., Kopacek, J. & Stuchlik, E. (2008) Predicting long-term recovery of a strongly acidified stream using MAGIC and climate models (Litavka, Czech Republic). Hydrology and Earth System Sciences, 12, 479–490.

Hesthagen, T., Sevaldrud, I.H. & Berger, H.M. (1999) Assessment of damage to fish populations in Norwegian lakes due to acidification. Ambio, 28, 112–117.

Hindar, A., Henriksen, A., Tørseth, K. & Semb, A. (1994) Acid water and fish death. Nature, 372, 327–328.

Hole, L. & Enghardt, M. (2008) Climate change impact on atmospheric nitrogen deposition in northwestern Europe: A model study. Ambio, 37, 9–17.

Hole, L., de Wit, H. & Aas, W. (2008) Influence of summer and winter climate variability on nitrogen wet deposition in Norway. Hydrology and Earth System Sciences, 12, 405–414.

Hruška, J., Krám, P., McDowell, W.H. & Oulehle, F. (2009) Increased dissolved organic carbon (DOC) in Central European streams is driven by reductions in ionic strength rather than climate change or decreasing acidity. Environmental Science and Technology, 43, 4320–4326.

Hughes, S., Reynolds, B., Hudson, J. & Freeman, C. (1997) Effects of summer drought on peat soil solution chemistry in an acid gully mire. Hydrology and Earth System Sciences, 1, 661–669.

IPCC (Intergovernmental Panel on Climate Change) (2007) Summary for policymakers. l. In: Climate Change 2007: The Physical Science Basis. Contribution of Working Group I to the Fourth Assessment Report of the Intergovernmental Panel on Climate Change (eds S. Solomon, D. Qin, M. Manning, Z. Chen, M. Marquis, K.B. Averyt, M. Tignor & H.L. Miller). Cambridge University Press, Cambridge and New York.

Jeffries, D.S., Clair, T.A., Couture, S., et al. (2003) Assessing the recovery of lakes in southeastern Canada from the effects of acid deposition. Ambio, 32, 176–182.

Kaste, Ø., de Wit, H.A., Skjelkvåle, B.L. & Høgåsen, T. (2007) Nitrogen runoff at ICP Waters sites 1990–2005: Increasing importance of confounding factors? In: Trends in Surface Water Chemistry and Biota; The Importance of Confounding Factors (eds H.A. de Wit & B.L. Skjelkvåle), pp. 29–38. Norwegian Institute for Water Research, ICP Waters Report 87/2007, Oslo.

Kaste, Ø., Austnes, K., Vestgarden, L. & Wright, R.F. (2008) Manipulation of snow in small headwater catchments at Storgama, Norway: Effects on leaching of inorganic nitrogen. Ambio, 37, 29–37.

Kopácěk, J., Turek, J., Hejzlar, J., Kană, J. & Porcal, P. (2006a) Element fluxes in watershed–lake ecosystems recovering from acidification: Cěrtovo Lake, the Bohemian Forest, 2001–2005. Biologia, 61 (Suppl. 20), S413–S426.

Kopácěk, J., Turek, J., Hejzlar, J., Kană, J. & Porcal, P. (2006b) Element fluxes in watershed–lake ecosystems recovering from acidification: Plešné Lake, the Bohemian Forest, 2001–2005. Biologia, 61 (Suppl. 20), S427–S440.

Kowalik, R.A., Cooper, D.M., Evans, C.D. & Ormerod, S.J. (2007) Acidic episodes retard the biological recovery of upland British streams from chronic acidification. Global Change Biology, 13, 2439–2452.

Kroglund, F., Rosseland, B.O., Teigen, H.C., Salbu, B., Kristensen, T. & Finstad, B. (2008) Water quality limits for Atlantic salmon (Salmo salar L.) exposed to short–term reductions in pH and increased aluminium simulating episodes. Hydrology and Earth System Sciences, 12, 491–507.

Laudon, H. (2008) Recovery from episodic acidification delayed by drought and high sea salt deposition. Hydrology and Earth System Sciences, 12, 363–370.

Laudon, H. & Bishop, K.H. (1999) Quantifying sources of acid neutralisation capacity depression during spring flood episodes in northern Sweden. Environmental Pollution, 105, 427–435.

Laudon, H. & Bishop, K.H. (2002a) Episodic stream water pH decline during autumn storms following a summer drought in northern Sweden. Hydrological Processes, 16, 1725–1733.

Laudon, H. & Bishop, K.H. (2002b) The rapid and extensive recovery from episodic acidification in northern Sweden due to declines in SO_4^{2-} deposition. Geophysical Research Letters, 29, 1594.

Laudon, H. & Buffam, I. (2008) Impact of changing DOC concentrations on the potential distribution of acid sensitive biota in a boreal stream network. Hydrology and Earth System Sciences, 12, 425–435.

Laudon, H., Hruška, J., Köhler, S. & Krám, P. (2005) Retrospective analyses and future predictions of snowmelt-induce acidification: Example from a heavily impacted stream in the Czech Republic. Environmental Science and Technology, 39, 3197–3202.

Majer, V., Cosby, B.J., Kopácek, J. & Vesely, J. (2003) Modelling reversibility of Central European mountain lakes from acidification: Part I–The Bohemian Forest. Hydrology and Earth System Sciences, 7, 494–509.

Majer, V., Krám, P. & Shanley, J.B. (2005) Rapid regional recovery from sulfate and nitrate pollution in streams of the western Czech Republic –Comparison to other recovering areas. Environmental Pollution, 135, 17–28.

Mayerhofer, P., Alcamo, J., Posch, M. & Van Minnen, J.G. (2001) Regional air pollution and climate change in Europe: An integrated assessment (AIR–CLIM). Water Air and Soil Pollution, 130, 1151–1156.

Monteith, D.T., Hildrew, A.G., Flower, R.J., et al. (2005) Biological responses to the chemical recovery of acidified fresh waters in the UK. Environmental Pollution, 137, 83–101.

Monteith, D.T., Stoddard, J.L., Evans, C.D., et al. (2007) Dissolved organic carbon trends resulting from changes in atmospheric deposition chemistry. Nature, 450, 537–540.

Oulehle, F., McDowell, W.H., Aitkenhead–Peterson, J.A., et al. (2008) Long–term trends in stream nitrate concentrations and losses across watersheds undergoing recovery from acidification in the Czech Republic. Ecosystems, 11, 410–425.

Overrein, L., Seip, H.M. & Tollan, A. (1980) Acid Precipitation–Effects on Forest and Fish. Final report of the SNSF–project 1972–1980. FR 19–80, SNSF project, Ås, Norway.

Posch, M., Aherne, J., Forsius, M., Fronzek, S. & Veijalainen, N. (2008) Modelling the impacts of European emission and climate change scenarios on acid–sensitive catchments in Finland. Hydrology and Earth System Sciences, 12, 449–463.

Psenner, R. (1999) Living in a dusty world: Airborne dust as a key factor for alpine lakes. Water Air and Soil Pollution, 112, 217–227.

Rodà, F., Bellot, J., Avila, A., Escarré, A., Piñol, J. & Terradas, J. (1993) Saharan dust and the atmospheric inputs of elements and alkalinity to Mediterranean ecosystems. Water Air and Soil Pollution, 66, 277–288.

Rogora, M. (2007) Synchronous tends in N–NO_3 export from N–saturated river catchments in relation to climate. Biogeochemistry, 86, 251–268.

Rogora, M. & Mosello, R. (2007) Climate as a confounding factor in the response of surface water to nitrogen deposition in an area south of the Alps. Applied Geochemistry, 22, 1122–1128.

Rogora, M., Mosello, R. & Arisci, S. (2003) The effect of climate warming on the hydrochemistry of alpine lakes. Water Air and Soil Pollution, 148, 347–361.

Rogora, M., Mosello, R. & Marchetto, A. (2004) Long–term trends in the chemistry of atmospheric deposition in Northwestern Italy: The role of increasing Saharan dust deposition. Tellus, 56B, 426–434.

Schindler, D.W. (1988) Effects of acid rain on freshwater ecosystems. Science, 239, 149–157.

Schöpp, W., Posch, M., Mylona, S. & Johansson, M. (2003) Long-term development of acid deposition (1880–2030) in sensitive freshwater regions in Europe. Hydrology and Earth System Sciences, 7, 436–446.

Sjøeng, A.M.S., Kaste, Ø. & Wright, R.F. (2009a) Modelling seasonal nitrate concentrations in runoff of a heathland catchment in SW Norway, using the MAGIC model I. Calibration and specification of nitrogen processes. Hydrology Research, 40, 198–216.

Sjøeng, A.M.S., Kaste, Ø. & Wright, R.F. (2009b) Modelling future NO_3 leaching from an upland headwater catchment in SW Norway using the MAGIC model II. Simulation of future nitrate leaching given the scenarios of climate change. Hydrology Research, 40, 217–233.

Skjelkvåle, B.L. & Wright, R.F. (1990) Overview of Areas Sensitive to Acidification in Europe. Acid Rain Research Report 20/1990, Norwegian Institute for Water Research, Oslo.

Sommaruga-Wögrath, S., Koinig, K.A., Sommaruga, R., Tessadri, R. & Psenner, R. (1997) Temperature effects on the acidity of remote alpine lakes. Nature, 387, 64–67.

Stoddard, J.L., Jeffries, D.S., Lükewille, A., et al. (1999) Regional trends in aquatic recovery from acidification in North America and Europe 1980–95. Nature, 401, 575–578.

Tammi, J., Appelberg, M., Beier, U., Hesthagen, T., Lappalainen, A. & Rask, M. (2003) Fish status survey of Nordic lakes: Effects of acidification, eutrophication and stocking activity on present fish species composition. Ambio, 32, 98–105.

Tipping, E. & Hurley, M.A. (1988) A model of solid-solution interactions in acid organic soils, based on complexation properties of humic substances. Journal of Soil Science, 39, 505–519.

UNECE (1999) The 1999 Protocol to Abate Acidification, Eutrophication and Ground-Level Ozone. Document ECE/EB.AIR, United Nations Economic Commission for Europe, New York and Geneva.

Vesely, J., Majer, V., Kopacek, J. & Norton, S.A. (2003) Increasing temperature decreases aluminum concentrations in Central European lakes recovering from acidification. Limnology and Oceanography, 48, 2346–2354.

Vuorenmaa, J., Forsius, M. & Mannio, J. (2006) Increasing trends of total organic carbon concentrations in small forest lakes in Finland from 1987 to 2003. Science of the Total Environment, 365, 47–65.

de Wit, H.A. & Wright, R.F. (2008) Projected stream water fluxes of NO_3 and total organic carbon from the Storgama headwater catchment, Norway, under climate change and reduced acid deposition. Ambio, 37, 56–63.

de Wit, H.A., Hindar, A. & Hole, L. (2008) Winter climate affects long-term trends in stream water nitrate in acid-sensitive catchments in southern Norway. Hydrology and Earth System Sciences, 12, 393–403.

Wright, R.F. (1998) Effect of increased CO_2 and temperature on runoff chemistry at a forested catchment in southern Norway (CLIMEX project). Ecosystems, 1, 216–225.

Wright, R.F. (2008) The decreasing importance of acidification episodes with recovery from acidification: An analysis of the 30-year record from Birkenes, Norway. Hydrology and Earth System Sciences, 12, 353–362.

Wright, R.F. & Henriksen, A.(1978) Chemistry of small Norwegian lakes with special reference to acid precipitation. Limnology and Oceanography, 23, 487–498.

Wright, R.F., Alewell, C., Cullen, J., et al.(2001) Trends in nitrogen deposition and leaching in acidsensitive streams in Europe. Hydrology and Earth System Sciences, 5, 299–310.

Wright, R.F., Larssen, T., Camarero, L., et al.(2005) Recovery of acidified European surface waters. Environmental Science and Technology, 39, 64A–72A.

Wright, R.F., Aherne, J., Bishop, K., et al. (2006) Modelling the effect of climate change on recovery of acidified freshwaters: Relative sensitivity of individual processes in the MAGIC model. Science of the Total Environment, 365, 154–166.

第 8 章

Aceves, M. & Grimalt, J.O.(1993) Seasonally dependent size distributions of aliphatic and polycyclic aromatic hydrocarbons in urban aerosols from densely populated areas. Environmental Science and Technology, 27, 2896–2908.

Bargagli, R.(2008) Environmental contamination in Antarctic ecosystems. The Science of the Total Environment, 400, 212–226.

Bartrons, M., Grimalt, J.O. & Catalan, J.(2007) Concentration changes of organochlorine compounds and polybromodiphenyl ethers during metamorphosis of aquatic insects. Environmental Science and Technology, 41, 6137–6141.

Blais, J.M., Schindler, D.W, Muir, D.C.G., Kimpe, L.E., Donald, D.B. & Rosenberg, B. (1998) Accumulation of persistent organochlorine compounds in mountains of Western Canada. Nature, 395, 585–588.

Carrera, G., Fernandez, P., Vilanova, R.M. & Grimalt, J.O. (2001) Persistent organic pollutants in snow from European high mountain areas. Atmospheric Environment, 35, 245–254.

Carrera, G., Fernandez, P., Grimalt, J.O., et al. (2002) Atmospheric deposition of organochlorine compounds to remote high mountain lakes of Europe. Environmental Science and Technology, 36, 2581–2588.

Catalan, J., Ventura, M., Vives, I. & Grimalt, J.O.(2004) The roles of food and water in the bioaccumulation of organochlorine compounds in high mountain lake fish. Environmental Science and Technology, 38, 4269–4275.

Christensen, J.H., Hewitson, B., Busuioc, A., et al.(2007) Regional climate projections. In: Climate Change 2007: The Physical Science Basis. Contribution of Working Group I to the Fourth Assessment Report of the Intergovernmental Panel on Climate Change (eds S. Solomon, D. Qin, M. Manning, et al.). Cambridge University Press, Cambridge and New York.

van Drooge, B.L., Grimalt, J.O., Torres-Garcia, C.J. & Cuevas, E. (2001) Deposition of semi-volatile organochlorine compounds in the free troposphere of the Eastern North Atlantic Ocean. Marine Pollution Bulletin,42,628–634.

van Drooge,B.L.,Grimalt,J.O.,Torres–Garcia,C.J. & Cuevas,E.(2002) Semivolatile organochlorine compounds in the free troposphere of the northeastern Atlantic. Environmental Science and Technology,36,1155–1161.

van Drooge,B.L.,Grimalt,J.O.,Camarero,L.,Catalan,J.,Stuchlik,E. & Torres–Garcia,C.J.(2004) Atmospheric semivolatile organochlorine compounds in European high–mountain areas (Central Pyrenees and High Tatras). Environmental Science and Technology,38,3525–3532.

Fent,K.(2003). Ecotoxicological problems associated with contaminated sites. Toxicology Letters,140–141,353–365.

Fernandez,P. & Grimalt,J.O.(2003) On the global distribution of persistent organic pollutants. Chimia,57,514–521.

Fernandez,P.,Vilanova,R.M.,Martinez,C.,Appleby,P. & Grimalt,J.O. (2000) The historical record of atmospheric pyrolytic pollution over Europe registered in the sedimentary PAH from remote mountain lakes. Environmental Science and Technology,34,1906–1913.

Fernandez,P,Grimalt,J.O. & Vilanova,R.M.(2002) Atmospheric gas–particle partitioning of polycyclic aromatic hydrocarbons in high mountain regions of Europe. Environmental Science and Technology,36,1162–1168.

Fernandez,P,Carrera,G.,Grimalt,J.O.,et al. (2003) Factors governing the atmospheric deposition of polycyclic aromatic hydrocarbons to remote areas. Environmental Science and Technology,37,3261–3267.

Fernandez,P.,Carrera,G. & Grimalt,J.O.(2005) Persistent organic pollutants in remote freshwater ecosystems. Aquatic Sciences,67,263–273.

Gallego,E.,Grimalt,J.O.,Bartrons,M.,et al.(2007) Altitudinal gradients of PBDEs and PCBs in fish from European high mountain lakes. Environmental Science and Technology,41,2196–2202.

Grimalt,J.O.,Sunyer,J.,Moreno,V,et al.(1994) Risk excess of soft–tissue sarcoma and thyroid cancer in a community exposed to airborne organochlorinated compound mixtures with a high hexachlorobenzene content. International Journal of Cancer,56,200–203.

Grimalt,J.O.,Fernandez,P.,Berdie,L.,et al.(2001) Selective trapping of organochlorine compounds in mountain lakes of temperate areas. Environmental Science and Technology,35,2690–2697.

Grimalt,J.O.,Borghini,F.,Sanchez –Hernandez,J.C.,Barra,R.,Torres –Garcia,C. & Focardi,S. (2004) Temperature dependence of the distribution of organochlorine compounds in the mosses of the Andean mountains. Environmental Science and Technology,38,5386–5392.

Howsam,M.,Grimalt,J.O.,Guino,E.,et al.(2004) Organochlorine exposure and colorectal cancer risk. Environmental Health Perspectives,112,1460–1466.

IARC(1983) WHO,Vol. 32,Lyons,France.

IPCC (Intergovernmental Panel on Climate Change)(2007) Summary for policymakers. l. In:Climate

Change 2007:The Physical Science Basis. Contribution of Working Group I to the Fourth Assessment Report of the Intergovernmental Panel on Climate Change(eds S. Solomon, D. Qin, M. Manning, et al.). Cambridge University Press, Cambridge and New York.

Meijer, S.N., Ockenden, WA., Seetman, A., Breivik, K., Grimalt, J.O. & Jones, K.C.(2003) Global distribution and budget of PCBs and HCB in background surface soils:Implications for sources and environmental processes. Environmental Science and Technology, 37, 667–672.

Mergler, D., Anderson, H.A., Chan, L.H.M., et al. (2007) Methylmercury exposure and health effects in humans:A worldwide concern. Ambio, 36, 3–11.

Munthe, J., Bodaly, R.A., Branfireun, B.A., et al. (2007a) Recovery of mercury–contaminated fisheries. Ambio, 36, 33–44.

Munthe, J., Wangberg, I., Rognerud, S., et al.(2007b). Mercury in Nordic ecosystems. IVL Report B1761. Available at http://www.ivl.se.

van der Oost, R., Beyer, J. & Vermeulen, N.(2003) Fish bioaccumulation and biomarkers in environmental risk assessment:A review. Environmental Toxicology and Pharmacology, 13, 57–149.

Pina, B., Casado, M. & Quiros, L.(2007) Analysis of gene expression as a new tool in ecotoxicology and environmental monitoring. TrAC — Trends in Analytical Chemistry, 26, 1145–1154.

Porta, M., Malats, N., Jariod, M., et al.(1999) Serum levels of organochlorine compounds and K–ras mutations in exocrine pancreatic cancer. The Lancet, 354, 2125–2129.

Ribas–Fito, N., Torrent, M., Carrizo, D., et al. (2006) In utero exposure to background concentrations of DDT and cognitive functioning among preschoolers. American Journal of Epidemiology, 164, 955–962.

Ribas–Fito, N., Torrent, M., Carrizo, D., Julvez, J., Grimalt, J.O. & Sunyer, J. (2007) Exposure to hexachlorobenzene during pregnancy and children's social behavior at 4 years of age. Environmental Health Perspectives, 115, 447–450.

Ribes, A., Grimalt, J.O., Torres–Garcia, C.J. & Cuevas, E.(2002) Temperature and organic matter depen⊖dence of the distribution of organochlorine compounds in mountain soils from the subtropical Atlantic(Teide, Tenerife Island). Environmental Science and Technology, 36, 1879–1885.

Rognerud S., Grimalt, J.O., Rosseland, B.O., et al. (2002) Mercury, and organochlorine contamination in brown trout (Salmo trutta) and Arctic charr (Salvelinus alpinus)from high mountain lakes in Europe and the Svalbard archipelago. Water Air and Soil Pollution Focus, 2, 209–232.

Rosseland B.O., Grimalt J.O., Lien L., et al.(1997) Population structure and concentrations of heavy metals and organic micropollutants. In:AL:PE–Acidification of Mountain Lakes:Palaeolimnology and Ecology. Part 2–Remote Mountain Lakes As Indicators of Air Pollution and Climate Change (eds B. Wathne, S. Patrick & N. Cameron), pp. 4–1–4–73. NIVA Report 3638–97.

Sala, M., Sunyer, J., Herrero, C., To–Figueras, J. & Grimalt, J.O.(2001) Association between serum concentration of hexachlorobenzene and polychlorobiphenyls with thyroid hormone and liver enzymes in a sample of the general population. Occupational and Environmental Medicine, 58, 172–177.

Sunyer, J., Torrent, M., Munoz –Ortiz, L., et al. (2005) Prenatal dichlorodiphenyldichloroethylene (DDE) and asthma in children. Environmental Health Perspectives, 113, 1787–1790.

Sunyer, J., Torrent, M., Garcia –Esteban, R., et al. (2006) Early exposure to dichlorodiphenyldichloroethylene, breastfeeding and asthma at age six. Clinical and Experimental Allergy, 36, 1236–1241.

US–EPA (2003) Chapter 2.5 Consumption of fish and shellfish. Draft Report on the Environment 2003. Technical Document.

Vilanova, R., Fernandez, P, Martinez, C. & Grimalt, J.O. (2001a) Organochlorine pollutants in remote mountain lake waters. Journal of Environmental Quality, 30, 1286–1295.

Vilanova, R.M., Fernandez, P., Martinez, C. & Grimalt, J.O. (2001b) Polycyclic aromatic hydrocarbons in remote mountain lake waters. Water Research, 35, 3916–3926.

Virtanen, J.K., Voutilainen, S., Rissanen, T.H. et al. (2005) Mercury, fish oils, and risk of acute coronary events and cardiovascular disease, coronary heart disease, and all–cause mortality in men in eastern Finland. Arteriosclerosis, Thrombosis, and Vascular Biology, 25, 228–233.

Vives, I., Grimalt, J.O., Catalan, J., Rosseland, B.O. & Battarbee, R.W (2004a) Influence of altitude and age in the accumulation of organochlorine compounds in fish from high mountain lakes. Environmental Science and Technology, 38, 690–698.

Vives, I., Grimalt, J.O., Fernandez, P & Rosseland, B.O. (2004b) Polycyclic aromatic hydrocarbons in fish from remote and high mountain lakes in Europe and Greenland. Science of the Total Environment, 324, 67–77.

Vives, I., Grimalt, J.O., Ventura, M. & Catalan, J. (2005) Distribution of polycyclic aromatic hydrocarbons in the food web of a high mountain lake, Pyrenees, Catalonia, Spain. Environmental Toxicology and Chemistry, 24, 1344–1352.

Wania, F. & Mackay, D. (1995) A global distribution model for persistent organic chemicals. Science of the Total Environment, 160/161, 211–232.

Yang, H., Rose, N.L., Battarbee, R.W. and Boyle, J.F. (2002) Mercury and lead budgets for Lochnagar, a Scottish mountain lake and its catchment. Environmental Science and Technology, 36, 1383–1388。

第9章

Alewell, C., Armbruster, M., Bittersohl, J., et al. (2001) Are there signs of acidification reversal in freshwaters of the low mountain ranges in Germany? Hydrology and Earth System Sciences, 5, 367–378.

Allan, J.D., Erickson, D.L. & Fay, J. (1997) The influence of catchment land use on stream integrity across multiple spatial scales. Freshwater Biology, 37, 149–161.

Allen, M.R. (2007) Measuring and modeling dispersal of adult zooplankton. Oecologia, 153, 135–143.

Antheunisse, A.M., Loeb, R., Lamers, L.P.M. & Verhoeven, J.T.A. (2006) Regional differences in nutrient limitations in floodplains of selected European rivers: Implications for rehabilitation of characteristic floodplain vegetation. River Research and Applications, 22, 1039–1055.

Bailey, R.C., Norris, R.H. & Reynoldson, T.B. (2004) Bioassessment of Freshwater Ecosystems: Using the Reference Condition Approach. Kluwer Academic Publishers, New York.

Balfour, J.H. & Sadler, J. (1863) Flora of Edinburgh. Black, Edinburgh.

Battarbee, R.W, Monteith, D.T., Juggins, S., Evans, C.D., Jenkins, A. & Simpson, G.L. (2005) Reconstructing pre-acidification pH for an acidified Scottish loch: A comparison of palaeolimnological and modelling approaches. Environmental Pollution, 137, 135–149.

Bennion, H. & Battarbee, R. (2007) The European Union Water Framework Directive: Opportunities for palaeolimnology. Journal of Paleolimnology, 38, 285–295.

Bennion, H., Fluin, J. & Simpson, G.L. (2004) Assessing eutrophication and reference conditions for Scottish freshwater lochs using subfossil diatoms. Journal of Applied Ecology, 41, 124–138.

Bernhardt, E.S., Palmer, M.A., Allan, J.D., et al. (2005) Synthesizing U.S. river restoration efforts. Science, 308, 636–637.

Birks, H.H. & Birks, H.J.B. (2006) Multi-proxy studies in palaeolimnology. Vegetation History and Archaeobotany, 15, 235–251.

Boedeltje, G., Bakker, J.P., Ten Brinke, A., Van Groenendael, J.M. & Soesbergen, M. (2004) Dispersal phenology of hydrochorous plants in relation to discharge, seed release time and buoyancy of seeds: The flood pulse concept supported. Journal of Ecology, 92, 786–796.

Bradshaw, E.G. & Rasmussen, P. (2004) Using the geological record to assess the changing status of Danish lakes. Geological Survey of Denmark and Greenland Bulletin, 4, 37–40.

Brierley, G. & Stankoviansky, M. (2002) Geomorphic responses to land use change: Lessons from different landscape settings. Earth Surface Processes and Landforms, 27, 339–341.

Brown, A.G. (2002) Learning from the past: Palaeohydrology and palaeoecology. Freshwater Biology, 47, 817–829.

Bruinderink, G.G., Van Der Sluis, T., Lammertsma, D., Opdam, P& Pouwels, R. (2003) Designing a coherent ecological network for large mammals in northwestern Europe. Conservation Biology, 17, 549–557.

Burns, D.A., Riva-Murray, K., Bode, R.W. & Passy, S. (2008) Changes in stream chemistry and biology in response to reduced levels of acid deposition during 1987–2003 in the Neversink River Bain, Catskill Mountains. Ecological Indicators, 8, 191–203.

Carvalho, L. & Kirika, A. (2003) Changes in shallow lake functioning: Response to climate change and nutrient reduction. Hydrobiologia, 506(1–3), 789–796.

Carvalho, L., Kirika, A. L. & Gunn, I. (2004) Long-Term Patterns of Change in Physical, Chemical and Biological Aspects of Water Quality at Loch Leven. Centre for Ecology and Hydrology, Edinburgh.

Charalambidou, I., Santamaria, L. & Figuerola, J. (2003) How far can the freshwater bryozoan Cristatella mucedo disperse in duck guts? Archiv fur Hydrobiologie, 157, 547–554.

Clarke, R.T., Wright, J.F. & Furse, M.T. (2003) RIVPACS models for predicting the expected macroinvertebrate fauna and assessing the ecological quality of rivers. Ecological Modelling, 160, 219–233.

Clausen, P., Nolet, B.A., Fox, A.D. & Klaassen, M. (2002) Long-distance endozoochorous dispersal of submerged macrophyte seeds by migratory waterbirds in northern Europe–A critical review of possibilities and limitations. Acta Oecologica–International Journal of Ecology, 23, 191–203.

Cosby, B.J., Hornberger, G.M., Galloway, J.N. & Wright, R.F. (1985) Time scales of catchment acidification. Environmental Science and Technology, 19, 1144–1149.

Davidson, T., Sayer, C., Bennion, H., David, C., Rose, N. & Wade, M. (2005) A 250 year comparison of historical, macrofossil and pollen records of aquatic plants in a shallow lake. Freshwater Biology, 50, 1671–1686.

Davy-Bowker, J., Clarke, R.T., Johnson, R.K., Kokes, J., Murphy, J.F. & Zahradkova, S. (2006) A comparison of the European Water Framework Directive physical typology and RIVPACS-type models as alternative methods of establishing reference conditions for benthic macroinvertebrates. Hydrobiologia, 566, 91–105.

Deutscher Verband fur Wasserwirtschaft und Kulturbau (DVWK) (1996) Fluβ und Landschaft-okologischeEntwicklungskonzepte. DVWK-Merkblatterzur Wasserwirtschaft 240, 285.

Donath, T.W, Holzel, N. & Otte, A. (2003) The impact of site conditions and seed dispersal on restoration success in alluvial meadows. Applied Vegetation Science, 6, 13–22.

Downes, B.J., Barmuta, L.A., Fairweather, P.G., et al. (2002) Monitoring Ecological Impacts: Concepts and Practice in Flowing Waters. Cambridge University Press, Cambridge.

European Commission (2000) Directive 2000/60/EC of the European Parliament and of the Council-Establishing a Framework for Community Action in the Field of Water Policy. Brussels, Belgium, 23 October 2000.

Feminella, J.W. (2000) Correspondence between stream macroinvertebrate assemblages and 4 ecoregions of the southeastern USA. Journal of North American Benthological Society, 19, 442–461.

Figuerola, J. & Green, A.J. (2002) Dispersal of aquatic organisms by waterbirds: A review of past research and priorities for future studies. Freshwater Biology, 47, 483–494.

Findlay, D.L. (2003) Response of phytoplankton communities to acidification and recovery in Killarney Park and the Experimental Lakes Area, Ontario. Ambio, 32, 190–195.

Flower, R.J. & Battarbee, R.W (1983) Diatom evidence for recent acidification of two Scottish Lochs. Nature, 305, 130–133.

Freckleton, R.P. & Watkinson, A.R. (2002) Large-scale spatial dynamics of plants: Metapopulations, regional ensembles and patchy populations. Journal of Ecology, 90, 419–434.

Goodson, J.M., Gurnell, A.M., Angold, P.G. & Morrissey, I.P. (2003) Evidence for hydrochory and the deposition of viable seeds within winter flow-deposited sediments: The River Dove, Derbyshire, UK. River Research and Applications, 19, 317-334.

Gordon, L.J., Peterson, G.D. & Bennett, E.M. (2008) Agricultural modifications of hydrological flows create ecological surprises. Trends in Ecology & E-volution, 23, 211-219.

Gregory, S.V, Boyer, K.L. & Gurnell, A.M. (2003) The Ecology and Management of Wood in World Rivers. American Fisheries Society, Symposium 37, Bethesda, MD, 431.

Griffin, L.R., & Milligan, A.L. (1999) Submerged Macrophytes of Loch Leven, Kinross. Division of Evolutionary and Environmental Biology, Institute of Biomedical and Life Sciences, University of Glasgow, Glasgow.

Guilizzoni, P., Lami, A., Manca, M., Musazzi, S. & Marchetto, A. (2006) Palaeoenvironmental changes inferred from biological remains in short lake sediment cores from the Central Alps and Dolomites. Hydrobiologia, 562, 167-191.

Hanski, I. (1994) Patch-occupancy dynamics in fragmented landscapes. Trends in Ecology & Evolution, 9, 131-135.

Hanski, I. (1999) Metapopulation Ecology. Oxford University Press, Oxford.

Hanski, I. (2005) Landscape fragmentation, biodiversity loss and the societal response-The longterm consequences of our use of natural resources may be surprising and unpleasant.EMBO Reports, 6, 388-392.

Hawkins, C.P. & Vinson, M.R. (2000) Weak correspondence between landscape classifications and stream macroinvertebrate assemblages: Implications for bioassessment. Journal of North American Benthological Society, 19, 501-517.

Hawkins, C.P., Norris, R.H., Gerritsen, J., et al. (2000) Evaluation of landscape classifications for biological assessment of freshwater ecosystems: Synthesis and recommendations. Journal of the North American Benthological Society, 19, 541-556.

Heino, J. (2002) Concordance of species richness patterns among multiple freshwater taxa: A regional perspective. Biodiversity and Conservation, 11, 137-147.

Hering, D., Johnson, R.K., Kramm, S., Schmutz, S., Szoszkiewicz, K. & Verdonschot, P.F.M. (2006) Assessment of European streams with diatoms, macrophytes, macroinvertebrates and fish: A comparative metric based analysis of organism response to stress. Freshwater Biology, 51, 1757-1785.

Hildrew, A.G. & Ormerod, S.J. (1995) Acidification-causes, consequences and solutions. In: The Ecological Basis for River Management, pp. 147-160. Wiley, Chichester.

Holling, C.S. (1992) Cross-scale, morphology, geometry, and dynamics of ecosystems. Ecological Monographs, 62, 447-502.

Holling, C.S. & Meffe, G.K. (1996) Command and control and the pathology of natural resource management. Conservation Biology, 10, 328-337.

Hooker, W.J. (1821) Flora Scotica: Or a Description of Scottish Plants. Archibald Constable & Co., London.

Jahnig,S.C.(2007) Comparison between multiple-channel and single-channel stream sections-Hydromorphology and benthic macroinvertebrates. Dissertation,Universitat Duisburg-Essen.

Johnson,R.K.(1998) Spatio-temporal variability of temperate lake macroinvertebrate communities:Detection of impact. Ecological Applications,8,61-70.

Johnson,R.K. & Angeler,D.G.(in press) Tracing recovery under changing climate:response of phytoplankton and invertebrate assemblages to decreased acidification. Journal of North American Benthological Society.

Johnson,R.K. & Goedkoop,W.(2002) Littoral macroinvertebrate communities:Spatial scale and ecological relationships. Freshwater Biology,47,1840-1854.

Johnson,R.K. & Hering,D.(2009) Response taxonomic groups in streams to gradients in resource and habitat characteristics. Journal of Applied Ecology,46,175-186.

Johnson,R.K.,Bell,S.,Davies,L.,et al.(2003) Wetlands. In:Conflicts Between Human Activities and the Conservation of Biodiversity in Agricultural Landscapes,Grasslands,Forests,Wetlands,and Uplands in Europe (eds J. Young,P. Nowicki,D. Alard,et al.),pp. 98-122. A report of the BIOFORUM project. Centre for Ecology and Hydrology,Banchory,Scotland.

Johnson,R.K.,Goedkoop,W. & Sandin,L.(2004) Spatial scale and ecological relationships between the macroinvertebrate communities of stony habitats of streams and lakes. Freshwater Biology,49,1179-1194.

Johnson,R.K.,Hering,D.,Furse,M.T. & Verdonschot,P.F.M.(2006a) Indicators of ecological change: Comparison of the early response of four organism groups to stress gradients. Hydrobiologia,566,139-152.

Johnson,R.K.,Hering,D.,Furse,M.T. & Clarke,R.T.(2006b) Detection of ecological change using multiple organism groups:Metrics and uncertainty. Hydrobiologia,566,115-137.

Johnson,R.K.,Furse,M.T.,Hering,D. & Sandin,L.(2007) Ecological relationships between stream communities and spatial scale:Implications for designing catchment-level monitoring programs. Freshwater Biology,52,939-958.

Jupp,B.P. & Spence,D.H.N.(1977a) Limitations of macrophytes in a eutrophic lake,Loch Leven. I. Effects of phytoplankton. Journal of Ecology,65,175-186.

Jupp,B.P. & Spence,D.H.N.(1977b) Limitations of macrophytes in a eutrophic lake,Loch Leven. II. Wave action,sediments and waterfowl grazing. Journal of Ecology,65,431-446.

Kail,J. & Hering,D.(2005) Using large wood to restore streams in Central Europe:Potential use and likely effects. Landscape Ecology,20,755-772.

Kail,J.,Hering,D.,Gerhard,M.,Muhar,S. & Preis,S.(2007) The use of large wood in stream restoration: Experiences from 50 projects in Germany and Austria. Journal of Applied Ecology,44,1145-1155.

Kauffman,J.B.,Beschta,R.L.,Otting,N. & Lytjen,D.(1997) An ecological perspective of riparian and stream restoration in the Western United States. Fisheries,22,12-24.

Kokes,J.,Zahradkova,S.,Nemejcova,D.,Hodovsky,J.,Jarkovsky,J. & Soldan,T.(2006) The PERLA system in the Czech Republic:A multivariate approach for assessing the ecological status of running waters. Hydrobiologia,566(1),343–354.

Kondolf,G.M.(1996) A cross section of stream channel restoration. Journal of Soil and Water Conservation,51,119–125.

Kowalik,R.A.,Cooper,D.M.,Evans,C.D. & Ormerod,S.J.(2007) Acidic episodes retard the biological recovery of upland British streams from chronic acidification. Global Change Biology,13,2439–2452.

Leira,M.,Jordan,P.,Taylor,D.,et al.(2006) Assessing the ecological status of candidate reference lakes in Ireland using palaeolimnology. Journal of Applied Ecology,43,816–827.

Lynch,J.A.,Bowersox,VC. & Grimm,J.W.(2000) Acid rain reduced in eastern United States. Environmental Science and Technology,34,940–949.

Magnuson,J. J.,Webster,K.E.,Assel,R.A.,et al.(1997) Potential effects of climate changes on aquatic systems:Laurentian Great Lakes and Precambrian Shield Region. Hydrological Processes,11,825–871.

Mann,M.E.,Bradley,R.S. & Hughes,M.K.(1998) Global–scale temperature patterns and climate forcing over the past six centuries. Nature,392,779–787.

Meir,E.,Andelman S. & Possingham,H.P.(2004) Does conservation planning matter in a dynamic and uncertain world? Ecology Letters,7,615–622.

Monteith,D.T.,Stoddard,J.L.,Evans,C.D.,et al.(2007) Dissolved organic carbon trends resulting from changes in atmospheric deposition chemistry.Nature,450,537–540.

Murphy,K.J. & Milligan,A.(1993) Submerged Macrophytes of Loch Leven,Kinross.The Centre for Research in Environmental Science and Technology,University of Glasgow,Glasgow.

Nathan,R.,Katul,G.G.,Horn,H.S.,et al.(2002) Mechanisms of long–distance dispersal of seeds by wind. Nature,418,409–13.

National Research Council USA (1992) Restoration of Aquatic Ecosystems. National Academy Press, Washington,DC.

National Water Council(1981) River Quality:The 1980 Survey and Future Outlook.National Water Council,London.

Naumann,E.(1932) Grundzuge der regionalen Limnologie. Die Binnengewasser,11,176.

Nowicki,P.(2003) The ecosystem approach. In:Conflicts Between Human Activities and the Conservation of Biodiversity in Agricultural Landscapes,Grasslands,Forests,Wetlands and Uplands in Europe (eds J. Young,P. Nowicki,D. Alard,et al.),pp. 13–24. A report of the BIOFORUM project. Centre for Ecology and Hydrology,Banchory,Scotland.

Okland,J. & 0kland,K.A.(1986) The effects of acid deposition on benthic animals in lakes and streams. Experentia,42,471–86.

Ormerod,S.J.,Rundle,S.D.,Lloyd,E.C. & Douglas,A.A.(1993) The influence of riparian management on the habitat structure and macroinvertebrate communities of upland streams draining plantation forests. Journal of Applied Ecology,30,13–24.

Paavola, R., Muotka, T., Virtanen, R., Heino, J., Jackson, D. & Maki-Petays, A.(2006) Spatial scale affects community concordance among fishes, benthic macroinvertebrates and bryophytes in streams. Ecological Applications, 16, 368–379.

Rabeni, C.F. & Doisy, K.E.(2000) Correspondence of stream benthic invertebrate assemblages to regional classification schemes in Missouri. Journal of North American Benthological Society, 19, 419–428.

Ricklefs, R.E. (1987) Community diversity: Relative roles of local and regional processes. Science, 235, 167–171.

Robson, T.O.(1986) Final Report on the Survey of the Submerged Macrophyte Population of Loch Leven, Kinross. Nature Conservancy Council.

Robson, T.O.(1990) Final Report on the Distribution, Species Diversity and Abundance of Macrophytes in Loch Leven, Kinross. Nature Conservancy Council.

Salgado, J.(2006) Assessing macrophyte responses to eutrophication and recovery using both contemporary survey and palaeolimnological data, Loch Leven, Kinross, Scotland. MSc dissertation, University College London.

Salgado, J., Sayer, C.D., Carvalho, L., Davidson, T.A. & Gunn, I. (2009) Assessing aquatic macrophyte community change through the integration of palaeolimnological and historical data at Loch Leven, Scotland. Journal of Paleolimnology, 43(1), 191–204.

Sandin, L. & Johnson, R.K. (2000a) Ecoregions and benthic macroinvertebrate assemblages of Swedish streams. Journal of North American Benthological Society, 19, 462–474.

Sandin, L. & Johnson, R.K. (2000b) Statistical power of selected indicator metrics using macroinvertebrates for assessing acidification and eutrophication of running waters. Hydrobiologia, 422/423, 233–243.

Sayer, C., Roberts, N., Sadler, J., David, C. & Wade, P.M. (1999) Biodiversity changes in a shallow lake ecosystem: A multi-proxy palaeolimnological analysis. Journal of Biogeography, 26, 97–114.

Schilt, C.R. (2007) Developing fish passage and protection at hydropower dams. Applied Animal Behaviour Science, 104, 295–325.

Schrope, M.(2006) The real sea change. Nature, 443, 622–624.

Shields, F.D., Cooper, C.M., Knight, S.S. & Moore, M.T.(2003) Stream corridor restoration research: A long and winding road. Ecological Engineering, 20, 441–454.

Simpson, G.L., Shilland, E.M., Winterbottom, J.M. & Keay, J. (2005) Defining reference conditions for acidified waters using a modern analogue approach. Environmental Pollution, 137, 119–133.

Skjelkvale, B.L., Andersen, T., Halvorsen, G., et al. (2000) The 12-Year Report: Acidification of Surface Waters in Europe and North America: Trends, Biological Recovery, and Heavy Metals. Norwegian Institute for Water Research, Oslo, Norway.

Skjelkvale, B.L., Evans, C.D., Larssen, T., Hindar, A. & Raddum, G.(2003) Recovery from acidification in European surface waters: A view to the future.Ambio, 32, 170–175.

Skjelkvale, B.L., Stoddard, J.L., Jeffries, D.S., et al. (2005) Regional scale evidence for improvements in surface water chemistry 1990-2001. Environmental Pollution, 137, 165-176.

Soons, M.B. (2006) Wind dispersal in freshwater wetlands: Knowledge for conservation and restoration. Applied Vegetation Science, 9, 271-278.

Soons, M.B., Heil, G.W, Nathan, R. & Katul, G.G. (2004a) Determinants of long-distance seed dispersal by wind in grasslands. Ecology, 85, 3056-3068.

Soons, M.B., Nathan, R. & Katul, G.G. (2004b) Human effects on long-distance wind dispersal and colonization by grassland plants. Ecology, 85, 3069-3079.

Soons, M.B., Messelink, J.H., Jongejans, E. & Heil, G.W. (2005) Habitat fragmentation reduces grassland connectivity for both short-distance and long-distance wind-dispersed forbs. Journal of Ecology, 93, 1214-1225.

Soons, M.B., Van der Vlugt, C., Van Lith, B., Heil, G.W. & Klaassen, M. (2008) Small seed size increases the potential for dispersal of wetland plants by ducks. Journal of Ecology, 96, 619-627.

Spence, D.H.N. (1964) The macrophytic vegetation of freshwater lochs, swamps and associated fens. In: The Vegetation of Scotland (ed. J. H. Burnett). Oliver & Boyd, Edinburgh.

Stendera, S. & Johnson, R.K. (2005) Additive partitioning of macroinvertebrate species diversity across multiple scales. Freshwater Biology, 50, 1360-1375.

Stendera, S. & Johnson, R.K. (2008) Tracking recovery trends of boreal lakes: Use of multiple indicators and habitats. Journal of North American Benthological Society, 27, 529-540.

Stevenson, R.J., Bailey, R.C., Harrass, M., et al. (2004) Designing data collection for ecological assessments. In: Ecological Assessment of Aquatic Resources: Linking Science to Decision-Making (eds M.T. Barbour, S.B. Norton, K.W Thornton & H.R. Preston), pp. 55-84. Society of Environmental Toxicology and Chemistry, Pensacola, FL.

Stoddard, J.L., Jeffries, D.S., Lukewille, A., et al. (1999) Regional trends in aquatic recovery from acidification in North America and Europe. Nature, 401, 575-578.

Stoddard, J., Kahl, J.S., Deviney, F., et al. (2003) Response of Surface Water Chemistry to the Clean Air Act Amendments of 1990. EPA/620/R-03/001. US EPA, Washington, DC.

Stoddard, J.L., Larsen, P., Hawkins, C.P., Johnson, R.K. & Norris, R.H. (2006) Setting expectations for the ecological condition of running waters: The concept of reference condition. Ecological Applications, 16, 1267-1276.

Straile, D. (2000) Meteorological forcing of plankton dynamics in a large and deep continental European lake. Oecologia, 122, 44-50.

Strong, K.F. & Robinson, G. (2004) Odonate communities of acidic Adirondack Mountain lakes. Journal of the North American Benthological Society, 23, 839-852.

Taylor, D., Dalton, C., Leira, M., et al. (2006) Recent histories of six productive lakes in the Irish Ecoregion based on multiproxy palaeolimnological evidence. Hydrobiologia, 571, 237–259.

Thienemann, A. (1925) Die Binnengewasser Mitteleuropas. Eine limnologische Einfuhrung. Die Binnengewasser, 1, 255.

Townsend, C.R., Doledec, S., Norris, R., Peacock, K. & Arbuckle, C. (2003) The influence of scale and geography on relationships between stream community composition and landscape variables: Description and prediction. Freshwater Biology, 48, 768–785.

Van Sickle, J. & Hughes, R.M. (2000) Classification strengths of ecoregions, catchments, and geographical clusters for aquatic vertebrates in Oregon. Journal of North American Benthological Society, 19, 370–384.

Van Sickle, J., Hawkins, C.P., Larsen, D.P. & Herlihy, A.H. (2005) A null model for the expected macroinvertebrate assemblage in streams. Journal of North American Benthological Society, 24, 178–191.

Vannote, R.L., Minshall, G.W, Cummins, K.W, Sedell, J.R. & Cushing, C.E. (1980) The river continuum concept. Canadian Journal of Fisheries and Aquatic Sciences, 37, 130–137.

Verdonschot, P.F.M. & Nijboer, R.C. (2004) Testing the European stream typology of the Water Framework Directive for macroinvertebrates. Hydrobiologia, 516, 35–54.

Verhoeven, J.T.A., Soons, M.B., Janssen, R. & Omtzigt, N. (2008) An Operational Landscape Unit approach for identifying key landscape connections in wetland restoration. Journal of Applied Ecology, 45, 1496–1503.

Wallin, M., Wiederholm, T. & Johnson, R.K. (2003) Guidance on Establishing Reference Conditions and Ecological Status Class Boundaries for Inland Surface Waters. Produced by CIS working group 2.3 –REF-COND, 93 pp.

West, G. (1910) A further contribution to a comparative study of the dominant phanerogamic and higher cryptogamic flora of aquatic habit in Scottish lakes. Proceedings of the Royal Society Edinburgh, 30 (Part 2, 6), 65–181.

Wetzel, R.G. (1995) Death, detritus, and energy flow in aquatic ecosystems. Freshwater Biology, 33, 83–89.

Weyhenmeyer, G.A. (2004) Synchrony in relationships between the North Atlantic Oscillation and water chemistry among Sweden's largest lakes. Limnology and Oceanography, 49, 1191–1201.

Weyhenmeyer, G.A., Blenckner, T. & Petterson, K. (1999) Changes of the plankton spring outburst related to the North Atlantic Oscillation. Limnology and Oceanography, 44, 1788–1792.

Wohl, E., Angermeier, EL., Bledsoe, B., et al. (2005) River Restoration. Water Resources Research, 41, W10301.

Wright, J.F. (1995) Development and use of a system for predicting the macroinvertebrate fauna in flowing waters. Australian Journal of Ecology, 20, 181–197.

Wright, R.F. (2002) Workshop on models for biological recovery from acidification in a changing climate, 42. Norwegian Institute for Water Research, Grimstad, Norway.

Zhao, Y., Sayer, C., Birks, H., Hughes, M. & Peglar, S. (2006) Spatial representation of aquatic vegetation by macrofossils and pollen in a small and shallow lake. Journal of Paleolimnology, 35, 335–350.

第 10 章

Andersen, H.E., Kronvang, B., Larsen, S.E., Hoffmann, C.C., Jensen, T.S. & Rasmussen, E.K. (2006) Climate-change impacts on hydrology and nutrients in a Danish lowland river basin. Science of the Total Environment, 365, 223–237.

Araújo, M.B. & New, M. (2007) Ensemble forecasting of species distributions. Trends in Ecology and Evolution, 22, 42–47.

Arnell, N.W. & Reynard, N.S. (1997) The effects of climate change due to global warming on river flows in Great Britain. Journal of Hydrology, 183, 397–424.

Bernal, S., Butturini, A., Riera, J.L., Vazquez, E. & Sabater, F. (2004) Calibration of the INCA Model in a Mediterranean forested catchment: the effect of hydrological inter-annual variability in an intermittent stream. Hydrology and Earth System Sciences, 8, 729–741.

Berry, P.M., Dawson, T.P., Harrison, P.A. & Pearson, R.G. (2002) Modelling potential impacts of climate change on the bioclimatic envelope of species in Britain and Ireland. Global Ecology and Biogeography, 11, 453–462.

Beven, K. (2006) A manifesto for the equifinality thesis. Journal of Hydrology, 320, 18–36.

Bjerkeng, B. (1994). Eutrophication Model for the Inner Oslo Fjord. Report 2: Description of the contents of the model [in Norwegian]. Report no. 3113. Norwegian Institute for Water Research, Oslo.

van Breemen, N., Jenkins, A., Wright, R.F., et al. (1998) Impacts of elevated carbon dioxide and temperature on a boreal forest ecosystem (CLIMEX project). Ecosystems, 1, 345–351.

Buisson, L., Grenouillet, G., Gevrey, M. & Lek, S. (2008) Potential Impact of Climate Change on Fish Assemblages in French Streams. Deliverable No. 266. Report from EU-FP6 Project Euro-limpacs (Integrated Project to evaluate the Impacts of Global Change on European Freshwater Ecosystems; Project No. GOCE-CT-2003-505540).

Chapra, S.C. (1997) Surface Water Quality Modelling. McGraw Hill, New York.

Cosby, B.J., Ferrier, R.C., Jenkins, A. & Wright, R.F. (2001). Modelling the effects of acid deposition: Refinements, adjustments and inclusion of nitrogen dynamics in the MAGIC model. Hydrology and Earth System Sciences, 5, 499–518.

Cox, B.A. & Whitehead, P.G. (2004) Parameter sensitivity and predictive uncertainty in a new water quality model, Q2. Journal of Environmental Engineering, 131, 147–157.

Durand, P. (2004) Simulating nitrogen budgets in complex farming systems using INCA: Calibration and scenario analyses for the Kervidy Catchment (W. France). Hydrology and Earth System Sciences, 8, 793–802.

Evans, C.D., Cooper, D.M., Juggins, S., Jenkins, A. & Norris, D. (2006) A linked spatial and temporal model of the chemical and biological status of a large, acid-sensitive river network. Science of the Total Environment, 365, 167–185.

Fowler, H.J., Blenkinsop, S. & Tebaldi, C. (2007) Linking climate change modelling to impacts studies: Recent advances in downscaling techniques for hydrological modelling. International Journal of Climatology, 27, 1547–1578.

Froese, R. & Pauly, D. (eds) (2008) FishBase. www.fishbase.org (12/2008).

Futter, M.N., Butterfield, D., Cosby, B.J., Dillon, P.J., Wade, A.J. & Whitehead, P.G. (2007a) Modelling the mechanisms that control in-stream dissolved organic carbon dynamics in upland and forested catchments. Water Resources Research, 43, W02424, doi: 10.1029/2006WR004960.

Futter, M., Whitehead, P.G., Comber, S., Butterfield, D. & Wade, A.J. (2007b) Modelling Mercury in European Catchments: Preliminary Process Based Modelling and Applications to Catchments in Sweden and Scotland, Deliverable No.182. Report from EU-FP6 Project Euro-limpacs (Integrated Project to evaluate the Impacts of Global Change on European Freshwater Ecosystems; Project NoGOCE-CT-2003-505540).

Futter, M.N., Starr, M., Forsius, M. & Holmberg, M. (2008) Modelling the effects of climate on long-term patterns of dissolved organic carbon concentrations in the surface waters of a boreal catchment.Hydrology and Earth System Sciences, 12, 437–447.

Gundersen, P., Callesen, I. & de Vries, W. (1998) Nitrate leaching in forest ecosystems is related to forest floor C/N ratios. Environmental Pollution, 102(S1), 403–407.

Hornberger, G.M., & Spear, R.C. (1980) Eutrophication in Peel Inlet—I. The problem-defining behaviour and a mathematical model for the phosphorus scenario. Water Research, 14, 29–42.

Hulme, M., Jenkins, G.J., Lu, X., et al. (2002) Climate Change Scenarios for the United Kingdom: The UKCIP02 Scientific Report. Tyndall Centre for Climate Change Research, School of Environmental Sciences, University of East Anglia, Norwich.

IPCC (Intergovernmental Panel on Climate Change) (2007) Summary for policymakers l. In: Climate Change 2007: The Physical Science Basis. Contribution of Working Group I to the Fourth Assessment Report of the Intergovernmental Panel on Climate Change (eds S. Solomon, M. Manning, Z. Chen, et al.). Cambridge University Press, Cambridge and New York.

Jackson, B.M., Wheater, H.S., Wade, A.J., et al. (2007) Catchment-scale modelling of flow and nutrient transport in the Chalk unsaturated zone. Ecological Modelling, 209, 41–52.

Jarritt, N.P. & Lawrence, D.S.L. (2007) Fine sediment delivery and transfer in lowland catchments: Modelling suspended sediment concentrations in response to hydrologic forcing. Hydrological Processes, 21, 2729–2744.

Kaste, Ø., Henriksen, A. & Hindar, A. (1997) Retention of atmospherically-derived nitrogen in subcatchments of the Bjerkreim River in Southwestern Norway. Ambio, 26, 296–303.

Kaste, Ø., Wright, R.F., Barkved, L.J., et al.(2006) Linked models to assess the impacts of climate change on nitrogen in a Norwegian river basin and fjord system. Science of the Total Environment, 365, 200–222.

Kilsby, C.G., Jones, P.D., Burton, A., et al. (2007) A daily weather generator for use in climate change studies. Environmental Modelling and Software, 22, 1705–1719.

Kirschbaum, M.U.F.(1995) The temperature dependence of soil organic matter decomposition, and the effect of global warming on soil organic C storage. Soil Biology and Biochemistry, 27, 753–760.

Lawler, J.J., White, D., Neilson, R.P. & Blaustein, A.R. (2006) Predicting climate-induced range shifts: Model differences and model reliability. Global Change Biology, 12, 1568–1584.

Limbrick, K.J., Whitehead, P.G., Butterfield, D. & Reynard, N. (2000) Assessing the potential impacts of various climate change scenarios on the hydrological regime of the River Kennet at Theale, Berkshire, South-central England, UK: An application and evaluation of the new semi-distributed model, INCA.Science of the Total Environment, 251, 539–555.

MacDonald, J.A., Dise, N.B., Matzner, E., et al.(2002) Nitrogen input together with ecosystem nitrogen enrichment predict nitrate leaching from European forests. Global Change Biology, 8, 1028–1033.

Mohseni, O., Stefan, H.G. & Eaton, J.G. (2003) Global warming and potential changes in fish habitat in US streams. Climatic Change, 59, 389–409.

Nakic'enovic', N., Alcamo, J., Davis, G., et al.(2000) Emission Scenarios. A Special Report of Working Group III of the Intergovernmental Panel on Climate Change. Cambridge University Press, Cambridge and New York.

Perakis, S.S. & Hedin, L.O.(2002) Nitrogen loss from unpolluted South American forests mainly via dissolved organic compounds. Nature, 415, 416–419.

Rankinen, K., Karvonen, T. & Butterfield, D.(2006) An application of the GLUE methodology for estimating the parameters of the INCA-N model. The Science of the Total Environment, 338, 123–140.

Rubinstein, R.Y.(1981) Simulation and the Monte Carlo Method. John Wiley & Sons, New York.

Rushton, S.P., Ormerod, S.J. & Kerby, G. (2004) New paradigms for modelling species distributions? Journal of Applied Ecology, 41, 193–200.

Sælthun, N.R.(1996) The "Nordic" HBV Model. Description and documentation of the model version developed for the project. Climate Change and Energy Production. NVE Publication 7. NorwegianWater Resources and Energy Administration ISBN 82-410-0273-4, Oslo.

Skeffington, R.A.(2008) The Consequences of Agricultural and Climate Change for Water Quality: Application of INCA-N to the CLUAM Predictions for the Kennet Catchment. Deliverable No. 113.Report from EU-FP6 Project Euro-limpacs(Integrated Project to evaluate the Impacts of Global Change on European Freshwater Ecosystems; Project No GOCE-CT-2003-505540).

Skeffington, R.A., Whitehead, P.G., Heywood, E., Hall, J.R., Wadsworth, R.A. & Reynolds, B. (2007)Estimating uncertainty in terrestrial critical loads and their exceedances at four sites in the UK. Science of the Total Environment, 382, 199–213.

Thomas, C.D., Cameron, A. & Green, R.E. (2004) Extinction risk from climate change. Nature, 427, 145-148.

Thomas, C.D., Franco, A.M.A. & Hill, J.K. (2006) Range retractions and extinction in the face of climate warming. Trends in Ecology and Evolution, 21, 415-416.

Tisseuil, C., Wade, A.J., Tudesque, L. & Lek, S. (2008) Modelling the stream water nitrate dynamics in 60000km^2 European catchment, the Garonne, Southwest France. Journal of Environmental Quality, 37, 2155-2169.

Tisseuil, C., Vrac, M., Lek, S. & Wade, A.J. (2009) Statistical downscaling of river flows. Deliverable No. 382. Report from EU-FP6 Project Euro-limpacs (Integrated Project to evaluate the Impacts of Global Change on European Freshwater Ecosystems; Project No GOCE-CT-2003-505540).

Tørseth, K. & Semb, A. (1997) Atmospheric deposition of nitrogen, sulfur and chloride in two watersheds located in southern Norway. Ambio, 26, 258-265.

Vaughan, I.P. & Ormerod, S.J. (2005) The continuing challenges of testing species distribution models. Journal of Applied Ecology, 42, 720-730.

Wade, A.J. (2006). Monitoring and modelling the impacts of global change on European freshwater ecosystems. Science of the Total Environment, 365, 3-14.

Wade, A.J., Hornberger, G.M., Whitehead, P.G., Jarvie, H.P. & Flynn, N. (2001) On modelling the mechanisms that control in-stream phosphorus, macrophyte and epiphyte dynamics: An assessment of a new model using general sensitivity analysis. Water Resources Research, 37, 2777-2792.

Wade, A.J., Durand, P., Beaujouan, V., et al. (2002a) Towards a nitrogen model for European catchments: INCA, new model structure and equations. Hydrology and Earth System Sciences, 6, 559-582.

Wade, A.J., Whitehead, P.G. & Butterfield, D. (2002b) The integrated catchments model of phosphorus dynamics (INCA- P), a new approach for multiple source assessment in heterogeneous river systems: model structure and equations. Hydrology and Earth System Sciences, 6, 583-606.

Wade, A.J., Whitehead, P.G., Hornberger, G.M. & Snook, D. (2002c) On modelling the flow controls on macrophytes and epiphyte dynamics in a lowland permeable catchment: the River Kennet, southern England. Science of the Total Environment, 282-283, 395-417.

Wade, A.J., Skeffington, R.A., Nickus, U. & Chen, H. (2008) Methodology for Down-Scaling Climate Data Provided by the PRUDENCE Project for the HADAM3H/RCAO and ECHAM4/RCAO Models. Deliverable No. 433. Report from EU-FP6 Project Euro-limpacs (Integrated Project to Evaluate the Impacts of Global Change on European Freshwater Ecosystems; Project No GOCE-CT-2003-505540).

Whitehead, P.G., Wilson, E.J. & Butterfield, D. (1998a) A semi-distributed integrated nitrogen model for multiple source in Catchments INCA: Part I-Model structure and process equations. Science of the Total Environment, 210/211, 547-558.

Whitehead, P.G., Wilson, E.J., Butterfield, D. & Seed, K. (1998b) A semi-distributed integrated flow and nitrogen model for multiple source assessment in catchments INCA:Part II–Application to large river basins in South Wales and Eastern England. Science of the Total Environment, 210/211, 559–583.

Whitehead, P.G., Wilby, R.L., Butterfield, D. & Wade, A.J. (2006) Impacts of climate change on nitrogen in a lowland Chalk stream: An appraisal of adaptation strategies. Science of the Total Environment, 365, 260–273.

Whitehead, P.G., Butterfield, D. & Wade, A.J. (2008) Potential Impacts of Climate Change on Water Quality. Report to the Environment Agency, Science Report–SC070043/SR1, Environment Agency, Bristol, ISBN:978-1-84432-906-9.

Wilby, R.L. (2005). Uncertainty in water resource model parameters used for climate change impactassessment. Hydrological Processes, 19, 3201–3219.

Wilby, R.L., Dawson, C.W. & Barrow, E.M. (2002) SDSM–A decision support tool for the assessment of regional climate change impacts. Environmental Modelling and Software, 17, 145–157.

Wilby, R.L., Whitehead, P.G., Wade, A.J., Butterfield, D., Davis, R.J. & Watts, G. (2006) Integrated modelling of climate change impacts on water resources and quality in a lowland catchment: River Kennet, UK. Journal of Hydrology, 330, 204–220.

第 11 章

Andersen, M.S. (2000) Forsigtighedsprincippet–og dets rødder i det tyske Vorsorge–prinzip (The precautionary principle and its roots in the German Vorsorge–Prinzip). Samfundsøkonomen, 1, 33–37.

Arrow, K., Solow, R., Portney, P.R., Leamer, E.E. & Radner, R.H. (1993) Report of the NOAA panel on contingent valuations. Natural Resource Damage Assessment under the Oil Pollution Act of 1990.Federal Register, 58(10), 4601–4614.

Birol, E., Karousakis, K. & Koundouri, P. (2006a) Using a choice experiment to account for preference heterogeneity in wetland attributes: The case of Cheimaditida wetland in Greece. Ecological Economics, 60, 145–156.

Birol, E., Karousakis, K. & Koundouri, P. (2006b) Using economic methods and tools to inform water management policies: A survey and critical appraisal of available methods and an application. Science of the Total Environment, 365(1–3), 105–122.

Brewer, G.D. (2007) Inventing the future: Scenarios, imagination, mastery and control. Sustainability Science, 2, 159–177.

Bunce, R.G.H., Barr, C.J., Clarke, R.T., Howard, D.C. & Lane, A.M.J. (1996a) Land classification for strategic ecological survey. Journal of Environmental Management, 47, 37–60.

Bunce, R.G.H., Barr, C.J., Clarke, R.T., Howard, D.C. & Lane, A.M.J. (1996b) ITE Merlewood land classification of Great Britain. Journal of Biogeography, 23, 625–634.

Commission of the European Communities (2000) Communication from the Commission on the precautionary principle. COM(2000) 1.

Day, J.W., Maltby, E. & Ibáñez, C. (2006) River basin management and delta sustainability: A commentary on the Ebro Delta and the Spanish National Hydrological Plan. Ecological Engineering, 26, 85–99.

Defra(2004) June Agricultural Survey. Department for Environment, Food and Rural Affairs, London.

Defra (2007) Securing a Healthy Natural Environment: An Action Plan for Embedding an Ecosystems Approach. Department for Environment, Food and Rural Affairs, London.

EEA(2001) Late lessons from early warnings: The precautionary principle 1896–2000. Environmental Issue. Report No. 22.

EEA(2007) Europe's Environment. The fourth assessment. State of the environment report No 1/2007.

Evers, M. (2008) Decision Support Systems for Integrated River Basin Management–Requirements for Appropriate Tools and Structures for a Comprehensive Planning Approach. Shaker, Germany. ISBN 3–8322–7515–0 Draft Paper.

Giupponi, C., Mysiak, J., Depietri, Y. & Tamaro, M. (2007) Decision Support Systems for Water Resources Management: Current State and Guidelines for Tool Development. Harmoni–CA Report. IWA Publishing, London.

Goodlass, G. & Allin, R. (2004) British Survey of Fertiliser Practice: Fertiliser Use on Farm Crops for Crop Year 2003. The BSFP Authority, London. ISBN 1–86190–127–5.

Hanley, N. & Spash, C. (1995) Cost Benefit Analysis and the Environment. Edward Elgar Publishing, Aldershot.

Hogan, D., Maltby, E. & Blackwell, M. (2001) Westcountry Rivers Project Wetlands Report. Wetland Ecosystems Research Group, Royal Holloway Institute for Environmental Research, London.

Horlitz, T. (2006) Summarised Report from First Catchment Level Meetings (on Requirements Regarding DSS in Water Management) and Interpretation of Outcomes. Deliverable No. 132 for Euro–limpacs, EU–FP6–Project no. GOCE–CT–2003–505540.

Hossell, J.E., Jones, P.J., Rehman, T., et al. (1995) Potential Effects of Climate Change on Agricultural Land Use in England and Wales. Research Report No.8. Environmental Change Unit, University of Oxford.

IPCC(2000) Special Report on Emissions Scenarios. Intergovernmental Panel on Climate Change.

Jones, P.J. & Tranter, R.B. (2006) Impacts of economic drivers on agricultural practices under climate change. Centre for Agricultural Strategy, University of Reading, Reading. Euro–limpacs Project Deliverable 133, http://www.eurolimpacs.ucl.ac.uk/content/view/158/33/

Kahneman, D. & Tversky, A. (1979) Prospect theory: An analysis of decision under risk. Econometrica, 47 (2), 263–292.

Krutilla, J.V. (1967) Conservation reconsidered. American Economics Review, 57(3), 777–786.

Louviere, J.J., Hensher, D.A., Swait, J.D. & Adamowicz, W.L. (eds) (2000) Stated Choice Methods: Analysis and Applications. Cambridge University Press, Cambridge.

Maltby, E. (1999) Ecosystem approach: From principles to practice. In: The Norway/UN Conference on the Ecosystem Approach for Sustainable Use of Biological Diversity (eds P.J. Schei, O.T. Sandland &R. Starnd), pp. 30–40. Norwegian Directorate for Nature Management/Norwegian Institute for Nature Research, Trondheim.

Nielsen, H.O. (ed.) (2009) Bounded Rationality in Decision–Making. How Cognitive Shortcuts and Professional Values May Interfere with Market–Based Regulation (Issues in Environmental Politics). Manchester University Press, Manchester.

Parry, M.L., Hossell, J.E., Jones, P.J., et al. (1996) Integrating global and regional analyses of the effects of climate change: A case study of land use in England and Wales. Climatic Change, 32, 185–198.

Parry, M.L., Carson, I., Rehman, T., et al. (1999) Economic Implications of Global Climate Change on Agriculture in England and Wales. Research Report No. 1., Jackson Environment Institute, University College London.

Popper, S.W., Lempert, R.J. & Bankes, S.C. (2005) Shaping the future. Scientific American, 292 (April 2005), 66–71.

Quevauviller, P. & Thompson, K.C. (eds) (2005) Analytical Methods for Drinking Water–Advances in Sampling and Analysis–Water Quality Measurements. John Wiley & Sons, Chichester.

Roeckner, E., Bäuml, G., Bonaventura, L., et al. (2003) The Atmospheric General Circulation Model ECHAM5 Part I: Model Description. Report No. 349: 1–127, Max–Planck Institute for Meteorology, Hamburg.

Royal Society (2009) Ecosystem Services and Biodiversities in Europe. EASAC Policy Report 09. www.easac.eu.

Wade, A.J., Durand, P., Beaujouan, V., et al. (2002) A nitrogen model for European catchments: INCA, new model structure and equations. Hydrological Earth Systems Science, 6, 559–582.

Wade, A.J., Skeffington, R.A., Nicus, U. & Chen, H. (2008) Methodology for Down–Scaling Climate Data. Provided by the PRUDENCE Project for the HADAM3H/RCAO and ECHAM4/RCAO Models. Eurolimpacs Project Deliverable No. 433.

Walker, W.E. & Marchau, V.A.W.J. (2003) Dealing with uncertainty in policy analysis and policy making. Integrated Assessment, 4(1), 1–4.

Walker, W.E., Harremöes, P., Rotmans, J., et al. (2003) Defining uncertainty: A conceptual basis for uncertainty management in model–based decision support. Integrated Assessment, 4(1), 5–17.

Whitehead, P.G., Wilson, E.J. & Butterfield, D. (1998a) A semi distributed nitrogen model for multiple source assessments in catchments (INCA): Part I. Mode structure and process equations. Science of the Total Environment, 210–211, 547–558.

Whitehead, P.G., Wilson, E.J., Butterfield, D. & Seed, K. (1998b) A semi distributed nitrogen model for multiple source assessments in catchments (INCA): Part II. Application to large river basins in South Wales and eastern England. Science of the Total Environment, 210–211, 559–584.